Physikalische Chemie und ihre rechnerische Anwendung - Thermodynamik -

Eine Einführung für Studierende und Praktiker

Von

Dr. Ludwig Holleck

apl. Professor für Physikalische Chemie an der Universität Freiburg i. B.

Mit 6 Übersichtsblättern
und 47 Abbildungen

Springer-Verlag Berlin Heidelberg GmbH

ISBN 978-3-642-52866-8 ISBN 978-3-642-52865-1 (eBook)
DOI 10.1007/978-3-642-52865-1

Ursprünglich erschienen bei Springer-Verlag OHG. in Berlin / Göttingen / Heidelberg 1950
Softcover reprint of the hardcover 1st edition 1950

Vorwort.

Das vorliegende Buch ist aus Bedürfnissen heraus entstanden, die sich im Zuge physikalisch-chemischer seminaristischer Übungen an Universitäten herausstellten. Diese Übungen, die sich allenthalben als notwendig erweisen zur Aufschließung des Verständnisses für physikalisch-chemische Gedankengänge, Problemstellungen, Gesetzmäßigkeiten und deren mathematische Formulierung und zur Vertiefung des Lehrstoffes, sollen dem Studierenden auch die Wege weisen, auf denen unsere Erkenntnisse einer weiteren Forschung oder der Praxis nutzbar gemacht werden können.

Die Erfahrung hat gezeigt, daß der Erreichung dieses Zieles vielfach der mangelnde Überblick über die verzweigten und damit leicht zu Unübersichtlichkeit führenden Beziehungen in der Physikalischen Chemie, sowie die Scheu vor mathematischen Anwendungen, die eben die letzte Präzisierung eigener Vorstellungen verlangen, entgegenstehen.

Der Überblick über die Vielfalt der Zusammenhänge läßt sich zweifellos nicht leicht aus der üblichen laufenden Behandlung des Lehrstoffes gewinnen. Bei dem Nacheinander einer solchen Behandlung kann das Neben- und Ineinandergehen der Beziehungen nicht immer genügend deutlich werden, dies soll hier durch eine entsprechende Aufgliederung und graphisch-schematische Darstellungen erreicht werden. Bedingt eine Schematisierung zuweilen auch eine gewisse Einseitigkeit der Betrachtungsweise — der man dann mit Vorsicht begegnen soll —, so nötigt sie hier zu einer straffen Systematisierung, die im Interesse der angestrebten Klarheit und Übersichtlichkeit liegt. Ist erst der Überblick gewonnen und das mathematische Rüstzeug vorhanden, dann sind auch die wesentlichen Voraussetzungen für eine ersprießliche Anwendung gegeben.

Bezüglich der Unterteilung des Gesamtgebietes der Physikalischen Chemie sei auf die Einführung zu diesem Buch verwiesen.

Die vorliegende Thermodynamik bringt der obigen Zielsetzung gemäß nach einer knappen Umreißung der Begriffe und der Aufzeigung der theoretischen Verkettungen den Anwendungsteil mit seinen Beispielen und Aufgaben, der durch einen Tabellenanhang ergänzt wird. Durch letzteren soll erreicht werden, daß man gegebenenfalls — gerade im Übungsbetrieb mag dies einen Zeitgewinn darstellen — ohne die umfangreichen Tabellenwerke auskommen kann.

Was die mathematische Seite betrifft, so muß die Grundausbildung und damit die Kenntnis der Elemente der Differential- und Integralrechnung vorausgesetzt werden. Erforderlichenfalls sei auf die einschlägige Literatur (s. a. Literaturhinweis) verwiesen. Im Rahmen des Tabellenteils sind als mathematischer Anhang die für die in Frage kommenden Rechenoperationen nötigen Formeln zusammengefaßt. Für das Zahlenrechnen wird in dem gesteckten Rahmen im allgemeinen Rechenschiebergenauigkeit genügen, doch soll man sich über die gebotenen rechnerischen und die gegebenen experimentellen Genauigkeitsgrenzen — schon im Interesse einer selbstkritischen Betrachtungsweise — jeweils Rechenschaft ablegen.

Bei der knappen Behandlung der Voraussetzungen und Grundlagen muß auf verbindenden Text weitgehend verzichtet werden. Es geschieht dies bewußt, um im Gebäude der Physikalischen Chemie die Konstruktionselemente ohne Umkleidung erkennbar zu machen. Das Äußere des Gebäudes mag zwar durch diese nüchterne Darstellung einem Beschauer weniger verlockend erscheinen, es soll sich aber nicht um ein Bild, nicht um die Fassade des Gebäudes, sondern um einen Bauplan handeln, der eine zweckmäßige Benützung erschließt und einen Weiterausbau erleichtert.

Möge das Buch im Sinne der erwähnten Zielsetzung seine Bestimmung finden: einerseits zu den speziellen Kapiteln der Lehr- und Handbücher heranführen und andererseits hinausführen zu einer verbreiterten Nutzbarmachung physikalisch-chemischer Gesetzlichkeiten.

Bad Rippoldsau/Schwarzwald, im August 1948.

L. Holleck.

Inhaltsverzeichnis.

Zur Einführung.

Als *Gegenstand* der Physikalischen Chemie lassen sich die Wechselwirkungen zwischen Stoff (Materie) und Energie anführen, denn: können wir die Physik als die Wissenschaft bezeichnen, die durch Energie und Energieänderungen gekennzeichnet ist, so ist die Chemie durch die stofflichen Erscheinungen, den Stoff und die Stoffänderungen charakterisiert. Die Physikalische Chemie, als Brückenglied zwischen den beiden Pfeilern der exakten Naturwissenschaften, läßt sich danach auf die Energieänderungen bei stofflichen Umsetzungen festlegen.

Ziel der physikalisch-chemischen Forschung ist es, die Gesetzmäßigkeiten des chemischen Geschehens aufzudecken, sie physikalisch zu untermauern und sie nach Möglichkeit mathematisch zu formulieren.

Die Aufgliederung der Physikalischen Chemie läßt sich nach dem Gegenstand und darüber hinaus noch nach bestimmten Betrachtungszielen vornehmen.

Gliederung nach dem Gegenstand.

Legen wir den Gegenstand auf die Wechselwirkungen zwischen Stoff und Energie fest, dann können wir die Gliederung nach den Energiearten, die bei Umwandlung chemischer Energie in Erscheinung treten, vornehmen und zwar

chem. Energie in Wärme und Arbeit . . . . . allg. physikalische Chemie
,, ,, ,, elektrische Energie . . . . . Elektrochemie
,, ,, ,, strahlende Energie . . . . . Photochemie

Unterteilung nach unterschiedlichen Betrachtungszielen (Betrachtungsweise).

Unterschiedliche Betrachtungsziele bei den mit Energieänderungen verbundenen stofflichen Umsetzungen sind z. B. die energetischen Verhältnisse einerseits und die atomistisch-mechanischen Verhältnisse bei Stoffen und Stoffänderungen andererseits, welch letztere wir sowohl vom Standpunkt der Statik, wie der Kinetik betrachten können. Wir wollen diese Untergliederung unter „Betrachtungsweise" zusammenfassen, dies aber im Bewußtsein, daß es sich nicht um eine energetische Betrachtung, sondern um eine Betrachtung im Hinblick auf die energetischen Verhältnisse und Erscheinungen handelt. (Diese unterschiedlichen Betrachtungsziele können auch als oberstes Einteilungsprinzip herangezogen werden, derart, daß man das gesamte physikalisch-chemische Geschehen erstmals in Energetik, Statik und Kinetik teilt und dann nach gegenständlichen Gesichtspunkten unterteilt. Diese Art würde aber das überkommene und bewährte Gefüge weitgehend auflockern.)

Die für uns maßgeblich sein sollende Gliederung mag durch folgende systematisierende Skizze veranschaulicht werden.

Physikalische Chemie.

Einteilungsprinzip:	Umwandlung der Energiearten, von chemischer (stofflicher) Energie in: kalorische, mechanische (Wärme) (Arbeit)	elektrische	strahlende
Gliederung nach dem Gegenstand:	*Allg. physikalische Chemie*	*Elektrochemie*	*Photochemie*
Unterteilung nach der Betrachtungsweise:			
energetisch	*Chem. Thermodynamik*		
atomistisch-mechanisch			
a) statisch	(Chem. Statik)		
b) kinetisch	*Chem. Kinetik*		

Der Standort der Chemischen Thermodynamik ist damit auch umrissen; es handelt sich danach um die energetische Behandlung des chemischen Geschehens, das mit Energieänderungen auf der Basis von Wärme und Arbeit einhergeht.

Daß sich die energetische Betrachtungsweise auf das gesamte chemische und physikalische Geschehen erstreckt, ergibt sich schon daraus, daß jede Substanz, jeder Stoff einen ihm eigenen Energieinhalt besitzt und jede stoffliche Änderung, wie auch jede Zustandsänderung mit Änderungen im Energieinhalt — meist verbunden mit thermischen Effekten — verknüpft ist. Durch eine im Prinzip stets gleichbleibende Behandlung lassen sich die Gebiete der Chemie und Physik trotz ihrer stofflichen und zuständlichen Vielfalt in energetischer Beziehung übersehen und beherrschen. Die Thermodynamik bietet uns hierzu die Handhabe; sie ermöglicht uns Aussagen über die Stabilität von Stoffen und Zuständen, die Energiebilanz bei physikalischen und chemischen Prozessen, die Richtung des freiwilligen Ablaufs von Vorgängen, die Gleichgewichtslage und deren Beeinflußbarkeit zu machen. Über Geschwindigkeiten von Vorgängen, Reaktionsgeschwindigkeiten, läßt sich vom Standpunkt der Thermodynamik bekanntlich nichts aussagen, desgleichen sind auch Reaktionsmechanismen nicht auf energetischer, sondern auf kinetischer Basis aufzuklären.

Alle thermodynamischen Beziehungen fußen auf den Hauptsätzen der Thermodynamik, jenen Sätzen, die aus der Erfahrung begründet sind, da sie auf keine weiteren allgemeinen Prinzipien rückführbar sind. Es sind dies der Energieerhaltungssatz (1. Hauptsatz), der Entropiesatz oder Satz von der beschränkten Umwandelbarkeit von Wärme in Arbeit (2. Hauptsatz) und der Nernstsche Wärmesatz (auch 3. Hauptsatz), der Aussagen über den Absolutwert der Entropie ermöglicht, auf den allerdings die Voraussetzung (Nichtrückführbarkeit auf allgemeinere Prinzipien) nur bedingt zutrifft.

Die Hauptsätze sind in den uns begegnenden, bzw. den von uns behandelten Erscheinungen auf die Summe der in dem stofflichen System vereinigten Partikeln bezogen. (Der zweite Hauptsatz, als statistisches Gesetz, ist überhaupt auf dem Verhalten einer Vielzahl begründet.) Es handelt sich hier nicht um die Verfolgung des atomaren Geschehens, sondern um das summarisch-energetische Verhalten der Materie, etwa in molaren Bereichen. Wenn wir also z. B. vom Energieinhalt sprechen, so versteht sich dies für die betrachtete Vielzahl der Teilchen, die ihrerseits sehr unterschiedliche kinetische Energie besitzen können — so bei Gasen in Maxwellscher Verteilung.

Vorbedingung für die rechnerische Behandlung energetischer Probleme sind neben der Übersicht über die thermodynamischen Zusammenhänge die Klarheit und Eindeutigkeit der Voraussetzungen. Unter diesen werden gleich zu Beginn die Zeichen- und Vorzeichengebung behandelt, denn leider ließen sich diese bisher noch nicht in dem zu wünschenden Maß vereinheitlichen, und gerade ein konsequenter Zeichen- und Vorzeichengebrauch läßt die Fehlermöglichkeiten bei der rechnerischen Anwendung weitgehend verringern.

Die Übersichtsblätter (Schemata) über die Ableitungen und gegenseitigen Beziehungen der energetischen Größen bzw. Zustandsfunktionen bringen gleichzeitig die Parallelität der Behandelbarkeit der volum- und druckbezogenen Größen bzw. der volum- und druckkonstanten Vorgänge zum Ausdruck. Wenn auch die druckkonstanten Vorgänge die weitaus größere praktische Bedeutung haben, so soll durch diese parallele Darstellung die volle Analogie der theoretischen Verkettung bei beiden Arten von Vorgängen deutlich werden.

Einen verhältnismäßig breiten Raum nehmen in diesem Buch Modellbeispiele ein, die in die rechnerische Behandlung einführen sollen. Da bei ihnen die Schwankungen experimentell ermittelter Daten, die mitunter bei praktischen Berechnungen zu unvereinbarlichen Ergebnissen führen, wegfallen, eignen sie sich vornehmlich dazu, die gegenseitigen Beziehungen auch zahlenmäßig und in allen ihren Auswirkungen zu verfolgen.

Bei Berechnungen müssen wir uns vielfach auf die Bereiche idealen Verhaltens beschränken bzw. ideales Verhalten zugrunde legen, denn wenn wir auch im Prinzip die Behandlung realer Systeme beherrschen, so fehlen meist — vor allem bei den realen Mischphasensystemen — die jeweils nötigen Unterlagen, da ja die stoffspezifischen Wechselwirkungskräfte, die von System zu System verschieden sind, aus experimentellen Daten ermittelt werden müssen. Die prinzipielle Behandelbarkeit — durch Einführung der Aktivität unter Beibehaltung der Form der Beziehungen idealen Verhaltens — wird ebenfalls an einem Modellbeispiel demonstriert.

Der Aufgabenteil mit seinen durchgerechneten Beispielen läßt sich mit Hilfe der Tabellen durch Analogieaufgaben nach Bedarf ausweiten.

A. Allgemeine Begriffe und Voraussetzungen.

§ 1. Symbolik.

Die in vorliegendem Buch — der Thermodynamik — verwendeten Symbole finden sich in alphabetischer Reihenfolge in Tab. 1 im Tabellenteil F verzeichnet. Hier sollen die grundsätzlichen Punkte der Zeichengebung zusammengefaßt werden, die dem Ziel einer jeden Symbolik dienen sollen, nämlich mit einem Minimum an Zeichen ein Maximum an Einfachheit, das Optimum an Eindeutigkeit und Klarheit zu erreichen.

Klein- und Großschreibung. Die energetischen Größen werden in ihrer allgemeinen Bedeutung, für eine beliebige Mengeneinheit, mit *Kleinbuchstaben* geschrieben (u, h, s, f, g, c_v, c_p), die *großgeschriebenen* Symbole (U, H, S, F, G,

C_v, C_p) beziehen sich auf die molaren Mengen, also auf ein Mol gleich dem Molekulargewicht in Gramm. Diese Unterscheidung wird bei allen mengenproportionalen Größen, somit auch dem Volumen (v, V), ausnahmslos durchgeführt. (Auch die chemische Konstante und die Entropiekonstante sind — auf molare Mengen bezogen — groß geschrieben.)

Nicht mengenbezogene Größen sind der Druck p, die Temperatur (absolute $= T$, Celsius $= \vartheta$), die Dichte ϱ, ferner das elektrochemische Potential ε, damit auch die Potentialdifferenz (elektromotorische Kraft) und die Spannung E. Diese Zeichen werden, da nicht vieldeutig, in der traditionellen Schreibweise übernommen; die Groß- bzw. Kleinschreibung der Symbole hat hier keine weitere Bedeutung.

Indices. Zur näheren Kennzeichnung von energetischen Größen und Zustandsgrößen werden Angaben, die den *Stoff*, den *Zustand* desselben oder den *Vorgang* (bei Umwandlungsgrößen) betreffen, als Index beigefügt. Die Indizierung erfolgt in der Regel *rechts unten*. So haben wir, wo nötig, den Stoff durch sein chemisches Symbol zu bezeichnen (p_{O_2}, c_{HJ}); wo wir die Stoffart allgemein angeben, gebrauchen wir den Buchstaben i (z. B. p_i, a_i, ν_i). Von den Zustandsgrößen ist in erster Linie die Temperatur zu verzeichnen (z. B. $H_{298} - H_0$, S_{600}, S_0). Zahlen allein beziehen sich bei den energetischen Größen auf die Temperatur — nur gelegentlich werden Zahlen in einem anderen Sinne gebraucht, so z. B. bei den Lösungen 1 und 2 zur Bezeichnung von Lösungsmittel und Gelöstem, oder I, II, zur allgemeinen Kennzeichnung verschiedener Zustände neben den Indices A und E für Anfangs- und Endzustand. Der Index *0* bezieht sich *nur* auf die Temperatur (0° K), bezeichnet also Nullpunktsgrößen (keinesfalls Normalgrößen oder einen Ausgangszustand!).

Entsprechend der Gepflogenheit in der Mathematik werden konstant gehaltene Zustandsvariable bei den Zustandsfunktionen (energetischen Größen) auch als Indices geschrieben wie z. B. C_p, C_v, $(ds)_v$, $(dh)_p$, $\left(\frac{\partial g}{\partial T}\right)_p$, $\left(\frac{\partial {}^*S}{\partial p}\right)_{T,\,x}$.

Links oben setzen wir den Index N zur Bezeichnung von Normalgrößen, z. B. ${}^NG$, ${}^Np$, ${}^NV$, (nicht p_o, V_o!). Ein Stern links oben bezeichnet die partiellen molaren Größen, z. B. $({}^*H - H)$. Bei den Lösungs- und Verdünnungsenthalpien ist die Indizierung etwas umständlicher, da noch nach differentiellen oder integralen Werten zu unterscheiden ist (siehe die Bemerkung zur Symbolisierung der partiellen Größen in § 11).

Rechts oben ist der Mathematik — den Potenzexponenten — vorbehalten z. B. p^2, $c^{1/2}$, V^γ.

Δ-Zeichen. Das Δ-Zeichen wird — sofern nicht im rein mathematischen Sinne als Differenzzeichen benützt — für *isotherm* verlaufende Änderungen der betreffenden energetischen Größe gebraucht und zwar versteht sich darunter stets die Differenz der Größe nach der Umwandlung und jener vor der Umwandlung, also End- minus Anfangszustand oder rechts minus links des Gleichheitszeichens. Diese Bezeichnungsweise gilt für alle Arten von Umwandlungen, physikalische wie chemische, und bezieht sich hier auf den Formelumsatz. Eine beliebige energetische Umwandlungsgröße ΔY läßt sich damit formulieren

$$\Delta Y = \sum_{\text{End}} \nu_i Y_i - \sum_{\text{Anf}} \nu_i Y_i;$$

(ν ist die Molzahl der Beteiligung der einzelnen Stoffe i an der Reaktion, die stöchiometrische Umsatzzahl). Jede Umwandlungsgröße (Reaktionsgröße) ergibt sich damit als die Differenz der mit den stöchiometrischen Umsatzzahlen multiplizierten molaren Einzelgrößen des Endzustandes und der des Ausgangszustands (bei chemischen Reaktionen sinngemäß der Endstoffe minus der Anfangsstoffe). Für die Reaktionswärmen (Wärmetönungen) erübrigen sich daher auch eigene Zeichen, wir schreiben ΔH und ΔU für die Enthalpie- und die Energieinhaltsdifferenz (diese haben gegenüber den Wärmetönungen bei konstantem Druck und bei konstantem Volumen im Sinne der auftretenden Wärmen allerdings umgekehrtes Vorzeichen).

Zwischen zwei Zuständen verschiedener Temperatur wird das Δ-Zeichen bei energetischen Größen nicht gesetzt, in diesen Fällen wird geschrieben $U—U_0$, gleichbedeutend mit $U_T—U_0$, oder $H_{298}—H_0$, $G_{T2}—G_{T1}$ . . . In gleicher Weise wie die energetischen Größen ist das mengenbezogene Volumen (Molvolumen) zu behandeln, ΔV.

In formal gleicher Weise ließe sich zwar bei der Reaktionsisotherme, dem Massenwirkungsgesetz, die Differenzbildung der Logarithmen der Zusammensetzungsgrößen (des Molenbruchs, Partialdrucks, der Aktivität) der an der Reaktion beteiligten Stoffe durchführen, wir setzen hier aber das ν_i hinzu, schon damit das Auftreten von ν_i als Exponent der Zusammensetzungsgrößen deutlich wird, also $\Delta\nu \ln x_i$, $\Delta\nu \ln p_i$, $\Delta\nu_i \ln a_i$.

Im Falle von ΔT, wie überhaupt bei den nichtmengenproportionalen Zustandsgrößen, handelt es sich um einfache Differenzbildung, also Temperaturdifferenz (Temperaturerniedrigung).

Differentialzeichen. Dieses wird in gleicher Weise, sowohl für infinitesimalen *Zuwachs* der Zustandsgrößen (dp, dv, dT, . . .) bzw. der Zustandsfunktionen (du, dh, ds . . .), als auch für infinitesimale *Beträge* der Arbeit und Wärme (da, dq) gebraucht, somit kein Unterschied im Sinne jener Autoren gemacht, die im letzteren Falle das Differentialzeichen vermeiden.

Übersicht über die Symbole der energetischen Größen (Zustandsfunktionen).

Energetische Größe:	allgemein, (auch spezifische)	molare	partielle molare	Reaktions- (d. h. Änderung der —).
Energieinhalt	u	U	$*U$	ΔU
Enthalpie	h	H	$*H$	ΔH
Entropie	$s\ (s_p, s_v)$	$S(= S\ ), S_v$	$*S$	$\Delta S\ (= \Delta S_p)\ \Delta S_v$
Freie Energie	f	F	$*F$	ΔF
Freie Enthalpie . . .	g	G	$*G$	ΔG
Wärmekapazität (spezif. Wärme, Molwärmen)	c_v, c_p	C_v, C_p	$*C_v$, $*C_p$	ΔC_v, ΔC_p

Da in der Thermodynamik — trotz vieler bisheriger Bemühungen zur Vereinheitlichung — die Zeichengebung zum Teil sehr verschieden ist, sind in Tab. 2 (im Anhang) die Symbole von energetischen Größen, wie sie in einigen Lehrbüchern gebraucht werden, den hier verwendeten gegenübergestellt.

Vorzeichengebung. Sämtliche energetischen Größen, Werte von Zustandsfunktionen, beziehen sich auf stoffliche Systeme. Führen wir einem System

(Stoff) Energiebeträge zu, so vermehren wir den Energieinhalt oder dessen Enthalpie. Jeder dem System *zugeführte* Energiebetrag — gleich welcher Art, ob als Wärme, Arbeit, elektrischer oder strahlender Energie — wird nun im Sinne unserer auf das System gerichteten und so konsequent durchgeführten Betrachtungsweise *positiv* gezählt.

Die *auftretende*, vom System geleistete Arbeit, wie die Volumarbeit pv eines sich ausdehnenden Gases ist somit (wieder vom System her gesehen) als $-a$ (negativer Arbeitsbetrag) einzusetzen.

Umwandlungsgrößen zählen positiv, wenn den entstehenden Stoffen die größeren (positiveren) Werte der betreffenden energetischen Größe zukommen (siehe oben unter Δ-Zeichen bzw. § 10). Ein negativer Wert der Reaktionsenergie ΔU, oder der Reaktionsenthalpie ΔH besagt somit ($\Delta U = - x$ cal), daß der Energieinhalt der entstehenden Stoffe geringer ist, als jener der verschwindenden, daß die Reaktion im Sinne der Reaktionsgleichung unter Verringerung des Energieinhalts verläuft, somit Energie — Wärme — abgibt (exotherme Reaktion).

§ 2. Maßsysteme, Einheiten, Dimensionen, Konstanten.

In der chemischen Energetik (Thermodynamik) wird, soweit man sich auf die energetischen Größen (Zustandsfunktionen) beschränken kann, im kalorischen Maßsystem — mit der Wärmeeinheit 1 Kalorie — gerechnet. Hat man sich auch auf Zustandsgrößen wie Druck und Volumen zu beziehen, dann muß man sich eines mechanischen Maßsystems, zweckmäßig des praktischen (auf die Volumeinheit 1 l und die Druckeinheit 1 Atm gegründet) oder des absoluten (CGS-) Systems, bedienen. Im Falle der elektrochemischen Energetik rechnet man im elektromagnetischen Maßsystem und zwar meist im praktischen (Energieeinheit 1 Wattsekunde = 1 Joule), seltener im absoluten (Energieeinheit 1 Erg).

Die Zeichen für Maßeinheiten sind in Tab. 3, Dimension und Größe verschiedener Einheiten in Tab. 4, ferner die Dimension der Grund- sowie der abgeleiteten Einheiten in den verschiedenen Maßsystemen in Tab. 5 angeführt. Unter der *Dimension* einer Größe verstehen wir das Produkt der mit den entsprechenden Potenzexponenten versehenen Grundeinheiten. Wir setzen es in eckige Klammer. So ist die Dimension der Energie im CGS-System $[g \cdot \text{cm}^2 \cdot s^{-2}]$, im praktischen elektromagnetischen System $[V \cdot A \cdot s]$. Dimensionsbetrachtungen sollen stets zur Überprüfung von Formeln angestellt werden, um festzustellen, ob die Forderung nach Dimensionsgleichheit beider Seiten bzw. additiver Glieder auch erfüllt ist. Fehlerursachen lassen sich auf diesem Wege mitunter rasch auffinden.

Die Umrechnung der Energieeinheiten, ebenso die der häufig gebrauchten Gaskonstante, ist der Tab. 6 zu entnehmen. (Weitere Umrechnungen siehe Aufgabenteil.) Die Umrechnung der kalorischen in mechanische Einheiten basiert auf dem experimentell ermittelten *Mechanischen Wärmeäquivalent*: $J = 4{,}186 \cdot 10^7$ Erg/cal$_{15}$.

Die Wärmeeinheit einer Kalorie (der 15-Grad-Grammkalorie: 1 cal$_{15}$) entspricht jener Wärmemenge, die ein Gramm Wasser um 1 Grad und zwar von 14,5 auf 15,5° C, erwärmt. Der eintausendfache Wert dieser Grammkalorie (gewöhnlich nur cal geschrieben) ist die Kilogrammkalorie (1 kcal), die bei praktischen

Rechnungen, insbesondere in der Thermochemie mit ihren relativ großen Wärmetönungen, vielfach benützt wird. (Die durch die „Internationale Dampftafel" festgelegte Wärmeeinheit weicht etwas von der 15°-Kalorie ab: 1 kcal_{JT} = 1,0002 kcal_{15}.)

Als Energieeinheit, insbesondere bei Verfolgung der Elementarprozesse, sind noch die Energiequanten $h\,\nu$ anzuführen (h ist das Plancksche Wirkungsquantum gleich $6{,}626 \cdot 10^{-27}$ erg $\cdot$ s, ν die Frequenz der Schwingung des energieaufnehmenden bzw. -abgebenden Systems). Über die Energiequanten im Rahmen der Theorie der Spezifischen Wärmen der Festkörper s. § 9/1.

Als chemische Mengeneinheit dient das Mol. Die Masse eines Mols entspricht dem Molekulargewicht in Gramm (Atomgewichte s. Tab. 7). In einem Mol beliebiger Stoffe sind stets gleichviel Moleküle enthalten. Die Zahl der in einem Mol vorhandenen Molekeln (Loschmidtsche Zahl N_L) ist mit $6{,}023 \cdot 10^{23}$ bestimmt. Die Werte für die gebräuchlichen Konstanten finden sich in Tab. 8 zusammengestellt.

Über die Einheiten der Zustandsgrößen (Temperatur, Volumen und Druck), sowie die Zusammensetzungseinheiten s. § 4, bzw. die Tab. 4, 9, 10.

§ 3. Zustände, Phasen, homogene und heterogene Systeme.

Der **Zustand eines Stoffes** wird durch die Zustandsgrößen (bei gegebener Zusammensetzung und Menge sind es Temperatur, Druck und Volumen, s. § 4) festgelegt. Für praktische Zwecke lassen sich mitunter von diesen abhängige Eigenschaften zur Charakterisierung des Zustands heranziehen.

Unter **Aggregatzuständen** verstehen wir die Formarten der Stoffe: gasförmig, flüssig, fest. Diese drei Zustände sind nach den beiden Kriterien — eigenbegrenzte Oberfläche (eigenes Volumen) und eigene Gestalt — unterscheidbar.

Kritische Zustände, durch kritische Daten gekennzeichnet, sind Zustände, bei denen der Unterschied zweier Aggregatzustände verschwindet, im speziellen der Gas- und der flüssige Zustand nicht mehr unterscheidbar sind.

Übereinstimmende Zustände, nach VAN DER WAALS auf reduzierte, kritische Daten bezogen, ermöglichen die Formulierung einer allen Stoffen gemeinsamen Fassung der van der Waalsschen Zustandsgleichung.

Reduzierte Zustände sind auf bestimmte, bevorzugte Zustandspunkte (wie Schmelzpunkt, Siedepunkt) bezogen. (Beim Siedepunkt z. B. Zustand gleicher Verdampfungsentropie, s. unter Theorem der übereinstimmenden Zustände § 5).

Normalzustände sind **Bezugszustände,** die man in jenen Fällen wählt, in denen energetische Absolutwerte nicht zugänglich oder nur schwer oder ungenau ermittelbar sind, oder wo es darauf ankommt, praktisch vergleichbare energetische Daten zu erhalten. Sie werden nach praktischen Gesichtspunkten, vor allem leichter Handhabungsmöglichkeit, gewählt. Ein *Grundzustand* ist ebenfalls ein Normalzustand.

Als **Phase** wird eine einheitliche Erscheinungsform eines Stoffes oder homogenen Stoffgemisches bezeichnet. Zu einer Phase sind auch unzusammenhängende Teile eines Systems zu zählen, sofern sie gleichartig sind, so z. B. in Polykristalliten die gleiche Kristallart oder bei Lösungen und Schmelzen gleichartige Bodenkörperpartikeln. Die Berührungsflächen verschiedenartiger Teile, die Phasengrenzen, stellen Unstetigkeitsgebiete dar, deren Bedeutung und Auswirkung bei den Erscheinungen der Oberflächenspannung und Adsorption zum Ausdruck kommt.

Ein **homogenes System** ist ein solches, in dem keine Grenzflächen auftreten, so z. B. Gasgemische und Lösungen.

Ein **heterogenes System** ist durch das Vorliegen von Grenzflächen innerhalb desselben charakterisiert. Mehrphasige Systeme sind stets heterogen.

§ 4. Zustandsgrößen: (Menge), Temperatur, Volumen, Druck, (Zusammensetzung); die Aktivität.

Um den Zustand eines Stoffes durch die Zustandsgrößen Temperatur, Volumen, Druck zu beschreiben, muß man sich auf eine bestimmte Menge (Masse) beziehen. Dies tun wir vorwiegend unter Wahl des Mols als Einheit, was gegenüber der Masseneinheit (Gramm) manche Vorteile bietet, so insbesondere das Gleichwerden aller Größen, die sich von der Zahl der Molekeln herleiten, da laut Avogadro sich in einem Mol beliebiger Stoffe stets gleichviel Moleküle befinden, was bei Gasen unter gleichen Bedingungen auch zu gleichen Volumina führt. Durch das Festlegen der „Menge" fällt diese auch als Zustandsvariable fort.

Temperatur ϑ, T. Als Maß für die Temperatur, den Wärmezustand eines Körpers, dienen uns die (Temperatur-)Grade. Diese sind nicht durch die CGS-Einheiten definiert (obwohl dies theoretisch möglich wäre), sondern unabhängig davon gewählt. (Die Umrechnungsgrößen aus den Strahlungsgesetzen, die man für ein Herleiten aus den CGS-Einheiten benötigte, sind auch nicht hinreichend genau bekannt.)

Die Größe eines Grads folgt aus der *Celsiusskala*, in der der Bereich von der Temperatur des schmelzenden Eises (Nullpunkt), bis zur Temperatur des siedenden Wassers — unter einem Druck von 76 cm Hg = 1 Atm — in 100 Teile geteilt ist. Die gleichmäßige Teilung erfordert eine lineare Temperaturabhängigkeit einer Stoffeigenschaft. Die Ausdehnung der Gase im Bereich idealen Verhaltens ist z. B. eine solche Eigenschaft. Im Temperaturbereich zwischen 0 und 100° C ist diese Forderung auch beim Quecksilber (der Ausdehnungskoeffizient des flüssigen Quecksilbers ist annähernd konstant) weitgehend erfüllt.

In der Thermodynamik bedienen wir uns der *absoluten Skala*, die sich ebenfalls aus dem Ausdehnungsverhalten — idealer Gase — herleitet und um den konstanten Wert von 273,16° (s. (11)) von der Celsiusskala unterscheidet (für praktische Rechnungen wird vielfach die abgerundete Zahl 273 gebraucht).

$$T = 273{,}16 + \vartheta. \tag{1}$$

Das Gradintervall der Celsiusskala ist beibehalten. Während wir die Celsiustemperatur (°C) mit ϑ bezeichnen, wird für die absolute Temperatur (in °K, Grad Kelvin) das Zeichen T gesetzt.

Volumen v, V. Das Volumen oder der Rauminhalt v ist bei Rechnung im absoluten Maßsystem in cm^3, im praktischen (Energieeinheit Literatmosphäre) in Litern (1 l = 10^3 cm^3) einzusetzen. In der chemischen Energetik wird, sofern mit Volum- und Druckgrößen zu rechnen ist, das praktische System aus Gründen der Einfachheit vorgezogen. Das Molvolumen V,

$$V = \frac{v}{n}\,, \tag{2}$$

also das Volumen pro Mol, ist bei festen und flüssigen Stoffen eine Stoffeigenschaft, bei Gasen (im Bereich idealen Verhaltens) eine allgemeine Zustandseigenschaft. Das Molvolumen idealer Gase errechnet sich für beliebige Temperaturen und Drucke aus der Zustandsgleichung idealer Gase (s. § 5). Der Wert für 0° C = 273,16° K und 1 Atm beträgt 22,415 l.

Druck, p. Als Kraft pro Flächeneinheit ergibt sich die Druckeinheit im CGS-System zu 1 dyn/cm², [$cm^{-1} \cdot g \cdot s^{-2}$]. (Der 10^6-fache Wert wird 1 Bar benannt, die absolute Einheit ergibt somit 1 Mikrobar.)

Die Einheit des praktischen Maßsystems 1 Atm (physikalische Atmosphäre) entspricht dem Druck einer 76 cm hohen Quecksilbersäule ($\varrho = 13{,}5951$, d. i. Dichte bei 0° C und 1 Atm) im normalen Schwerefeld. Die Umrechnung in absolute Druckeinheiten ergibt somit: $1\ \text{Atm} = 76 \cdot 13{,}5951 \cdot 980{,}665 = 1{,}01325 \cdot 10^6$ dyn · cm^{-2}.

Die Druckgröße von 1 mm Hg-säule (unter obigen Bedingungen) wird 1 Torr bezeichnet.

1 at (technische Atmosphäre) entspricht 1 kg (Gew.) pro cm² (bei normaler Fallbeschleunigung).

Die Umrechnung der Druckeinheiten siehe Tab. 9.

Zusammensetzung. Die Zusammensetzung ist bei Mischphasen eine Zustandsvariable, bei einheitlichen Substanzen ist sie festliegend. Zum Ausdrücken der Zusammensetzung, d. h. des Mengenanteils in einer Phase, sind verschiedene Maßgrößen in Gebrauch. Die wichtigsten sind nachfolgend verzeichnet. (Zur Unterscheidung der Symbole, die sich auf das Lösungsmittel oder den gelösten Stoff beziehen, wird für ersteres der Index 1, für letzteres der Index 2 — bei weiteren gelösten Stoffen die folgenden Zahlen — gesetzt, vgl. § 1.)

Der *Molenbruch* x stellt den Molanteil des betrachteten Stoffes i an der Gesamtheit der Mole der in der betreffenden Phase vorhandenen Stoffe dar.

$$x_i = \frac{n_i}{\sum n_i} = \frac{p_i}{\sum p_i}\left(= \frac{p_i}{p}\right), \qquad x_2 = \frac{n_2}{n_1 + n_2 \cdots}\,. \tag{3}$$

x ist als Verhältniszahl (der Mole) dimensionslos. In der Thermodynamik ist der Molenbruch vorteilhaft anzuwenden. Es ist aber nötig, daß die Molekülart und -größe, ob solvatisiert (bei größeren Gehalten infolge der Verminderung der Lösungsmittelmolekeln ins Gewicht fallend), ob monomer oder polymer gelöst, bekannt ist, da sich dadurch verschiedene Molenbrüche ergeben.

Der 100fache Betrag des Molenbruchs gibt die Mol-%, die bei Gemischen idealer Gase mit den Volumprozenten übereinstimmen.

Der *Partialdruck* p_i stellt den Teildruck eines Gases i in einem Gasgemisch dar; nach Dalton übt ein Gas im Gemisch — ideales Verhalten vorausgesetzt — denselben Druck aus, wie wenn es allein in dem Volumen zugegen wäre (s. Gasgesetze in § 5).

Das *Molverhältnis* $\frac{n_1}{n_2}$ auch als *Verdünnung* (η) bezeichnet,

$$\eta = \frac{n_1}{n_2}\,, \tag{4}$$

stellt zuweilen ein geeignetes Zusammensetzungsmaß dar, so z. B. bei Verfolgung des Grenzverhaltens, bei hoher Verdünnung.

Die *Gewichts-(Masse-)prozente* sind durch den Quotienten $100\,\mathrm{m}_2/(\mathrm{m}_1+\mathrm{m}_2)$ gegeben, d. i. Gramm pro 100 g Mischung.

$$y = \frac{m_2 \cdot 100}{m_1 + m_2}\,. \tag{5}$$

Das *Gewichts-(Massen-)verhältnis* $100 \cdot \mathrm{m}_2/\mathrm{m}_1$ wird für Löslichkeitsangaben meist benutzt; es läßt sich ohne Kenntnis der Molekülgröße bzw. der Natur der Lösungskomponenten im Gemisch verwenden.

$$z = \frac{100 \cdot m_2}{m_1}\,. \tag{6}$$

Die Löslichkeit, d. i. die Sättigungskonzentration, wird danach in Gramm pro 100 g Lösungsmittel angegeben.

Die *Gewichtskonzentration* c_g, die Anzahl Mole auf 1000 g Lösungsmittel (d. i. bei Wasser 55,51 Mole), wird neben der Volumkonzentration gebraucht und hat gegenüber dieser den Vorteil, daß sie von Temperatur (und Druck) unabhängig ist.

$$c_g = \frac{1000\, n_2}{m_1}\,. \tag{7}$$

Die Dimension ist $[g^{-1}]$.

Die *Konzentration* c (Volumkonzentration), bei Lösungen in der Chemie meist gebraucht, gibt die Anzahl Mol pro Liter ($= 1000\ \mathrm{cm}^3$) Lösung an.

$$c = \frac{1000\, n_2}{v}\,. \tag{8}$$

Die Dimension ist $[\mathrm{cm}^{-3}]$. Infolge des Variierens der Dichte der Lösung (der Mischphase) mit der Temperatur und dem Druck ist dieses Konzentrationsmaß temperatur-(und druck-)abhängig. Die Druckabhängigkeit ist hierbei von untergeordneter Bedeutung, da dieselbe bei kondensierten Systemen an sich gering ist und überdies meist Atmosphärendruck vorausgesetzt ist.

Die Umrechnung dieser Zusammensetzungsmaße siehe Tab. 10. Im Gebiete sehr geringer Konzentrationen werden die einzelnen Zusammensetzungsmaße einander proportional.

Die Aktivität a, der Aktivitätskoeffizient f_a. Wenn sich in Mischphasen die Komponenten nicht gegenseitig beeinflussen (was bei idealem Verhalten vorausgesetzt ist), reichen die obigen Zusammensetzungsmaße als mengenbestimmende Größen unter Zugrundelegung der Zustandsgleichung idealer Gase — in Gasgemischen und verdünnten Lösungen — auch für die energetische Zustandsbeschreibung aus. Die energetischen Größen sind dann mengenproportional.

Außerhalb des Bereichs, wo noch ideales Verhalten angenommen werden kann, also bei höheren Drucken (in Gasgemischen) oder schon mittleren Konzentrationen (in Lösung), wird der Zustand nicht mehr hinreichend durch die allgemeine

Angabe der Zusammensetzung (des Molverhältnisses oder der Konzentration) neben p, V, T bestimmt, sondern hängt noch von der Natur aller die Phase aufbauenden Mischungskomponenten, d. h. deren Wechselwirkungskräften, ab. Infolge der stoffspezifischen Natur dieser Beeinflussung ist eine generelle Erfassung derselben nicht möglich (außer bei Ionenwechselwirkung in sehr verdünnten Elektrolyten s. Elektrochemie).

Um diesen Verhältnissen in der thermodynamisch wichtigen Beziehung zwischen Freier Enthalpie und Zusammensetzung unter gleichzeitiger Beibehaltung der einfachen Zustandsgleichung idealer Gase gerecht zu werden, setzen wir darin an Stelle des Molenbruchs (als Zusammensetzungsmaß) die *Aktivität a*. Wir verstehen darunter jenen Wert des Molenbruchs, der die de facto-Wirkung unter Voraussetzung idealen Verhaltens hervorbringen würde. (Anwendung s. § 11 bei den partiellen molaren Größen, sowie § 13 bei der Anwendung des Massenwirkungsgesetzes auf homogene Gemische im Gebiet realen Verhaltens.) Die Aktivität ist somit nur aus praktischen Auswirkungen — also aus experimentellen Ergebnissen (aus Arbeits- oder Gleichgewichtsdaten, aus Dampfdruckmessungen und den damit zusammenhängenden Gefrierpunkts- und Siedepunktseffekten, wie auch aus elektromotorischen Kräften, den elektrochemischen Potentialen) zu ermitteln.

Formal lassen sich dadurch die idealen Gasgesetze und damit die Zustandsgleichung beibehalten, die einfache Form der Beziehungen der Freien Enthalpie (Freien Energie) ist damit gewahrt, doch ist die allgemeine Berechenbarkeit bei Unkenntnis der jeweiligen Aktivitäten nicht mehr gegeben.

Im Falle der Anwendung des Aktivitätsbegriffs auf Ionen in Elektrolytlösungen wird dieser zur Konzentration in Beziehung gebracht (man spricht auch in diesem Falle von absoluter Aktivität gegenüber der relativen, die zum Molenbruch in Beziehung steht); es entspricht dies der ursprünglichen, noch etwas engeren Fassung des Aktivitätsbegriffs. (Über die Anwendung in diesem Sinne s. Elektrochemie, Elektrolytgleichgewichte.)

Die Beziehung der Aktivität zum Molenbruch (bzw. zur Konzentration) wird durch den „Aktivitätskoeffizienten" hergestellt. Dieser ist zu definieren als der Faktor, mit dem der Molenbruch (bei Ionenaktivitäten die Konzentration) zu multiplizieren ist, um zur Aktivität zu gelangen.

$$a = f_a \cdot x, \tag{9}$$

$$(a' = f_a' \cdot c). \tag{9a}$$

(Über die Verwendung des Aktivitätskoeffizienten, die Temperatur- und Druckabhängigkeit der Aktivität siehe § 11 und Übersicht 6.)

§ 5. Zustandsgleichungen (thermische).

Die Gesamtheit der Zustandsgrößen beschreibt einen Zustand. Ihre gegenseitigen Beziehungen, d. h. Abhängigkeiten, werden durch die Zustandsgleichungen (thermische Zustandsfunktionen) dargestellt. Stoffunabhängige, allgemeine Beziehungen lassen sich aber nur für den Gaszustand (den idealen) angeben, für den flüssigen und festen Zustand verfügen wir nur über spezielle, z. T. nur empirisch festgestellte Abhängigkeiten in relativ engen Anwendungsbereichen. Dies ist durch die stoffspezifischen Wechselwirkungskräfte, die bei Zuständen dichterer Materiepackung mehr oder weniger bestimmend zutage treten, bedingt.

a) Gasgesetze, Zustandsgleichungen idealer Gase.

Haben wir über die Menge (Molzahlen) verfügt — die Zusammensetzung spielt, sofern es sich nur um gleiche Molzahlen handelt, bei idealen Gasen keine Rolle —, dann haben wir die drei Zustandsvariablen p, v, T in ihrer Verkettung zu verfolgen. Halten wir jeweils eine Größe davon konstant, so läßt sich die gegenseitige Abhängigkeit zweier Zustandsgrößen feststellen.

Boyle-Mariottesches Gesetz, p—v-Abhängigkeit; T = konst.

Druck und Volumen sind einander (bei konstanter Temperatur) umgekehrt proportional (hyperbolische Abhängigkeit).

$$p \cdot v = \text{konst}, \qquad p_1 V_1 = p_2 V_2. \tag{10}$$

Gay-Lussacsches Gesetz, v—T-Abhängigkeit; p = konst.

Ein Gas dehnt sich (bei konstantem Druck) pro Grad Temperaturerhöhung um $\alpha = 1/273{,}16$ seines Volumens bei 0° C ($v_{\vartheta 0}$) aus (lineare Abhängigkeit).

$$v_\vartheta = v_{\vartheta 0}(1 + \alpha\vartheta), \qquad = v_{\vartheta_0}\left(\frac{273{,}16 + \vartheta}{273{,}16}\right), \qquad = v_{\vartheta_0} \cdot \frac{T}{273{,}16}\,. \tag{11}$$

Die absolute Temperatur $T = 273{,}16 + \vartheta$ (s. (1)) ist aus dem Gay-Lussacschen Gesetz, dem Ausdehnungsverhalten idealer Gase abgeleitet.

p–T-Abhängigkeit; v = konst.

Infolge der Proportionalität von p und v ergibt sich für die Drucksteigerung der Spannungskoeffizient β in gleicher Größe wie der Ausdehnungskoeffizient ($\beta = \alpha$).

$$p_\vartheta = p_{\vartheta_0}(1 + \beta\vartheta) \tag{12}$$

Bei einer Erwärmung nimmt der Druck (bei konstantem Volumen) pro Grad Temperaturerhöhung um $\beta = 1/273{,}16$ des Drucks bei $\vartheta = 0°$ C, ($p_{\vartheta 0}$), zu.

Avogadrosches Gesetz. Bei gleichem Druck und gleicher Temperatur verhalten sich die Dichten (ϱ) zweier Gase wie ihre Molekulargewichte, d. h. enthalten gleiche Volumina gleichviel Moleküle (im Mol $N_L = 6{,}023 \cdot 10^{23}$). Hierauf gründet sich z. B. die Molekulargewichtsbestimmung nach Viktor Meyer.

$$\varrho_1 : \varrho_2 = M_1 : M_2\,. \tag{13}$$

Daltonsches Gesetz. Dieses sagt aus, daß in einem Gasgemisch der Gesamtdruck gleich ist der Summe der Teildrucke, die jedes Gas ausüben würde, wenn es in dem betreffenden Volumen allein vorhanden wäre.

$$p = \Sigma\, p_i\,. \tag{14}$$

(Die beiden letzten Gesetze beziehen sich also auf das universelle, nur teilchenzahlabhängige Verhalten der Stoffe im Gaszustand, die beiden vorangehenden sind in ihrer Gleichheit für alle idealen Gase eine Auswirkung davon.)

Allgemeine Zustandsgleichung für ideale Gase.

Die Zusammenfassung des Boyle-Mariotteschen und des Gay-Lussacschen Gesetzes ergibt die allgemeine Zustandsgleichung idealer Gase.

Die Vereinigung der beiden Gesetze kann man sich auf folgendem Wege durchgeführt denken: Der Ausgangszustand des Gases bei 0° C, 1 Atm und dem sich dabei einstellenden Volumen (eines Mols) wird als Normalzustand angenommen; wir bezeichnen daher diese Werte mit den Normalsymbolen ${}^{N}p$, ${}^{N}V$, $\vartheta_0 = {}^{N}T$. Um zu der allgemeinen Abhängigkeit der drei Zustandsvariablen voneinander zu kommen, führen wir als Gedankenexperiment eine Zustandsänderung in zwei Stufen durch: zuerst entsprechend dem Gay-Lussacschen Gesetz bei konstantem Ausgangsdruck eine Volumänderung durch Erwärmung (wir schreiben abgekürzt 273 an Stelle von 273,16)

$$V' = {}^{N}V[1 + \alpha(T - 273)] \qquad = {}^{N}V\left[1 + \frac{1}{273}\,T - 1\right] \qquad = \frac{{}^{N}V}{273} \cdot T$$

und dann bei der Endtemperatur T eine beliebige Änderung des Druckes zu einem sich nach dem Boyle-Mariotteschen Gesetz einstellenden Endvolumen.

$${}^{N}p \cdot V' = p \cdot V\,.$$

Der Ausgangszustand für die zweite Stufe ist gegeben durch ${}^{N}p$, V' (bei der konstant bleibenden Temperatur T). In dieser Gleichung nach Boyle-Mariotte wird das Ausgangsvolumen der zweiten Stufe V' durch das Normalvolumen bzw. den Ausdruck aus der ersten Zustandsänderung ersetzt.

$$\frac{{}^{N}p \cdot {}^{N}V \cdot T}{273} = p \cdot V\,.$$

Diese Zusammenfassung der festgelegten Ausgangsgrößen (Normalgrößen) bezeichnen wir als Gaskonstante R; sie ist eine universelle Konstante, die für ein Mol eines beliebigen Gases gilt.

$$\frac{{}^{N}p \cdot {}^{N}V}{273} = \frac{{}^{N}p \cdot {}^{N}V}{{}^{N}T} = R \tag{15}$$

Die Zustandsgleichung idealer Gase erhält nun für ein Mol die Form:

$$\boxed{p \cdot V = R \cdot T}\,, \tag{16}$$

und für beliebige n Mole:

$$\boxed{p \cdot v = n \cdot R \cdot T} \tag{17}$$

wobei $V = v/n$ und $n = m/M$ ist.

Lösungen und Zustandsgleichung idealer Gase.

Bei verdünnten Lösungen läßt sich die Zustandsgleichung idealer Gase auf die gelöste Substanz anwenden. Der Druck ist hier der osmotische π, den die gelösten Partikeln ausüben, das Volumen ist das Lösungsvolumen. Die Gaskonstante behält ihren Wert.

$$\pi \cdot v = n R T\,. \tag{18}$$

(Über die energetische Behandlung der Lösungen s. § 11.)

Ideales und reales Gasverhalten.

Bei genügend hoher Temperatur und nicht zu hohen Drucken verhalten sich die Gase weitgehend ideal, sie gehorchen stoffunabhängig den idealen Gasgesetzen. So ist z. B. die p, v-Abhängigkeit gemäß dem Boyle-Mariotteschen Gesetz hyperbolisch, d. h. das Produkt $p \cdot v$ ist konstant usw. (s. ideale Gasgesetze).

Je tiefer die Temperatur und je höher der Druck (geringer das Volumen), desto mehr treten Abweichungen hervor, um schließlich zur Verflüssigung des Gases zu führen. Die Zustandsgleichung idealer Gase wird diesem Verhalten nicht mehr gerecht. Dieses „reale" Verhalten wird prinzipiell und weitestgehend graduell durch die Zustandsgleichung von VAN DER WAALS beschrieben. Die ideale Zustandsgleichung wird ein Spezialfall der realen für Zustandsgebiete, in denen die zusätzlichen Koeffizientenglieder in ihrer Größe vernachlässigbar sind, da die Wechselwirkungen zwischen den Gasmolekeln keine Rolle mehr spielen.

b) Zustandsgleichung für reale Gase.

Um dem realen Verhalten der Gase Rechnung zu tragen, um also das Gasverhalten außerhalb des Gebietes großer Verdünnung — d. h. geringer Drucke und höherer Temperaturen — in seiner Zustandsabhängigkeit zu beschreiben, sind die bei idealem Verhalten vernachlässigten Größen, die endliche Raumerfüllung der Gasmoleküle (das Eigenvolumen) und die sich bei größerer Annäherung der Moleküle in erhöhtem Maße bemerkbar machenden Wechselwirkungskräfte zu berücksichtigen. Es existieren mehrere Ansätze in dieser Richtung, die bekannteste und einfachste Beziehung ist die van der Waalssche *Zustandsgleichung*:

$$\left(p + \frac{a}{V^2}\right)(V - b) = R\,T. \tag{19}$$

Die Gleichung (pro Mol) enthält zwei stoffspezifische Koeffizienten a und b, deren Zahlenwert von dem gewähltenMaßsystem (in den p, V und R ausgedrückt werden) abhängt. b, das sogenannte Kovolumen, gibt ein Maß für das Eigenvolumen (das Kovolumen beträgt etwa das Vierfache des Eigenvolumens der Moleküle), a/V^2 stellt das druckäquivalente Glied für die Wechselwirkung der Moleküle dar, in dem zum Ausdruck kommt, daß sich diese Wirkungen mit dem Quadrat des mittleren Molekülabstandes ändern. Dieses reale Verhalten, wie es durch die van der Waalssche Gleichung dargestellt wird, kommt beispielsweise in Abb 1 zum Ausdruck.

Während die Isothermen bei höherer Temperatur noch weitgehend die ideale hyperbolische Abhängigkeit aufweisen, tritt bei den Isothermen tieferer Temperatur de facto eine Diskontinuitätsstelle auf, die in Abb. 1 durch die Horizontale AB, bei der Zustandsgleichung aber durch den schleifenförmigen (gestrichelt gezeichneten) Kurvenverlauf überbrückt wird. In engen Grenzen läßt sich dieser Verlauf bei den Überschreitungserscheinungen — Unterkühlung des Dampfes und Überhitzung der Flüssigkeit — realisieren. Die Diskontinuitätsstelle entspricht der Kondensation, der linke steil ansteigende Ast (geringe Komprimierbarkeit) kommt dem Kondensat, der Flüssigkeit, zu. Formal beschreibt diese Gleichung somit auch den flüssigen Zustand. Das Gebiet des „permanenten“ Gases, das Volum-Druckgebiet, in dem keine Kondensation erfolgen kann, liegt rechts oberhalb der Linie $C\,Kr\,A$, das Gebiet der reinen Flüssigkeit links der Linie $C\,Kr\,B$, und das Gebiet des gesättigten Dampfes zwischen der Linie $B\,Kr\,A$.

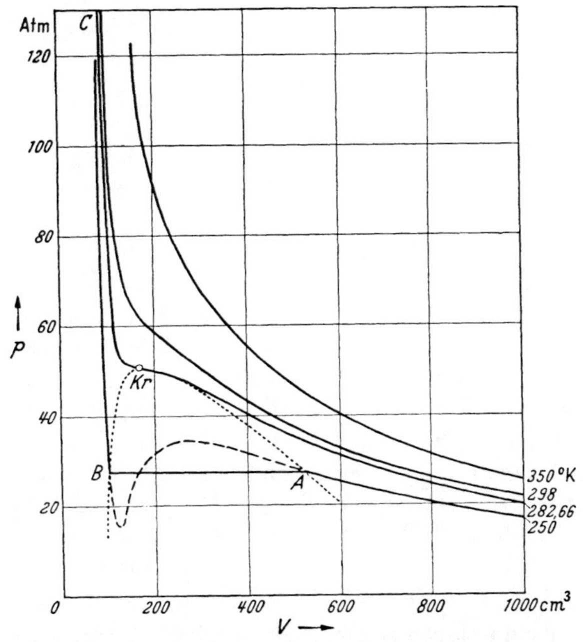

Abb. 1.
Isothermen des C_2H_4 nach der van der Waalsschen Gleichung.

Die Isotherme, die — ohne das Kurvenzwischenstück über einen Wendepunkt — einen kontinuierlichen Übergang von Gas zu Flüssigkeit wiedergibt, ist ausgezeichnet. Sie stellt die höchste Temperatur dar, bei der noch Verflüssigung möglich ist, die kritische Temperatur; der Wendepunkt (der kritische Punkt) bezeichnet durch seine Koordinaten den kritischen Druck und das kritische Volumen.

Die kritischen Daten lassen sich aus den Koeffizienten der van der Waalsschen Gleichung herleiten (s. Beispiel 17) und wie folgt ausdrücken:

$$V_{kr} = 3\,b, \tag{20}$$

$$p_{kr} = \frac{a}{27\,b^2}, \tag{21}$$

$$T_{kr} = \frac{8\,a}{27\,b\,R}. \tag{22}$$

Theorem der übereinstimmenden Zustände.

Führt man die kritischen Größen als Bezugsgrößen ein, dann verschwinden auch bei dieser Gleichung realer Gase die stoffspezifischen Koeffizienten und wir erhalten eine reduzierte Gleichung (als Theorem der übereinstimmenden Zustände bezeichnet).

Die Koeffizienten a und b, sowie R, durch die kritischen Größen ausgedrückt, werden in die van der Waalssche Gleichung eingesetzt:

$$a = 3\,p_{kr}\;V^2_{kr}, \tag{23}$$

$$b = \frac{V_{kr}}{3}, \tag{24}$$

$$R = \frac{8\,V_{kr}\cdot p_{kr}}{3\,T_{kr}}, \tag{25}$$

(daraus der Zusammenhang zwischen den kritischen Daten $\left(\frac{p_{kr} \cdot V_{kr}}{R \cdot T_{kr}} = \frac{8}{3}\right)$

$$\left(p + \frac{3 p_{kr} \cdot V_{kr}^2}{V^2}\right)\left(V - \frac{V_{kr}}{3}\right) = \frac{8 V_{kr} \cdot p_{kr}}{3 T_{kr}} \cdot T$$

$$\left(\frac{p}{p_{kr}} + \frac{3 V_{kr}^2}{V^2}\right)\left(3 \frac{V}{V_{kr}} - 1\right) = 8 \frac{T}{T_{kr}},$$

und für

$$\frac{p}{p_{kr}} = \mathfrak{p}, \quad \frac{V}{V_{kr}} = \mathfrak{V}, \quad \frac{T}{T_{kr}} = \mathfrak{T},$$

$$\left(\mathfrak{p} + \frac{3}{\mathfrak{V}^2}\right)(3\mathfrak{V} - 1) = 8\mathfrak{T}. \tag{26}$$

$\mathfrak{p}$, $\mathfrak{V}$, $\mathfrak{T}$ stellen darin den reduzierten Druck, das reduzierte Volumen und die reduzierte Temperatur dar. Die stoffspezifischen Einflüsse kommen in der Gleichung durch die Verschiedenheit der kritischen Daten zum Ausdruck, darüber hinaus ist die Zustandsfunktion für alle Stoffe ein und dieselbe. Diese reduzierte Gleichung, wie auch die van der Waalssche, aus der sie abgeleitet ist, tragen dem realen Verhalten in guter Annäherung prinzipiell Rechnung, sind aber auch als idealisierte Beziehung aufzufassen.

Nach dem Theorem der übereinstimmenden Zustände läßt sich auch der Siedepunkt als reduzierter Zustand betrachten. Diesbezügliche Erfahrungssätze sind in den folgenden Regeln niedergelegt:

Guldbergsche Regel. Diese spricht aus, daß die Siedetemperatur der meisten Stoffe den etwa 0,64fachen Betrag der kritischen Temperatur hat.

$$T_s \simeq 0{,}64 \cdot T_{kr}. \tag{27}$$

Troutonsche Regel. Die Verdampfungsentropie (Verdampfungsenthalpie beim Siedepunkt durch Siedetemperatur) besitzt für alle Stoffe den Wert von durchschnittlich 21,5 cal. Grad^{-1} (s. a. § 10/3).

$$\Delta S_s \simeq 21{,}5 \text{ cal. grad}^{-1}. \tag{28}$$

Kopp stellte ferner den Satz auf, daß beim Siedepunkt das Molvolumen einer flüssigen organischen Verbindung sich additiv aus den Atomvolumina der Komponenten ergibt

$$V_{AB} \approx V_A + V_B. \tag{29}$$

(Das Atomvolumen hat für die Elemente in verschiedenem Bindungszustand verschiedene Größe, was empirisch festgestellt und auf verschiedene Raumbeanspruchung in den unterschiedlichen Bindungszuständen zurückgeführt wird.)

Boyle-Temperatur.

Diese stellt jene Temperatur dar, bei der ein reales Gas mit sinkendem Druck ideales Grenzverhalten zeigt. Man erkennt dies am besten am Kurvenverlauf bei Verfolgung des Produktes pV mit steigendem Druck p, bei jeweils konstanten Temperaturen. Diese Isothermen zeigen bei tieferen Temperaturen (unterhalb der Boyle-Temperatur) bei kleinsten Drucken beginnend, ein Absinken des Produktes pV, um dann, über ein Minimum gehend, wieder anzusteigen. Das

Kleinerwerden von pV mit Druckanstieg besagt, daß in diesem Bereich die Attraktionskräfte zwischen den Molekeln die Volumverminderung noch begünstigen. Mit steigender Temperatur (höherliegende Isothermen) verflacht dieses Minimum, um bei der Boyle-Temperatur zu verschwinden; oberhalb derselben steigen die Kurven, schon beim Druck 0 beginnend, stetig an. Bei der Boyle-Temperatur beginnen die Kurven bei dem extrapolierten Wert $p = 0$ horizontal. Dieser horizontale Verlauf (ideales Verhalten nach dem Boyle-Mariotteschen Gesetz) erstreckt sich praktisch über einen größeren Druckbereich (über den Verlauf der pV-Kurven und die Boyle-Temperatur s. Beispiel 19 Abb. 33).

Die Boyle-Temperatur hat auch Beziehung zu der in der Kältetechnik eine Rolle spielenden Inversionstemperatur (erstere — im Gültigkeitsbereich der van der Waalsschen Gleichung — im halben Betrag der letzteren) bei der eine Richtungsumkehr des Joule-Thomson-Effektes (s. dort S. 37) auftritt.

Kalorische oder thermodynamische Zustandsgleichungen.

Darunter verstehen wir die energetischen Zustandsfunktionen — unter Heranziehung der Energie als Zustandsvariable —, die durch die drei Hauptsätze der Thermodynamik verkettet, und, in § 8 und den folgenden Paragraphen behandelt, den Kern der Energetik bilden.

§ 6. Arten und Erscheinungsformen der Energie.

Die **Energie** definieren, heißt, sie auf andere Begriffe zurückführen wollen. Je mehr man zu den Grundbegriffen vorstößt, desto mehr wird man genötigt, den Begriff durch Erscheinungen zu umschreiben. In diesem Falle tun wir es anschaulich durch die Arbeitsfähigkeit. Die Energie ist dimensionsmäßig festgelegt $[g \cdot \mathrm{cm}^2 \cdot s^{-2}]$; in unserer mechanischen Vorstellungswelt entspricht das einer

Arbeit (a, A). Diese tritt als auf einer Strecke wirkende Kraft (Kraft mal Weg [dyn. cm], wobei 1 dyn $= [\mathrm{cm} \cdot g \cdot s^{-2}]$), oder als Volumarbeit, d. h. Arbeit des volumvergrößernden Drucks (Druck mal Volumen $[\mathrm{dyn} \cdot \mathrm{cm}^{-2} \cdot \mathrm{cm}^3] = \mathrm{dyn} \cdot \mathrm{cm}$) in Erscheinung.

Die **Wärme** (q, Q) wird physisch empfunden, sie stellt die kinetische Energie der in Bewegung befindlichen Atome und Molekeln dar (kinetsche Theorie) und läßt sich messend nur an ihren Auswirkungen auf Zustände verfolgen und darauf festlegen. Zufuhr oder Abfuhr von Wärme bewirkt entweder Temperatursteigerung oder -erniedrigung oder physikalische Umwandlungen (wie Modifikations- bzw. Aggregatzustandsänderungen, die im Umwandlungspunkt ohne Temperaturänderung verlaufen — s. latente Wärme) oder chemische Umwandlungen.

Das *mechanische Wärmeäquivalent*, das die Äquivalenz von Wärme und Arbeit ausdrückt, gibt uns das experimentell ermittelte Maß an, welches die Umrechnung von kalorischen und mechanischen Größen ermöglicht. Wert s. Tab. 8.

Weitere Erscheinungsformen der Energie:

Die **chemische Energie** ist gleichsam die Energie der Massenanhäufung in der Materie und der Materiebindung. Die Energiebeträge der Bindung der Kernbausteine in den Atomkernen liegen viele Größenordnungen über den Bindungsenergien der Atome und Atomgruppen untereinander, der chemischen Bindung. Der Massendefekt gibt uns auf Grund der Beziehung zwischen Masse und Energie — Zahlenwert s. Tab. 8 — ein Maß für die Kernbindungsenergien. Sie werden meist in Elektronenvolt, eV, angegeben. Dieses Energiemaß bezieht sich auf die Anregungsenergien, welche durch die kinetische Energie der durch die betreffende Spannung beschleunigten Elektronen dargestellt werden.

Elektrische Energie, wird im praktischen elm. System durch das Produkt Spannung mal Strommenge (oder Ladung) ausgedrückt [Volt · Coulomb], im absoluten elm. wie elst. System durch das Erg. Die elektrische Energie ist nicht nur hinsichtlich der chemischen Umwandlungsmöglichkeiten von Belang, ihr kommt auch besondere Bedeutung in der allgemeinen Thermodynamik durch die direkte Meßbarkeit Freier Energien bzw. Freier Enthalpien zu. Bei unserer Stoffgliederung werden diese Möglichkeiten elektrischer Materieäußerungen im Rahmen der Elektrochemie behandelt.

Magnetische Energie. Diese spielt in der chemischen Energetik keine Rolle, da Stoffumwandlungen durch sie nicht bewirkt werden, bzw. diese Energieform bei chemischen Prozessen, Stoffumwandlungen, nicht auftritt.

Strahlende Energie. Den Wechselwirkungen dieser Energieform begegnen wir in der Photochemie. Es handelt sich um die Energie des absorbierten oder emittierten Lichts (im weiteren Sinne jeder Wellenstrahlung). Die Elementarmengen dieser Energie stellen die Energiequanten, die Lichtquanten $h\nu$, dar.

Die *Umrechnungsfaktoren* zwischen den einzelnen Energieeinheiten sind der Tabelle 6 zu entnehmen.

Als mechanische Energieformen unterscheidet man ferner *kinetische* und *potentielle* Energie. Es handelt sich im ersteren Falle um die mechanisch wirkende, im zweiten um die latent vorhandene, einer Auslösung harrende Energie (so die Energie der Lage).

Translations- und *Rotationsenergie,* die beiden kinetischen, also Bewegungsenergieformen, unterscheiden sich hinsichtlich der Art der Bewegung. Sie werden wegen unterschiedlicher Auswirkungen, so auch zur Zählung der Freiheitsgrade bei der Deutung energetischer Effekte, unterschieden.

Die in der Thermodynamik maßgeblichen Energiegrößen:

„*Innere Energie*",
„*Gebundene Energie*" (= reversible Wärme) und
„*Freie Energie*",

werden als Zustandsfunktionen in § 9 behandelt.

§ 7. Wege der Zustandsänderungen.

Zustandsänderungen können auf verschiedenen Wegen vor sich gehen. Die gesamte Energieänderung ist nur durch die Differenz der Energieinhalte von End- und Anfangszustand gegeben, das Verhältnis von auftretender oder aufgenommener Arbeit und Wärme ist aber vom Wege und der Art der Zustandsänderung abhängig. Zum Zwecke der Erfassung der energetischen Gesetzmäßigkeiten und deren rechnerischer Verfolgbarkeit betrachtet man Zustandsänderungen nicht auf unkontrollierbaren Wegen, sondern auf übersehbaren, ausgezeichneten. Als solche gelten jene Wege, auf denen eine oder mehrere Zustandsvariable oder eine Funktion derselben konstant gehalten werden. Zustandsänderungen bei konstanter Temperatur ($dT = 0$) bezeichnen wir als *isotherm*, bei konstantem Volumen ($dv = 0$) als *isochor*, bei konstantem Druck ($dp = 0$) als *isobar*, bei konstanter Entropie ($ds = 0$) als *isentropisch*. Unterbinden wir den Wärmeübergang ($dq = 0$), dann sprechen wir von *adiabatischen* Prozessen.

Partielle Änderungen der Zustandsgrößen.

Ändern wir einen Zustand, der durch die Zustandsgrößen p, v, T bestimmt ist, unter Konstanthaltung jeweils einer Variablen, dann erhalten wir die Abhängigkeit der beiden anderen Zustandsgrößen voneinander; bei konstantem Druck (isobar) die Volumänderung mit der Temperatur — den Ausdehnungskoeffizienten, bei konstantem Volumen (isochor) die Druckänderung mit der Temperatur — den Spannungskoeffizienten, und bei konstanter Temperatur (isotherm) die Volumänderung mit dem Druck — den Kompressibilitätskoeffizienten. Die Koeffizienten werden auf die Ausgangs- bzw. Normalgröße der betreffenden abhängigen Zustandsvariablen bezogen, so stellt z. B. der Ausdehnungskoeffizient die bei konstanten Druck sich ergebende Volumänderung pro Grad Temperaturerhöhung dar, bezogen auf das Normalvolumen (oder ein Ausgangsvolumen).

$$\alpha \equiv \frac{1}{{}^N V}\left(\frac{\partial V}{\partial T}\right)_p \quad \ldots \text{ Ausdehnungskoeffizient (kubischer)}, \tag{30}$$

$$\beta \equiv \frac{1}{{}^N p}\left(\frac{\partial p}{\partial T}\right)_v \quad \ldots \text{ Spannungskoeffizient}, \tag{31}$$

$$\chi \equiv \frac{1}{{}^N V}\left(\frac{\partial V}{\partial p}\right)_t \quad \ldots \text{ Kompressibilitätskoeffizient (kubischer)}. \tag{32}$$

(Bei nicht isotropen Körpern haben auch die linearen Koeffizienten Bedeutung, sie sind dann nicht nach allen Richtungen von gleicher Größe. Bei isotropen Körpern ist der kubische Ausdehnungskoeffizient gleich dem dreifachen linearen.)

Diese Koeffizienten ergeben sich somit als die durch die Bezugsgröße dividierten partiellen Differentialquotienten der (therm.) Zustandsfunktion, und dadurch ist auch ihre gegenseitige Abhängigkeit herzuleiten. Zu dieser wechselseitigen Beziehung gelangt man wie folgt:

$$p = \varphi(V, T)\,, \tag{33}$$

$$dp = \left(\frac{\partial p}{\partial T}\right)_v \cdot dT + \left(\frac{\partial p}{\partial V}\right)_T \cdot dV \tag{34}$$

für isobare Änderungen, $dp = 0$:

$$\left(\frac{\partial p}{\partial T}\right)_v \cdot dT = -\left(\frac{\partial p}{\partial V}\right)_T \cdot dV,$$

also

$$\left(\frac{\partial V}{\partial T}\right)_p = -\frac{\left(\frac{\partial p}{\partial T}\right)_v}{\left(\frac{\partial p}{\partial V}\right)_T} \tag{35}$$

oder

$$\left(\frac{\partial p}{\partial T}\right)_v = -\frac{\left(\frac{\partial V}{\partial T}\right)_p}{\left(\frac{\partial V}{\partial p}\right)_T}. \tag{35a}$$

Der Zusammenhang der Koeffizienten ist somit:

$$^{\varkappa}p \cdot \beta = \frac{\alpha}{\chi}. \tag{36}$$

Isotherme und adiabatische Zustandsänderung idealer Gase.

Bei den Gasen bringen es die Größe des Volumens und das Ausdehnungsverhalten — die allgemeinen Gesetzmäßigkeiten für ideale Gase — mit sich, daß der Arbeitsleistung, die mit Volumänderung verbunden ist, bei thermodynamischen Gedankengängen besondere Bedeutung zukommt.

Isotherme Arbeit. Bei isothermer und reversibler Arbeit wird maximale Arbeit geleistet. Bei idealen Gasen wird sämtliche zugeführte (abgeleitete) Wärme in Arbeit umgesetzt $du = 0$ in $(B/2)$, somit

$$-dq = da \quad da = -pdv. \tag{B/3}$$

(Die Volumarbeit, als Arbeits*leistung* des Systems, erhält negatives Vorzeichen s. S. 22.)

$$\int_1^2 da = -\int_{v_1}^{v_2} pdv, \tag{37}$$

mit $pv = nRT$ (17)

$$(a_2 - a_1) = a_{1\to 2} = -nRT\int_{v_1}^{v_2}\frac{dv}{v} = -nRT\cdot\ln\frac{v_2}{v_1} \tag{38}$$

und auf molare Mengen bezogen:

$$A_{1\to 2} = -RT\cdot\ln\frac{v_2}{v_1}. \tag{38a}$$

Adiabatische Arbeit. Bei adiabatischer Arbeit, d. h. wenn keine Wärme dem System zugeführt oder aus demselben abgeführt wird, ($dq = 0$ in $(B/2)$), ist $du = da = c_v dT$ (s. S. 26), $da = -pdv$, somit

$$c_v\,dT = -pdv \tag{39}$$

und mit $pv = nRT$

$$c_v\,dT = -nRT\frac{dv}{v} \tag{40}$$

auf molare Mengen bezogen:

$$C_v\,dT = -RT\frac{dV}{V}. \tag{40a}$$

Wenn C_v bei idealem Verhalten konstant ist, wird

$$C_v\int_{T_1}^{T_2}\frac{dT}{T} = -R\int_{V_1}^{V_2}\frac{dV}{V} \tag{41}$$

mit
$$R = C_p - C_v \tag{B/26}$$
$$C_v \ln \frac{T_2}{T_1} = (C_p - C_v) \ln \frac{V_1}{V_2}. \tag{42}$$

Dieser Ausdruck stellt die Verknüpfung der Zustandsgrößen bei adiabatischen Zustandsänderungen idealer Gase dar, die weiter umgeformt ergibt:
$$\ln \frac{T_2}{T_1} = \frac{C_p - C_v}{C_v} \ln \frac{V_1}{V_2}, \tag{43}$$
für
$$\frac{C_p}{C_v} \equiv \gamma \tag{44}$$
$$\ln \frac{T_2}{T_1} = (\gamma - 1) \ln \frac{V_1}{V_2} \tag{45}$$
$$\underline{\frac{T_2}{T_1} = \left(\frac{V_1}{V_2}\right)^{\gamma-1}} \quad \textit{Poissonsche Gleichung} \tag{46}$$
oder
$$\underline{T_2 V_2^{\gamma-1} = T_1 V_1^{\gamma-1}}, \tag{46a}$$
für T aus Gasgleichung: $\frac{p\,V}{R}$
$$\underline{p_2 V_2^{\gamma} = p_1 V_1^{\gamma}}, \tag{47}$$
für V aus Gasgleichung: $\frac{R\,T}{p}$.
$$\underline{p_2^{\gamma-1}\, T_1^{\gamma} = p_1^{\gamma-1}\, T_2^{\gamma}} \quad \text{oder} \quad \underline{T_2^{\gamma}\, p_2^{1-\gamma} = T_\gamma^{1}\, p_1^{1-\gamma}}. \tag{48}$$

Der **Carnotsche Kreisprozeß** ist ein Gedankenexperiment. Er ist eine Folge von isothermen und adiabatischen Arbeitsgängen mit einem idealen Gas, die — reversibel geführt — die größtmögliche Arbeitsleistung einer idealen Wärmekraftmaschine ergibt. Der Carnot-Prozeß zeigt in Übereinstimmung mit dem 2. Hauptsatz, daß Wärme sich nur beschränkt in Arbeit umwandeln läßt und liefert uns das Maß dieser Umwandelbarkeit. Die Ableitung und Durchrechnung eines solchen Kreisprozesses ist in Beispiel 22 durchgeführt.

Reversible Prozesse.

Eine ausgezeichnete Führung von Prozessen ist die reversible. Reversibel, d. h. umkehrbar geführt sind Zustandsänderungen dann, wenn man durch eine geringe Vergrößerung oder Verringerung (um einen infinitesimalen Betrag) der variablen Zustandsgröße (p, T oder v) den Prozeß rückläufig machen kann. Das System ändert sich dann über eine kontinuierliche Reihe von Gleichgewichtszuständen, verläuft dadurch unendlich langsam und stellt einen Grenzfall durchführbarer Zustandsänderungen dar. Bei Ausdehnung müssen diese so erfolgen, daß sich Druck und Gegendruck stets das Gleichgewicht halten, bei Erwärmung muß die Wärmezufuhr von einem nur um $d\,T$ wärmeren Behälter (Körper) geschehen.

Reversible Prozeßführung ermöglicht maximale Arbeitsleistung oder in der Gegenrichtung minimalen Arbeitsaufwand. Isotherm geführte reversible Prozesse ergeben die vollkommene Umwandelbarkeit von Wärme in Arbeit. Alle nebenherlaufenden, nicht die Zustandsänderung bestimmenden wärmeliefernden

Vorgänge (durch Reibung, Widerstände) oder Wärmeverluste (durch Ableitung und Strahlung) stellen irreversible Zusatzglieder dar, die die Arbeitsausbeute verringern.

Man bedient sich reversibler Prozesse — als Gedankenexperiment — zur Berechnung der nach dem 2. Hauptsatz ableitbaren Größen, der Freien Energien bzw. Freien Enthalpien (maximaler Arbeiten, Affinitäten) sowie zur Berechnung von Gleichgewichten.

Irreversible, nichtumkehrbare Prozesse.

Alle von selbst verlaufenden Prozesse sind irreversibel. Über den Grad der Irreversibilität siehe Entropieänderungen § 9/3.

B. Die energetischen Größen (Zustandsfunktionen) und ihre Verkettung.

§ 8. Die Hauptsätze der Thermodynamik.

Das Gesamtgebäude der Thermodynamik ruht auf den sogenannten Hauptsätzen. Diese sind Axiome, Erfahrungssätze, deren Gültigkeit nur durch die experimentelle Bestätigung ihrer Aussagen nachzuweisen ist.

a) Erster Hauptsatz (Energieerhaltungsatz).

Dieser sagt aus, daß in einem abgeschlossenen System die Gesamtenergie erhalten bleibt, welche Energieänderungen (Umwandlungen) auch innerhalb des Systems vor sich gehen. Stellen wir eine Energiebilanz auf, so muß einem Energiegewinn eines Teilsystems stets ein gleich großer Energieverlust des Restsystems gegenüberstehen.

Auf die Änderung des Energieinhalts eines beliebigen Systems angewandt besagt der 1. Hauptsatz, daß ein Zuwachs des Energieinhalts gleich ist der Summe der dem System etwa in Form von Wärme und Arbeit zugeführten Teilbeträge der Energie

$$u_2 - u_1 = q + a \,. \tag{1}$$

In differentieller Form läßt sich schreiben:

$$\boxed{du = dq + da} \tag{2}$$

Die dem System *zu*geführten Energiebeträge werden in allen Fällen positiv gezählt. Geleistete Arbeit, wie z. B. die Volumarbeit $p \cdot v$, stellt demnach einen negativ zu zählenden Energiebetrag dar (s. Vorzeichengebung § 1).

$$\boxed{du = dq - pdv} \tag{2a}$$

$$pdv = -da \,. \tag{3}$$

Über die Auswirkungen und die spezielle Formulierung des ersten Hauptsatzes in der Thermochemie als Hessscher Satz von der Konstanz der Wärmesummen siehe § 10/2.

b) Zweiter Hauptsatz (Entropiesatz).

Dieser macht Aussagen über die Richtung des freiwilligen Ablaufs von Prozessen. Wir begegnen ihm in verschiedenen Fassungen — stets bezogen auf den Ablauf in abgeschlossenen Systemen — und zwar:

als Satz von der Einseitigkeit des Wärmeübergangs (auch von chemischen Reaktionen),
vom Zustreben zu einem Gleichgewichtszustand,
von der Zerstreuung der Energie (Degradierung eines Systems),
von der Unmöglichkeit eines perpetuum mobile 2. Art,
von der beschränkten Verwandelbarkeit von Wärme in Arbeit,
vom maximalen Wirkungsgrad einer Wärmekraftmaschine, allgemein der Umwandlung von Wärme in Arbeit (aus dem Carnotschen Kreisprozeß),

$$d\,a_{rev} = -\frac{q_{rev}}{T}\,d\,T \tag{4}$$

$$q_{rev} = -T \cdot \frac{d\,a_{rev}}{d\,T} \tag{4a}$$

von der Entropie, die bei allen von selbst verlaufenden Vorgängen — so bei allen Naturerscheinungen — zunimmt bzw. einem Höchstwert zustrebt (nur im Grenzfall reversibler Prozeßführung, im Gleichgewichtszustand, ist die Entropieänderung gleich Null),

$$s_2 > s_1 \tag{5}$$

$$\boxed{d\,s \equiv \frac{d\,q_{rev}}{T}} \tag{6}$$

von der durchschnittlichen Änderung eines jeden (abgeschlossenen) Systems in Richtung auf einen Zustand größter Wahrscheinlichkeit.

Der zweite Hauptsatz ist ein statistisches Gesetz, das sich auf das Verhalten einer Vielzahl von Partikeln bezieht, wie schon aus der Wahrscheinlichkeitsformulierung hervorgeht, die auf ein Einzelteilchen beschränkt, ihren Sinn verlöre.

Da der Begriff der Entropie unmittelbar aus dem zweiten Hauptsatz erwächst, siehe auch § 9/3 „Entropie“.

Für chemische Prozesse ergeben sich daraus die Folgerungen betreffend die Richtung des freiwilligen Reaktionsablaufes und die Triebkraft einer Reaktion. Die „maximale Nutzarbeit“ bei der Reaktion stellt das Maß der Affinität dar, gleichbedeutend mit der Änderung der Freien Energie bzw. Freien Enthalpie (s. diese).

Verbindung des 1. und 2. Hauptsatzes; die Helmholtzsche Gleichung.

Diese ergibt sich durch Einsetzen des Werts für q_{rev} (4a) in die Gleichung des 1. Hauptsatzes im Spezialfall reversibel überführter Wärme und Arbeit.

$$u_2 - u_1 = a_{rev} + q_{rev} \tag{7}$$

$$\boxed{u_2 - u_1 = a_{rev} - T \cdot \frac{d\,a_{rev}}{d\,T}} \tag{8}$$

Auf diese Gleichung wird, gemäß ihrer Bedeutung für die Ermittlung energetischer Größen von Stoffen und Reaktionen, in den §§ 9 u. 10 noch zurückgekommen.

c) Dritter Hauptsatz (Nernstscher Wärmesatz).

Der Nernstsche Wärmesatz bezieht sich auf Aussagen im Bereich des absoluten Nullpunkts. Er schafft die Voraussetzung zur Aufstellung einer eindeutigen Temperaturfunktion der Freien Energie und macht Aussagen über den Absolutwert der Entropie bzw. die Entropiekonstante.

Sein Inhalt läßt sich dahingehend zusammenfassen,

daß in der Nähe des absoluten Nullpunkts sich die u- und f-Funktionen (Energieinhalt und Freie Energie), desgleichen die h- und g-Funktionen (Enthalpie und Freie Enthalpie) asymptotisch nähern und der Differentialquotient dieser Funktionen nach der Temperatur — bei kondensierten Stoffen — den Wert Null erreicht (s. Abb. 4),

$$\boxed{\lim_{T=0} \frac{d\,u}{d\,T} = \lim_{T=0} \frac{d\,f}{d\,T} = 0 \quad \text{(kond. Stoffe)}} \tag{9}$$

daß mit Annäherung an den absoluten Nullpunkt alle Prozesse zwischen kondensierten Stoffen ohne Entropieänderung verlaufen,

$$\lim_{T=0} \Delta S = 0 \quad \text{(kond. Syst.)}, \tag{10}$$

daß beim absoluten Nullpunkt die Entropie jedes reinen festen oder flüssigen Stoffes dem Wert 0 zustrebt

$$\boxed{\lim_{T=0} s = 0 \quad \text{(kond. Stoffe)}} \tag{11}$$

(ein idealer Festkörper, der beim absoluten Nullpunkt auch den größten Ordnungszustand verkörpert, besitzt dort den Wert $S_0 = 0$),

daß der absolute Nullpunkt nicht erreicht werden kann, ferner auch beinhaltend,

daß die Wärmekapazitäten von Anfangs- und Endstoffen bei Umsetzungen gleich werden (aus $\frac{d\Delta U}{d\,T} = \Delta C_v = 0$) und darüber hinaus jede für sich dem Wert 0 zustrebt.

$$\boxed{\lim_{T=0} \Delta\,C_v \;(= \lim_{T=0} \Delta\,C_p) = 0 \quad \text{(kond. Syst.)}} \tag{12}$$

$$\boxed{\lim_{T=0} c_v \;(= \lim_{T=0} c_p) = 0 \quad \text{(kond. Stoffe)}} \tag{13}$$

Auf gewisse Einschränkungen der strengen Gültigkeit des Nernstschen Wärmesatzes in den obigen Formulierungen, wie Nullpunktsentropie von Lösungen, Gläsern, sei hingewiesen. Ihnen kommt theoretische Bedeutung zu, für praktische Berechnungen spielen diese keine Rolle (vgl. S. 42).

Der dritte Hauptsatz läßt sich quantentheoretisch deuten; auf diesem Wege ergibt sich im Prinzip auch eine Berechnungsmöglichkeit der Chemischen Konstante.

§ 9. Die energetischen Größen (Zustandsfunktionen) von Einzelstoffen (einphasigen Systemen).

Unter den hier Behandlung findenden energetischen Größen sind die thermodynamischen Funktionen u, h, s, f, g, c_v, c_p — auf molare Mengen bezogen U, H, S, F, G, C_v, C_p — verstanden. Mit Hilfe dieser Größen (Werte der Funktionen) und ihrer gegenseitigen Beziehungen lassen sich unsere stofflichen Systeme — Stoffzustände, Zustandsänderungen sowie Stoffumwandlungen (Reaktionen) — vollständig beschreiben und Gleichgewichte ermitteln.

Eine Übersicht über die Verkettung dieser im folgenden behandelten Funktionen soll durch eine schematische Darstellung der wichtigsten Beziehungen (Übersicht 1) gegeben werden. Gleichzeitig soll dieses Schema auch die Zusammenfassung der knappen textlichen Ausführungen darstellen.

1. Wärmekapazität, Spezifische Wärmen und Molwärmen c_v, c_p (C_v, C_p).

Die einem System zugeführte Wärmemenge, welche eine Temperaturerhöhung um eine Einheit, ein Grad, bewirkt, nennen wir die Wärmekapazität c. Innerhalb bestimmter Temperaturgrenzen erhalten wir die mittlere Wärmekapazität als den Quotienten

$$\bar{c} \equiv \frac{q}{\Delta T}.$$

Nur als Spezialfall ist die Wärmekapazität über einen größeren Temperaturbereich als konstant zu betrachten. Dem wahren Wert der Wärmekapazität (für eine bestimmte Temperatur) kommt man um so näher, zu je kleineren Temperaturdifferenzen man bei der Ermittlung übergeht. Als Grenzwert ergibt sich die *wahre* Wärmekapazität bei einem Temperaturunterschied dT.

$$c \equiv \frac{dq}{dT}.$$

Da der Wärmewert aber von den Bedingungen der Erwärmung abhängig ist, ob diese bei konstantem Volumen, also ohne Ausdehnungsmöglichkeit, oder bei konstantem Druck, bei nebenher geleisteter Ausdehrungsarbeit, vor sich geht, unterscheiden wir die beiden Fälle unter Kennzeichnung durch den Index (die konstant gehaltenen Zustandsgrößen) v und p.

$$c_v = \left(\frac{\partial q}{\partial T}\right)_v; \qquad (14)$$

$$c_p = \left(\frac{\partial q}{\partial T}\right)_p. \qquad (14a)$$

c_p ist stets größer als c_v.

Die Dimension der Wärmekapazität: [erg. grad^{-1}] bzw. [cal. grad^{-1}].

Beziehen wir die Wärmekapazität auf die Masseneinheit 1 g eines bestimmten Körpers (bzw. eines homogenen Systems) und die Temperatureinheit $\Delta T =$ 1 Grad, so bezeichnen wir sie als die *Spezifische Wärme* (mit den allgemeinen Symbolen c_v und c_p). Wir definieren sie als die Wärmemenge, die nötig ist, um 1 g eines Stoffes um 1 Grad zu erwärmen.

Auf 1 Mol als Mengeneinheit bezogen, erhalten wir die *Molwärmen* (bei Elementen die *Atomwärmen*) C_v, C_p.

$$C_v = \frac{c_v}{n} \; ; \tag{15}$$

$$C_p = \frac{c_p}{n} \; . \tag{15a}$$

Durch partielle Differentiation nach (14) erhalten wir mit

$$d\,q = d\,u + p\,d\,v \quad (\text{aus } (2\text{a})), \tag{16}$$

$$\underline{\left(\frac{\partial q}{\partial T}\right)_v = c_v = \left(\frac{\partial u}{\partial T}\right)_v} . \tag{17}$$

Bei Konstanthaltung des Volumens, $d\,v = 0$, entspricht die zugeführte Wärme dem Zuwachs an innerer Energie.

Bei Erwärmung unter konstantem Druck, $d\,p = 0$, wird die zugeführte Wärme nicht nur die innere Energie erhöhen, sondern auch Ausdehnungsarbeit leisten. Durch partielle Differentiation gemäß (14a) erhält man

$$\left(\frac{\partial q}{\partial T}\right)_p = c_p = \left(\frac{\partial u}{\partial T}\right)_p + p\left(\frac{\partial v}{\partial T}\right)_p , \tag{18}$$

$$\underline{c_p = \left(\frac{\partial h}{\partial T}\right)_p} . \tag{19}$$

(Über die Wärmefunktion h, die Enthalpie, siehe nächster Abschn. 2.) Dieses Ergebnis erhalten wir auch ohne weiteres durch partielle Differentiation nach T von

$$d q = d h - v d p \quad (\text{aus } (49)), \tag{20}$$

unter Konstanthaltung von p.

Der Unterschied der Wärmekapazitäten $c_p - c_v$ läßt sich auf folgende Weise ableiten, entweder 1) direkt über das Differential du, oder 2. über den Weg einer gedachten schrittweisen Erwärmung bei konstantem Volumen und einer nachfolgenden Ausdehnung bei konstanter Temperatur auf den Ausgangsdruck, was zusammen der direkten Erwärmung unter konstantem Druck entspricht.

1)
$$dq = du + pdv , \tag{16}$$

$$u = \varphi\,(v, T) , \tag{21}$$

$$du = \left(\frac{\partial u}{\partial T}\right)_v d\,T + \left(\frac{\partial u}{\partial v}\right)_T d\,v , \tag{22}$$

$$dq = \left(\frac{\partial u}{\partial T}\right)_v d\,T + \left(\frac{\partial u}{\partial v}\right)_T d\,v + p \cdot d\,v \tag{23}$$

nach T differenziert (partiell) unter Konstanthaltung von p, erhält man c_p:

$$\left(\frac{\partial q}{\partial T}\right)_p = \left(\frac{\partial u}{\partial T}\right)_v + \left(\frac{\partial u}{\partial v}\right)_T \left(\frac{\partial v}{\partial T}\right)_p + p\left(\frac{\partial v}{\partial T}\right)_p \tag{24}$$

$$c_p = c_v + \left[\left(\frac{\partial u}{\partial v}\right)_T + p\right] \left(\frac{\partial v}{\partial T}\right)_p$$

$$\boxed{c_p - c_v = \left[\left(\frac{\partial u}{\partial v}\right)_T + p\right] \cdot \left(\frac{\partial v}{\partial T}\right)_p} \tag{25}$$

2) $\left(\frac{\partial q}{\partial T}\right)_p = \left(\frac{\partial u}{\partial T}\right)_p + p\left(\frac{\partial v}{\partial T}\right)_p$; $\left(\frac{\partial u}{\partial T}\right)_p = \left(\frac{\partial u}{\partial T}\right)_v + \left(\frac{\partial u}{\partial v}\right)_T \left(\frac{\partial v}{\partial T}\right)_p$;

$$c_p = c_v + \left(\frac{\partial u}{\partial v}\right)_T \left(\frac{\partial v}{\partial T}\right)_p + p\left(\frac{\partial v}{\partial T}\right)_p .$$

Die Glieder zusammengefaßt, ergeben das obige Resultat (25).

Diese Beziehung gibt uns die Möglichkeit, c_v-Werte aus den c_p-Werten und umgekehrt zu ermitteln. Letztere sind in der Regel leichter experimentell zugänglich. Die sich daraus ergebende einfache Beziehung bei den idealen Gasen siehe in der folgenden speziellen Behandlung der einzelnen Aggregatzustände.

Über die Differenz $c_p - c_v$, zurückgeführt auf die Ausdehnungs- und Kompressibilitätskoeffizienten, siehe (44) unter Festkörper.

Die Temperaturabhängigkeit von C_v und C_p wird für die einzelnen Aggregatzustände in den folgenden speziellen Abschnitten behandelt.

Die Ausdrücke für die Volum- und Druckabhängigkeit der Spezifischen Wärmen (Molwärmen) finden sich bei den realen Gasen (32) bis (34).

Spezielles.

Ideale Gase. Die Molwärmen idealer Gase sind vom Volumen bzw. dem Druck unabhängig, was aus der entsprechenden Unabhängigkeit des Energieinhalts bzw. der Enthalpie folgt.

Für die Differenz der Molwärmen $C_p - C_v$ ergibt sich aus (25), bei Einsetzen von $\left(\frac{\partial U}{\partial V}\right)_T = 0$ (57) und für V den Wert aus der Zustandsgleichung idealer Gase $V = \frac{RT}{p}$, bzw. für den partiellen Differentialquotienten $\left(\frac{\partial V}{\partial T}\right)_p = \frac{R}{p}$:

$$\boxed{C_p - C_v = R} \tag{26}$$

Aus statistisch-kinetischen Vorstellungen, dem Gleichverteilungssatz, folgt für die Molwärmen idealer Gase pro Freiheitsgrad der Betrag $\frac{1}{2}R$, und zwar

$$C_v = \frac{3}{2}R, \quad C_p = \frac{5}{2}R \tag{27}$$

für ein einatomiges Gas, bei 3 translatorischen Freiheitsgraden,

$$C_v = \frac{5}{2}R, \quad C_p = \frac{7}{2}R \tag{28}$$

für ein zweiatomiges Gas, bei 3 translatorischen und 2 rotatorischen Freiheitsgraden.

Für mehratomige Gase läßt sich wegen der Uneinheitlichkeit der Freiheitsgrade keine allgemeingültige, einfache Angabe machen (praktisch ist der ideale Bereich hier sehr beschränkt), doch wäre dafür zu nehmen

$$C_v = \frac{5}{2} R, \quad C_p = \frac{7}{2} R \tag{29}$$

für drei- und mehratomige Gase bei gestreckter Anordnung (3 translatorische und 2 rotatorische),

$$C_v = \frac{6}{2} R, \quad C_p = \frac{8}{2} R \tag{30}$$

für drei- und mehratomige Gase bei gewinkelter Anordnung (3 translatorrische und 3 rotatorische Freiheitsgrade).

Diese Daten ergeben sich, sofern man ideale Gase ohne innere Schwingungen annimmt, unabhängig von der Temperatur. (Bezüglich der theoretischen Ansätze zur Berechnung der Schwingungswärme der Gase und ihrer Temperaturabhängigkeit sei auf A. Eucken, Lehrb. II/1 und Grundriß verwiesen.) Über einen Abfall der Molwärmen der Gase im unmittelbaren Bereich des absoluten Nullpunkts als Konsequenz des 3. Hauptsatzes — Gasentartung — siehe § 9/5.

Reale Gase. Während ideales Verhalten am weitestgehenden bei den einatomigen Gasen verwirklicht ist, ergibt sich bei den mehratomigen Gasen die Notwendigkeit, dem realen Verhalten in der Temperaturabhängigkeit der Molwärmen Rechnung zu tragen.

Die Temperaturabhängigkeit der Molwärmen ist um so größer, je größer die Atomzahl im Molekül ist; sie wird modifiziert durch die stoffspezifischen Bindungs- und Wechselwirkungseinflüsse. Die Wärmekapazität (Mol- und spezifische Wärme) läßt sich in ihrer Temperaturabhängigkeit am einfachsten durch eine Reihenformel ausdrücken, z. B. zwischen $T = 0$ und T:

$$C_p = C_{p,0} + \alpha T + \beta T^2 + \gamma T^3 \ldots \tag{31}$$

Der Gültigkeitsbereich dieser Formeln ist begrenzt, in Gebieten jenseits des Gültigkeitsbereichs erhält man z. T. nur ungenaue Extrapolationswerte (so z. B. für den Bereich sehr tiefer Temperaturen, so daß damit errechnete Umwandlungsgrößen für den absoluten Nullpunkt nur formale Bedeutung haben.

Der rechnerischen Einfachheit wegen sucht man die Reihe möglichst kurz, unter Vernachlässigung der höheren Glieder, zu benützen. Es ist dabei zu beachten, inwieweit dies für die angestrebte Genauigkeit angängig ist.

In nicht zu großen Temperaturintervallen läßt sich mitunter mit einer mittleren Molwärme (spezifischen Wärme) auskommen; diese wird dann in dem betreffenden Temperaturbereich als konstant behandelt (Anwendung siehe Modellbeispiel).

Die **Volum- und Druckabhängigkeit** der Wärmekapazität läßt sich aus der Volumabhängigkeit des Energieinhalts bzw. der Druckabhängigkeit der Enthalpie (s. diese) ableiten. Differenzieren wir $\left(\frac{\partial u}{\partial v}\right)_T$ partiell nach der Temperatur (bei konstantem Volumen), so können wir die Differentiationsfolge vertauschen und erhalten

$$\left(\frac{\partial\left(\frac{\partial u}{\partial v}\right)_T}{\partial T}\right)_v = \left(\frac{\partial\left(\frac{\partial u}{\partial T}\right)_v}{\partial v}\right)_T = \left(\frac{\partial c_v}{\partial v}\right)_T \tag{32}$$

und die Differentiation des ersten Ausdrucks durchgeführt, d.h. Gl. (55)

$$\left(\frac{\partial u}{\partial v}\right)_T = -\left[p - T\left(\frac{\partial p}{\partial T}\right)_v\right] \tag{55}$$

nach T differenziert ergibt dann:

$$\left(\frac{\partial c_v}{\partial v}\right)_T = T\left(\frac{\partial^2 p}{\partial T^2}\right)_v . \tag{33}$$

Auf dem analogen Wege gelangt man zu der Abhängigkeit

$$\left(\frac{\partial\left(\frac{\partial h}{\partial p}\right)_T}{\partial T}\right)_p = \left(\frac{\partial\left(\frac{\partial h}{\partial T}\right)_p}{\partial p}\right)_T = \left(\frac{\partial c_p}{\partial p}\right)_T \tag{32a}$$

und der Ausdruck

$$\left(\frac{\partial h}{\partial p}\right)_T = v - T\left(\frac{\partial v}{\partial T}\right)_p \tag{55a}$$

nach T differenziert, ergibt dann weiter

$$\left(\frac{\partial c_p}{\partial p}\right)_T = -T\left(\frac{\partial^2 v}{\partial T^2}\right)_p \tag{33a}$$

Durch Integration in den Grenzen $V = \infty$ und V, bzw. $p = 0$ und p gelangt man zu den Gleichungen

$$c_v = c_{v=\infty} + T\int_{\infty}^{v}\left(\frac{\partial^2 p}{\partial T^2}\right)_v dv\,; \tag{34}$$

$$c_p = c_{p=0} - T\int_{0}^{p}\left(\frac{\partial^2 v}{\partial T^2}\right)_p dp. \tag{34a}$$

Die Molwärmen für die untere Grenze sind die des idealen Gaszustands. Zur Auswertung des Integrals ist der jeweilige Ausdruck von p bzw. V aus der Zustandsgleichung realer Gase einzusetzen.

Flüssigkeiten. Hier läßt sich an keine allgemeine Gesetzmäßigkeit anlehnen, man kann nur durch spezielle, empirische *Reihenformeln* die für verschiedene Temperaturen experimentell ermittelte Temperaturabhängigkeit darstellen. Die Umrechnung von C_p-Werten in C_v-Werte und umgekehrt läßt sich auf dieselbe Weise wie bei Festkörpern (siehe dort) durchführen. Gegenüber den Festkörpern liegen die Wärmekapazitäten in der Regel etwas höher, die Ausdehnungs- und Kompressibilitätskoeffizienten weisen etwas größere Werte auf, wodurch auch die Differenz C_p-C_v normalerweise vergrößert ist. Bei Berechnungen geringerer Genauigkeit wird man zuweilen von einer Unterscheidung zwischen C_p und C_v absehen können.

Festkörper. Der Abfall der Spezifischen Wärmen (Wärmekapazität) bei tiefen Temperaturen gegen den Wert Null einerseits und das Zustreben der Atomwärmen der Elemente zu einem Grenzwert (Dulong-Petit) führte zu der Aufdeckung allgemeiner Gesetzmäßigkeiten auf Grund quantentheoretischer Beziehungen (Behandlung der Kristallgitterpunkte, d. h. der Atome als Oszillatoren).

Die Regel von *Dulong-Petit* stellt den Grenzfall für höhere Temperaturen dar, sie sagt aus, daß die Atomwärmen fester chemischer Elemente den Wert

$$C_p \backsim 6{,}4 \text{ cal/g-Atom} \tag{35}$$

besitzen. Die Elemente mit niedriger Ordnungszahl erreichen diesen Wert erst bei höheren Temperaturen, die meisten schon bei Zimmertemperatur. Die Form von C_p-Kurven zeigt Abb. 2.

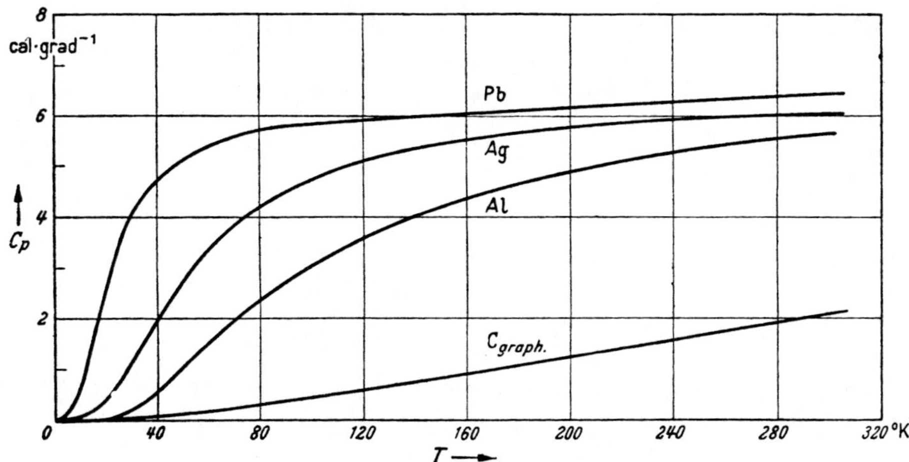

Abb. 2. C_p-Kurven einiger Elemente.

Nach der Theorie der Spezifischen Wärmen der Festkörper — die sich auf C_v bezieht — folgt für Elemente als Grenzwert

$$\lim C_v = 3\,R\,. \tag{36}$$

Eine Erweiterung der Dulong-Petitschen Regel auf Verbindungen stellt die Regel von Kopp und Neumann dar, nach der die Molwärmen von Verbindungen annähernd gleich der Summe der Atomwärmen der die Molekel aufbauenden Atome sind.

Der Inhalt des anderen Grenzgesetzes, das sich auf den Abfall der Spezifischen Wärmen im Bereich tiefer Temperaturen bezieht — das *Debyesche* T^3-*Gesetz* —, besagt, daß die Spezifischen Wärmen (oder die Molwärmen) mit Annäherung an den absoluten Nullpunkt, der 3. Potenz der absoluten Temperatur proportional werden.

Für tiefe Temperaturen:

$$\left.\begin{aligned} C_v &= \text{prop} \cdot T^3 = \frac{4\,\pi^4}{5} \cdot 3\,R\left(\frac{T}{\Theta_g}\right)^3 = 233{,}8\,R\left(\frac{T}{\Theta_g}\right)^3 \\ &= 465 \cdot \left(\frac{T}{\Theta_g}\right)^3 \text{ cal} \cdot \text{grad}^{-1}. \end{aligned}\right\} \tag{37}$$

Der Proportionalitätsfaktor setzt sich zusammen aus einem allgemeinen Ausdruck mit dem Zahlenwert 465 cal · grad^{-1} und der stoffspezifischen Konstanten Θ_g^{-3}.

Θ, die „Charakteristische Temperatur"

$$\Theta = \frac{h\nu}{k}, \tag{38}$$

enthält neben den beiden universellen Konstanten h (Plancksches Wirkungsquantum) und k (Boltzmannsche Konstante) die Frequenz ν, der als Oszillatoren wirkenden Atome oder Atomgruppen.

Θ_g stellt die auf die Grenzfrequenz ν_g bezogene Charakteristische Temperatur dar.

$$\Theta_g = \frac{h\nu_g}{k}. \tag{38a}$$

Diese erscheint in jenen Beziehungen, die nicht auf der Annahme einer einheitlichen Frequenz der Atome im Gitter fußen (EINSTEIN), sondern unter Berücksichtigung des ganzen „Schwingungsspektrums" herzuleiten sind (DEBYE, s. unten).

Ist Θ_g bekannt (ein Weg zur Ermittlung s. Beispiel 28, dann lassen sich die C_v-Werte im Gebiet tiefster Temperaturen berechnen. (Die Kenntnis des Verlaufs von C_v, auch bei tiefsten Temperaturen, ist für die Berechnung von Entropie- und Freie Energie-Werten von Bedeutung.) Bei $\frac{T}{\Theta} < 0{,}08$ erhält man C_v-Werte mit größerer Genauigkeit als 1%.

Der von DEBYE abgeleitete Ausdruck für den Gesamtverlauf der Molwärmen der Festkörper lautet:

$$C_v = 3\,R\left[12\left(\frac{T}{\Theta_g}\right)^3 \int\limits_0^{\frac{\Theta_g}{T}} \frac{\left(\frac{\Theta}{T}\right)^3}{e^{\frac{\Theta}{T}}-1}\, d\left(\frac{\Theta}{T}\right) - \frac{3\left(\frac{\Theta_g}{T}\right)}{e^{\frac{\Theta_g}{T}}-1}\right], \tag{39}$$

Weg zur Debyeschen C_v-Formel. Die Grundgleichung für die Debyesche Ableitung der C_v-Formel ist der Plancksche Ausdruck für die Energie der Schwingung eines *linearen* Oszillators

$$U = N_L \cdot k \frac{\frac{h\nu}{k}}{e^{\frac{h\nu}{kT}}-1} = R\,T \frac{\frac{\Theta}{T}}{e^{\frac{\Theta}{T}}-1} = R \frac{\Theta}{e^{\frac{\Theta}{T}}-1}.$$

Von EINSTEIN auf die räumliche Oszillation der Atome oder Molekeln durch Multiplikation mit dem Faktor 3 (entsprechend den drei oszillatorischen Freiheitsgraden) angewandt, lautet die Gleichung

$$U = 3\,R \cdot \frac{\Theta}{e^{\frac{\Theta}{T}}-1}. \tag{40}$$

Durch Differentiation erhält man $\left(\frac{\partial U}{\partial T}\right)_v = C_v$ (s. Beispiel 27).

$$C_v = 3\,R\,\frac{\left(\frac{\Theta}{T}\right)^2 \cdot e^{\frac{\Theta}{T}}}{\left(e^{\frac{\Theta}{T}} - 1\right)^2} \tag{41}$$

Diese Planck-Einsteinsche Formel gibt den Verlauf der Atomwärmen qualitativ gut wieder, doch weicht die Kurve besonders im Bereich tiefster Temperaturen vom wirklichen Verlauf der Atomwärmen stärker ab (keine T^3-Abhängigkeit). Dies ist vor allem darauf zurückzuführen, daß die Ableitung für einen linearen Oszillator mit der Frequenz ν erfolgt, während die Atome oder Molekeln im Gitter durch die Kraftwirkungen der umgebenden Gitterpunkte nicht nur mit einheitlicher Frequenz schwingen.

Debye trägt diesem Umstand Rechnung, indem er über die Gesamtheit der Schwingungen bis zu der Grenzfrequenz (über das ganze innere Schwingungsspektrum) integriert. Er gelangt von dem Ausdruck für die Schwingungsenergie

$$U = 9\,R\,T \cdot \left(\frac{T}{\Theta_g}\right)^3 \int\limits_0^{\frac{\Theta_g}{T}} \frac{\left(\frac{\Theta}{T}\right)^3}{e^{\frac{\Theta}{T}} - 1}\, d\left(\frac{\Theta}{T}\right) \tag{42}$$

durch Differentiation zu seinem C_v-Ausdruck (39).

Zur numerischen Auswertung von (39) läßt sich der Integrand in einer Reihe nach Potenzen von $e^{\frac{\Theta}{T}}$ entwickeln (s. Originalarbeit von Debye, Ann. d. Physik **39** [1912] 789 oder die betreffenden Handbuchkapitel), und man erhält den für mittlere Temperaturen auswertbaren Ausdruck:

$$\left.\begin{aligned} C_v = 3\,R \Bigg[& \frac{4\,\pi^4}{5}\left(\frac{T}{\Theta_g}\right)^3 - \frac{3\,\frac{\Theta_g}{T}}{e^{\frac{\Theta_g}{T}} - 1} \\ & - 12\,\frac{\Theta_g}{T} \sum_{n=1}^{n=\infty} e^{-n\frac{\Theta}{T}} \left(\frac{1}{n\,\frac{\Theta_g}{T}} + \frac{3}{n^2\left(\frac{\Theta_g}{T}\right)^2} + \frac{6}{n^3\left(\frac{\Theta_g}{T}\right)^3} + \frac{6}{n^4\left(\frac{\Theta_g}{T}\right)^4} \right) \Bigg] \end{aligned}\right\} \tag{43}$$

Bei dieser Entwicklung hat man nur mit der Grenzfrequenz, somit mit Θ_g, zu rechnen und n durchläuft theoretisch alle ganzzahligen Werte von 1 bis ∞.

Unter der vereinfachenden Annahme großer Θ/T-Werte, also tiefer Temperatur, bzw. kleiner Θ/T-Werte, entsprechend höheren Temperaturen, lassen sich einfachere Ausdrücke ableiten. Als Grenzbeziehung ergibt sich im ersteren Falle das T^3-Gesetz und in letzterem der Grenzwert $3\,R$. Auch aus der obigen Reihenentwicklung folgt für tiefe Temperaturen das T^3-Gesetz, da für große Θ/T-Werte die Glieder, welche die Exponentialfunktion enthalten, vernachlässigbar werden.

Nachdem auch die Reihenformeln schwer handhabbar sind, bedient man sich zur Aufsuchung von Zahlenwerten der Tabellierungen der Debye-Funktion (s. Tab. 18, Nomogramm zur Ermittlung von C_v-Werten Abb. 47), wobei nur die Grenzfrequenz ν_g bzw. Θ_g bekannt sein muß (aus elastischen, Schmelzpunkts- oder aus Spezifische Wärme-Daten selbst).

Es ergibt sich demnach für alle Festkörper ein und dieselbe Kurve, sobald wir diese C_v-Werte gegen T/Θ auftragen (Abb. 3).

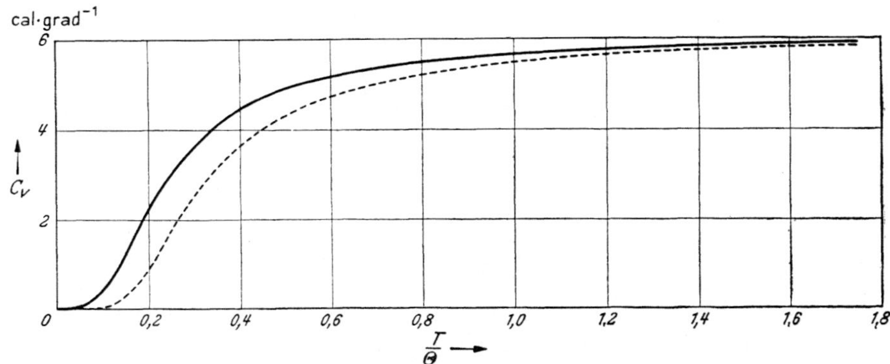

Abb. 3. C_v-Kurve nach DEBYE u. PLANCK-EINSTEIN.

Es geht daraus hervor, daß stoffspezifische, modifizierende Schwingungsglieder unberücksichtigt bleiben, wodurch die C_v-Ermittlung zwar erleichtert ist, da nur die eine Grenzfrequenz gebraucht wird, der Anwendungsbereich aber doch auf einfach gebaute z. B. regulär kristallisierende Körper eingeengt ist, da nur hier die Bindungskräfte nach allen Seiten hin gemäß der Annahme weitgehend gleichartig sind. Bei komplizierter gebauten Verbindungen trifft die vereinfachende Annahme räumlich gleichverteilter Bindungskräfte nicht mehr zu, so daß auch die Debye-Funktion vom tatsächlichen Verlauf graduelle Abweichungen zeigt (zur Angleichung an den tatsächlichen Verlauf sind dann Korrekturen auf Grund von Meßpunkten empirisch anzubringen).

Die Berechnung von C_p-Werten[1]. Da sich die theoretischen Formeln nur auf C_v beziehen, muß man, um zu C_p-Werten zu gelangen, umrechnen. (In Fällen von Näherungsrechnungen wird man in begrenzten Bereichen C_p-Werte den C_v-Werten gleichsetzen können. Dies ist z. B. bei tiefsten Temperaturen ohne weiteres am Platze, in Bereichen höherer Temperatur kann man zuweilen empirische Interpolationsformeln gebrauchen.

Die Umrechnung von C_v und C_p erfolgt auf Grund der Beziehung

$$C_p - C_v = T \cdot {}^N V \cdot \frac{\alpha^2}{\chi}\,, \tag{44}$$

worin α den kubischen Ausdehnungskoeffizienten, χ den Kompressibilitätskoeffizienten und ${}^N V$ das Bezugsvolumen darstellt.

[1] Von einer größeren Anzahl von Elementen und anorganischen Verbindungen finden sich Atom- bzw. Molwärmen C_p zwischen 0 und 600° K tabelliert in H. MIETING, Tab., l. c.

Zu dieser Gleichung gelangt man, wenn man in die Gleichung für die Molwärmendifferenz (25)

$$C_p - C_v = \left[\left(\frac{\partial U}{\partial V}\right)_T + p\right] \cdot \left(\frac{\partial V}{\partial T}\right)_p,$$

— die Großschreibung hier wegen der molaren Menge — für den partiellen Differentialquotienten

$$\left(\frac{\partial U}{\partial V}\right)_T = T\left(\frac{\partial p}{\partial T}\right)_v - p \tag{55}$$

einführt, mithin erhält

$$C_p - C_v = T \cdot \left(\frac{\partial p}{\partial T}\right)_v \cdot \left(\frac{\partial V}{\partial T}\right)_p, \tag{45}$$

und darin die Koeffizienten substituiert

$$\left(\frac{\partial V}{\partial T}\right)_p = {}^N V \cdot \alpha \tag{A/30}$$

$$\left(\frac{\partial p}{\partial T}\right)_v = {}^N p \cdot \beta \tag{A/31}$$

$$C_p - C_v = T \cdot {}^N p \cdot \beta \cdot \alpha \cdot {}^N V;$$

$$\text{mit } {}^N p \cdot \beta = \frac{\alpha}{\chi}, \tag{A/36}$$

folgt dann das obige Resultat (44).

2. Energieinhalt (Innere Energie) u, $u - u_0$ (U, $U - U_0$), Enthalpie h, $h - h_0$ (H, $H - H_0$).

Der **Energieinhalt** eines Stoffes, den wir wie die Energie allgemein mit u bezeichnen, ist uns in seinem Absolutbetrag nicht bekannt. Kühlen wir einen Stoff (Körper) bis zum absoluten Nullpunkt ab, d. h. entziehen wir ihm Energie in Form von Wärme, so verbleibt ein Restbetrag an innerer Energie, die Nullpunktsenergie, über deren Größe wir keine absoluten Angaben machen können (Zahlenangaben können wir nur über Nullpunktsenergie-Änderungen — siehe Reaktionswärmen § 10/2 — machen). Wir sind lediglich imstande, den Energiezuwachs vom absoluten Nullpunkt an $u - u_0$ zu bestimmen, mit einem Wort, wir können Energieinhalte nur relativ angeben, da wir stets nur Energieunterschiede messen können und über keine Berechnungsmöglichkeit der Absolutinhalte verfügen. Der Energiezuwachs vom absoluten Nullpunkt an ergibt sich aus dem Integral über die Wärmekapazität (Spezifische Wärme)[1].

$$u = \varphi(v, T), \tag{21}$$

$$du = \left(\frac{\partial u}{\partial T}\right)_v dT + \left(\frac{\partial u}{\partial v}\right)_T dv \tag{22}$$

[1] Zuweilen bleibt in der thermodynamischen Literatur die Nullpunktsenergie formal unberücksichtigt; man schreibt nur u, versteht aber stillschweigend darunter $u - u_0$, den Energiezuwachs vom absoluten Nullpunkt an.

bei konst. Vol. $dv = 0$.

$$\int_{u_0}^{u} \qquad \int_{0}^{T} c_v\, dT \qquad\qquad \boxed{u - u_0 = \int_0^T c_v\, dT} \tag{46}$$

Über die Aufgliederung der Inneren Energie in freie und gebundene Energie und deren wechselseitige Beziehungen (Verbindung der beiden Hauptsätze, Helmholtzsche Gleichung) siehe die folgenden Abschnitte dieses Paragraphen sowie § 10.

Unter **Enthalpie,** der Funktion h, verstehen wir jenen Wärmewert, der sich aus Energieinhalt und äußerer Arbeit, Volumarbeit, zusammensetzt:

$$\boxed{h \equiv u + pv}, \tag{47}$$

$$dh = \underbrace{du + pdv}_{} + vdp \tag{48}$$

$$= \quad dq \quad + vdp \tag{49}$$

Diese Zustandsfunktion wird mit Vorteil bei druckkonstanten Vorgängen gebraucht, denn bei ihrer Verwendung — als Funktion von Druck und Temperatur — ergeben sich vollkommen analoge Beziehungen zu jenen mit der Energiefunktion u, bei volumkonstanten Änderungen. Diese Analogien ermöglichen es auch, ein symmetrisch gebautes Schema der allgemein energetischen Beziehungen für die Änderungen bei konstantem Volumen einerseits und konstantem Druck andererseits aufzustellen.

$$h = \varphi\,(p, T) \tag{50}$$

$$dh = \left(\frac{\partial h}{\partial T}\right)_p dT + \left(\frac{\partial h}{\partial p}\right)_T dp \tag{51}$$

bei konst. Druck $dp = 0$:

$$\int_{h_0}^{h} dh = \int_0^T c_p\, dT \qquad\qquad \boxed{h - h_0 = \int_0^T c_p\, dT} \tag{52}$$

Die Enthalpie bei konstantem Druck nach der Temperatur differenziert ergibt die Wärmekapazität c_p. Das Integral über die Wärmekapazität zwischen den Grenzen $T = 0$ und T liefert den Enthalpiezuwachs vom absoluten Nullpunkt an.

Die **Volumabhängigkeit des Energieinhalts** $\left(\frac{\partial u}{\partial v}\right)_T$ bzw. die **Druckabhängigkeit der Enthalpie** $\left(\frac{\partial h}{\partial p}\right)_T$ ist bei idealen Gasen gleich Null und bei kondensierten Phasen praktisch nicht ins Gewicht fallend. Augenfällig treten sie bei realen Gasen in Erscheinung. Zu den Formeln für diese Abhängigkeiten gelangt man auf einfache Weise aus den Ausdrücken für das Entropiedifferential, auf die hier vorgegriffen werden soll (s. im nächsten Abschn. 3) Entropie). In (64) $ds = \frac{du + pdv}{T}$ d. i. $Tds = du + pdv$ wird für das totale Differential du (22) eingesetzt und für isotherme Änderungen $dT = 0$ ergibt sich daraus $T(ds)_T = \left(\frac{\partial u}{\partial v}\right)_T dv + pdv$, oder

$$\left(\frac{\partial u}{\partial v}\right)_T = T\left(\frac{\partial s}{\partial v}\right)_T - p \tag{53}$$

und für

$$\left(\frac{\partial s}{\partial v}\right)_T = \left(\frac{\partial p}{\partial T}\right)_v$$

(siehe Volumabhängigkeit der Entropie (77)) eingesetzt,

$$\left(\frac{\partial u}{\partial v}\right)_T = T\left(\frac{\partial p}{\partial T}\right)_v - p\,, \tag{54}$$

in anderer Schreibweise

$$(du)_T = -\left[p - T\left(\frac{\partial p}{\partial T}\right)_v\right] dv\,. \tag{55}$$

Für die Druckabhängigkeit der Enthalpie gehen wir aus von $ds = \frac{dh - v\,dp}{T}$ d. i. $T\,ds = dh - v\,dp$. Für dh wieder eingesetzt (50), erhalten wir für konstante Temperatur:

$$\left(\frac{\partial h}{\partial p}\right)_T = T\left(\frac{\partial s}{\partial p}\right)_T + v \tag{53a}$$

und mit

$$\left(\frac{\partial s}{\partial p}\right)_T = -\left(\frac{\partial v}{\partial T}\right)_p, \tag{77a}$$

$$\left(\frac{\partial h}{\partial p}\right)_T = -T\left(\frac{\partial v}{\partial T}\right)_p + v\,, \tag{54a}$$

in der anderen Schreibweise.

$$(dh)_T = \left[v - T\left(\frac{\partial v}{\partial T}\right)_p\right] dp\,. \tag{55a}$$

Spezielles.

Die Differenz zwischen H und U folgt aus der Definition von H; sie ist durch pV, der Ausdehnungsarbeit, gegeben, und fällt insbesondere bei Gasen ins Gewicht. Bei den kondensierten Phasen ist sie oftmals zu vernachlässigen.

Der Energie- bzw. Enthalpiezuwachs ergibt sich stets aus dem Integral über die Molwärmen (Spezifischen Wärmen) in dem betreffenden Temperaturbereich. Dieses Integral läßt sich auswerten, wenn C_v bzw. C_p eine elementare Funktion von T ist, die geschlossen integrierbar ist, d. h. durch eine endliche Kombination von elementaren Funktionen integriert werden kann. (Integrationsregeln siehe im mathematischen Formelanhang.) In jedem Falle kann man die Integration aber numerisch oder graphisch ausführen (indem man etwa die Fläche, die durch die beiden Temperaturgrenzen, die C_v- bzw. die C_p-Kurve und die Gerade $C_v = 0$ bzw. $C_p = 0$ umgrenzt wird, ausmißt oder auswägt).

Ideale Gase. Bei idealen Gasen ohne innere Schwingungen, d. h. in Bereichen, wo die Wärmekapazität (die Molwärme) bei der Erwärmung als konstant angesehen werden kann, errechnet sich ein Zuwachs an innerer Energie bzw. Enthalpie aus dem Produkt aus Wärmekapazität (Molwärme) und Temperaturdifferenz.

Wenn C_v bzw. $C_p = \text{const}$:

$$\left(\text{aus} \int_{U_1}^{U_2} (d\,U)_v = \int_{T_1}^{T_2} C_v\,d\,T\right),$$

$$U_{T2} - U_{T1} = C_v\,(T_2 - T_1) \text{ bzw.} \tag{56}$$

$$H_{T2} - H_{T1} = C_p\,(T_2 - T_1). \tag{56a}$$

Der Energieinhalt bzw. die Enthalpie idealer Gase ist vom Volumen das sie einnehmen bzw. vom Druck den sie ausüben, unabhängig, da die Molekeln keine Kraftwirkungen — die entfernungsabhängig sind — aufeinander ausüben.

$$\left(\frac{\partial U}{\partial V}\right)_{T \atop \text{(id. G.)}} = 0 \quad (57) \quad \text{bzw.} \quad \left(\frac{\partial H}{\partial p}\right)_{T \atop \text{(id. G.)}} = 0\,. \tag{57a}$$

Reale Gase. Wenn die Molwärme eines realen Gases in seiner Temperaturabhängigkeit durch eine Reihenformel dargestellt ist, erhält man den Energie- bzw. Enthalpiezuwachs, also das Molwärmenintegral, durch die Summe der Integrale der Einzelglieder

$$\int_{U_1}^{U_2} (dU)_v = \int_{T_1}^{T_2} (C_{vo} + \alpha\,T + \beta\,T^2 + \gamma\,T^3 + \ldots) \tag{58}$$

$$U_{T2} - U_{T1} = C_{v0}\,(T_2 - T_1) + \tfrac{\alpha}{2}\,(T_2^2 - T_1^2) + \tfrac{\beta}{3}\,(T_2^3 - T_1^3) + \ldots \tag{59}$$

Analog ergibt sich der Ausdruck für $H_{T2} - H_{T1}$ als Funktion von C_p.

Als **Joule-Thompson-Effekt** wird die Temperaturänderung bei Expansion eines realen Gases bezeichnet. Bei realen Gasen ist der Energieinhalt vom Volumen abhängig; dies ist die natürliche Folge der sich bei größerer Verdichtung erhöht auswirkenden Wechselwirkungskräfte der Moleküle.

$$\left(\frac{\partial U}{\partial V}\right)_{T \atop \text{(real. G.)}} \neq 0, \quad (60) \quad \text{bzw.} \quad \left(\frac{\partial H}{\partial p}\right)_{T \atop \text{(real. G.)}} \neq 0\,. \tag{60a}$$

Je nachdem, ob bei einem Gas die Anziehungs- oder Abstoßungskräfte überwiegen (von den Zustandsbedingungen abhängig), wird der Energieinhalt bei Vergrößerung des Volumens ($T = \text{const}$) zu- oder abnehmen, der Wert für $\left(\frac{\partial U}{\partial V}\right)_T$ positiv oder negativ sein. Das Analoge gilt für die Enthalpie, also für $\left(\frac{\partial H}{\partial p}\right)_T$. Die Ausdehnung eines Gases mit positiven Koeffizienten $\left(\frac{\partial U}{\partial V}\right)_T$ ist somit mit einer Aufnahme von Energie (Wärme) aus der Umgebung, also mit einer Abkühlung verbunden. Besitzt ein Gas — wie z. B. Wasserstoff bei Zimmertemperatur und Atmosphärendruck — einen negativen Koeffizienten-Wert, dann eignet sich dieser Effekt nicht zur Kälteerzeugung und gegebenenfalls zur Gasverflüssigung, wohl aber, wenn man das Gas unter die Inversionstemperatur abkühlen kann, also in das Gebiet gelangt, wo der Koeffizient positiv wird. Die Inversionstemperatur liegt etwa beim doppelten Wert der Boyle-Temperatur und ist zu den Koeffizienten der van der Waalsschen Gleichung, damit zu den kritischen Daten, in Beziehung zu bringen (s. Boyle-Temperatur § 5 und Beispiel 19).

Die bei adiabatischer Arbeitsleistung erzielte Abkühlung ist mit dem Joule-Thomson-Effekt nicht zu verwechseln; in der Kältetechnik werden beide ausgenutzt.

Flüssigkeiten. Zur Ermittlung des Energie- bzw. Enthalpiezuwachses ist in gleicher Weise zu verfahren wie bei den realen Gasen, sofern auch hier die Molwärmen in ihrer Temperaturabhängigkeit bekannt sind.

Festkörper. Ist eine Debyesche Molwärmenfunktion für den betreffenden Festkörper angebbar, ist also die Charakteristische Temperatur bzw. die Grenzfrequenz bekannt, dann läßt sich der Energiezuwachs mit der Erwärmung berechnen.

Im Gültigkeitsbereich des T^3-Gesetzes folgt durch Integration der Molwärmefunktion (37):

$$U - U_0 = \frac{465}{4}\,\Theta\left(\frac{T}{\Theta}\right)^4 . \qquad (61)$$

Bei gegebener charakteristischer Temperatur lassen sich die $(U - U_0)$-Werte für beliebige Temperaturen, d. h. für den Gültigkeitsbereich der allgemeinen Debyeschen C_v-Formel, aus den Tabellen ablesen (Auszug siehe Tab. 18).

Der Enthalpiezuwachs, also das Integral über die Molwärmen C_p, läßt sich nur mittelbar berechnen, da die theoretischen Ansätze nur für C_v gelten. Für tiefste Temperaturen ist C_p noch den C_v-Werten gleichzusetzen.

3. Entropie s (S) [auch s_v, S_v und s_p, S_p].

Die Entropie stellt jene Zustandsfunktion, $s = \varphi(v, T,)$ bzw. $s = \varphi(p, T)$, dar, welche die Richtung wirklich verlaufender Vorgänge anzugeben ermöglicht, indem sie bei allen diesen Vorgängen (damit auch den Naturvorgängen) zunimmt.

$$s_2 > s_1 \quad \text{(bei von selbst verlaufenden Vorgängen).} \qquad (5)$$

Ein abgeschlossenes System wird sich daher solange ändern, bis seine Entropie einen Maximalwert erreicht hat. Dieser Maximalwert entspricht dem Gleichgewichtszustand. Für diesen ist $ds = 0$, d. h. ein im Gleichgewicht befindliches System erleidet keine Entropiezunahme (Aussage des 2. Hauptsatzes). Da wir es mit einer Zustandsfunktion zu tun haben, ist die Größe der Entropieänderung allein durch den Anfangs- und Endzustand bestimmt, unabhängig vom Wege, auf dem die Zustandsänderung erfolgt. Bei umkehrbar geführten Vorgängen entspricht sie der zugeführten Wärmemenge dividiert durch die absolute Temperatur, bei der dieser Wärmeübergang vor sich geht (6) (die Gesamtheit der bei reversibel geführten Prozessen beteiligten Systeme erleidet keine Entropieänderung).

Bei nichtumkehrbaren (irreversiblen) Vorgängen ist die Entropiezunahme größer als dem Quotienten der reduzierten Wärmen dq/T entspricht. Der Überbetrag der Entropievermehrung ist gleichsam ein Maß für die Irreversibilität eines Prozesses.

$$ds - \frac{dq_{irr}}{T} > 0 . \qquad (62)$$

Die Dimension der Entropie ist (wie die der Wärmekapazität) [erg. grad^{-1}]. Als Einheit im kalorischen Maßsystem dient ein Clausius [cal. grad^{-1}].

Die Entropie ist auch ein Maß des Ordnungszustandes eines Systems oder ein Maß der Zustandswahrscheinlichkeit. Je geordneter ein System, desto geringer die Entropie. Das von selbst angestrebte Ziel ist jeweils der Zustand idealer Unordnung. Im Zustand größter, idealer, Ordnung, die in kristallisierten Festkörpern ohne Wärmeschwingungen der Massenpunkte, also am absoluten Nullpunkt realisiert ist, erhalten wir den Minimalwert der Entropie 0 (siehe dritter Hauptsatz). Bei Übergang in ungeordnetere Zustände (durch Wärmeschwingungen bzw. steigende Molekularbewegungen bei Flüssigkeiten und Gasen) steigt die Entropie ständig an, bei jedem Übergang in einen anderen Aggregatzustand diskontinuierlich (siehe Abb. 5).

Die Beziehung zur Zustandswahrscheinlichkeit läßt sich z. B. an der Gasausdehnung gut veranschaulichen. Bei der isothermen Ausdehnung eines Gases durch Ausströmen in ein Vakuum ist der Zustand der größeren Wahrscheinlichkeit die Einnahme des vergrößerten Volumens. Hierbei wächst die Entropie des Gases um (73)

$$S_{II} - S_{I} = R \cdot \ln \frac{V_{II}}{V_{I}},$$

die Beziehung zur Zustandswahrscheinlichkeit W ist in voller Analogie:

$$S_{II} - S_{I} = R \cdot \ln \frac{W_{II}}{W_{I}}. \tag{63}$$

Aus der Definitionsgleichung (6), S. 23,

$$\boxed{sp \equiv \frac{dq_{rev}}{T}}$$

ergibt sich die Entropieänderung für die verschiedenartigen Zustandsänderungen wie folgt (im Hinblick auf Konstanthaltung von v einerseits und p andererseits wird s als Funktion von v und T bzw. p und T behandelt):

$$dq_{rev} = du + p\,dv \tag{16}$$

$$\boxed{ds = \frac{du + p\,dv}{T}} \tag{64}$$

$$= \frac{c_v\,dT + \left(\frac{\partial u}{\partial v}\right)_T dv + p\,dv}{T}$$

$$ds = \frac{c_v\,dT + \left[\left(\frac{\partial u}{\partial v}\right)_T + p\right]\delta v}{T} \tag{65}$$

$$s = \varphi(v, T) \tag{66}$$

$$ds = \left(\frac{\partial s}{\partial T}\right)_v dT + \left(\frac{\partial s}{\partial v}\right)_T dv \tag{67}$$

$$dq_{rev} = dh - v\,dp \tag{49}$$

$$\boxed{ds = \frac{dh - v\,dp}{T}} \tag{64a}$$

$$= \frac{c_p\,dT + \left(\frac{\partial h}{\partial p}\right)_T dp - v\,dp}{T}$$

$$ds = \frac{c_p\,dT + \left[\left(\frac{\partial h}{\partial p}\right)_T - v\right]dp}{T} \tag{65a}$$

$$s = \varphi(p, T) \tag{66a}$$

$$ds = \left(\frac{\partial s}{\partial T}\right)_p dT + \left(\frac{\partial s}{\partial p}\right)_T dp \tag{67a}$$

Temperaturabhängigkeit:

bei konst. Vol.; $dv = 0$:

$$(ds)_v = \frac{(du)_v}{T}; \; (du)_v = c_v\, dT, \tag{68}$$

$$\int_0^T (ds)_v = \boxed{(s - s_0)_v = \int_0^T \frac{c_v}{T}\, dT} \tag{69}$$

bei konst. Druck; $dp = 0$:

$$(ds)_p = \frac{(dh)_p}{T}\; ; \; (dh)_p = c_p\, dT \tag{68a}$$

$$\int_0^T (ds)_p = \boxed{(s - s_0)_p = \int_0^T \frac{c_p}{T}\, dT} \tag{69a}$$

Volum- und Druckabhängigkeit

bei konst. Temp.; $dT = 0$

$$(ds)_T = \frac{1}{T}\left[\left(\frac{\partial u}{\partial v}\right)_T + p\right] dv \tag{70}$$

ferner

$$(ds)_T = \left(\frac{\partial p}{\partial T}\right)_v dv \tag{77}$$ *

spez. f. ideale Gase:

$$(du)_T = 0$$

bei konst. Temp.; $dT = 0$

$$(ds)_T = \frac{1}{T}\left[\left(\frac{\partial h}{\partial p}\right)_T - v\right] dp \tag{70a}$$

ferner

$$(ds)_T = -\left(\frac{\partial v}{\partial T}\right)_p dp \tag{77a}$$

spez. f. ideale Gase:

$$(dh)_T = 0$$

(mit $pv = nRT$)

$$(ds)_T = p\frac{dv}{T} = nR \cdot \frac{dv}{v} \tag{71}$$

$$\int_{\mathrm{I}}^{\mathrm{II}} (ds)_T = nR \int_{\mathrm{I}}^{\mathrm{II}} \frac{\delta v}{v} \tag{72}$$

$$\boxed{(s_{\mathrm{II}} - s_{\mathrm{I}})_T = nR \cdot \ln \frac{v_{\mathrm{II}}}{v_{\mathrm{I}}}} \tag{73}$$

$$(ds)_T = -v\frac{dp}{T} = -nR \cdot \frac{dp}{T} \tag{71a}$$

$$\int_{\mathrm{I}}^{\mathrm{II}} (ds)_T - nR \int_{\mathrm{I}}^{\mathrm{II}} \frac{dp}{p} \tag{72a}$$

$$\boxed{(s_{\mathrm{II}} - s_{\mathrm{I}})_T = -nR \cdot \ln \frac{p_{\mathrm{II}}}{p_{\mathrm{I}}}} \tag{73a}$$

Isotherm-isochorer bzw. *isotherm-isobarer* Verlauf reversibler Umwandlungen (siehe auch § 10/3):

$dv = 0, \quad dT = 0$:

$$(ds)_{v,T} = \frac{1}{T}(du)_{v,T} \tag{74}$$

$$(s_E - s_A)_{v,T} = \frac{1}{T}(u_E - u_A)_{v,T}$$

$$\boxed{(\Delta s)_{v,T} = \frac{(\Delta u)_{v,T}}{T}} \tag{75}$$ **

$dp = 0, \quad dT = 0$:

$$(ds)_{p,T} = \frac{d}{T}(dh)_{p,T} \tag{74a}$$

$$(s_E - s_A)_{p,T} = \frac{1}{T}(h_E - h_A)_{p,T}$$

$$\boxed{(\Delta s)_{p,T} = \frac{(\Delta h)_{p,T}}{T}} \tag{75a}$$

Zur Temperaturabhängigkeit der Entropie. Die Bestimmung derselben läuft auf die Auswertung des Integrals $\int_{T_1}^{T_2} \frac{c}{T}\, dT$ oder in anderer Form $\int_{T_1}^{T_2} c \cdot d \ln T$, hinaus.

---

* Die Ableitung ist unten im Rahmen der Erläuterung zur Volum- und Druckabhängigkeit durchgeführt.

** Das Δ-Zeichen gebrauchen wir nur für isotherme Änderungen, daher ist der Index T auch entbehrlich.

Sind die Spezifischen Wärmen in dem Temperaturbereich bekannt, dann steht einer rechnerischen oder graphischen Auswertung nichts im Wege (über die Auswertung siehe z. B. das Modellbeispiel § 15).

Betreffend die Größe s_0 (bei kondensierten Stoffen gleich Null) siehe im weiteren unter „Entropiekonstante" und „Absolutwerte der Entropie".

Zur Volum- und Druckabhängigkeit der Entropie. Aus der Gleichung für das Entropiedifferential $ds = \frac{du + p\,dv}{T}$ erhält man für konstante Temperatur $(ds)_T = \frac{1}{T}\left[\left(\frac{\partial u}{\partial v}\right)_T + p\right] dv$ und aus $ds = \frac{dh - v\,dp}{T}$, $(ds)_T = \frac{1}{T}\left[\left(\frac{\partial h}{\partial p}\right)_T - v\right] dp$.

Für die Volum- und Druckabhängigkeit können wir noch zu den folgenden Ausdrücken gelangen, wenn wir auf die Beziehungen des Punktes 5) (Freie Energie bzw. Freie Enthalpie) vorgreifen.

$$s = -\left(\frac{\partial f}{\partial T}\right)_v ; \tag{94}$$

$$\left(\frac{\partial s}{\partial v}\right)_T = -\left(\frac{\partial\left(\frac{\partial f}{\partial T}\right)_v}{\partial v}\right)_T = -\left(\frac{\partial\left(\frac{\partial f}{\partial v}\right)_T}{\partial T}\right)_v , \tag{76}$$

und nachdem (93) $\left(\frac{\partial f}{\partial v}\right)_T = -p$,

$$\underline{\left(\frac{\partial s}{\partial v}\right)_T = \left(\frac{\partial p}{\partial T}\right)_v .} \tag{77}$$

Der korrespondierende Ausdruck für die Druckabhängigkeit ergibt sich danach

$$s = -\left(\frac{\partial g}{\partial T}\right)_p ; \tag{94a}$$

$$\left(\frac{\partial s}{\partial p}\right)_T = -\left(\frac{\partial\left(\frac{\partial g}{\partial T}\right)_p}{\partial p}\right)_T = -\left(\frac{\partial\left(\frac{\partial g}{\partial p}\right)_T}{\partial T}\right)_p , \tag{76a}$$

und nachdem (93a) $\left(\frac{\partial g}{\partial p}\right)_T = v$,

$$\underline{\left(\frac{\partial s}{\partial p}\right)_T = -\left(\frac{\partial v}{\partial T}\right)_p .} \tag{77a}$$

Infolge der geringen Kompressibilität der kondensierten Stoffe sind Volum- bzw. Druckabhängigkeit wieder für Gase von Bedeutung. Für ideale Gase — bei reversibler, isothermer Prozeßführung wird die aufgenommene Wärme restlos in Arbeit verwandelt, $dq_{rev} = p\,dv$ (bei $(du)_T = 0$) bzw. $dq_{rev} = -v\,dp$ (bei $(dh)_T = 0$) — ergeben sich mit $pv = nRT$ die in obiger Zusammenstellung verzeichnete Abhängigkeiten, die auch im Zusammenhang mit den Zustandswahrscheinlichkeiten und bei der Diskussion der Entropiekonstanten aufscheinen.

Zu isotherm-isochoren bzw. isotherm-isobaren Änderungen. Wir begegnen den hier resultierenden Beziehungen bei den Modifikations- und Aggregatzustandsänderungen. Die Umwandlung erfolgt dort bei konstanter Temperatur und kann überdies bei konstantem Volumen oder Druck geführt werden. Ihre Auswirkung fällt in das Kapitel „Umwandlungen", also § 10.

Die Nullpunktsentropie s_0 (S_0) und die Entropiekonstante $^NS_0 \cdot {}^NS_{0v}$. Bei der Integration des Entropiedifferentials zwischen den Grenzen $T = 0$ und T erhalten wir für die untere Grenze s_0.

s_0 ist bei idealen Festkörpern (praktisch bei allen kondensierten Stoffen), laut Aussage des dritten Hauptsatzes gleich null.

$$\underset{(\text{kond. St.})}{s_0} = 0 \tag{78}$$

Bei den kondensierten Stoffen ist — im Gegensatz zu den Gasen — s_0 Nullpunktsentropie, der eben der Wert 0 zukommt. (Fragen der Fehlordnung in Kristallen, instabile Zustände, wie auch infolge des geringeren Ordnungszustandes im flüssigen Zustand zu erwartende Abweichungen der Nullpunktsentropie vom Werte 0, bleiben bei der allgemeinen Fassung des Nernstschen Wärmesatzes unberücksichtigt. Praktisch wirken sich solche Effekte wohl nicht aus, sie beanspruchen aber theoretisches Interesse. Bei Mischphasen, unterkühlte Lösungen, Gläsern ist auch bei $T = 0$ eine positive Mischungsentropie anzunehmen, die auch der unterschiedlichen Zustandswahrscheinlichkeit entspräche, doch ist sie experimentell schwer faßbar.) Als Folge von $s_0 = 0$ müssen auch die Umwandlungs- und Bildungsentropien aller Festkörper am absoluten Nullpunkt gleich Null sein.

Bei Gasen liegt der Fall anders, s_0 wird nicht gleich null, behält vielmehr einen positiven Wert und muß für einen bestimmten Zustand definiert werden. Daß es sich hierbei nicht um die Nullpunktsentropie schlechthin handelt, sondern die Entropiekonstante, eine Rechengröße, geht aus folgendem hervor.

Nachdem die Entropie von Gasen vom Volumen bzw. Druck abhängt, so hat man neben der Temperatur auch über die Größe von V — wir wollen hierbei molare Mengen verfolgen — bzw. p (nicht nur über deren Konstanz) zu verfügen. Die Gasentropie ist eben im Zustand p_1, V_1 verschieden vom Zustand p_2, V_2 (bei gleicher Temperatur) und zwar wie abgeleitet (für ideale Gase) um $(S_2 - S_1)_T = R \cdot \ln \frac{V_2}{V_1}$, bzw. $-R \cdot \ln \frac{p_2}{p_1}$. Da aber der Entropiezuwachs bei Erwärmung vom absoluten Nullpunkt an — wir wollen uns vorerst auf die druckkonstanten Änderungen beschränken — infolge der Druckunabhängigkeit der Molwärmen idealer Gase einen für alle Drucke (und damit Volumina) gleichen Wert $\int_0^T \frac{C_p}{T} dT$ behält, ist der Nullpunktswert von S ebenfalls im obigen Betrag druckabhängig. Da wir uns nicht auf einen Nullpunktsdruck 0 beziehen können — der Quotient $p/0$ würde ∞ sein —, so müssen wir uns auf einen endlichen *Normaldruck* beziehen und diesen wählen wir gleich 1 ($^Np = 1$ Atm.):

$$S_{(p,T)} = {}^NS_0 + \int_0^T \frac{C_p}{T}\, dT + R \cdot \ln \frac{p}{^Np}\,. \tag{79}$$

Für die Entropie eines idealen Gases erhalten wir somit, bei einer betrachteten Temperatur T und einem Druck p (in Atm.):

$$S_{T,\,p} = {}^N S_0 + \int_0^T \frac{C_p}{T} \cdot d\,T - R \cdot \ln\, p\,. \tag{80}$$

${}^N S_0$ (auch ${}^N S_{0p}$) ist also die auf den Druck 1 Atm. bezogene Entropiekonstante. (Die Großschreibung des Symbols bezeichnet sie als molare Größe.)

Betrachten wir die Entropie als Funktion von V und T, so gelangen wir in voller Analogie zur vorigen Gleichung zu

$$S_{T,\,v} = {}^N S_{0v} + \int_0^T \frac{C_v}{T} \cdot d\,T + R \cdot \ln V\,. \tag{81}$$

${}^N S_{0v}$ ist hier auf die Volumeinheit (1 l) bezogen. Hieraus geht auch hervor, daß die Entropiekonstante als Rechengröße zu werten ist, denn bei jedem endlichen Druck ist bei $T = 0$ das Volumen eines idealen Gases gleich Null.

Der Unterschied der beiden auf die Druck- und auf die Volumeinheit bezogenen Entropiekonstanten — praktisch ist wohl nur die erstere gebraucht — ergibt sich für ein ideales Gas zu:

$${}^N S_{0(p)} - {}^N S_{0v} = R \cdot \ln R^* \tag{82}$$

(R^*, Wert in Literatmosphären einzusetzen ist dimensionslose Verhältniszahl). Zu dieser Beziehung gelangt man wie folgt:

Die Entropie eines idealen Gases, dessen Zustand durch T, p, V beschrieben wird, läßt sich durch die obigen beiden Beziehungen ausdrücken

$$S_{(T,\,p,\,v)} = {}^N S_{0(p)} + \int_0^T \frac{C_p}{T} \cdot d\,T - R \ln p = {}^N S_{0v} + \int_0^T \frac{C_v}{T} \cdot d\,T + R \ln V\,.$$

Die Molwärmen lassen sich in einen temperatur*un*abhängigen Anteil C_0 und einen temperaturabhängigen C' zerlegen (bei einatomigen Gasen kann man letzteren von vornherein als Null setzen und die Molwärme als temperaturunabhängige Konstante behandeln). Man erhält dann

$${}^N S_{0(p)} + C_{p0} \ln T + \int_0^T \frac{C'}{T}\, d\,T - R\, \ln p = {}^N S_{0v} + C_{v0} \ln T + \int_0^T \frac{C'}{T}\, d\,T + R \ln V.$$

Der temperaturabhängige Teil der Molwärme C' ist — bei idealen Gasen — ebenfalls druck- und volum*un*abhängig, somit beiderseits gleich, die Differenz $C_{p0} - C_{v0} = R$ und $p\,V = R\,T$, so daß sich ergibt:

$${}^N S_{0p} - {}^N S_{0v} = - R \ln T + R \ln p + R \ln V = R \cdot \ln \frac{p\,V}{T} = R \cdot \ln R^*,$$

das oben gebrachte Ergebnis.

Absolutwerte der Entropie. Während das Integral $\int_0^T \frac{C_p}{T}\, d\,T$ bei Gasen nur den Zuwachs der Entropie vom absoluten Nullpunkt an, also $S - S_0$ (bei konstantem Druck) darstellt, ergibt es bei Festkörpern direkt den Absolutwert S, da die Nullpunktsentropie hier — wie der dritte Hauptsatz aussagt — null ist. Vom Festkörper ausgehend, läßt sich auch für das Gas ein Absolutwert ermitteln, indem man den Entropiezuwachs beim Erwärmen zuzüglich der Umwandlungsentropien in dem dazwischenliegenden Temperaturbereich bis zu der Endtemperatur bestimmt (s. a. Abb. 5 in § 10/3).

$$S_T\,(\text{gas}) = \int_0^{T_e} \frac{C_p\,(\text{f})}{T}\,d\,T + \frac{\Delta H_e}{T_e} + \int_{T_e}^{T_s} \frac{C_p\,(\text{fl})}{T}\,d\,T + \frac{\Delta H_s}{T_s} + \int_{T_s}^{T} \frac{C_p\,(\text{g})}{T}\,d\,T\,. \quad (83)$$

T_e = Schmelz- (Erstarrungs-) Temperatur,
ΔH_e = Schmelzenthalpie,
T_s = Siedetemperatur,
ΔH_s = Verdampfungsenthalpie.

Treten innerhalb des festen Zustands noch Modifikationsänderungen auf, dann sind auch die Umwandlungsentropien in gleicher Weise zu berücksichtigen.

Spezielles. Als übliche Temperatur zur Bestimmung der Freien Bildungsenthalpien und zur Gleichgewichtsberechnung chemischer Reaktionen gilt heute fast durchwegs 25° C, also 298° K. Da der Normaldruck 1 Atm. beträgt (bei Gasentropien ist die Druckfestlegung von Bedeutung), so sind als Normalentropien für Rechenzwecke die entsprechenden Zahlenwerte ${}^N S_{298}$ tabelliert (in der Regel für den bei dieser Temperatur stabilen Aggregatzustand). Zahlenwerte siehe Tab. 21.

Bei Auswertung des Integrals $\int_0^T \frac{C_p}{T}\,dT$ oder dessen Form $\int_{-\infty}^{\ln T} C_p\,d\ln T$ nehmen wir als untere Grenze für T nicht 0 bzw. für $\ln T$ nicht $-\infty$, sondern eine Null benachbarte Temperatur, etwa 1°, wobei die untere Grenze für $\ln T$ dann 0 wird. Da in unmittelbarer Nähe des absoluten Nullpunktes der Beitrag zur Entropie verschwindend klein wird, ist diese zur praktischen Auswertung nötige Maßnahme ohne weiteres angängig.

Festkörper. Es liegt im Interesse einer genauen Entropiebestimmung, daß die Spezifischen Wärmen im Gebiet des starken Abfalls bis zu möglichst tiefen Temperaturen bestimmt sind. Die Auswertungsmethode (graphische) der Auftragung von C_p gegen $\lg T$ hat gegenüber der Auftragung von C_p/T gegen T den Vorteil der besseren Berücksichtigung der Entropiebeiträge im Bereich tiefer Temperaturen (Auswertung siehe § 15, Abb. 15 u. 16).

Für die Temperaturabhängigkeit von C_v nach Debeye oder Planck-Einstein finden sich die Entropiewerte S_v tabelliert. In Tab. 18 ist ein Auszug des Bereichs von Θ/T zwischen 0 und 15 wiedergegeben. Bei tiefen Temperaturen lassen sich diese Entropiewerte auch für $S_{(p)}$ nehmen. Im übrigen lassen sich aus den C_p-Werten, wie sie für eine Reihe von Festkörpern etwa in den Miethingschen Tabellen bis zu Temperaturen von 600° K verzeichnet sind, die Entropien ermitteln. Gegebenenfalls lassen sich aus diesen Daten Analogiewerte für ähnlich gebaute bzw. homologe Verbindungen herleiten, die in Ermangelung genauerer Entropiedaten zu Näherungsberechnungen heranziehbar sind.

Flüssigkeiten. Da bei Flüssigkeiten allgemein weniger Spezifische Wärmen bestimmt und damit für Berechnungen vorliegen (die Bestimmung läßt sich weniger leicht durchführen), muß man sich z. T. mit mittleren Spezifischen Wärmen zur Entropiebestimmung begnügen. Die Absolutwerte der Entropie sind hier über die Festkörperentropie und die Schmelzentropie zu gewinnen.

Gase, ideale und reale. Sofern man mit einer konstanten Molwärme rechnen kann — insbesondere bei einatomigen Gasen —, gestaltet sich die Entropiedifferenzbestimmung zwischen zwei Temperaturen sehr einfach. Infolge der Konstanz von C_p (bzw. C_v) erhält man

$$S_{T2} - S_{T1} = C_p \ln \frac{T_2}{T_1} .$$

Bei höheratomigen bzw. realen Gasen, bei denen der Temperaturabhängigkeit der Molwärmen Rechnung getragen werden muß, läßt sich die Entropiebestimmung dann leicht durchführen, wenn die Temperaturabhängigkeit in Form einer Potenzreihe angebbar ist (s. Beispiel § 15).

Für technisch wichtige Gase finden sich Entropiewerte bei Justi l. c.

Über den Zusammenhang der Entropiekonstante mit der Chemischen Konstante siehe unter „Chemische Konstante" in § 12 (C/17).

4. Gebundene Energie = reversible Wärme q_{rev}, (Q_{rev}).

Diese stellt jenen Wärmebetrag — auch jenen Anteil am gesamten Energieinhalt — dar, der bei reversibler Prozeßführung nicht in Arbeit umwandelbar ist;

$$u = q_{rev} + a_{rev} ,$$

er ergibt sich als das Produkt von Entropie und absoluter Temperatur.

$$q_{rev} = T \cdot s . \tag{84}$$

Daraus resultieren die Beziehungen zu allen energetischen Größen, Zustandsfunktionen. Ihre Bestimmung erfolgt daher durch die Entropie bzw. als Differenz aus Gesamtenergie minus Freier Energie oder Enthalpie minus Freier Enthalpie (s. auch Helmholtzsche Gleichungen).

$$u = q_{rev} + f \quad (85) \qquad\qquad h = q_{rev} + g \quad (85\text{a})$$

5. Freie Energie, f, $f - f_0$ $(F, F - F_0)$. Freie Enthalpie, g, $g - g_0$ $(G, G - G_0)$.

Die **Freie Energie** stellt jenen Anteil am Energieinhalt eines Stoffes (Systems), dar, der bei reversibler Prozeßführung frei, d. h. in jede beliebige Energieform — also auch in Arbeit —, verwandelbar ist.

$$\boxed{f \equiv u - Ts} = u - q_{rev} \tag{86}$$

Die **Freie Enthalpie** (zuweilen wird sie auch als „Thermodynamisches Potential" bezeichnet) stellt jenen Anteil an der Enthalpie eines Stoffes (Systems) dar, der bei reversibler Prozeßführung frei, d. h. in jede beliebige Energieform — also auch in Arbeit —, verwandelbar ist;

$$\boxed{g \equiv h - Ts} = h - q_{rev} , \tag{86a}$$

sie entspricht der Freien Energie zuzüglich der Volumarbeit (auftretender Arbeitsbetrag $= -a$)

$$\boxed{g \equiv f + pv} \tag{87}$$

Als Zustandsfunktionen sind die Freie Energie und die Freie Enthalpie durch die Zustandsgrößen (p, v, T) voll bestimmt

$$f = \varphi(v, T), \text{ bzw. } g = \varphi(p, T).$$

Die beiden energetischen Größen stehen im selben Verhältnis wie der Energieinhalt zur Enthalpie. Was die Freie Energie für volumkonstante Vorgänge, ist die Freie Enthalpie für druckkonstante. Die Bedeutung der beiden Funktionen liegt darin, daß ihre Werte bei Umwandlungen — chemischen Reaktionen — für die Richtung des Reaktionsablaufes und dessen Intensität (durch Vorzeichen und Größe der Differenzen von f bzw. g der an der Reaktion beteiligten Stoffe nach und vor der Umwandlung) maßgeblich sind. Als Äußerungen der Freien Energie eines Stoffes haben z. B. zu gelten: der Dampfdruck, das Bestreben eines Körpers in den Gaszustand überzugehen, der Lösungsdruck, das Bestreben eines Körpers in Lösung zu gehen, gegebenenfalls als Ion.

Wie bei Energieinhalt und Enthalpie lassen sich auch bei Freier Energie bzw. Freier Enthalpie eines Körpers (Systems) nur Unterschiede, Differenzbeträge ermitteln; wir sind demnach nur in der Lage, $f - f_0$ bzw. $g - g_0$ oder Δ-Werte, d. h. Unterschiede zwischen verschiedenen Zuständen, Formen, Verbindungen (über diese Umwandlungsgrößen s. § 10/5), zu bestimmen und unseren Berechnungen zugrunde zu legen.

Wie alle Energiegrößen sind es mengenproportionale Größen. Für molare Mengen dient wieder (wie bei allen diesen Größen) die Großschreibung zu deren Kennzeichnung.

$$F = \frac{f}{n}; \tag{88}$$

$$G = \frac{g}{n}. \tag{88a}$$

Die größere praktische Bedeutung hat wieder G in seiner Anwendbarkeit auf druckkonstante Vorgänge.

Die Beziehungen zu den anderen Zustandsfunktionen ergeben sich wie folgt:

$$\boxed{f \equiv u - Ts} \tag{86}$$

$$\boxed{g \equiv h - Ts} \tag{86a}$$

$$\boxed{f + pv \equiv g} \tag{87}$$

$$df = du - T\,ds - s\,dT \tag{89}$$

$$dg = dh - T\,ds - s\,dT \tag{89a}$$

mit: $$T\,ds = du + p\,dv \tag{64}$$

mit: $$T\,ds = dh - v\,dp \tag{64a}$$

$$\underline{df = -p\,dv - s\,dT} \tag{90}$$

$$\underline{dg = v\,dp - s\,dT} \tag{90a}$$

$$f = \varphi(v, T) \tag{91}$$

$$g = \varphi(p, T) \tag{91a}$$

$$df = \left(\frac{\partial f}{\partial v}\right)_T dv + \left(\frac{\partial f}{\partial T}\right)_v dT \tag{92}$$

$$dg = \left(\frac{\partial g}{\partial p}\right)_T dp + \left(\frac{\partial g}{\partial T}\right)_p dT \tag{92a}$$

durch Koeffizientenvergleich

$$\left(\frac{\partial f}{\partial v}\right)_T = -p\,; \qquad (93)$$

$$\left(\frac{\partial f}{\partial T}\right)_v = -s\,, \qquad (94)$$

daher:

$$\boxed{f = u - T\left(\frac{\partial f}{\partial T}\right)_v} \qquad (95)$$

durch Koeffizientenvergleich

$$\left(\frac{\partial g}{\partial p}\right)_T = v\,; \qquad (93\text{a})$$

$$\left(\frac{\partial g}{\partial T}\right)_p = -s\,, \qquad (94\text{a})$$

daher:

$$\boxed{g = h - T\left(\frac{\partial g}{\partial T}\right)_p} \qquad (95\text{a})$$

(Helmholtzsche Gleichungen)

Temperaturabhängigkeit.

für konst. Vol; $dv = 0$

(In $f = u - Ts$ sind u und s in ihrer Temperaturabhängigkeit einzusetzen und zwar

$$u = u_0 + \int_0^T c_v\,dT\,; \quad s = \int_0^T \frac{c_v}{T}\cdot dT + s_0).$$

$$f = u_0 + \int_0^T c_v\,dT - T\int_0^T \frac{c_v}{T}\,dT - Ts_{0v} \qquad (96)$$

für konst. Druck; $dp = 0$.

(In $g = h - Ts$ sind h und s in ihrer Temperaturabhängigkeit einzusetzen und zwar

$$h = h_0 + \int_0^T c_p\,dT\,; \quad s = \int_0^T \frac{c_p}{T}\cdot dT + s_0).$$

$$g = h_0 + \int_0^T c_p\,dT - T\int_0^T \frac{c_p}{T}\,dT - Ts_0 \qquad (96\text{a})$$

umgeformt:

$$\boxed{f = u_0 - T\int_0^T \frac{dT}{T^2}\int_0^T c_v\,dT - T\cdot\text{const}'} \qquad (97)$$

$$\boxed{g = h_0 - T\int_0^T \frac{dT}{T^2}\int_0^T c_p\,dT - T\cdot\text{const}} \qquad (97\text{a})$$

$$\text{const}' = s_{0v} - c_{v0} \qquad (98)$$

$$\text{und } u_0 = f_0 \qquad (99)$$

$$\text{const} = s_0 - c_{p0} \qquad (98\text{a})$$

$$\text{und } h_0 = g_0 \qquad (99\text{a})$$

Volum- bzw. Druckabhängigkeit:

bei konst. Temp.; $dT = 0$

aus $df = -p\,dv - s\,dT$,

$$(df)_T = -p\cdot dv \qquad (93)$$

$$\int_{\text{I}}^{\text{II}} (df)_T = -\int_{\text{I}}^{\text{II}} p\,dv \qquad (100)$$

bei konst. Temp.; $dT = 0$

aus $dg = v\,dp - s\,dT$,

$$(dg)_T = v\cdot dp \qquad (93\text{a})$$

$$\int_{\text{I}}^{\text{II}} (dg)_T = \int_{\text{I}}^{\text{II}} v\cdot dp \qquad (100\text{a})$$

ideale Gase: mit $pv = nRT$ *ideale Gase:*

$$f_{II} - f_I = -nRT \int_I^{II} \frac{dv}{v} = \qquad (101)$$

$$\boxed{f_{II} - f_I = -nRT \cdot \ln \frac{v_{II}}{v_I}}$$

$$g_{II} - g_I = nRT \int_I^{II} \frac{dp}{p} = \qquad (101a)$$

$$\boxed{g_{II} - g_I = nRT \cdot \ln \frac{p_{II}}{p_I}}$$

Zur **Temperaturabhängigkeit der Freien Energie bzw. Freien Enthalpie.** Die Bestimmung derselben läuft auf die Ermittlung der Temperaturabhängigkeit der Spezifischen Wärmen und der Entropie hinaus. Da sich letztere in ihrer Temperaturabhängigkeit ebenfalls auf die Spezifischen Wärmen zurückführen läßt, so erhält man f bzw. g als Funktion von c_v bzw. c_p.

Die Umformung, die Zusammenziehung der beiden Integralglieder in (96) bzw. (96a), erfolgt nach den Regeln der Integralrechnung, der Integration nach Teilen (s. Mathematischer Formelanhang); sie ist in Beispiel 37 durchgeführt.

Die in Gleichung (97) bzw. (97a) auftretende Integrationskonstante setzt sich lt. (98) bzw. (98a) aus den Nullpunktswerten der Entropie und der Spezifischen Wärme zusammen, was sich ohne weiteres aus der Integration der nicht umgeformten Gleichung (96) bzw. (96a) ergibt. Über diese Konstante sagt der 3. Hauptsatz (s. diesen) aus, daß sie für kondensierte Stoffe wegfällt, d. h. null wird; dies ergibt sich als Folge, daß jeder der in ihr enthaltenen Nullpunktsgrößen der Wert Null zukommt. Nur für Gase tritt daher diese Konstante in Erscheinung. Sie steht in unmittelbarer Beziehung zur Dampfdruckkonstante — gleich der Chemischen Konstante — gemäß (C/19) § 12.

Nachdem sowohl die Entropiekonstanten ${}^N s_{0i}$ und ${}^N s_0$ für unterschiedliche Zustände definiert werden, als auch den Nullpunktswerten der Spezifischen Wärmen c_{v0} und c_{p0} der Gase verschiedene Werte zukommen, so haben auch die Zahlenwerte der beiden Integrationskonstanten „const'" und „const" um den entsprechenden Betrag zu differieren.

Zur **Volum- und Druckabhängigkeit.** Aus der Volumabhängigkeit der Freien Energie $\left(\frac{\partial f}{\partial v}\right)_T = -p$ bzw. der Druckabhängigkeit der Freien Enthalpie $\left(\frac{\partial g}{\partial p}\right)_T = v$ läßt sich ersehen, daß diese Abhängigkeiten für kondensierte Stoffe praktisch wenig ins Gewicht fallen, da sich die Volumänderungsmöglichkeit hier nur in engen Grenzen bewegt. Bei den Gasen spielt diese Abhängigkeit hingegen eine nicht zu vernachlässigende Rolle.

Um das Integral $\int_I^{II} (df)_T$ bzw. $\int_I^{II} (dg)_T$ auswerten zu können, ist die Kenntnis der Funktion $p = \varphi(v)$ bzw. $v = \Phi(p)$ erforderlich. Für ideale Gase haben wir diese durch die Gasgleichung $pv = nRT$ gegeben und für reale Gase läßt sich die van der Waalssche Gleichung heranziehen. Für ideale Gase ergeben sich danach die in obiger Zusammenstellung verzeichneten Beziehungen.

Wie aus der obigen Druckabhängigkeit der Freien Enthalpie bzw. Volumabhängigkeit der Freien Energie hervorgeht, müssen wir uns bei Gasen zweck

Erlangung vergleichbarer Werte auf bestimmte Zustände, auf Normalwerte von Druck bzw. Volumen festlegen. Als solche gelten wieder 1 Atm. bzw. 1 Liter. Die Normalwerte werden symbolisiert ^{N}G bzw. ^{N}F.

Aus der Zusammenfassung der Aussagen des 1. und 2. Hauptsatzes in der Form $u = f + Ts$ bzw. $h = g + Ts$ ersieht man, daß für $T = 0$, $u_0 = f_0$, bzw. $h_0 = g_0$ ist, beim absoluten Nullpunkt also Energieinhalt gleich Freier Energie wird (Enthalpie gleich Freier Enthalpie). Ferner folgt, daß sich mit steigender Temperatur u von f bzw. h von g um so mehr unterscheiden werden, je größer s, die Entropie, ist. Da diese im gasförmigen Aggregatzustand für einen bestimmten Stoff immer am größten ist, werden sich Energieinhalt und freie Energie (Enthalpie und Freie Enthalpie) bei Gasen in höherem Maße unterscheiden als bei Festkörpern.

Aus der Helmholtzschen Formulierung (s. dort) $u = f - T\left(\frac{\partial f}{\partial T}\right)_v$ bzw. $h = g - T\left(\frac{\partial g}{\partial T}\right)_p$ ergibt sich der Unterschied als der mit der absoluten Temperatur multiplizierte Temperaturkoeffizient der Freien Energie bzw. Freien Enthalpie bei der jeweiligen Temperatur.

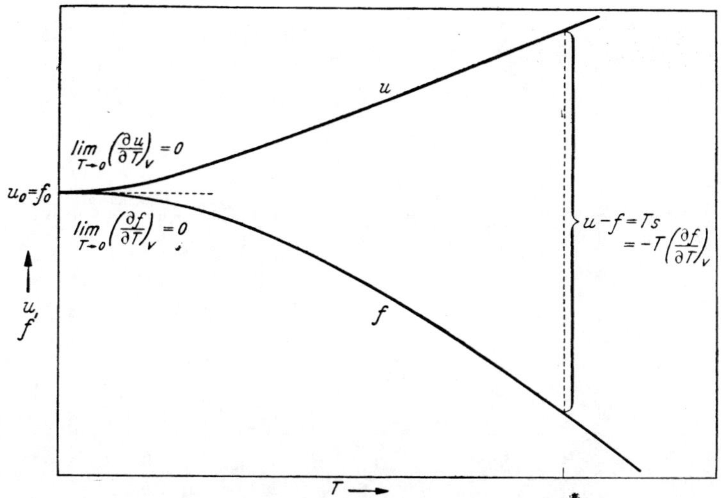

Abb. 4. Verlauf von u und f mit der Temperatur.

Der prinzipielle Verlauf von u und f (oder von h und g) mit der Temperatur ist aus Abb. 4 zu ersehen. Folgt die Gleichheit von u und f (von h und g) am absoluten Nullpunkt aus den Aussagen des ersten und zweiten Hauptsatzes, so werden diese für kondensierte Stoffe durch die Aussage des Nernstschen Wärmesatzes (3. Hauptsatz) ergänzt, wonach der Temperaturkoeffizient der Freien Energie bzw. Freien Enthalpie bei Annäherung an den absoluten Nullpunkt gleich Null wird:

$$\lim_{T=0}\left(\frac{\partial f}{\partial T}\right)_v = \lim_{T=0}\left(\frac{\partial u}{\partial T}\right)_v = 0 \text{ bzw. } \lim_{T=0}\left(\frac{\partial g}{\partial T}\right)_p = \lim_{T=0}\left(\frac{\partial h}{\partial T}\right)_p = 0\,,$$

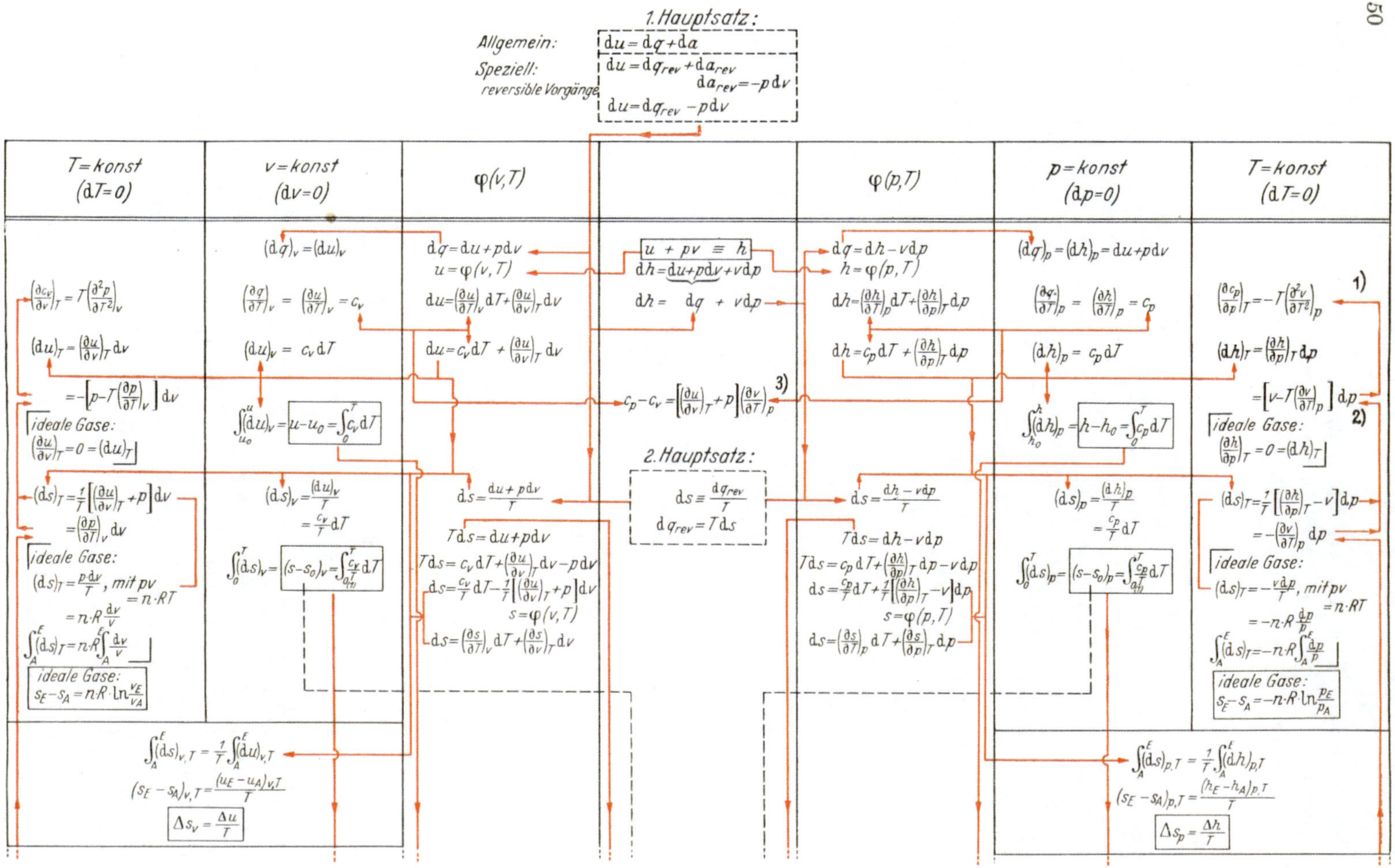

1. Hauptsatz:

Allgemein: $\mathrm{d}u = \mathrm{d}q + \mathrm{d}a$

Speziell: reversible Vorgänge: $\mathrm{d}u = \mathrm{d}q_{rev} + \mathrm{d}a_{rev}$, $\quad \mathrm{d}a_{rev} = -p\,\mathrm{d}v$

$\mathrm{d}u = \mathrm{d}q_{rev} - p\,\mathrm{d}v$

2. Hauptsatz:

$\mathrm{d}s = \frac{\mathrm{d}q_{rev}}{T}$

$\mathrm{d}q_{rev} = T\,\mathrm{d}s$

Mitte:

$u + pv \equiv h$

$\mathrm{d}h = \mathrm{d}u + p\,\mathrm{d}v + v\,\mathrm{d}p$

$\mathrm{d}h = \mathrm{d}q + v\,\mathrm{d}p$

$c_p - c_v = \left[\left(\frac{\partial u}{\partial v}\right)_T + p\right]\left(\frac{\partial v}{\partial T}\right)_p$ 3)

$T = konst$ ($\mathrm{d}T = 0$) (links)

$\left(\frac{\partial c_v}{\partial v}\right)_T = T\left(\frac{\partial^2 p}{\partial T^2}\right)_v$

$(\mathrm{d}u)_T = \left(\frac{\partial u}{\partial v}\right)_T \mathrm{d}v$

$= -\left[p - T\left(\frac{\partial p}{\partial T}\right)_v\right]\mathrm{d}v$

ideale Gase: $\left(\frac{\partial u}{\partial v}\right)_T = 0 = (\mathrm{d}u)_T$

$(\mathrm{d}s)_T = \frac{1}{T}\left[\left(\frac{\partial u}{\partial v}\right)_T + p\right]\mathrm{d}v$

$= \left(\frac{\partial p}{\partial T}\right)_v \mathrm{d}v$

ideale Gase: $(\mathrm{d}s)_T = \frac{p\,\mathrm{d}v}{T}$, mit $pv = n \cdot RT$

$= n \cdot R \frac{\mathrm{d}v}{v}$

$\int_A^E (\mathrm{d}s)_T = n \cdot R \int_A^E \frac{\mathrm{d}v}{v}$

ideale Gase: $s_E - s_A = n \cdot R \cdot \ln \frac{v_E}{v_A}$

$v = konst$ ($\mathrm{d}v = 0$)

$(\mathrm{d}q)_v = (\mathrm{d}u)_v$

$\left(\frac{\partial q}{\partial T}\right)_v = \left(\frac{\partial u}{\partial T}\right)_v = c_v$

$(\mathrm{d}u)_v = c_v\,\mathrm{d}T$

$\int_{u_0}^{u} (\mathrm{d}u)_v = u - u_0 = \int_0^T c_v\,\mathrm{d}T$

$(\mathrm{d}s)_v = \frac{(\mathrm{d}u)_v}{T}$

$= \frac{c_v}{T}\mathrm{d}T$

$\int_0^T (\mathrm{d}s)_v = (s - s_0)_v = \int_{0}^{T} \frac{c_v}{T}\mathrm{d}T$

$\int_A^E (\mathrm{d}s)_{v,T} = \frac{1}{T}\int_A^E (\mathrm{d}u)_{v,T}$

$(s_E - s_A)_{v,T} = \frac{(u_E - u_A)_{v,T}}{T}$

$\Delta s_v = \frac{\Delta u}{T}$

$\varphi(v,T)$

$\mathrm{d}q = \mathrm{d}u + p\,\mathrm{d}v$

$u = \varphi(v,T)$

$\mathrm{d}u = \left(\frac{\partial u}{\partial T}\right)_v \mathrm{d}T + \left(\frac{\partial u}{\partial v}\right)_T \mathrm{d}v$

$\mathrm{d}u = c_v\,\mathrm{d}T + \left(\frac{\partial u}{\partial v}\right)_T \mathrm{d}v$

$\mathrm{d}s = \frac{\mathrm{d}u + p\,\mathrm{d}v}{T}$

$T\,\mathrm{d}s = \mathrm{d}u + p\,\mathrm{d}v$

$T\,\mathrm{d}s = c_v\,\mathrm{d}T + \left(\frac{\partial u}{\partial v}\right)_T \mathrm{d}v - p\,\mathrm{d}v$

$\mathrm{d}s = \frac{c_v}{T}\mathrm{d}T - \frac{1}{T}\left[\left(\frac{\partial u}{\partial v}\right)_T + p\right]\mathrm{d}v$

$s = \varphi(v,T)$

$\mathrm{d}s = \left(\frac{\partial s}{\partial T}\right)_v \mathrm{d}T + \left(\frac{\partial s}{\partial v}\right)_T \mathrm{d}v$

$\varphi(p,T)$

$\mathrm{d}q = \mathrm{d}h - v\,\mathrm{d}p$

$h = \varphi(p,T)$

$\mathrm{d}h = \left(\frac{\partial h}{\partial T}\right)_p \mathrm{d}T + \left(\frac{\partial h}{\partial p}\right)_T \mathrm{d}p$

$\mathrm{d}h = c_p\,\mathrm{d}T + \left(\frac{\partial h}{\partial p}\right)_T \mathrm{d}p$

$\mathrm{d}s = \frac{\mathrm{d}h - v\,\mathrm{d}p}{T}$

$T\,\mathrm{d}s = \mathrm{d}h - v\,\mathrm{d}p$

$T\,\mathrm{d}s = c_p\,\mathrm{d}T + \left(\frac{\partial h}{\partial p}\right)_T \mathrm{d}p - v\,\mathrm{d}p$

$\mathrm{d}s = \frac{c_p}{T}\mathrm{d}T + \frac{1}{T}\left[\left(\frac{\partial h}{\partial p}\right)_T - v\right]\mathrm{d}p$

$s = \varphi(p,T)$

$\mathrm{d}s = \left(\frac{\partial s}{\partial T}\right)_p \mathrm{d}T + \left(\frac{\partial s}{\partial p}\right)_T \mathrm{d}p$

$p = konst$ ($\mathrm{d}p = 0$)

$(\mathrm{d}q)_p = (\mathrm{d}h)_p = \mathrm{d}u + p\,\mathrm{d}v$

$\left(\frac{\partial q}{\partial T}\right)_p = \left(\frac{\partial h}{\partial T}\right)_p = c_p$

$(\mathrm{d}h)_p = c_p\,\mathrm{d}T$

$\int_{h_0}^{h} (\mathrm{d}h)_p = h - h_0 = \int_0^T c_p\,\mathrm{d}T$

$(\mathrm{d}s)_p = \frac{(\mathrm{d}h)_p}{T}$

$= \frac{c_p}{T}\mathrm{d}T$

$\int_0^T (\mathrm{d}s)_p = (s - s_0)_p = \int_{0}^{T} \frac{c_p}{T}\mathrm{d}T$

$\int_A^E (\mathrm{d}s)_{p,T} = \frac{1}{T}\int_A^E (\mathrm{d}h)_{p,T}$

$(s_E - s_A)_{p,T} = \frac{(h_E - h_A)_{p,T}}{T}$

$\Delta s_p = \frac{\Delta h}{T}$

$T = konst$ ($\mathrm{d}T = 0$) (rechts)

$\left(\frac{\partial c_p}{\partial p}\right)_T = -T\left(\frac{\partial^2 v}{\partial T^2}\right)_p$ 1)

$(\mathrm{d}h)_T = \left(\frac{\partial h}{\partial p}\right)_T \mathrm{d}p$

$= \left[v - T\left(\frac{\partial v}{\partial T}\right)_p\right]\mathrm{d}p$ 2)

ideale Gase: $\left(\frac{\partial h}{\partial p}\right)_T = 0 = (\mathrm{d}h)_T$

$(\mathrm{d}s)_T = \frac{1}{T}\left[\left(\frac{\partial h}{\partial p}\right)_T - v\right]\mathrm{d}p$

$= -\left(\frac{\partial v}{\partial T}\right)_p \mathrm{d}p$

ideale Gase: $(\mathrm{d}s)_T = -\frac{v\,\mathrm{d}p}{T}$, mit $pv = n \cdot RT$

$= -n \cdot R \frac{\mathrm{d}p}{p}$

$\int_A^E (\mathrm{d}s)_T = -n \cdot R \int_A^E \frac{\mathrm{d}p}{p}$

ideale Gase: $s_E - s_A = -n \cdot R \cdot \ln \frac{p_E}{p_A}$

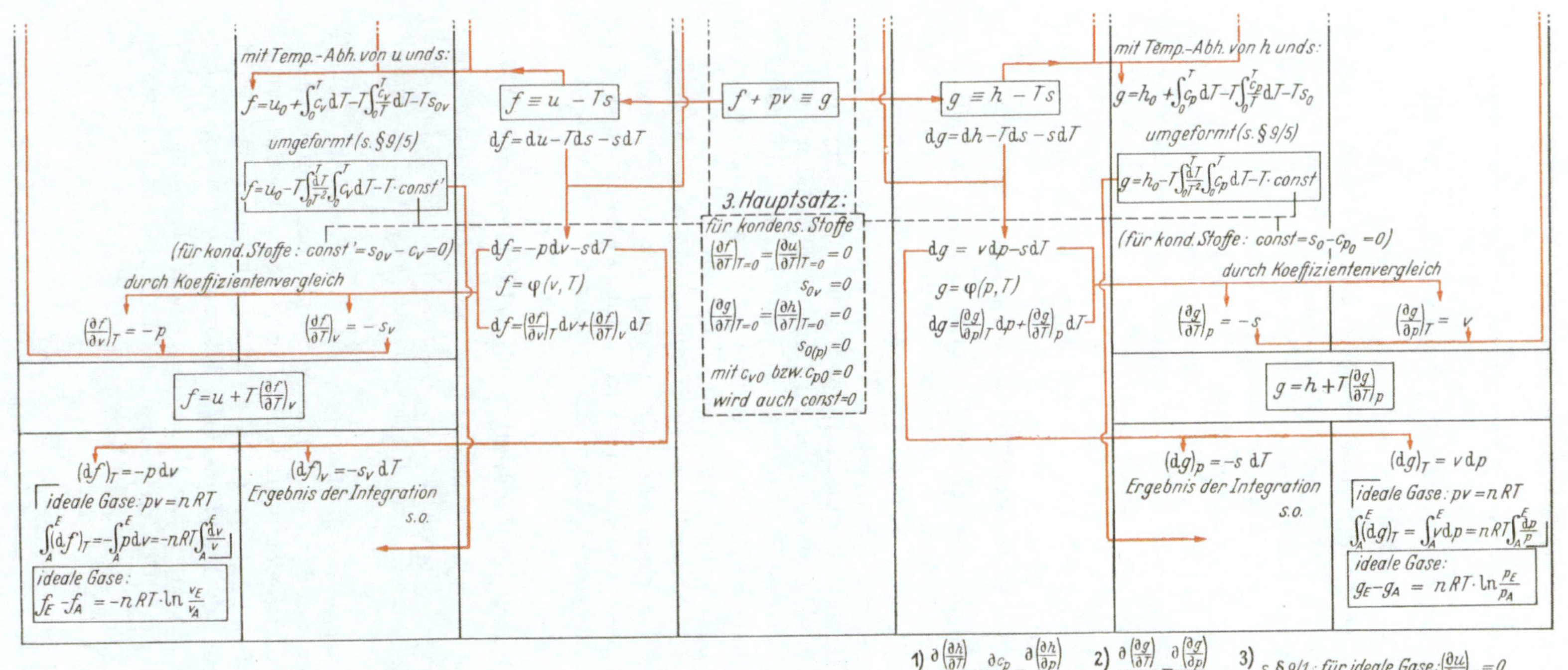

1) $\frac{\partial \left(\frac{\partial h}{\partial T}\right)}{\partial p} = \frac{\partial c_p}{\partial p} = \frac{\partial \left(\frac{\partial h}{\partial p}\right)}{\partial T}$ 2) $\frac{\partial \left(\frac{\partial g}{\partial T}\right)}{\partial p} = \frac{\partial \left(\frac{\partial g}{\partial p}\right)}{\partial T}$ 3) s. § 9/1: für ideale Gase: $\left(\frac{\partial u}{\partial v}\right)_T = 0$

Übersicht 1. Thermodynamische Ableitungen und Zusammenhänge.

die u- und f-Kurven (h- und g-Kurven) münden horizontal am absoluten Nullpunkt ein.

Behalten die Gase bis zum absoluten Nullpunkt einen konstanten bzw. endlichen Wert der Wärmekapazität, dann ist auch der Grenzwert für $\frac{\partial u}{\partial T}$ (bei $T = 0$) ungleich 0, die Forderung des 3. Hauptsatzes für Gase nicht erfüllt, und die $u - u_0$- sowie die $f - f_0$-Kurven (analog die $h - h_0$- und $g - g_0$-Kurven) treffen unter einem spitzen Winkel bei $T = 0$ zusammen. Sieht man in der Aussage des 3. Hauptsatzes ein ganz allgemeines Prinzip — nicht nur für kondensierte Stoffe —, dann muß man auch bei Gasen einen Abfall der Spezifischen Wärmen auf den Wert 0 beim absoluten Nullpunkt annehmen. Dies führte zur Annahme der Gasentartung im unmittelbaren Nullpunktsbereich (NERNST). In diesem Bereich sind dann auch die idealen Gasgesetze nicht mehr zutreffend. Für unsere Rechenzwecke erwachsen uns aus diesen Überlegungen keine weiteren Schwierigkeiten. Durch die Einführung der Chemischen Konstante (wie der Dampfdruckkonstante) wird den Nullpunktsgrößen der Molwärme und Entropie im Sinne der allgemeinen thermodynamischen Gesetzmäßigkeiten Rechnung getragen.

Spezielles. Zur Berechnung der Freien Energien und Freien Enthalpien $F - F_0$ bzw. $G - G_0$ für eine bestimmte Temperatur ist die ausreichende Kenntnis des Ganges der Spezifischen Wärmen (Molwärmen) erforderlich (s. dort). Beispiele für die Ermittlung in den einzelnen Aggregatzuständen s. § 15. Für viele Festkörper (Elemente und einfache anorganische Verbindungen) sind $G - G_0$-Werte zwischen 0 und 600° K in den Miethingschen Tabellen l. c. zu finden. Im übrigen siehe Tabellenwerke. Bei Gasen ist zur vollständigen Darstellung der Temperaturabhängigkeit die Kenntnis der Integrationskonstante nötig, die aus ihrem Zusammenhang mit der Chemischen Konstante herleitbar ist.

In dem Übersichtsblatt 1 ist der Versuch gemacht, sämtliche in diesem Paragraphen gebrachten, in der chemischen Thermodynamik bedeutsamen Beziehungen derart darzustellen, daß darin die Verflechtung derselben sowie deren Rückführung auf die grundlegenden Aussagen der Hauptsätze deutlich werden.

§ 10. Die energetischen Umwandlungsgrößen (Reaktionsgrößen).

Die thermodynamischen Gesetzmäßigkeiten, die in § 9 auf Einzelstoffe, d. h. einphasige Einstoffsysteme, angewandt sind, lassen sich in ihrer allgemeinen Gültigkeit in gleicher Weise auf Umwandlungen aller Art, physikalische wie chemische, übertragen.

Wir haben es bei den Reaktionsgrößen stets mit Unterschieden, mit Differenzen der energetischen Größen verschiedener Stoffe oder Stoffarten bzw. Stoffen in verschiedenen Aggregatzuständen zu tun. Ganz allgemein ist eine beliebige Zustandsfunktion Y (z. B. H, S, G) als Reaktionsgröße ΔY (d. h. $\Delta H, \Delta S, \Delta G$) zu verstehen, als die Differenz der mit den stöchiometrischen Umsatzzahlen (das sind die Molzahlen der Beteiligung an der Reaktion) multiplizierten molaren energetischen Größen nach dem Umsatz minus der vor dem Umsatz.

$$\Delta Y = \underset{\substack{\text{nach} \\ \text{(rechts)}}}{\Sigma \nu Y} - \underset{\substack{\text{vor} \\ \text{(links)}}}{\Sigma \nu Y}. \qquad (10)$$

(Sind an einer Reaktion Stoffe in einer Mischphase beteiligt, dann sind für die betreffenden Stoffe die *partiellen* molaren energetischen Größen — siehe diese in § 11 — zu setzen.)

Die Richtung der Differenzbildung ist konventionell und wird leider bisher noch nicht überall gleich gehandhabt. Wir gebrauchen die Δ-Größen konsequent in obengenanntem Sinne; die Schreibweise der Gleichgewichtskonstanten (s. diese), d. h. das Vorzeichen des Logarithmus des Gleichgewichtskonstanten, ergibt sich ebenfalls aus dieser Übung.

Das Δ-Zeichen wird nur für Differenzen bei konstanter Temperatur, also bei isothermem Umsatz, gebraucht (nicht zwischen verschiedenen Temperaturen; in diesem Falle wird geschrieben z. B. $H_{300} - H_{273}$ oder $\Delta H_{600} - \Delta H_{298}$).

Von dem Umstand, daß die energetischen Größen mengenabhängig sind und gekoppelt mit den Stoffen und damit den Reaktionsgleichungen addiert und subtrahiert werden können, macht man in der Thermochemie ausreichend Gebrauch.

Eine zweckmäßige Aufteilung der Reaktionsgrößen in „Grund-" (Normal) und „Restgrößen" läßt sich vor allem bei Gasreaktionen bzw. Reaktionen, an denen Gase teilnehmen, durchführen. Man läßt die „Grundreaktion" (= Normalreaktion) zwischen den Reaktionsteilnehmern in ihrem Grundzustand (Normalzustand) ablaufen und hat als „Restreaktion" die Überführung der Reaktionsteilnehmer von dem Ausgangszustand in den Normalzustand bzw. von dem Normalzustand in den Endzustand durchzuführen. Den Auswirkungen dieser Maßnahme begegnen wir vor allem bei den Entropien, den Freien Enthalpien (Freien Energien) und den chemischen Gleichgewichten. Die Daten für die Freien Enthalpien der Grundreaktionen, d. s. die Normalwerte der Freien Reaktionsenthalpie, lassen sich leicht aus Bildungsenthalpien und Normalentropien ermitteln.

Da wir uns bei Reaktionen ausschließlich auf molare Mengen bzw. molaren Umsatz (und Vielfache davon) beziehen, finden hier auch nur die molaren Größen (großgeschriebene Symbole) Behandlung. Entsprechend der größeren praktischen Bedeutung sollen nun die druckbezogenen Größen vorangestellt werden.

1. Molwärmen-Differenz ΔC_p, ΔC_v.

Bei Anwendung der thermodynamischen Gleichungen, in denen Molwärmen enthalten sind, auf Reaktionen hat die Differenzbildung im obigen Sinne zu erfolgen. Auch bei Aufgliederung in temperaturunabhängigen und temperaturabhängigen Anteil ist in gleicher Weise zu verfahren.

Die Molwärmendifferenz ΔC_p entspricht dem Temperaturkoeffizienten der Reaktionsenthalpie (ΔC_v der Reaktionsenergie), wie im Kirchhoffschen Satz im folgenden Abschnitt ausgesprochen ist.

2. Enthalpieänderung, Reaktionsenthalpie ΔH, Energieinhaltsänderung, Reaktionsenergie ΔU.

= Wärmetönungen, Reaktionswärmen bei konstantem Druck und konstantem Volumen.

Eine Reaktionswärme, die Wärmetönung einer Reaktion, ist nichts anderes als die Differenz der Enthalpien bzw. der Energieinhalte, je nachdem man die Reaktion bei konstantem Druck oder konstantem Volumen ablaufen läßt.

Das Vorzeichen der Werte dieser Größen ergibt sich wieder entsprechend dei Gepflogenheit der Differenzbildung (Größen der Stoffe nach der Umsetzung minus vor der Umsetzung im Sinne der Reaktionsgleichung). Wir schreiben eine Reaktion:

$$2\,\mathrm{Ag} + \mathrm{Cl_2} = 2\,\mathrm{AgCl};\ \Delta H = -\,60\,300\ \mathrm{cal.}$$

Es besagt dies, daß 1 Mol Chlorgas mit 2 Grammatomen Silber zu 2 Mo Silberchlorid reagieren und daß damit eine Enthalpieverminderung von 60,3 kca einhergeht, der entstehende Stoff also geringeren Enthalpiewert (entsprechen geringeren Energieinhalt) aufweist.

Thermochemische Reaktionsgleichungen. Die mit der Wärmetönung ge koppelte Reaktionsgleichung — die thermochemische Gleichung — gibt an, wi groß der Unterschied der Enthalpie bzw. im Energieinhalt ist, damit durch da Vorzeichen schon angebend, ob die Reaktion wärmeabgebend, d. i. exotherm oder wärmeverbrauchend, d. i. endotherm, verläuft. Exotherm ist die Reaktio im Sinne der Gleichung bei negativer Reaktionsenthalpie und endotherm be positiver. (Die ältere Schreibweise bezieht die Wärmetönung in die Reak tionsgleichung ein, die auftretende Wärme wird darin positiv gezählt, so z. B $2\,\mathrm{Ag} + \mathrm{Cl_2} = 2\,\mathrm{AgCl} + 60\,300$ cal, d. h. daß bei der Reaktion 2 Mol AgCl ent stehen und eine Wärmemenge von 60,3 kcal auftritt. Diese Exotherme Reak tion ergibt nach unserer Schreibweise [s. oben] $\Delta H = -\,60{,}3$ kcal. Der Entha pieverminderung entspricht das Auftreten dieses Differenzbetrages als übe schüssige Wärme.)

Die nunmehr bevorzugte Schreibweise hat den Vorteil, daß von der Ge pflogenheit, Wärme- bzw. Energieeffekte stets nur im Sinne des Energiezu wachses des Stoffes oder Systems positiv zu zählen, nicht abzugehen ist un Vorzeichenirrtümer damit weitgehend auszuschalten sind. Als weiterer Vorte hat zu gelten, daß man aus der Schreibweise sofort erkennt, ob man es mit ein Enthalpie- oder Energiedifferenz zu tun hat, d. h. ob es sich um eine Wärm tönung bei konstantem Druck oder eine solche bei konstantem Volumen hande ($\Delta H = \ldots$, $\Delta U = \ldots$). In Fällen wo auch andere Änderungen, z. B. d Freien Enthalpie bzw. Freien Energie anzugeben sind, läßt sich dies in der gle chen Art hinzufügen.

Gemäß der Aussage des ersten Hauptsatzes über die Konstanz der Energi summe eines Systems lassen sich die thermochemischen Reaktionsgleichung zwecks Ermittlung von energetischen Daten, die experimentell nicht zugängli sind, in erforderlicher Weise addieren oder subtrahieren, d. h. mit den energe schen Daten sind die Rechenoperationen durchzuführen wie mit den daz gehörigen Reaktionsgleichungen, um den gesuchten Wert für die resultieren Reaktion zu erhalten. Vor Aufstellung der allgemeinen Fassung des ersten Hau satzes wurde dies in dem *Heßschen Satz von der Konstanz der Wärmesumm* ausgesprochen. Als Beispiel diene:

$$\mathrm{C_{Graphit}} + \mathrm{O_2} = \mathrm{CO_2};\ \Delta H = -\ \ 94{,}23\ \mathrm{kcal},\ \text{davon subtrahiert}$$

$$2\,\mathrm{CO} + \mathrm{O_2} = 2\,\mathrm{CO_2};\ \Delta H = -\,135{,}22\ \ \text{,,}\ \ \text{erhält man}$$

$$\mathrm{C_{Graphit}} + \mathrm{CO_2} = 2\,\mathrm{CO};\ \Delta H = +\ \ 40{,}99\ \mathrm{kcal.}$$

Nachdem verschiedene Modifikationen eines Stoffes im Energieinhalt verschieden sind, so ist zur exakten Beschreibung der energetischen Reaktionsdaten die eindeutige Festlegung des Zustands der reagierenden Stoffe (Aggregatzustand, bei Festkörpern die Modifikation, bei gelösten Stoffen die Zusammensetzung der Lösung, Konzentration) nötig. Muß die Reaktionsgleichung hinsichtlich der stofflichen Natur der Reaktionsteilnehmer eindeutig sein, so muß es die energetische Größe — im obigen Beispiel die Enthalpiedifferenz — hinsichtlich der übrigen Zustandsgrößen, insbesondere der Temperatur sein. Diese setzt man daher zweckmäßig als Index bei. Ohne besondere Angaben beziehen sich die Werte normalerweise auf „Zimmertemperatur" und bei druckkonstanten Werten auf 1 Atm. Ist die Molwärmendifferenz gering und damit die Reaktionsenthalpie praktisch konstant oder die Genauigkeit der vorliegenden Werte gering, dann werden — aus diesen sehr unterschiedlichen Gründen — oft keine engeren Temperaturangaben zu finden sein.

Zur Kennzeichnung des Aggregatzustandes in thermochemischen Gleichungen sind zwei Methoden empfohlen; nach der einen sollen die chemischen Symbole in verschiedengeformte Klammern gesetzt werden, nach der anderen wird der Aggregatzustand nach dem chemischen Symbol bezeichnet. Wir wollen, wo eine nähere Kennzeichnung nötig ist, den zweiten Weg beschreiten. Für den festen, flüssigen oder gasförmigen Zustand schreiben wir (f), (fl) oder (g). Danach würde die vollständige thermochemische Gleichung obiger Reaktion wie folgt zu schreiben sein:

$$\mathrm{C\,(f,\,Gr) + CO_2\,(g) = 2\,CO\,(g)}; \quad \Delta H_{291} = +40{,}99 \text{ kcal}.$$

Die als selbstverständlich empfundenen Kennzeichnungen, so den gasförmigen Aggregatzustand von CO_2 und CO unter gewöhnlichen Bedingungen, läßt man meist weg.

In gleicher Weise wie die Reaktionswärmen im engeren Sinne, sind Wärmetönungen wie *Hydratationswärmen* (*Solvatationswärmen*), aber auch die sogenannten „latenten" Wärmen, die *Schmelz-*, *Verdampfungs-* und *Umwandlungswärmen* (s. Punkt 4 „Reversible Reaktionswärmen") zu behandeln.

Bildungsenthalpie und Bildungsenergie (Bildungswärmen). Darunter versteht man die Reaktionsenthalpien von Bildungsreaktionen eines betrachteten Stoffes, normalerweise aus den bei der betreffenden Temperatur (und Druck) stabilen Formen der Elemente (oder nach einer bestimmten formelmäßig festgelegten Reaktion). Als Normaltemperatur wählt man 25° C (= 298,16° K), der Normaldruck — praktisch bedeutsam sind die druckkonstanten Reaktionen, damit die Enthalpien — ist 1 Atm. Wo die Bildungsenthalpiewerte anderen Enthalpiewerten gegenüber gekennzeichnet werden sollen, fügen wir ein B als Index an und schreiben ΔH_B. In Tab. 21 finden sich die Bildungsenthalpien häufig gebrauchter Stoffe verzeichnet. Aus diesen lassen sich durch geeignete Kombination (Addition oder Subtraktion dieser Daten oder deren Vielfaches), Reaktionsenthalpien ermitteln.

Die Bildungsenthalpie einer organischen Verbindung wird gewöhnlich aus den Verbrennungsenthalpien der betreffenden Verbindung einerseits und der die Verbindung aufbauenden Elemente in dem bei dieser Temperatur (normal 25° C) stabilen Zustand — andererseits, berechnet. Durch Kombinierung der betreffenden thermochemischen Gleichungen — durch Differenzbildung — gelangt man zu dem gewünschten Resultat. In allgemeiner Formulierung:

$$\text{I.}\quad C_xH_yO_z + \left(x + \frac{y}{4} - \frac{z}{2}\right) O_2 = x\,CO_2 + \frac{y}{2} H_2O;\; \Delta H_{\text{verbr. I}} = a \text{ cal}$$

$$\text{II.}\quad x\,C + \frac{y}{2} H_2 + \left(x + \frac{y}{4}\right) O_2 = x\,CO_2 + \frac{y}{2} H_2O;\; \Delta H_{\text{verbr. II}} = b \text{ cal}$$

$$\text{III.}\quad x\,C + \frac{y}{2} H_2 + \frac{z}{2} O_2 = C_xH_yO_z;\; \Delta H_B = \Delta H_{\text{verbr. II}} - \Delta H_{\text{verbr. I}} = (b - a) \text{ cal.}$$

Kirchhoffscher Satz. Dieser sagt aus, daß der Temperaturkoeffizient einer Reaktionswärme gleich ist dem Unterschied der Molwärmen der Stoffe nach und vor der Reaktion, stellt demnach die Anwendung der in § 9/2 verzeichneten Beziehung (19) bzw. (17) auf Reaktionen dar,

$$\frac{\partial \Delta H}{\partial T} = \Delta C_p\,; \quad \frac{\partial \Delta U}{\partial T} = \Delta C_v\,. \tag{103}$$

Integriert für isobare bzw. isochore Temperaturänderungen, erhält man:

$$\Delta H = \Delta H_0 + \int_0^T \Delta C_p\, dT \quad \text{und} \quad \Delta U = \Delta U_0 + \int_0^T \Delta C_v\, dT\,, \tag{104}$$

die Beziehungen für die Temperaturabhängigkeit der Reaktionswärmen.

3. Entropieänderung, Reaktionsentropie ΔS ($= \Delta S_p$), ΔS_v und
4. Reversible Reaktionswärme $\Delta Q_{rev} = T\Delta S$, bzw. $(\Delta Q_{rev})_v = T\Delta S_v$.

Die Reaktionsentropie dient zur Ermittlung der Freien Enthalpie bzw. Freien Energie aus der Reaktionsenthalpie ΔH bzw. der Reaktionsenergie ΔU. Sie setzt sich aus den Einzelentropiewerten der Reaktionsteilnehmer zusammen, in der allgemeinen für die Δ-Werte gültigen Weise; die Einzelgrößen sind gemäß den Ausführungen in § 9/3 in ihren Absolutwerten bestimmt.

Die Temperaturabhängigkeit

der Reaktionsentropie ergibt sich wieder zu:

$$\Delta S = \Delta S_0 + \int_{0\,(1)}^{T} \frac{\Delta C_p}{T}\, dT = \Delta S_0 + \int_{-\infty\,(0)}^{\ln T} d \ln \Delta C_p \quad \text{(für konst. Druck).} \tag{105}$$

ΔS_0 wird bei Reaktionen zwischen nur kondensierten Stoffen gleich 0 (denn nach dem 3. Hauptsatz sind die Nullpunktsentropien kondensierter Stoffe null); treten Gase auf, dann ist ΔS_0 gleich der Differenz der mit den stöchiometrischen Umsatzzahlen multiplizierten Entropiekonstanten $\Delta^N S_0$, sofern die an der Reaktion beteiligten Gase — und zwar jedes für sich — unter einem Druck von 1 Atm auftreten (bei davon abweichenden Partialdrucken ist, bei Ausgehen von den Entropiekonstanten, die Partialdruckabhängigkeit, d. i. die Gesamtdruck- und Molenbruchabhängigkeit — s. (111) — mitzuberücksichtigen.)

Bei Verfolgung der Temperaturabhängigkeit in beliebigen Temperaturgrenzen T_1 und T_2 erhält man

$$\Delta S_{T_2} = \Delta S_{T_1} + \int_{T_1}^{T_2} \frac{\Delta C_p}{T} dT \text{ (für konst. Druck).} \tag{106}$$

Die Druckabhängigkeit

der Reaktionsentropie ist gegeben durch:

$$\left(\frac{\partial \Delta S}{\partial p}\right)_T = -\left(\frac{\partial \Delta V}{\partial T}\right)_p. \tag{107}$$

Für kondensierte Stoffe ist sie in der Regel zu vernachlässigen und bei Gasen gegeben, wenn die Reaktion unter Molzahländerung der gasförmigen Reaktionsteilnehmer verläuft, wenn also ein $\Delta V \neq 0$, also ein von Null verschiedenes $\Delta \nu$ der gasförmigen Reaktionsteilnehmer vorliegt. Die Druckabhängigkeit der Reaktionsentropie unter alleiniger Berücksichtigung der an der Reaktion beteiligten Gase (als ideale behandelt) lautet damit zwischen den Drucken p_{II} und p_I:

$$\Delta S_{II} - \Delta S_I = -\Delta \nu R \cdot \ln \frac{p_{II}}{p_I} \text{ (für konst. Temp.).} \tag{108}$$

Die Abhängigkeit von der Zusammensetzung

von x_i bzw. p_i, der Reaktionsteilnehmer in Mischphasen:

Läuft die Reaktion zwar unter dem Gesamtdruck 1 Atm, also dem Normaldruck ab, aber sind mehrere Gase vor oder nach der Reaktion vorhanden, so daß sie nicht einzeln unter dem Partialdruck 1 Atm vorliegen, sondern unter einem geringeren im Gasgemisch, entsprechend den Molenbrüchen x_i, dann weicht die Reaktionsentropie der betrachteten Reaktion von deren Normalwert ab. Gemäß Gl. (145) in § 11 erhalten wir hierfür (bei idealem Gasverhalten)

$$\Delta ({}^*S - S) = -\Delta \nu_i R \ln x_i. \tag{109}$$

Bei realem Verhalten treten an Stelle der Molenbrüche x_i die Aktivitäten a_i.

Die Änderung der Reaktionsentropie bei Überführung der gasförmigen Reaktionsteilnehmer von dem Normaldruck zu den Partialdrucken von und zu den sie reagieren (wobei auch die einschränkende Annahme des Gesamtdrucks von 1 Atm wegfällt) lautet

$$\begin{aligned} \Delta ({}^*S - {}^NS) &= -\Delta \nu_i R \cdot \ln p_i \\ &= -\Delta \nu_i R \cdot \ln x_i - \Delta \nu_i R \cdot \ln p. \end{aligned} \tag{110}$$

Die Aufgliederung des Ausdrucks in die Molenbruch- und die Gesamtdruckabhängigkeit erfolgt auf Grund der Beziehung $x_i = \frac{p_i}{p}$, also $p_i = x_i \cdot p$.

Für beliebige Änderungen der Temperatur, des Drucks und des Molenbruchs erhalten wir somit (bei idealem Verhalten der Mischphase):

$$\Delta S = \Delta {}^NS_0 + \int_0^T \frac{\Delta C_p}{T} dT - \Delta \nu_i R \cdot \ln p - \Delta \nu_i R \cdot \ln x_i. \tag{111}$$

In dieser Gleichung ergeben die beiden ersten Glieder den Normalwert der Reaktionsentropie bei der Temperatur T, die beiden letzten — also (110) — die Rest-Reaktionsentropie bei dieser Temperatur[1, 2].

Für reversibel verlaufende Prozesse, wie z. B. die Modifikationsänderungen am Umwandlungspunkt oder Aggregatzustandsänderungen am Schmelz- und Siedepunkt wird

$$(\varDelta H)_{T,p} = \varDelta Q_{rev}, \quad (\varDelta G = 0), \tag{112}$$

da im Gleichgewicht zwischen den beiden Formen die Freie Enthalpie gleich null ist. Die Reaktionsentropie wird für diesen Fall reversibler Umwandlungen (bei isotherm-isobarem Verlauf)

$$\varDelta S = \frac{\varDelta Q_{rev}}{T} = \frac{(\varDelta H)_{T,p}}{T} \tag{113}$$

und für isotherm-isochoren Verlauf

$$\varDelta S_v = \frac{(\varDelta Q_{rev})_v}{T} = \frac{(\varDelta U)_{T,v}}{T}.$$

Die Umwandlungsentropie am Umwandlungspunkt ergibt sich demnach als Quotient aus Umwandlungswärme und Umwandlungstemperatur.

Die reversiblen Reaktionswärmen $\varDelta Q_{rev} = (\varDelta H)_{T,p}$, bzw. $(\varDelta U)_{T,v}$ werden auch „latente Wärmen“ genannt, da sie aufgenommen oder abgegeben werden

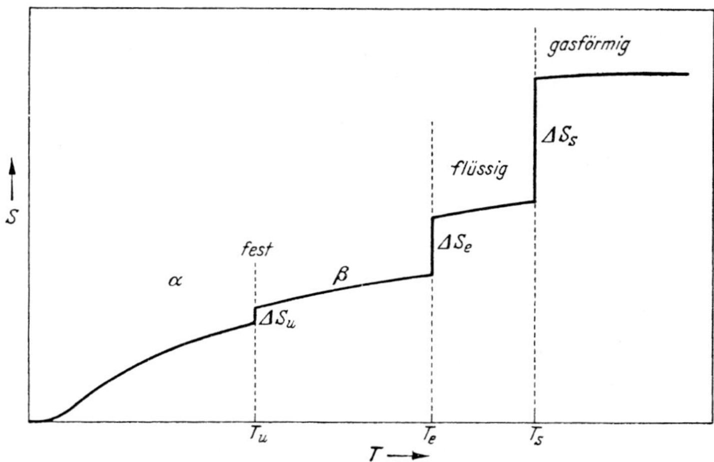

Abb. 5. Der Entropieverlauf mit der Temperatur über den Bereich der Aggregatzustandsänderungen.

[1] Das erste Glied, die Entropiekonstanten, treten nur für die beteiligten Gase auf, das dritte Glied ist nur für Gase von Belang — und dort nur bei Molzahländerung der Gase —, und das letzte Glied, der Verdünnung der in Mischphasen vorliegenden Reaktionsteilnehmer zukommend, gilt hier für ideale Gemische, sonst tritt an die Stelle von x_i, a_i.

[2] Gemäß dem Hinweis — siehe auch bei Dampfdruckgleichung und Gleichgewichtskonstante in den §§ 12 und 13 —, daß nach dem Logarithmus eine dimensionslose Größe zu stehen hat, heißt auch hier ln p sinngemäß ln $(p/{}^{N}p)$. Es stellt also ln p in der Gleichung den Logarithmus der Verhältniszahl des Druckes p zum Normaldruck 1 Atm dar. Es ist daher der Wert des Drucks in Atmosphären einzusetzen. x, der Molenbruch, ist an sich dimensionslos.

ohne Temperaturänderungen zu bewirken (in der Literatur findet sich für sie mitunter auch das Symbol L oder λ). Im Gegensatz zu den „latenten“ Wärmen spricht man dann von „freien“ Wärmen bei jenen, die mit Temperaturänderungen einhergehen.

Der Entropieverlauf eines Stoffes im Zuge der Erwärmung und bei Überschreiten von Umwandlungspunkten stellt sich bei isobarem Verlauf wie folgt dar (s. auch (83):

$$S = \int_0^{T_u} \frac{C_p(f,\alpha)}{T}\, dT + \frac{\Delta H_u}{T_u} + \int_{T_n}^{T_e} \frac{C_p(f,\beta)}{T}\, dT + \frac{\Delta H_e}{T_e} \int_{T_e}^{T_s} \frac{C_p(fl)}{T}\, dT + \frac{\Delta H_s}{T_s} + \int_{T_s}^{T_g} \frac{C_p(g)}{T}\, dT .$$

Der Verlauf ist in Abb. 5 qualitativ wiedergegeben.

ΔS_s, die Verdampfungsentropie beim Siedepunkt, hat für alle Stoffe einen annähernd konstanten Wert (etwa 21,5 cal/grad), d. h. die Verdampfungswärmen am Siedepunkt ΔH_s sind annähernd proportional der Siedetemperatur T_s.

$$\Delta S_s = \frac{\Delta H_s}{T_s} \approx 21{,}5 \text{ cal. grad}^{-1} . \qquad \text{(A 28)}$$

Dies ist der Inhalt der *Troutonschen Regel* (s. auch Übereinstimmende Zustände in § 5).

5. Änderung der Freien Enthalpie, Freie-Reaktionsenthalpie ΔG, Änderung der Freien Energie, Freie-Reaktionsenergie ΔF.

(Maximale Reaktionsarbeit, Affinität.)

Die Änderung der Freien Enthalpie bzw. Freien Energie ist die bestimmende Größe für die Möglichkeit des Ablaufes von Prozessen, Reaktionen. Sie ist das Maß der Affinität, des Bestrebens der Stoffe sich zu vereinigen bzw. zu reagieren. Sie stellt gleichzeitig den maximalen Arbeitsbetrag dar, der bei dem betreffenden Prozeß gewinnbar ist, — gleichbedeutend mit dem minimalen Arbeitsbetrag, der in der Gegenrichtung aufzuwenden ist. Ihre Ermittlung ist daher für die Aufdeckung und theoretische Beherrschung des Reaktionsgeschehens von ausschlaggebender Bedeutung.

Die Reaktionsgrößen setzen sich wieder im Sinne aller Umwandlungsgrößen aus den Einzelgrößen zusammen.

$$\Delta G = \sum_{\text{nach}} \nu G - \sum_{\text{vor}} \nu G \qquad \Delta F = \sum_{\text{nach}} \nu F - \sum_{\text{vor}} \nu F .$$

Vor dem Erkennen des Unterschieds der Freien Enthalpie bzw. Freien Energie als der maßgeblichen Größe für die Triebkraft der Reaktion glaubte man, in der Wärmetönung diesen Wert zu besitzen (Berthelotsches Prinzip). Danach sollte eine Reaktion ablaufen, wenn sie durch eine positive Wärmetönung, also eine Enthalpieverminderung der entstehenden Stoffe — einen negativen ΔH-Wert — gekennzeichnet ist. Dies trifft nur bei einseitig verlaufenden Reaktionen weitgehend zu, steht aber im Widerspruch mit den Gleichgewichtseinstellungen, die in bestimmten Zustandsbereichen auch im entgegengesetzten Sinne erfolgen können.

Ist die Wärmetönung, d. h. die Reaktionsenthalpie ΔH bzw. die Reaktionsenergie ΔU, bekannt, dann läßt sich bei Kenntnis der Reaktionsentropie das ΔG bzw. ΔF nach den Gleichungen ermitteln:

$$\Delta G = \Delta H - T \Delta S, \quad \text{bzw.} \quad \Delta F = \Delta U - T \Delta S_v \,. \tag{114}$$

ΔG wird dann gleich ΔH (in gleicher Weise ΔF gleich ΔU), wenn T gleich 0 ist, also am absoluten Nullpunkt, oder wenn $\Delta S = 0$, das ist dann der Fall, wenn die Entropien der entstehenden und der verschwindenden Stoffe gleich groß sind.

ΔG kann positiver oder negativer als ΔH sein, je nachdem ob das Glied $T \Delta S$ $(= \Delta Q_{rev})$ negativ oder positiv ist.

Freiwillig verlaufen Prozesse nur in Richtung der Verminderung der Freien Enthalpie (bzw. der Freien Energie) wenn also ΔG (bzw. ΔF) negativ ist. (Vorzeichen und Größe stellen damit auch das Maß der Affinität dar.) Bewirkt wird dieser freiwillige Ablauf, das negative ΔG, sowohl durch ein entsprechend negatives ΔH, als auch durch einen entsprechend hohen (positiven) Wert von $T\Delta S$, wobei die Reaktionsentropie oder die Höhe der Temperatur die maßgeblichen Faktoren sein können.

Die Freie Reaktionsenthalpie ist wie die Freien Enthalpien der einzelnen Reaktionsteilnehmer von den Zustandsgrößen T, p, x abhängig.

Die Temperaturabhängigkeit

ergibt sich in der gleichen Weise, wie in § 9/5 abgeleitet, also zu

$$\begin{aligned} \Delta G &= \Delta H_0 - T \int_0^T \frac{dT}{T^2} \int_0^T \Delta C_p \, dT - T \cdot \Delta \,\text{Const} \quad \text{bzw.} \\ \Delta F &= \Delta U_0 - T \int_0^T \frac{dT}{T^2} \int_0^T \Delta C_v \, dT - T \cdot \Delta \,\text{Const}' \end{aligned} \tag{115}$$

für kond. St: Const $= 0$,

für Gase:

$$\Delta \,\text{Const} = \Delta (S_0 - C_{p0}); \quad \Delta \,\text{Const}' = \Delta (S_{0v} - C_{v0}) \,. \tag{116}$$

Die Integrationskonstante Δ Const ist für Reaktionen zwischen nur kondensierten Stoffen nach dem 3. Hauptsatz wieder Null und tritt nur bei Gegenwart von Gasen für diese auf; sie stellt dann die Differenz der mit den stöchiometrischen Umsatzzahlen multiplizierten Einzelkonstanten für die beteiligten Gase nach und vor der Reaktion dar. Der allgemeine Kurvenverlauf für die Temperaturabhängigkeit von ΔG und ΔH, bzw. von ΔF und ΔU, ist in gleicher Weise darzustellen wie in Abb. 4 (§ 9/5) für die Einzelfunktion.

Die Druckabhängigkeit

der Freien Reaktionsenthalpie ist wieder durch die Druckabhängigkeit der Freien Enthalpie der an der Reaktion teilnehmenden Einzelstoffe bestimmt. Diese ist, wie schon in § 9/5 gezeigt, nur für die Gase praktisch von Belang. Bei Reaktionen ist somit eine Druckabhängigkeit nur dann augenfällig, wenn diese unter Molzahländerung der gasförmigen Reaktionsteilnehmer verläuft. Bei idealem Gasverhalten erhalten wir die Beziehung zwischen den Drucken p_I und p_{II}:

$$\Delta G_{\mathrm{II}} - \Delta G_{\mathrm{I}} = \Delta \nu_i \, R T \cdot \ln \frac{p_{\mathrm{II}}}{p_{\mathrm{I}}} . \tag{117}$$

Normalwert der Freien Reaktionsenthalpie $\Delta^N G$. Um vergleichbare Werte angesichts der Druckabhängigkeit der Freien Enthalpie zu haben, beziehen wir diese auf den Normalwert bei einer Druckeinheit (1 Atm) in gleicher Weise wie bei der Entropie. Der Normalwert der Freien Reaktionsenthalpie $\Delta^N G$ stellt nun jenen maximalen Arbeitsbetrag dar, der bei der Reaktion gewonnen oder aufzuwenden ist, wenn sowohl die Ausgangs- wie die Endgase der Reaktionsgleichung, jedes für sich, unter dem Druck einer Atmosphäre vorliegen. Diesen Wert erhält man auch, wenn man nach der Gleichung $\Delta G = \Delta H - T \Delta S$ mit den Normalwerten der Entropien rechnet, die auch in den Tabellen — s. Tab. 21 — verzeichnet sind. Liegen die einzelnen Gase unter davon abweichenden Drucken, bzw. Partialdrucken vor, d. h. treten Teilnehmer in Mischphasen auf (dies gilt auch für gelöste Stoffe), dann ist von dem Normalwert der Freien Reaktionsenthalpie ausgehend — der auch die „Grund-Reaktionsarbeit" darstellt —, als „Rest-Reaktionsarbeit" jener Freie Enthalpie-Betrag der Überführung der Reaktionsteilnehmer in diese Zustände zu ermitteln.

Die Beziehung zwischen dem Normalwert der Freien Reaktionsenthalpie und der Gleichgewichtskonstante ist in § 13 bei den chemischen Gleichgewichten behandelt.

Die Abhängigkeit von der Zusammensetzung,

dem Molenbruch von Reaktionsteilnehmern in Mischphasen, also Gasgemischen oder Lösungen, ist bei idealem Verhalten der Mischphasenkomponenten bestimmt durch

$$\Delta ({}^*G - G) = \Delta \nu_i R T \cdot \ln x_i \tag{118}$$

und bei realem Verhalten

$$\Delta ({}^*G - G) = \Delta \nu_i R T \cdot \ln a_i \tag{119}$$

(vgl. § 11 die Gl. (135) und (137)).

Für beliebige Änderungen der Temperatur, des Druckes und des Molenbruchs von Reaktionsteilnehmern ist nun zu schreiben (ausgehend vom Normalwert der Freien Reaktionsenthalpie bei $T = 0$ und idealem Verhalten der Mischphasenkomponenten):

$$\Delta G = \Delta H_0 - T \int_0^T \frac{dT}{T^2} \int_0^T \Delta C_p \, dT - T \cdot \Delta \,\mathrm{Const} + \Delta \nu_i R T \ln p + \Delta \nu_i R T \ln x_i . \tag{120}$$

Die Helmholtz-Gibbssche Gleichung. Wie schon aus der Ableitung in § 9/3 hervorgeht, folgt für

$$S = -\left(\frac{\partial G}{\partial T}\right)_p \quad \text{und für } S_v = -\left(\frac{\partial F}{\partial T}\right)_v ,$$

für die Reaktionen demnach:

$$\Delta S = -\left(\frac{\partial \Delta G}{\partial T}\right)_p , \quad \Delta S_v = -\left(\frac{\partial \Delta F}{\partial T}\right)_v . \tag{121}$$

In die Gleichung (114) $\Delta G = \Delta H - T \Delta S$, bzw. $\Delta F = \Delta U - T \Delta S_v$ eingeführt, erhält man für isotherm-isobaren bzw. isotherm-isochoren Verlauf die auf

HELMHOLTZ und GIBBS zurückgehenden Gleichungen:

$$\Delta G = \Delta H + T\left(\frac{\partial \Delta G}{\partial T}\right)_p, \qquad \Delta F = \Delta U + \left(\frac{\partial \Delta F}{\partial T}\right)_v. \tag{122}$$

Darin kommt wieder zum Ausdruck, daß ΔG und ΔH bzw. ΔF und ΔU nur dann gleich sein können, wenn $T = 0$, also am absoluten Nullpunkt, oder wenn der Temperaturkoeffizient der Freien Reaktionsenthalpie bzw. der Freien Reaktionsenergie null, d. h. vernachlässigbar klein ist. Während ersterer Fall also besagt $\Delta G_0 = \Delta H_0$ bzw. $\Delta F_0 = \Delta U_0$, ist der zweite realisiert, wenn die Temperaturkoeffizienten der Freien Enthalpien der entstehenden und der verschwindenden Stoffe gleich groß sind.

Die Helmholtzsche Gleichung finden wir auch auf elektrochemische Reaktionen angewandt in der Form

$$E = -\frac{\Delta H}{z\mathrm{F}} + T\left(\frac{\partial E}{\partial T}\right). \tag{123}$$

F ist darin das Zeichen für 1 Faraday, die Äquivalentladung eines Mols (= 96500 Coulomb), z ist die Zahl der Ladungsäquivalente, die mit dem molaren Umsatz verbunden ist; ΔH, die Reaktionsenthalpie des betrachteten elektrochemischen Vorgangs, ist dann in praktischen elektromagnetischen Einheiten (in Joule = Wattsekunden) einzusetzen.

Zu dieser Gleichung für die elektromotorische Kraft (EMK) E des galvanischen Elements, das dem betreffenden Reaktionsablauf entspricht, gelangt man, wenn man die bei reversibler Prozeßführung maximal gewinnbare elektrische Arbeit $zE\mathrm{F}$ der Freien Reaktionsenthalpie gleichsetzt (ΔG in Joule ausgedrückt).

$$\Delta G = -z \cdot E \cdot \mathrm{F}\,. \tag{124}$$

Experimentell realisieren läßt sich ΔG, die maximale Reaktionsarbeit, vor allem durch isotherm-reversibel arbeitende elektrochemische Ketten, also in Form reversibel geleisteter elektrischer Arbeit. Für reversiblen Verlauf ist aber Voraussetzung, daß die Stromentnahme bei infinitesimalen Spannungsdifferenzen erfolgt (was durch Kompensation der jeweiligen EMK der Kette, bei Gegenschaltung einer praktisch gleich großen Spannung, erreichbar ist). Dem Wesen der reversiblen Prozeßführung gemäß erfolgt diese maximale Arbeitsleistung unendlich langsam. Wenn diese maximale Arbeitsleistung sich daher als theoretischer Grenzfall darstellt und praktisch nicht nutzbar ist, so hat doch die stromlose EMK-Messung — die den reversiblen Spannungswert ergibt — zur Gewinnung thermodynamischer Daten größte Bedeutung.

§ 11. Die energetischen Größen von Stoffen in Mischphasen.

Zur Beschreibung des Zustandes eines Stoffes in einer Mischphase tritt zu den Zustandsgrößen p, v, T noch die Zusammensetzung, die wir in erster Linie durch den Molenbruch x zum Ausdruck bringen. (Zusammensetzungsgrößen s. § 4.) Es liegt die Frage nahe, wieweit diese hinzukommende Zustandsvariable die Zustandsfunktionen, damit die Werte der energetischen Größen, zu beeinflussen in der Lage ist. Diese Frage ist schon im Hinblick auf die Ermittlung von Reaktionsgrößen, die sich stets als die Differenz der energetischen Größen der Stoffe nach und vor der Reaktion ergeben (s. § 10), berechtigt, da daraus zu folgern ist, inwieweit sich unterschiedliche Werte ergeben, je nachdem ob ein Stoff in reinem Zustand oder aus einem homogenen Stoffgemisch bestimmter Zusammensetzung heraus an einer Reaktion teilnimmt.

Mischphasen. Homogene Gemische, Mischphasen, treten uns in allen Aggregatzuständen entgegen. Da Gase in jedem Verhältnis mischbar sind, stellen Gasgemische stets einphasige Systeme dar, sie bilden eine Mischphase. Die Fähigkeit, unbeschränkt mischbar zu sein, nimmt über den flüssigen Zustand zum festen ab. Homogene Mischungen in flüssiger Phase nennen wir Lösungen, solche in fester Phase Feste Lösungen. Bei den ersteren bildet die wichtigste Gruppe, die man im engeren Sinne auch unter Lösungen versteht, die flüssige Mischphase, entstanden aus einem festen und einem flüssigen Stoff; den flüssigen bezeichnen wir als Lösungsmittel, den festen als gelösten Stoff. Bei der Mischphase aus zwei Flüssigkeiten spricht man am besten von einem Flüssigkeitsgemisch (faßt man sie als Lösung auf, dann läßt sich die Überschußkomponente als Lösungsmittel bezeichnen). Bei der thermodynamischen Behandlung binärer Mischungen, Lösungen, werden die Größen des Lösungsmittels gewöhnlich mit dem Index 1, die der gelösten Substanz mit dem Index 2 versehen. Mischphasen im festen Zustand sind die Mischkristalle, die z. B. im metallischen Zustand von wesentlicher, praktischer Bedeutung sind. Nach dem Verhalten unterscheiden wir ideale und reale Lösungen bzw. Mischungen.

Ideale und reale Mischungen. Die idealen Mischungen (idealen Lösungen) stellen einen Grenzfall der realen Mischphasensysteme dar, wenn sich die spezifischen Wechselwirkungskräfte zwischen den Lösungskomponenten nicht auswirken. Solche ideale Mischungen liegen bei Gasgemischen unter gewöhnlichen Bedingungen (nicht zu hohe Drucke und nicht zu tiefe Temperaturen) relativ häufig vor; sie sind dadurch gekennzeichnet, daß die Zustandsgleichung idealer Gase für sie gültig ist und damit auch das Daltonsche Gesetz der Partialdrucke, die sich dann verhalten wie ihre molaren Mengenanteile.

Was aber schon bei Gasen unter hohen Drucken, wo die Molekularabstände durch die Kompression entsprechend verringert sind, gilt, daß die Wechselwirkungskräfte nicht mehr vernachlässigbar sind und sich dies in Unstimmigkeiten der aus idealen Verhalten hergeleiteten Gesetzmäßigkeiten (z. B. Gleichgewichtsdaten) äußert, gilt erst recht für kondensierte Phasen mit ihren relativ geringen Teilchenabständen. Lösungen sind auch nur in sehr verdünntem Zustand hinsichtlich des Verhaltens des gelösten Stoffes als ideal anzusehen, und nur in diesem Bereich sind die idealen Gasgesetze auf den gelösten Stoff ohne weiteres anzuwenden.

Was im Gasgemisch der Partialdruck, ist in Lösung der osmotische Druck π der betreffenden Komponente, und so nimmt die Zustandsgleichung im Bereich idealen Lösungsverhaltens für den gelösten Stoff die Form an:

$$\pi v = n R T, \tag{A/18}$$

$$\pi = \frac{n}{v} R T = c R T. \tag{125}$$

Der osmotische Druck ist der Konzentration proportional.

Bei den kondensierten Mischphasen läßt sich das ideale Verhalten im weiteren Sinne nicht auf das Fehlen von Wechselwirkungskräften zurückführen; es ist nur zu fordern, daß die Wechselwirkungskräfte zwischen den relativ stark genäherten Molekülen der Mischphasenkomponenten sich praktisch nicht unterscheiden von der Wirkung zwischen den Eigenmolekülen, daß sie also weder stärkere noch schwächere Attraktion aufeinander ausüben; damit ist auch die Additivität der Molvolumina der Komponenten im Gemisch gegeben. Über die Auswirkungen idealen Verhaltens auf die energetischen Größen siehe im weiteren.

Natur der gelösten Partikeln. Beim Zusammenbringen von Stoffen, die eine homogene Mischung, also eine Mischphase ergeben (Mischen, Lösen), kann es einerseits dazu kommen, daß die Komponenten in molekularer Verteilung nebeneinander vorliegen, wie dies bei Gasgemischen der Fall ist, wie andererseits, daß die Moleküle des zu lösenden Stoffes mit den Lösungsmittelmolekülen in Wechselwirkung treten und eine (chemische) Bindung eingehen. Letzteren Vorgang bezeichnet man als Solvatation, bei Wasser als Lösungsmittel, Hydratation. Die solvatisierten bzw. hydratisierten Molekeln können ihrerseits ein reales oder ideales Verhalten zeigen (s. auch in diesem Paragraphen unter Lösungs- und Verdünnungsenthalpien).

Werden Elektrolyte, polare Verbindungen, gelöst, dann kommt es zu einer teilweisen oder praktisch vollkommenen Dissoziation in Ionen, wobei diese wieder in chemische Wechselwirkung mit dem Lösungsmittel treten, solvatisieren bzw. hydratisieren, und diese Ionensolvate als Lösungskomponenten vorliegen. Neben dieser Bindung von Lösungsmittelmolekülen können die Ionen des gelösten Stoffes sich mit Ionen des Lösungsmittels — soweit dieses elektrolytisch dissoziiert ist — umsetzen, d. h. ins Gleichgewicht setzen; es kommt zur Solvolyse, be- Wasser als Lösungsmittel zur Hydrolyse. Auch Komplexbildungen können eintreten. Insbesondere in Elektrolytlösungen können demnach verschiedenartige Teilchen vorliegen, die sich konzentrationsabhängig ins Gleichgewicht setzen. Im Grenzgebiet großer Verdünnung vereinfachen sich diese Verhältnisse in der Regel wesentlich. (Über die Elektrolytlösungen s. Elektrochemie.)

Zusammenhänge zwischen den Erscheinungen bei Mischphasenbildung realer Systeme.

Diese lassen sich qualitativ in ihren Auswirkungen wie folgt zusammenfassen:

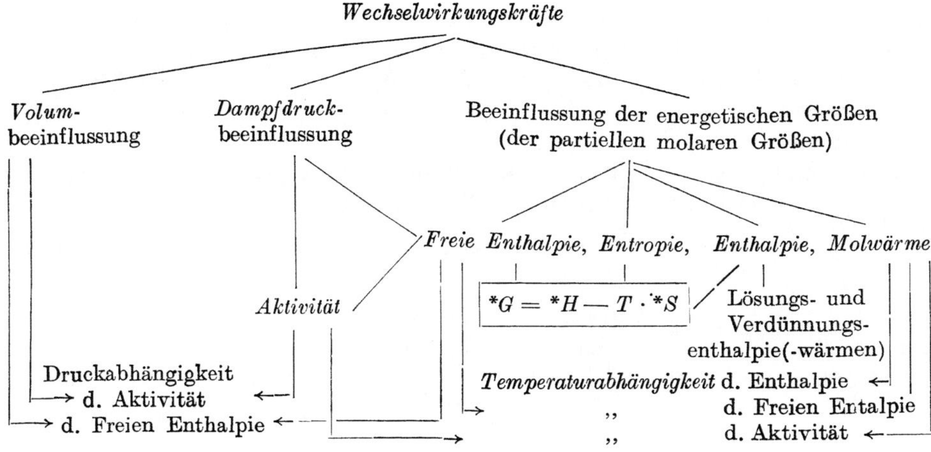

Beeinflussungsrichtung:

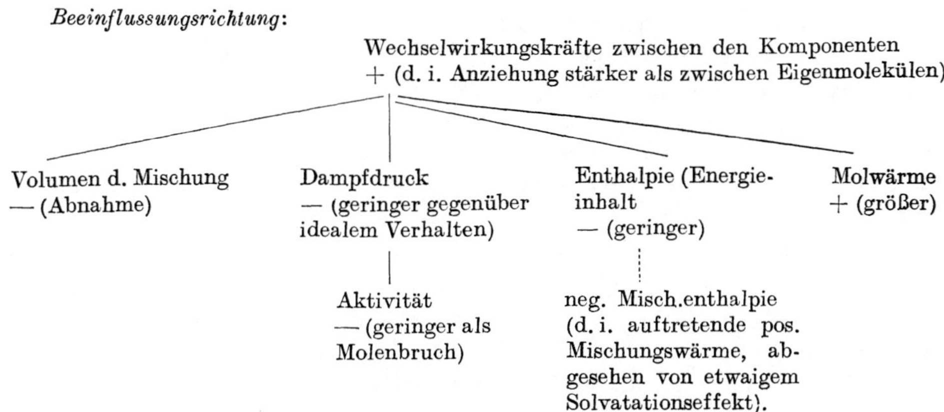

Ändert sich das Vorzeichen bei den Wechselwirkungskräften, d. h. ist die Anziehung zwischen den Fremdmolekülen geringer als zwischen den Eigenmolekülen, dann ändern sich auch die Vorzeichen bei allen übrigen Eigenschaftsänderungen; liegen keine Unterschiede bei den Wechselwirkungskräften zwischen Fremd- und Eigenmolekülen vor, ist an Stelle eines Vorzeichens ein Gleichheitszeichen zu setzen, so ist bei allen Eigenschaften bzw. energetischen Größen des obigen, die Änderungsrichtung angebenden Schemas, ein Gleichheitszeichen zu setzen.

1. Partielle Größen und Partielle molare Größen.

Durch die unterschiedlichen Wechselwirkungskräfte der Molekeln in realen Mischphasen — allgemein ausgedrückt durch den Einfluß der hinzukommenden Zustandsvariablen, der Zusammensetzung — werden die energetischen Größen des betreffenden Stoffes gegenüber den Werten in reiner, einheitlicher Phase verändert sein. Das Problem der Anwendung der Thermodynamik auf Stoffgemische, gelöste Stoffe, liegt demnach in der Ermittlung der dem betrachteten Stoff in der Mischphase zukommenden energetischen Größen.

Daß wir in Gemischen den einzelnen Komponenten Teilwerte eines Gesamtwertes zuschreiben, ist am geläufigsten bei den Partialdrucken, die im Falle idealer Gase proportional den molaren Mengenanteilen der einzelnen Gase sind (s. § 5). In entsprechender Weise läßt sich bei kondensierten Mischphasen auch das partielle Volumen — auf molare Mengen bezogen, das partielle Molvolumen — festlegen und anwenden. Das Gesamtvolumen wird sich dann bei idealem Gemisch additiv aus den Volumina der Komponenten zusammensetzen. Beim Vermischen tritt in diesem Falle keine Verminderung oder Vermehrung des Volumens ein, da keine Wechselwirkungskräfte zur Auswirkung kommen, die zu einer solchen Volumkontraktion oder -dilatation Anlaß geben.

In den realen Systemen — streng genommen bei endlichen Konzentrationen gelöster Stoffe überhaupt — wird eine Abweichung von der Additivität in positiver oder negativer Richtung der Fall sein. Es gilt dann den Teilwert, der den einzelnen Mischungskomponenten bei diesem nichtidealen Verhalten zukommt, zu ermitteln. Dabei muß sich die partielle Größe auch auf eine bestimmte (konstante) Zusammensetzung beziehen.

Das partielle Molvolumen wird nun definiert als Volumzuwachs der Mischphase bei Zufügung eines Mols des betrachteten Stoffes (Veränderung der Menge) unter Konstanthaltung aller übrigen Zustandsvariablen (p, T, x). Die Konstanz der Zustandsgröße x, der Zusammensetzung, bei Zufügung der betreffenden Komponente i ist praktisch nur erreicht, wenn der Zuwachs als sehr kleine Menge zu großer Mischphasenmenge erfolgt (theoretisch ein Mol bei unendlicher Mischphasenmenge)[1].

$$^*V_i = \left(\frac{\partial v}{\partial n_i}\right)_{p,\,T,\,x}. \tag{126}$$

In gleicher Weise wie das partielle Molvolumen werden die partiellen molaren energetischen Größen definiert, also als Zuwachs der betreffenden Größe bei Zugabe eines Mols des betrachteten Stoffes zur Mischphase unter Konstanthaltung aller weiteren Zustandsvariablen, also p, T, x (bzw. bei den volumbezogenen Zustandsfunktionen v, T, x).

$$^*H_i = \left(\frac{\partial h}{\partial n_i}\right); \qquad ^*G_i = \left(\frac{\partial g}{\partial n_i}\right), \qquad ^*S_i = \left(\frac{\partial s}{\partial n_i}\right); \qquad ^*C_{pi} = \left(\frac{\partial c_p}{\partial n_i}\right) \tag{127}$$

Für das totale Differential der Zustandsfunktionen, bei ihrer Abhängigkeit von den Zustandsgrößen p, T, x ergeben sich die Ausdrücke:

$$^*H = \varphi\,(p,\,T,\,x); \tag{128}$$

$$\begin{aligned} d\,^*H_i &= \left(\frac{\partial\,^*H_i}{\partial p}\right) d\,p + \left(\frac{\partial\,^*H_i}{\partial T}\right) d\,T + \left(\frac{\partial\,^*H_i}{\partial x_i}\right) d\,x_i \\ &= \left(\frac{\partial\,^*H_i}{\partial p}\right) d\,p + \overbrace{C_{pi}} \cdot d\,T + \left(\frac{\partial\,^*H_i}{x_i}\right) d\,x_i\,, \end{aligned} \tag{129}$$

$$^*G = \varphi\,(p,\,T,\,x); \tag{130}$$

$$\begin{aligned} d\,^*G_i &= \left(\frac{\partial\,^*G_i}{\partial p}\right) d\,p + \left(\frac{\partial\,^*G_i}{\partial T}\right) d\,T + \left(\frac{\partial\,^*G_i}{\partial x_i}\right) d\,x_i \\ &= \,^*V_i \cdot d\,p - \,^*S_i \cdot d\,T + \left(\frac{\partial\,^*G_i}{\partial x_i}\right) d\,x_i\,, \end{aligned} \tag{131}$$

$$^*S = \varphi\,(p,\,T,\,x); \tag{132}$$

$$d\,^*S_i = \left(\frac{\partial\,^*S_i}{\partial p}\right) d\,p + \left(\frac{\partial\,^*S_i}{\partial T}\right) d\,T + \left(\frac{\partial\,^*S_i}{\partial x_i}\right) d\,x_i\,. \tag{133}$$

Auswertbar werden diese Beziehungen, wenn sich auch der partielle Differentialquotient nach x durch zugängliche Größen ausdrücken läßt; für die Druck- und Temperaturabhängigkeit der partiellen molaren Größen ergeben sich die gleichen Beziehungen, wie sie für die einheitlichen Stoffe in § 9 aufscheinen bzw. abgeleitet sind.

---

[1] *Bemerkung zur Symbolik*: Die partiellen energetischen Größen eines Stoffes, die gegenüber den Größen in reiner, einheitlicher Phase zusätzlich von der Zusammensetzung der Mischphase abhängen, wollen wir mit einem Stern links oben (in Euckenscher Weise) bezeichnen und die betrachtete Mischphasenkomponente allgemein durch den Index i symbolisieren. (Die alleinige Kennzeichnung als Mischphasengröße durch den Index i reicht zwar bei allgemeinen thermodynamischen Ableitungen aus, sie ist aber bei speziellen Berechnungen nicht mehr deutlich bzw. eindeutig, wenn die Stoffart — unabhängig ob rein oder in Mischphase — zur näheren Kennzeichnung der betreffenden Größe, als Index anzuführen ist.

Die Abhängigkeit der partiellen molaren Größen von der Zusammensetzung, dem Molenbruch x.

Freie Enthalpie. Die partielle molare Freie Enthalpie $^*G$ ist in ihrer Abhängigkeit von der Zusammensetzung, dem Molenbruch x, bei idealem Verhalten — d. i. im Geltungsbereich der idealen Gasgleichung — gegeben durch

$$\left(\frac{\partial^* G_i}{\partial x_i}\right) d x_i = R T d \ln x_i \tag{134}$$

und integriert zwischen den Grenzen $x = 1$ und x (unter Weglassung des Stoffindex i):

$$^*G - G = R T \cdot \ln x, \tag{135}$$

nachdem für die reine Substanz x gleich 1 ist, also $\ln = 0$ wird.

Zu dieser Beziehung läßt sich auf folgendem einfachen Wege aus der Druckabhängigkeit gelangen $(G_{\mathrm{II}} - G_{\mathrm{I}})_T = RT \cdot \ln \frac{p_{\mathrm{II}}}{p_{\mathrm{I}}}$. Betrachten wir die Druckabhängigkeit für ein ideales Gas derart, daß dieses vom Druck p des reinen Gases zum Partialdruck p_i des Gases im Gemisch (bei konstant bleibendem Gesamtdruck p) gebracht wird, dann ergibt sich $(^*G - G)_{T,p} = RT \cdot \ln \frac{p_i}{p} = R T \cdot \ln x_i$, nachdem $\frac{p_i}{p} = x_i$. Auf Grund der gleichen Überlegung gelangt man zu dem Differentialausdruck.

Reales Verhalten. Um die für ideales Verhalten abgeleitete Beziehung auch für *reale* Mischphasensysteme anwendbar zu machen, läßt sich an Stelle des Molenbruchs die Aktivität einführen, die demnach jenen Wert des Molenbruchs darstellt, den dieser haben müßte, um die de facto-Wirkung auf die Freie Enthalpie bei idealem Verhalten hervorzurufen (s. auch § 4). Bei realem Verhalten ist danach zu schreiben

$$\left(\frac{\partial^* G_i}{\partial x_i}\right) d x_i = R T \cdot d \ln a_i \tag{136}$$

und integriert erhält man (wobei für den reinen Stoff die untere Grenze $x = a = 1$ ist):

$$^*G - G = R T \cdot \ln a \tag{137}$$

$$= \varphi_{\mathrm{I}}(a) = \varphi_{\mathrm{I}}[\Phi(x)]; \quad a = \Phi(x). \tag{137a}$$

Aus der Beziehung zwischen Freier Enthalpie und Aktivität gelangt man zu den Ausdrücken für die Temperatur- und Druckabhängigkeit der Aktivität. Betreffend die Temperaturabhängigkeit s. die folgenden Abschnitte unter Entropie bzw. Enthalpie; für die Druckabhängigkeit erhalten wir aus (137)

$$^*G - G = R T \cdot \ln a$$

$$\left(\frac{\partial(^*G - G)}{\partial p}\right)_{x,T} = {}^*V - V = R T \left(\frac{\partial \ln a}{\partial p}\right)_{x,T} \tag{138}$$

$$\frac{\partial \ln a}{\partial p} = \frac{^*V - V}{R T}. \tag{139}$$

Setzen wir den partiellen Differentialquotienten $\left(\frac{\partial^* G}{\partial x}\right)_{p,T} = Z$, dann ergeben sich für die x-Abhängigkeit der übrigen energetischen Größen (Entropie, Enthalpie) gleich gebaute Ausdrücke wie für die Druckabhängigkeit (s. Übersichtsblatt 6).

Die Beziehung von Z zur Aktivität ist dann gegeben durch

$$\left(\frac{\partial {}^*G}{\partial x}\right) = Z = \varphi'(x)$$

$$= \varphi'_{\mathrm{I}}(a) = \varphi'_{I}\,[\Phi(x)], \text{ nachdem } a = \Phi(x), \tag{140a}$$

$$= RT\,\frac{\partial \ln a}{\partial x} = RT\,\frac{\partial \ln \Phi(x)}{\partial x}\,. \tag{140}$$

Wird $a = f_a \cdot x$ gesetzt ($A/9$), wobei f_a, der Aktivitätskoeffizient, wieder eine Funktion von x ist, $f_a = \zeta(x)$, dann läßt sich der Einfluß der stoffspezifischen Mischphaseneigenschaften abtrennen und schreiben

$$\left(\frac{\partial {}^*G}{\partial x}\right) = \varphi'_{\mathrm{I}}(x \cdot f_a) = \varphi'_{\mathrm{I}}(x \cdot \zeta(x)) \tag{141a}$$

$$= RT\,\frac{\partial \ln (x \cdot f_a)}{\partial x} = RT\,\frac{\partial \ln x}{\partial x} + RT\,\frac{\partial \ln f_a}{\partial x}. \tag{141}$$

Bei *idealem* Verhalten, wo $a = x$, somit $f_a = 1$, fällt das Zusatzglied mit dem Aktivitätskoeffizienten weg, da $\ln 1 = 0$, und wir erhalten die anfangs gebrachte Beziehung für die x-Abhängigkeit (134). Bei *realem* Verhalten ist eine geschlossene rechnerische Behandlung der x-Abhängigkeit nur möglich, wenn die Funktion $a = \Phi(x)$ bzw. $f_a = \zeta(x)$ bekannt ist. Da diese jedoch stoffspezifisch von System zu System verschieden ist, so muß die Ermittlung der Aktivität jeweils aus experimentellen Daten erfolgen. (Nur für die Ionenaktivitäten im Grenzgebiet äußerster Verdünnung liegen allgemeine theoretische Ansätze zur Berechnung der Konzentrationsabhängigkeit vor; diese werden im Rahmen der Elektrochemie behandelt.) Bei Berechnungen beschränkt man sich daher vielfach auf die Grenzgebiete idealen Verhaltens.

Entropie. Nachdem $\left(\frac{\partial {}^*G}{\partial T}\right) = -\,{}^*S$, ferner $\left(\frac{\partial {}^*G}{\partial x}\right) = Z$, so läßt sich zur x-Abhängigkeit der Entropie $\left(\frac{\partial {}^*S}{\partial x}\right)$ auf gleiche Weise wie zur Druckabhängigkeit (§ 9/3) gelangen.

$$\left.\begin{aligned} -\left(\frac{\partial {}^*S}{\partial x}\right)_{p,T} &= \left(\frac{\partial \left(\frac{\partial {}^*G}{\partial T}\right)_{x,p}}{\partial x}\right)_{p,T} = \left(\frac{\partial \left(\frac{\partial {}^*G}{\partial x}\right)_{p,T}}{\partial T}\right)_{x,p} = \\ &= \left(\frac{\partial \left(\frac{RT\,\partial \ln a}{\partial x}\right)_{p,T}}{\partial T}\right)_{x,p} = \left(\frac{\partial \left(\frac{\partial\, RT \ln a}{\partial T}\right)_{x,p}}{\partial x}\right)_{p,T} \end{aligned}\right\} \tag{142}$$

$$= \left(\frac{R\,\partial \ln a}{\partial x}\right)_{p,T} + \left(\frac{\partial \left(\frac{RT\,\partial \ln a}{\partial T}\right)_{x,p}}{\partial x}\right)_{p,T} \tag{143}$$

$$-\left(\frac{\partial {}^*S}{\partial x}\right)_{p,T} = \left(\frac{\partial Z}{\partial T}\right)_{x,p} = \frac{\partial \varphi'_I(a)}{\partial T}\,. \tag{142a}$$

Integriert zwischen den Grenzen $x = a = 1$ und x erhält man

$$*S - S = -R \ln a - R\,T \frac{\partial \ln a}{\partial T} = \frac{\partial \varphi_I(a)}{\partial T}, \tag{144}$$

ideales Verh.:

$$*S - S = -R \ln x, \tag{145}$$

nachdem das zweite Glied $R\,T \frac{\partial \ln x}{\partial T}$ gleich 0 wird, denn der Molenbruch ändert sich nicht mit der Temperatur, ist konstant. Die Verdünnungsentropie entspricht dann (für ideales Verh.):

$$*S - S = -\frac{*G - G}{T}. \tag{145a}$$

Für einen gelösten Stoff folgt für die partielle molare Entropie bei unendlicher Verdünnung der Wert $+\infty$.

Enthalpie. Für die x-Abhängigkeit der Enthalpie $\left(\frac{\partial *H}{\partial x}\right)_{p,T}$ erhalten wir aus den Freie Enthalpie- und Entropieabhängigkeiten

$$\left(\frac{\partial *H}{\partial x}\right)_{p,T} = Z - T\left(\frac{\partial Z}{\partial T}\right)_{x,p}. \tag{146}$$

Aus

$$*H = *G + T\,*S \tag{147}$$

oder

$$(*H - H) = (*G - G) + T\,(*S - S) \tag{147a}$$

folgt ferner

$$(*H - H) = -R\,T^2 \cdot \frac{\partial \ln a}{\partial T}. \tag{148}$$

Bei idealem Verhalten, wo $a = x$ und x mit der Temperatur konstant ist, wird der ganze Ausdruck null.

Ideales Verh.:

$$(*H - H) = \underbrace{\left(-R\,T^2 \frac{\partial \ln x}{\partial T}\right)}_{=0}. \tag{149}$$

Molwärmen. Die partielle Molwärme $*C_p$ stellt den partiellen Differentialquotienten von $*H$ nach der Temperatur dar.

$$*C_p = \left(\frac{\partial *H}{\partial T}\right). \tag{150}$$

Die partiellen Molwärmen können auch, insbesondere in wässerigen Elektrolytlösungen, negative Werte aufweisen (dies ist auch beim partiellen Molvolumen mitunter der Fall), worin sich der formale Charakter dieser partiellen Größen spiegelt; es kommt darin eine stärkere Beeinflussung der anderen Lösungskomponenten — des Wassers — mit zum Ausdruck.

Wenn auch eine geschlossene rechnerische Behandlung der realen Mischphasensysteme gewisse Schwierigkeiten macht, da wir die Aktivitätsfunktion nur jeweils aus experimentellen Daten ableiten können, so ist doch aus dem Vorstehenden die prinzipiell gleiche Behandelbarkeit wie bei den Reinphasen ersichtlich. (Anwendung siehe „Modellbeispiel Lösung“.)

2. Die Lösungs- und Verdünnungsenthalpien (-wärmen)[1].

Daß beim Lösen eines Stoffes B in einem Stoff A (Lösungsmittel) die beiden Stoffe in eine Wechselwirkung treten, zeigt sich neben einem Volumeffekt durch einen Wärmeeffekt, eine positive oder negative Lösungswärme, an. Dieser Wärmeeffekt kann von verschiedenen Ursachen herrühren:

1) Beim Lösen eines Festkörpers kommt es zum Zusammenbruch des Gitters; die Energie im Betrag der Schmelzwärme ist zu überwinden.

2) Die sich lösenden Molekeln gehen eine Bindung mit den Lösungsmolekülen ein (Solvatation, bei Wasser als Lösungsmittel Hydratation), wobei eine Solvatationswärme auftritt.

3) Beim Lösen polarer Verbindungen (Elektrolyte) kommt es zur Dissoziation, zum mehr oder minder starken Zerfall in Ionen, wobei sich entsprechend dem Dissoziationsgrad, also konzentrationsabhängig, die Dissoziationswärme in verschiedenem Maße äußert.

4) Zwischen den Lösungspartikeln (gleichartigen und unterschiedlichen) treten Wechselwirkungskräfte in Erscheinung (reales Verhalten), welche die Aktivitätsabweichungen vom Molenbruch bzw. der Konzentration zur Folge haben.

Alle diese Effekte können nebeneinander vorliegen und sich überlagern. Die Lösungs- und Verdünnungsenthalpien[2] sind somit summarische Effekte. Konzentrationsabhängig und damit weitere Wärmeeffekte beim Verdünnen ergebend, sind die unter 3) und 4) genannten Vorgänge; diese bedingen demnach das Auftreten einer Verdünnungsenthalpie. Nachdem die Elektrolytlösungen im Rahmen der Elektrochemie Behandlung finden, wird in diesem Rahmen nicht näher auf die Fälle auf die Punkt 3 zutrifft, eingegangen.

Die Lösungsenthalpie ist die Bildungsenthalpie einer Lösung bestimmter Zusammensetzung aus dem zu lösenden Stoff und einer Lösung der betreffenden Zusammensetzung oder dem reinen Lösungsmittel. Da nämlich die Lösungsenthalpien in den Fällen realer Systeme konzentrationsabhängig sind, müssen wir dieselben auf bestimmte Konzentrationen beziehen und unterscheiden dabei die differentiellen und die integralen Lösungsenthalpien. Die ersteren sind vor allem bei den thermodynamischen Berechnungen von Bedeutung, die letzteren werden vor allem experimentell erhalten. Wir definieren diese Enthalpiegrößen wie folgt:

---

[1] *Bemerkung zur Symbolik* der Lösungs- und Verdünnungsenthalpien: Nachdem diese Größen Bildungsenthalpien der Endlösung aus reinen Stoffen oder Mischphasen darstellen, also Differenzen zwischen End- und Ausgangsstoffen bzw. -zuständen, symbolisieren wir dieselben, wie bei isothermen Änderungen üblich, mit ΔH. Zwecks Unterscheidung der Lösungs-, Verdünnungs- oder Mischungsgrößen fügen wir im Sinne Euckens jeweils als Index rechts unten L, V oder M bei. Zur Unterscheidung der differentiellen und integralen Werte dienen die Indices links oben d und i. Die erste Lösungsenthalpie (differentielle = integrale) hat als Index links oben ∞ als Zeichen unendlicher Verdünnung.

[2] Die „Wärmetönungen bei binären Mischungen" finden sich bei A. Eucken, Lehrbuch d. chem. Physik II. 26, behandelt; die hier betrachteten Enthalpien unterscheiden sich von den „Wärmen" durch das Vorzeichen $\Delta H = - W$, da — wie schon in § 10/2 ausgeführt — die Enthalpie, wie alle Zustandsfunktionen, auf das System bezogen ist, also vom System aufgenommene Energiebeträge positiv gezählt werden, während bei den „Wärmen" die auftretenden positiv gelten.

Die *differentielle Lösungsenthalpie* ist die Differenz der Enthalpien des gelösten Stoffes in der Lösung der betreffenden Zusammensetzung (partielle molare Enthalpie) und des Stoffes in reinem Zustand.

$$\underline{\Delta^d H_L = {}^*H_2 - H_2} = \left(\frac{\partial \Delta h}{\partial n_2}\right)_{n_1} . \tag{151}$$

Die *integrale Lösungsenthalpie* ist die Differenz der Enthalpien der Lösung pro Mol gelösten Stoffes und der Summe der Enthalpien der Lösungskomponenten. Sie entspricht der vom Mischphasensystem aufgenommenen Wärmemenge beim Auflösen von 1 Mol zu lösenden Stoffs in einer bestimmten Lösungsmittelmenge zu einer Lösung entsprechender Konzentration.

$$\left.\begin{aligned} \underline{\Delta^i H_L} &= \left({}^*H_2 + \frac{n_1}{n_2}{}^*H_1\right) - \left(H_2 + \frac{n_1}{n_2} H_1\right) \\ &= \left({}^*H_2 - H_2\right) + \frac{n_1}{n_2}\left({}^*H_1 - H_1\right) \\ &= \underline{\Delta^d H_L + \eta \Delta^d H_D} = \frac{\Delta h}{n_2}. \end{aligned}\right\} \tag{152}$$

Nur im Falle der „*ersten Lösungsenthalpie*", wenn also die Verdünnung unendlich ist, sind differentielle und integrale Lösungsenthalpie identisch; wir schreiben sie $\Delta^\infty H_L$. Die Lösungs- und Verdünnungsenthalpien werden neben dem Molenbruch $x_2 = \frac{n_2}{n_1 + n_2}$ auch auf die „Verdünnung" $\eta = \frac{n_1}{n_2}$ (A/4) bezogen.

$$\underline{\Delta^\infty H_L} \; (= \Delta^d H_L = \Delta^i H_L) \quad \text{für } \eta = \infty . \tag{153}$$

In entsprechender Weise werden die Verdünnungsenthalpien definiert. Sie beziehen sich auf die Zugabe eines Mols Lösungsmittel zu einer großen Menge einer Lösung bestimmter Zusammensetzung (theoretisch unendlich viel, damit sich die Konzentration hierbei nicht ändert) im Falle der *differentiellen Verdünnungsenthalpie*; diese entspricht der Differenz der Enthalpie des Lösungsmittels in der Lösung (partielle molare Enthalpie) und derjenigen des reinen Lösungsmittels.

$$\underline{\Delta^d H_D = {}^*H_1 - H_1} = \left(\frac{\partial \Delta h}{\partial n_1}\right)_{n_2} . \tag{154}$$

Die Beziehung der differentiellen Verdünnungsenthalpie zur integralen Lösungsenthalpie läßt sich gewinnen durch Einführung von $\Delta h = n_2 \cdot \Delta^i H_L$ in $\left(\frac{\partial \Delta h}{\partial n_1}\right)_{n_2}$, so daß sich ergibt:

$$\underline{\Delta^d H_D} = n_2 \left(\frac{\partial \Delta^i H_L}{\partial n_1}\right)_{n_2} = \underline{\frac{\partial \Delta^i H_L}{\partial \eta}} , \tag{155}$$

denn fassen wir η als Zwischenvariable auf $\left(\eta = \frac{n_1}{n_2}\right)$, dann können wir schreiben $\frac{\partial H}{n_1} = \frac{\partial H}{\partial \eta} \cdot \frac{\partial \eta}{\partial n_1}$, und da $\frac{\partial \eta}{n_1} = \frac{1}{n_2}$, so folgt $n_2 \frac{\partial H}{\partial n_1} = \frac{\partial H}{\partial \eta}$.

Diese Beziehung verwerten wir, wenn wir aus experimentell ermitteltem Verlauf der integralen Lösungsenthalpie — etwa auf graphischem Wege — die differentiellen Verdünnungs- und Lösungsenthalpien ermitteln (s. Modellbeispiel, Abb. 28).

Die *integrale Verdünnungsenthalpie* beziehen wir ebenfalls auf ein Mol gelösten Stoffes, sie stellt die vom Mischphasensystem (der Lösung) aufgenommene Wärmemenge dar bei Zufügen von soviel Lösungsmittel, daß praktisch der Endwert unendlicher Verdünnung erreicht ist.

$$\underline{\Delta^{i} H_D} = \Delta^{\infty} H_L - \Delta^{i} H_L \tag{156}$$
$$= \underline{\Delta^{\infty} H_L - \Delta^{d} H_L - \eta\, \Delta^{d} H_D}$$

Die *Mischungsenthalpie* (integrale) ist die beim Mischen der Komponenten zu einer Lösung bestimmter Endzusammensetzung pro Mol Lösung vom System aufgenommene Wärmemenge.

$$\underline{\Delta H_M} = \frac{n_1\,({}^{*}H_1 - H_1) + n_2\,({}^{*}H_2 - H_2)}{n_1 + n_2}$$
$$= \underline{x_1 \Delta^{d} H_D + x_2 \Delta^{d} H_L} \tag{157}$$
$$= \frac{\Delta h}{n_1 + n_2}\,.$$

Bei begrenzter Mischbarkeit unterscheiden wir noch die „*letzte*" *Lösungsenthalpie*, d. i. die differentielle bei der Sättigungskonzentration, und die „*ganze*" *Lösungsenthalpie*, d. i. die integrale bis zur Sättigungskonzentration (gleich der Differenz der Enthalpie der gesättigten Lösung und der Summe der Enthalpien der Lösungskomponenten — pro Mol gelösten Stoffes).

Übersicht 2. Mischungs-, Lösungs- und Verdünnungsenthalpien und ihre gegenseitigen Beziehungen.

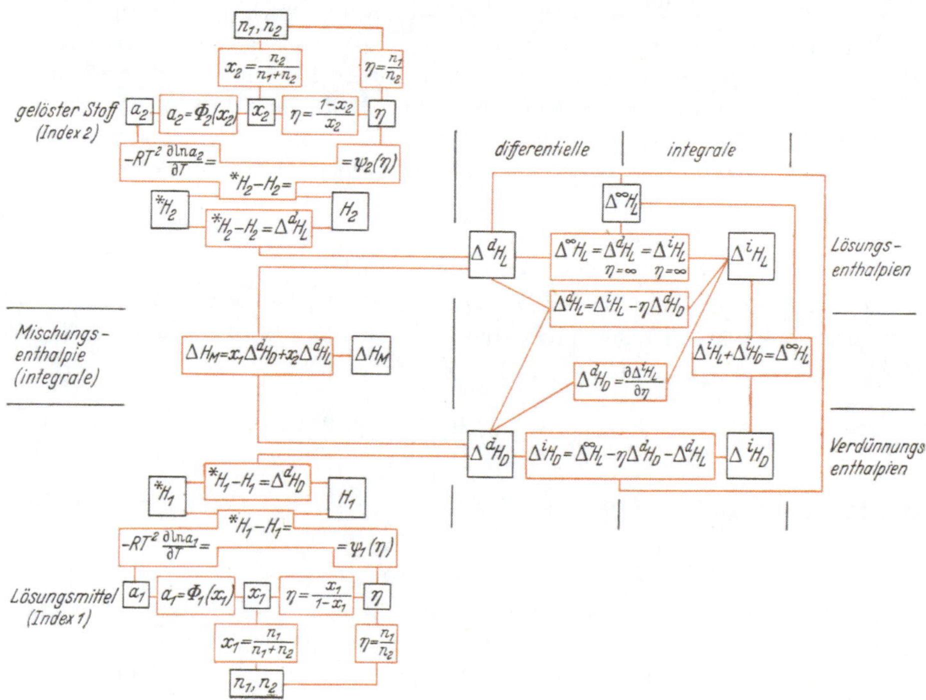

Insgesamt haben wir demnach folgende Enthalpiewerte bei der Mischphasenbildung unterschieden:

Lösungsenthalpie:	differentielle $\Delta^d H_L$		integrale $\Delta^i H_L$
	erste	$= \Delta^\infty H_L =$	erste
bei begrenzter Löslichkeit:			
	letzte		ganze
Verdünnungsenthalpie:	differentielle $\Delta^d H_D$		integrale $\Delta^i H_D$
Mischungsenthalpie:			(integrale) ΔH_M

Die Beziehungen zwischen den Mischungs-, Lösungs- und Verdünnungsenthalpien sind in der schematischen Übersicht 2 zusammengestellt.

C. Gleichgewichte

Ein Gleichgewicht stellt einen Endzustand freiwillig, aber nicht vollständig einseitig verlaufender Prozesse dar; es ist dadurch gekennzeichnet, daß sich dieser Endzustand einstellt, gleichgültig von welcher Seite her man ihm zustrebt. Ein Gleichgewichtszustand ist auch dadurch zu kennzeichnen, daß bei geringster Veränderung einer Zustandsgröße im positiven oder negativen Sinne das Gleichgewicht gestört und in der einen oder anderen Richtung beeinflußt wird. (Mechanisch gesehen ist das Gleichgewicht einem Pendel zu vergleichen, das, aus der Ruhelage gebracht, freiwillig wieder der Gleichgewichtslage zustrebt, bzw. bei Veränderung der die Gleichgewichtslage bestimmenden Größen — Lagekoordinaten der Aufhängung oder Schwerefeld — auch im entsprechenden Sinne reagieren wird. Ein Abrutschen eines Körpers bis zu einer Ruhelage dagegen führt zu keinem Gleichgewicht).

Statistisch gesehen erscheint ein Gleichgewichtszustand als ein Ruhezustand.

Kinetisch ist er dadurch definiert, daß in der Zeiteinheit gleichgroße Änderungen in der Hin- und Rückrichtung stattfinden. (Auf physikalische Umwandlungen angewandt, z. B. auf das Verdampfungsgleichgewicht, heißt es, daß gleichviel Moleküle in der Zeiteinheit verdampfen und kondensieren, und auf chemische Gleichgewichte bezogen, daß von einer an der Reaktion teilnehmenden Stoffart gleichviel gebildet und verbraucht wird.) Auf diese Weise wird der stationäre Zustand erreicht.

Thermodynamisch ist dieser Gleichgewichtszustand gekennzeichnet durch den Maximalwert der Entropie (des abgeschlossenen Systems), bzw. den Minimalwert der Freien Enthalpie (oder Freien Energie bei den volumbezogenen Zustandsfunktionen). Es folgt daraus für die differentiellen Änderungen dieser Zustandsfunktionen:

$$dS = 0, \qquad dG = 0.$$

Physikalisch-chemisch bedeutsam sind die Phasengleichgewichte und die chemischen Gleichgewichte. Erstere beziehen sich auf physikalische Änderungen, so die Aggregatzustandsänderungen, die Modifikationsänderungen und die Lösungsgleichgewichte; die chemischen Gleichgewichte beziehen sich auf die Endzustände unvollständig ablaufender Reaktionen.

§ 12. Physikalische Gleichgewichte, Phasengleichgewichte.

1. Einstoffsysteme (Aggregatzustandsänderungen).

Darunter sind folgende Vorgänge bzw. Gleichgewichte zu behandeln:

a) flüssig-gasförmig $Z_{(fl)} \rightleftarrows Z_{(g)}$ Verdampfen, Kondensieren,

a′) fest -gasförmig $Z_{(f)} \rightleftarrows Z_{(g)}$ Sublimieren (subl. Verd. und sublimier. Kond.),

b) fest -flüssig $Z_{(f)} \rightleftarrows Z_{(fl)}$ Schmelzen, Erstarren,

c) festα-fest β $Z_{(f,\alpha)} \rightleftarrows Z_{(f,\beta)}$ Modifikationswechsel.

Als Ausgangspunkt für die thermodynamische Behandlung der Phasengleichgewichte dient uns die Beziehung (B/90a), hier für molare Mengen:

$$dG = V\,dp - S\,dT,$$

bzw. für die Umwandlungen

$$d\Delta G = \Delta V\,dp - \Delta S\,dT. \tag{1}$$

Mit der *Gleichgewichtsbedingung*, daß $dG = 0$, also

$$d\Delta G = 0, \tag{2}$$

ergibt sich

$$\Delta V\,dp = \Delta S\,dT. \tag{3}$$

Für die *isotherm-isobaren* Phasenumwandlungen gilt ferner

$$\Delta S = \frac{(\Delta H)_{T,p}}{T}, \tag{B/113}$$

somit

$$\Delta V\,dp = \frac{\Delta H}{T}\,dT, \tag{4}$$

oder

$$\Delta H = T \cdot \frac{dp}{dT} \cdot \Delta V \quad \text{(isotherm-isobar)}. \tag{5}$$

---

a) Verdampfen, Kondensieren, $Z_{(fl)} \rightleftarrows Z_{(g)}$.

Die Verdampfungsgleichgewichte erweisen sich in der Thermodynamik von besonderer Bedeutung; sie schaffen auch die Beziehungen zu den chemischen Gleichgewichten.

Auf die Verdampfung, also das Gleichgewicht zwischen flüssiger und Gasphase angewendet, ist die obige allgemeine Beziehung (5) als Clausius-Clapeyronsche *Gleichung* geläufig:

$$\Delta H_s = T_s \cdot \frac{dp^*}{dT}\,(V_{(g)} - V_{(fl)}). \tag{6}$$

ΔH_s ist die Verdampfungsenthalpie[1] und p^* ist der Dampfdruck.

Unter dem **Dampfdruck** eines Stoffes verstehen wir jenen Sättigungsdruck, den der Dampf über dem Kondensat im Endzustand der Verdampfung oder Kondensation ausübt, der also gleich dem Druck ist, unter dem die Molekeln in den Gasraum übertreten wollen, und diesem das Gleichgewicht hält.

---

[1] wird von manchen Autoren auch mit L, als latente Wärme gekennzeichnet.

Der Siedepunkt, d. i. die Siedetemperatur T_s ist gegeben, wenn der Dampfdruck den Betrag des Atmosphärendrucks (allgemein des äußeren Drucks) erreicht.

Das Volumen des Kondensats in der Clausius-Clapeyronschen Gleichung kann gegenüber dem Gasvolumen meist vernachlässigt werden (bei Wasser ist

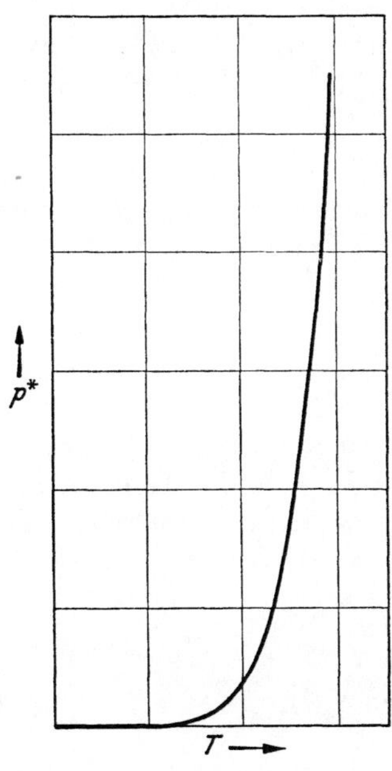

Abb. 6. Verlauf einer Dampfdruckkurve bei Auftragung von p^* gegen T.

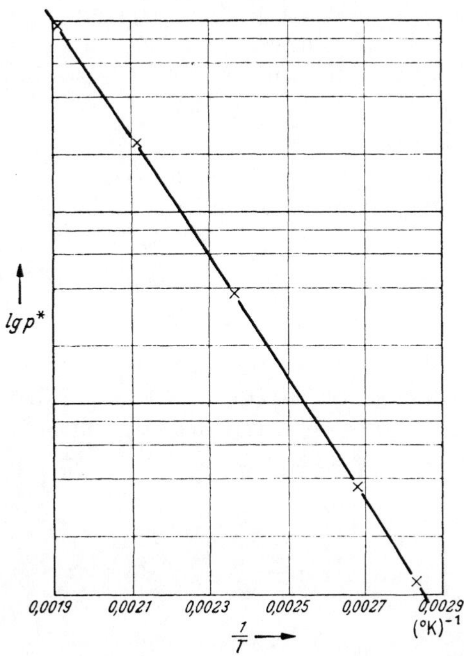

Abb. 7. Verlauf einer Dampfdruckkurve bei Auftragung von lg p^* gegen $1/T$.

das Verhältnis der Molvolumina 22400 : 18), so daß sich die Gleichung auch in der Form findet:

$$\Delta H_s \approx T_s \cdot \frac{d p^*}{d T} \cdot V_{(g)} . \tag{7}$$

Diese Gleichung ist weiter umformbar, für das Gasvolumen läßt sich der Ausdruck aus der idealen Gasgleichung setzen

$$V_{(g)} = \frac{R T}{p^*} .$$

$$\frac{d p^*}{p^*} = \frac{\Delta H_s}{R} \cdot \frac{d T}{T_s^2} , \tag{8}$$

oder

$$\frac{d \ln p^*}{d T} = \frac{\Delta H_s}{R T_s^2} , \tag{9}$$

oder, da $\frac{d T}{T^2} = - d\left(\frac{1}{T}\right)$, $\left(\text{denn} - \frac{d\left(\frac{1}{T}\right)}{d T} = \frac{1}{T^2}\right)$,

$$\frac{d \ln p^*}{d\left(\frac{1}{T}\right)} = - \frac{\Delta H_s}{R} . \tag{10}$$

Aus dieser Formulierung erkennt man, daß bei einer temperaturunabhängigen, also konstanten Verdampfungsenthalpie — mit einer solchen läßt sich des öfteren in engeren Temperaturbereichen rechnen — der Quotient $d \ln p^*/d\,(1/T)$ konstant ist und eine Auftragung des Logarithmus des Dampfdrucks gegen die reziproke absolute Temperatur eine Gerade ergibt, deren Steigung die Größe der Verdampfungsenthalpie errechnen läßt. Die Form einer *Dampfdruckkurve* bei Auftragung von p^* gegen T bzw. $\lg p^*$ gegen $1/T$ ist aus den Abb. 6 und 7 ersichtlich.

Die Dampfdruckgleichung. Um von der Clausius-Clapeyronschen Gleichung, die nur den Temperaturkoeffizienten des Dampfdrucks enthält, zu der Beziehung für den Dampfdruck selbst zu gelangen, muß man integrieren:

$$\int_{p_{T_0}}^{p_T} d \ln p^* = \int_0^T \frac{\Delta H_s}{R T^2}\, dT\,. \tag{11}$$

Für die Verdampfungsenthalpie ΔH_s wird der Ausdruck ihrer Temperaturabhängigkeit eingesetzt[1] Das Integral liefert uns den Verlauf der Dampfdruckkurve; der Absolutwert des Dampfdrucks ist aber erst durch die stoffspezifische Integrationskonstante I_p, die Dampfdruckkonstante (s. unten) festgelegt.

$$\ln p^* = \int_0^T \frac{\Delta H_0 + \int_0^T \Delta C_p \cdot dT}{R T^2}\, dT + I_p \tag{12}$$

$$\ln p^* = -\frac{\Delta H_0}{R T} + \frac{1}{R} \int_0^T \frac{\int_0^T \Delta C_p \cdot dT}{T^2}\, dT + I_p\,. \tag{13}$$

Die Molwärmendifferenz ΔC_p läßt sich weiter in den temperaturunabhängigen und den temperaturabhängigen Anteil zerlegen, also

$$\Delta C_p = C_{p0} + \Delta (C_p - C_{p0}),$$

so daß das erste Glied (als Konstante) wieder eine Teilintegration ermöglicht

$$\boxed{\ln p^* = -\frac{\Delta H_0}{R T} + \frac{\Delta C_{p0}}{R} \ln T + \frac{1}{R} \int_0^T \frac{\int_0^T \Delta (C_p - C_{p0})\, dT}{T^2} \cdot dT + I_p} \tag{15}$$

(C_{p0} (kond.) ist dabei 0, so daß ΔC_{p0} gleich $C_{p0}\,(g)$ ist).

In dekadischen Logarithmen gerechnet (das Doppelintegral in der anderen Schreibweise), folgt:

$$\lg p^* = -\frac{\Delta H_0}{2{,}3\, R T} + \frac{C_{p0}(g)}{R} \lg T + \frac{1}{2{,}3\, R} \int_0^T \frac{dT}{T^2} \int_0^T \Delta (C_p - C_{p0})\, dT + J_p\,. \tag{16}$$

[1] Da die Molwärmen der flüssigen Phase die der Gasphase zu übersteigen pflegen, ergibt sich ein negativer Temperaturkoeffizient der Verdampfungsenthalpie; diese verringert sich demnach mit steigender Temperatur und wird im kritischen Punkt gleich null.

p^* wird in Atmosphären erhalten, nachdem es sich richtig um ein Dampfdruckverhältnis handelt und zwar das Verhältnis des Dampfdrucks zum Normaldruck ${}^{N}p = 1$ Atm. Es entspricht dies also

$$\lg \frac{p^*}{{}^{N}p} = \lg p^* - \underbrace{\lg 1}_{0} .$$

Die energetischen Größen in der Gleichung werden im kalorischen Maßsystem gerechnet, sofern auch die Gaskonstante in cal/grad genommen wird, denn die Einzelglieder der Gleichung sind dimensionslose Größen; es ist demnach nur erforderlich, die im Zähler und Nenner stehenden Größen im selben Maßsystem einzusetzen.

Die Dampfdruckkonstante, Chemische Konstante. Die Dampfdruckkonstante I_p bzw. auf den dekadischen Logarithmus des Dampfdrucks bezogen J_p stellt den Ausdruck dar[1]

$$\underline{I_p = 2{,}3\,J_p = \frac{{}^{N}S_0 - C_{p0}}{R}} . \tag{17}$$

Die Dampfdruckkonstanten sind gleich den Chemischen Konstanten der jeweiligen Stoffe, aus denen sich die Chemische Konstante einer Reaktion in der Gleichung für die Temperaturabhängigkeit der Gleichgewichtskonstante (74) bzw. (75) zusammensetzt

$$I_p = I_k, \text{ und } J_p = J_k . \tag{18}$$

Die Dampfdruck- oder Chemische Konstante steht in Beziehung zu der Integrationskonstante in der Gleichung für die Temperaturabhängigkeit der Freien Enthalpie (B/98a) (entsprechend wäre die Beziehung einer auf die Volumeinheit bezogenen Chemischen Konstante zu „Const′“ in der Gleichung für die Temperaturabhängigkeit der Freien Energie)

$$\text{Const} = {}^{N}S_0 - C_{p0} = R \cdot I_k = 2{,}3\,R \cdot J_k . \tag{19}$$

Als Folge des dritten Hauptsatzes ergibt sich angesichts der Rückführbarkeit der Chemischen Konstanten (der Dampfdruckkonstanten) auf die energetischen Nullpunktsgrößen, daß diese Integrationskonstanten ebenfalls nur für Gase definiert sind (s. auch heterogene chemische Gleichgewichte). Gleich den darin enthaltenen Entropiekonstanten stellen sie Rechengrößen dar und haben formalen Charakter.

Die Chemische Konstante läßt sich im übrigen auf quantenstatistischem Wege herleiten und berechnen. In den Fällen, wo einfache, weitgehende ideale Verhältnisse vorliegen, so insbesondere bei einatomigen Gasen, lassen sich nach Sackur und Tetrode Chemische Konstante erhalten, die mit Dampfdruckkonstanten in guter Übereinstimmung stehen.

Dampfdruck und Freie Verdampfungsenthalpie. Der Dampfdruck ist auch über die Beziehung zum Normalwert der Freien Enthalpie der Verdampfungsreaktion (20) zu ermitteln.

Zu dieser Gleichung gelangt man, wenn man die Verdampfung eines Stoffes zu Gas des Gleichgewichtsdruckes p^* zerlegt denkt in zwei Reaktionsstufen

[1] Da es sich um eine mengenproportionale Größe handelt, gebrauchen wir in ihrer molaren Bedeutung die großgeschriebenen Symbole.

1) die Verdampfung zum Gas des Normaldrucks ${}^{N}p = 1$ Atm also die Normal- oder Grundreaktion, und

2) die Überführung des Gases vom Normaldruck ${}^{N}p$ in den Gleichgewichtsdruck p^*, als Restreaktion.

Die Summe der beiden Teilreaktionen gibt demnach die Gesamtreaktion 3).

Diese Reaktionen können wir allgemein mit ihren Freien Reaktionsenthalpien für einen Stoff X schreiben:

$$\begin{array}{lll} 1)\ X(fl) & \rightarrow X(g, 1\,\text{Atm}); & \Delta G_1 = \Delta^{N}G = x_1\ \text{cal} \\ 2)\ X(g, 1\,\text{Atm}) & \rightarrow X(g, p^*); & \Delta G_2 = RT \cdot \ln \frac{p^*}{{}^{N}p}\ \text{cal} \\ \hline 3)\ X(fl) & \rightarrow X(g, p^*); & \Delta G_3 = \Delta G_{Glg} = 0\,. \end{array}$$

In der Gleichung (2) $\Delta G_2 = RT \cdot \ln \frac{p^*}{{}^{N}p}$ läßt sich ΔG_2 im Sinne der Kombinierbarkeit thermochemischer Gleichungen durch die Differenz der Gleichungen (3) minus (1) ausdrücken, also $\Delta G_2 = 0 - \Delta^{N}G$.

Wir erhalten demnach (mit ${}^{N}p = 1$ Atm)[1]:

$$\boxed{-\Delta^{N}G = RT \cdot \ln p^*} \quad \text{d. i.} \quad \boxed{\ln p^* = -\frac{\Delta^{N}G}{RT}} \tag{20}$$

und in dekadischen Logarithmen

$$-\Delta^{N}G = 2{,}3 \cdot RT \cdot \lg p^* \quad \text{d. i.} \quad \lg p^* = -\frac{\Delta^{N}G}{2{,}3\,RT}\,. \tag{21}$$

Die korrespondierende Beziehung für chemische Gleichgewichte, d. h. die Beziehung des Logarithmus der Gleichgewichtskonstanten zum Normalwert der Freien Reaktionsenthalpie $\Delta^{N}G$ findet sich in (77)

Nachdem die erforderlichen energetischen Daten zur Dampfdruckberechnung, so insbesondere auch die Temperaturabhängigkeit der Molwärmen vielfach nicht genügend — d. h. über den ganzen nötigen Temperaturbereich — bekannt sind, ist man verschiedentlich angewiesen, näherungsweise Berechnungen anzustellen.

Von der allgemeinen Dampfdruckformel (16) ausgehend, hat ursprünglich Nernst eine Näherungsgleichung angegeben, in der Folge hat Ulich auf der Gleichung (21) basierend ($\Delta^{N}G$ wird aus $\Delta H - T\Delta^{N}S$ ermittelt), je nach dem Grad der Vernachlässigungen, die Berechnung in erster oder zweiter Näherung empfohlen.

a′) S u b l i m i e r e n, $Z_{(f)} \rightleftarrows Z_{(g)}$. Auf die Sublimation, das Gleichgewicht fest-gasförmig, ist die obige Dampfdruckgleichung sinngemäß anzuwenden, indem ΔH_s als Sublimationsenthalpie zu verstehen ist und p^* als Dampfdruck des festen Stoffes. (ΔH_s wird in cal, p^* in Atm eingesetzt, s. Bemerkung nach (16). Die Dampfdruckkonstante ist die gleiche wie oben (dies folgt schon daraus, daß dieselbe nur auf die Entropiekonstante und C_{p0} des Gases zurückgeführt wird).

---

[1] Bezüglich der Dimension des logarithmischen Ausdrucks ($\ln p^*$) siehe auch Fußnote 2 auf Seite 58.

In Abb. 8 sind die Dampfdruckkurven für die feste und die flüssige Phase eines Stoffes wiedergegeben. Der Schnittpunkt stellt den Schmelz- oder Erstarrungspunkt (E) dar. Unterhalb desselben besitzt der feste Stoff (als der stabilere) den geringeren Dampfdruck, oberhalb der flüssige. Schneiden sich die beiden Kurven erst bei Drucken, die größer sind als der äußere Druck (b), dann kommt es nicht zum Schmelzen, sondern schon vorher zur Verdampfung der festen Phase, zur Sublimation (Sublimationspunkt S'). Durch Erhöhung des äußeren Drucks, etwa auf den Wert a, läßt sich der Stoff zum Schmelzen bringen. Der Schnittpunkt von a mit der Dampfdruckkurve des nunmehr stabilen flüssigen Stoffes ist nun der Siedepunkt S. Letzteres Verhalten bildet unter gewöhnlichen Bedingungen die Norm, im Prinzip jedoch läßt sich durch entsprechende Verringerung des Außendrucks jeder Stoff zum Sublimieren bringen (bei tiefen Sublimationstemperaturen ist allerdings die Sublimationsgeschwindigkeit entsprechend klein; dies ist aber kein thermodynamisches Problem).

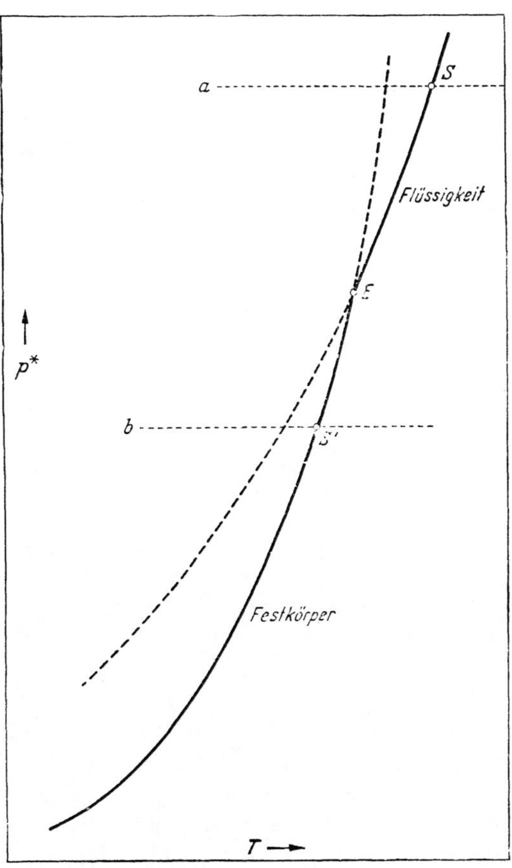

Abb. 8. Verlauf der Dampfdruckkurven im festen und flüssigen Zustand.

b) Schmelzen, Erstarren, $Z_{(f)} \rightleftarrows Z_{(fl)}$.

Für das Gleichgewicht fest-flüssig, das Schmelzgleichgewicht, läßt sich analog der Dampfdruckabhängigkeit beim Verdampfungsgleichgewicht eine *Schmelzdruckabhängigkeit* ableiten. Die anfangs dieses Paragraphen abgeleitete Gleichung (5) $\Delta H = T \cdot \frac{dp}{dT} \Delta V$, die für die Verdampfung die Clausius-Clapeyronsche Gleichung darstellt, ergibt reziprok genommen

$$\frac{dT}{dp} = \frac{\Delta V}{\Delta H_e} \cdot T_e \qquad (22)$$

die Druckabhängigkeit des Schmelzpunktes; dabei ist $\Delta V = V_{(fl)} - V_{(f)}$. Ist $V_{(fl)} > V_{(f)}$, d. h. auf die Dichten bezogen $\varrho_{(fl)} < \varrho_{(f)}$, was meistens der Fall ist (nicht z. B. beim Wasser), dann steigt die Schmelztemperatur mit dem auf der Schmelze lastenden Druck an (ΔH_e ist für das Schmelzen stets positiv).

Betreffend die Gleichheit der Dampfdrucke der festen und flüssigen Phase im Schmelzpunkt siehe unter a').

c) Modifikationswechsel, $Z_{(f,\alpha)} \rightleftarrows Z_{(f,\beta)}$.

In gleicher Weise wie oben läßt sich auch die Abhängigkeit des Umwandlungspunktes zweier Modifikationen vom Druck behandeln. Im Umwandlungspunkt haben beide Modifikationen wieder gleichen Dampfdruck. Die Umwandlungsenthalpien sind im allgemeinen wesentlich kleiner als Schmelzenthalpien.

Das Phasengesetz (die „Phasenregel").

Über die Zahl der möglichen Phasen und Freiheiten eines im Gleichgewicht befindlichen Systems bei gegebener Komponentenzahl gibt uns das Phasengesetz, das thermodynamisch ableitbar ist, Auskunft. Diese von GIBBS zuerst aufgezeigte Gesetzmäßigkeit wird vielfach noch, wie früher allgemein üblich, als Phasenregel bezeichnet. Sie besagt, daß die Zahl der Phasen plus der Zahl der Freiheiten (Zahl der frei variierbaren Zustandsgrößen) gleich ist der Zahl der Komponenten plus zwei.

$$\boxed{Ph + Fr = Ko + 2} \tag{23}$$

Auf die Phasengleichgewichte eines Einstoffsystems ($Ko = 1$) angewandt, folgen für

3 koexistente Phasen ······ keine Freiheit
2 ,, ,, ······ 1 ,,
1 Phase ······ 2 Freiheiten.

Im ersten Falle, dem Tripelpunkt (s. Punkt E in Abb. 8), haben wir ein nonvariantes System vor uns; es sind im Schmelzpunkt 3 Phasen, die feste, flüssige und Gasphase, miteinander im Gleichgewicht. Wird eine der Zustandsgrößen verändert, dann verschwindet eine Phase (z. B. läßt eine Temperaturerhöhung die feste Phase verschwinden).

Im zweiten Falle, dem zweiphasigen System, befinden wir uns auf einer Grenzlinie; wir haben ein univariantes System, in dem auch die Änderung einer Zustandsgröße die Zahl der koexistenten Phasen nicht verändert.

Im dritten Falle, dem einphasigen — also homogenen — System, liegt kein Gleichgewicht zwischen Phasen vor, das System ist divariant, wir befinden uns in einer Zustandsfläche.

2. Zweistoff-, Mehrstoffsysteme (insbesondere Phasengleichgewichte mit Lösungen).

Bei Mehrstoffsystemen, die Mischphasen ergeben, treten Aktivitätsbeeinflussungen insbesondere in den kondensierten Phasen als Folge der stoffspezifischen Wechselwirkungskräfte zwischen den Teilchen der Komponenten auf. Dies bewirkt, daß allgemeine Gesetzmäßigkeiten nicht in allen Mischungsgebieten anwendbar sind — als allgemeine Gesetzmäßigkeit ist nur das Phasengesetz heranziehbar, das über die Zahl der Komponenten, der Phasen und der

Freiheiten aussagt —, so daß man sich in vielen Fällen mit der empirischen Festlegung der Verhältnisse begnügen muß, die ihren Niederschlag in den Phasendiagrammen, den Dampfdruck- und Siedediagrammen für Verdampfungsgleichgewichte, den Schmelz- und Löslichkeitsdiagrammen für die Gleichgewichte zwischen kondensierten Phasen, findet. Bei den Zweistoffsystemen sind die Phasengleichgewichte leicht übersehbar darzustellen, bei den Dreistoffsystemen lassen sich die Phasendiagramme nur räumlich vollständig wiedergeben und mehr als Dreistoff-Systeme sind schon schwierig in Gänze zu überblicken. Hier haben wir es aber mit jenen Grenzbeziehungen für die Bereiche idealen Verhaltens, insbesondere bei verdünnten Lösungen zu tun, die uns gestatten, Gesetzmäßigkeiten für Berechnungen heranzuziehen, die sich auf Auswirkungen der *Zahl* und nicht der Art der gelösten Teilchen gründen.

a) Verdampfungsgleichgewichte binärer Systeme.

a_1) Der Dampfdruck über einer flüssigen Mischphase (Lösung). (*Komponenten A und B.*)

α) *ideales* Verhalten (die Teilchen der Komponenten üben keine Wechselwirkung aufeinander aus, d. h. keine von den reinen Komponenten abweichende)	β) *reales* Verhalten (die Teilchen der Komponenten üben Wechselwirkungen aufeinander aus, und zwar ziehen sich die Komponenten gegenseitig β') stärker an β'') schwächer an als die Eigenmolekeln.

Die Gestalt der Dampfdruckdiagramme ergibt sich danach wie folgt:

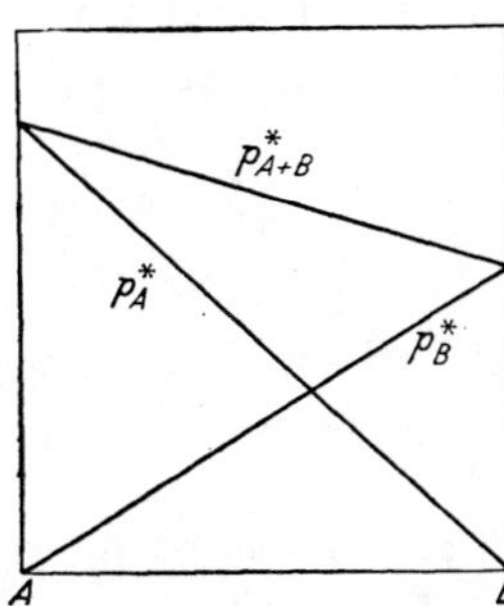

Abb. 9. Dampfdruckdiagramm bei idealem Verhalten der Komponenten eines homogenen Zweistoffsystems.

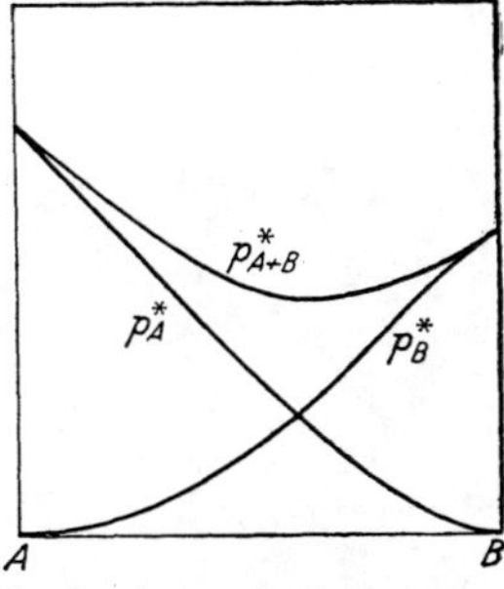

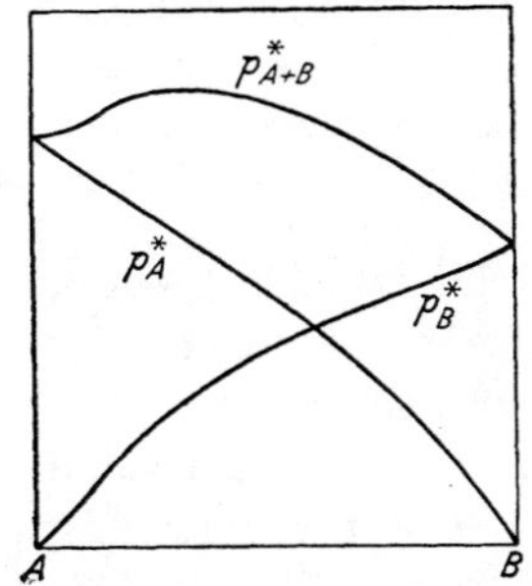

Abb. 10. Dampfdruckdiagramme bei realem Verhalten
a) bei stärkerer Anziehung der Komponenten, b) bei schwächerer Anziehung der Komponenten.

Der Dampfdruck einer Komponente einer Mischphase ist proportional deren Molenbruch. Danach sinkt der Dampfdruck jeder Komponente linear mit dem Gehalt ab; der Gesamtdampfdruck, der sich aus der Summe der Partialdrucke ergibt, stellt somit die gerade Verbindungslinie zwischen den Dampfdrucken der beiden reinen Stoffe dar.	Der Dampfdruck einer Komponente einer Mischphase ist nur im Grenzgebiet nahe der reinen Komponente (wo für den geringen Anteil der zweiten Komponente ideales Verhalten in der Mischphase — Lösung — angenommen werden kann) proportional dem Molenbruch. Im übrigen kommt es zu einer Ausbuchtung der Dampfdruckkurve nach unten nach oben. Die Aktivitäten der betreffenden Komponenten sind proportional ihren Teildampfdrucken. In Extremfällen kommt es zu einer Minimum- bzw. Maximumbildung, es ergeben sich bevorzugte Siedegemische (azeotrope Gemische).

Die *Dampfdruckerniedrigung* einer Komponente wird in jenen Fällen direkt meßbar, in denen die zweite, gelöste, Komponente keinen merkbaren Dampfdruck beisteuert. In diesen Fällen läßt sie sich auch direkt zur Bestimmung der Molzahl und damit des Molekulargewichts des gelösten Stoffes heranziehen. Bezeichnen wir mit dem Index 1 das Lösungsmittel, mit dem Index 2 den gelösten Stoff (diese Unterscheidung zwischen Lösungsmittel und gelöstem Stoff ist in erster Linie angebracht beim Lösen fester Stoffe in einem flüssigen, bei Flüssigkeitsgemischen gilt als Lösungsmittel die Überschußkomponente), dann erhalten wir die Grenzbeziehung

$$p^*_{1(Lsg)} = x_1 \cdot p_1^* \tag{24}$$

$$\underline{x_2} = 1 - x_1 = 1 - \frac{p_1^*{}_{(Lsg)}}{p_1^*} = \underline{\frac{p_1^* - p_1^*{}_{(Lsg)}}{p_1^*}} = \underline{\frac{\Delta p^*}{p_1^*}}\,. \tag{25}$$

Der Molenbruch des gelösten Stoffes ist gleich der relativen Dampfdruckerniedrigung des Lösungsmittels. Dies ist der Inhalt des *Raoultschen Gesetzes.*

a_2) Der Siedepunkt einer flüssigen Mischphase (Lösung). (*Siedepunktserhöhung*).

Einer Dampfdruckerniedrigung entspricht stets eine Erhöhung des Siedepunkts (einer Erhöhung des Dampfdrucks, etwa mit der Maximumbildung in azeotropen Gemischen, entspricht demnach eine Herabsetzung des Siedepunkts, dort mit einem Siedepunktsminimum).

In den Fällen, in denen die zweite Komponente keinen merklichen Dampfdruck besitzt, für die also das Raoultsche Gesetz gültig ist, kommt es stets zu einer Siedepunktserhöhung, die — im Gültigkeitsbereich dieses Grenzgesetzes — proportional dem Molenbruch und in diesem Gebiet geringer Konzentration auch letzterer proportional ist.

$$\Delta T_s = \text{prop.}\ c_g\,. \tag{26}$$

ΔT_s ist die Siedepunktserhöhung, c_g die Gewichtskonzentration (Mol pro 1000 g Lösungsmittel), und die Proportionalitätskonstante, die molare Siedepunktserhöhung (Siedepunktserhöhung, die ein Mol gelöst in 1000 g Lösungsmittel bewirkt) siehe (30).

Die molare Siedepunktserhöhung E_s läßt sich, von der Clausius-Clapeyronschen Gleichung ausgehend, aus Daten des betreffenden Lösungsmittels berechnen:

In der Gleichung (8) $\frac{dp^*}{p^*} = \frac{\Delta H_s}{R}\frac{dT}{T_s^2}$ läßt sich im Bereich des Siedepunkts (T_s) auch setzen

$$\frac{\Delta p^*}{p^*} = \frac{\Delta H_s}{R}\frac{\Delta T}{T_s^2}\,, \tag{27}$$

wobei das Δ-Zeichen beim Dampfdruck und Siedepunkt die Dampfdruckerniedrigung, bzw. Siedepunktserhöhung darstellt[1].

$$\frac{\Delta p_1^*}{p_1^*} = x_2\,. \tag{25}$$

[1] Hier, wie überhaupt bei Zustandsgrößen, stellt Δ das Differenzzeichen im gewöhnlichen Sinne dar (im Gegensatz zu dem Gebrauch bei den energetischen Größen, wo es sich um Differenzbildung gemäß dem stöchiometrischen Umsatz — bei isothermem Reaktionsverlauf — handelt).

Die relative Dampfdruckerniedrigung ist nach dem Raoultschen Gesetz gleich dem Molenbruch des gelösten Stoffes. Da in diesem Bereich (verd. Lösung mit praktisch idealem Lösungsverhalten) der Molenbruch der Konzentration (hier die Gewichtskonzentration genommen) proportional ist, läßt sich schreiben:

$$\underline{x_2} = \frac{n_2}{n_1 + n_2} \cong \frac{n_2}{n_1} = \frac{n_2}{\frac{m_1}{M_1}} = \frac{M_1 \cdot c_g}{1000} \left(\text{nachdem } (A/7)\ c_g = \frac{1000\, n_2}{m_1}\right). \tag{28}$$

Durch Einführung des Ausdrucks für x_2 in die obige Form der Clausius-Clapeyronschen Gleichung folgt dann

$$\Delta T_s = c_g \cdot \frac{M_1 \cdot R \cdot T_s^2}{1000\, \Delta H_s} = c_g\, E_s\,. \tag{29}$$

Das zweite Glied stellt die molare Siedepunktserhöhung, auch *ebullioskopische Konstante* genannt, dar.

$$E_s = \frac{M_1 \cdot R \cdot T_s^2}{1000\, \Delta H_s}\,. \tag{30}$$

Sie ist um so größer, je größer das Molekulargewicht des Lösungsmittels M_1 ist, und um so kleiner, je größer die Verdampfungswärme des Lösungsmittels ΔH_s ist.

In der Abb. 11 wird die durch die Dampfdruckerniedrigung bewirkte Siedepunktserhöhung verdeutlicht. Gleichzeitig geht aus ihr die damit parallel laufende Gefrierpunktserniedrigung hervor.

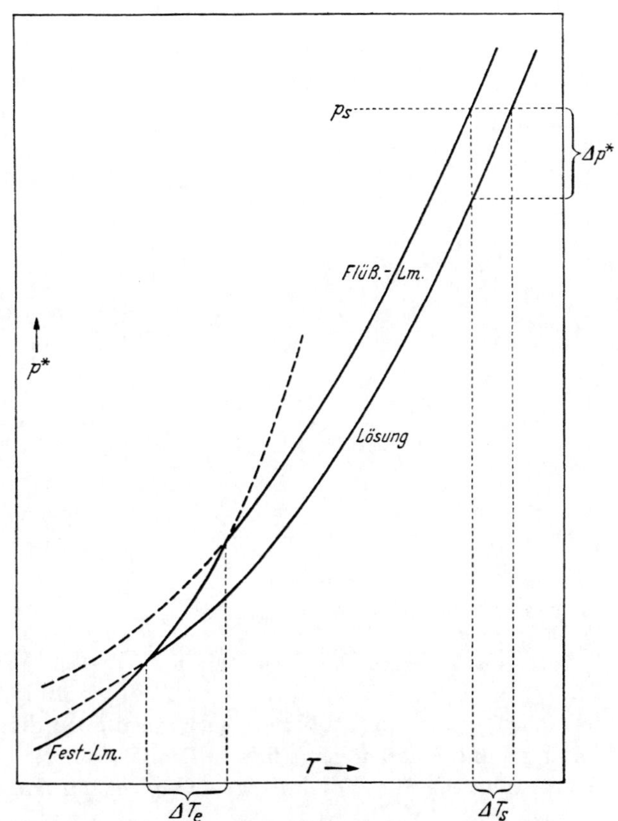

Abb. 11. Dampfdruckverlauf eines Lösungsmittels im reinen festen und flüssigen Zustand und in einer Lösung. Dampfdruckerniedrigung Δp^*, Siedepunktserhöhung ΔT_s, Gefrierpunktserniedrigung ΔT_e (bei Unlöslichkeit des gelösten Stoffes im festen Lösungsmittel).

b) Schmelzgleichgewichte binärer Systeme.

Die Vielfalt der Möglichkeiten von Gleichgewichtseinstellungen bei Zweistoffsystemen zwischen festen und flüssigen Phasen gehen aus den verschiedenen möglichen Typen von Schmelzdiagrammen hervor. Rechnerisch verfolgbar sind vor allem die Fälle und Bereiche, für die das Raoultsche Gesetz zutrifft. Für flüssige Mischphasen, die mit dem festen reinen Lösungsmittel im Gleichgewicht stehen, ergibt sich eine tiefere Gleichgewichtstemperatur (Schmelzpunkt) als für das reine flüssige Lösungsmittel. Aus dem Schnitt der Dampfdruckkurve der festen Phase mit der der jeweiligen flüssigen Phase (reines Lösungsmittel und Lösung) in Abb. 11 geht die Erniedrigung des Gefrierpunkts deutlich hervor.

Der Gefrierpunkt einer flüssigen Mischphase (Lösung). (*Gefrierpunktserniedrigung*). In Analogie zur Siedepunktserhöhung läßt sich auch für die Gefrierpunktserniedrigung einer Lösung von der Clausius-Clapeyronschen Gleichung ausgehen. Der relativen Dampfdruckerniedrigung im Bereich des Schmelzpunkts, d. h. Gefrierpunkts T_e entspricht dann folgender Ausdruck:

$$\frac{\Delta p^*}{p^*} = \frac{\Delta H_e}{R} \frac{\Delta T_e}{T_e^2}. \tag{31}$$

An Stelle der Verdampfungswärme ist hier die Schmelzwärme ΔH_e zu setzen (Sublimationswärme minus Verdampfungswärme).

Nach dem Raoultschen Gesetz wird wieder die relative Dampfdruckerniedrigung dem Molenbruch des gelösten Stoffes gleichgesetzt und dieser durch die Gewichtskonzentration ausgedrückt. Für die Gefrierpunktserniedrigung folgt daraus

$$\Delta T_e = c_g \cdot \frac{M_1 \cdot R \cdot T_e^2}{1000 \cdot \Delta H_e}. \tag{32}$$

Nachdem das zweite Glied die molekulare Gefrierpunktserniedrigung E_e darstellt, auch *kryoskopische Konstante* genannt

$$E_e = \frac{M_1 \cdot R \cdot T_e^2}{1000 \, \Delta H_e}, \tag{33}$$

läßt sich wieder in einfacher Formulierung des Raoultschen Gesetzes schreiben:

$$\Delta T_e = c_g \cdot E_e. \tag{34}$$

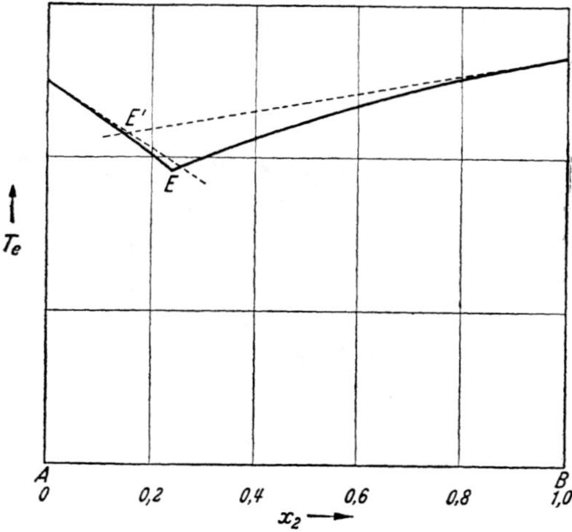

Abb. 12. Schmelzdiagramm (Gefrierpunktserniedrigung) eines Zweistoffsystems bei vollkommener Mischbarkeit der Komponenten im flüssigen und vollkommener Unmischbarkeit im festen Zustand.

Da die Schmelzwärmen kleiner als die Verdampfungswärmen sind, so resultiert für die Gefrierpunktserniedrigungen ein größerer Wert gegenüber den Siedepunktserhöhungen; da Gefrierpunktsmessungen überdies mit größerer Präzision durchführbar sind, so werden sie für Molekulargewichtsbestimmungen vorgezogen.

In den Fällen binärer Systeme, wo die Voraussetzungen für die Berechnung der Gefrierpunktserniedrigung zutreffen, daß in der flüssigen Phase vollkommene Mischbarkeit, in der festen hingegen praktisch vollkommene Unmischbarkeit vorliegt, lassen sich die Schmelzpunktskurven im Randsystem festlegen. Die Verlängerung der beiden Grenzgeraden führt zu einem Schnittpunkt, dem Punkt tiefsten Schmelzens, dem eutektischen Punkt, in dem die flüssige Mischphase mit den beiden festen Phasen der Komponenten im Gleichgewicht steht. Im realen System ist gemäß dem Abweichen der Schmelzkurven von der Grenzgeraden bei steigendem Gehalt der zweiten Komponente der Schnittpunkt der beiden Kurven, der eutektische Punkt, verlagert. In der Skizze Abb. 12 ist dies zum Ausdruck gebracht.

Nachdem wir die stoffspezifischen Wechselwirkungskräfte nicht vorausberechnen können, sind wir darauf angewiesen, die Lage des Schnittpunktes der realen Schmelzpunktskurven, des eutektischen Punkts, experimentell zu bestimmen.

c) Löslichkeitsgleichgewichte binärer Systeme.

Löslichkeit. Hierunter verstehen wir die Sättigungskonzentration — in einem üblichen Konzentrationsmaß angegeben —, die bei Festlegung von Temperatur und Druck für ein gegebenes System einen konstanten Wert besitzt. Vielfach wird die Löslichkeit in „Gramm gelöster Stoff in 100 g Lösungsmittel" angegeben, es sind aber zuweilen auch andere Löslichkeitsmaße in Verwendung, worauf beim Gebrauch der Daten zu achten ist.

Bei der Sättigungskonzentration von Gasen in Flüssigkeiten spielt der Partialdruck des Gases in der Gasphase eine wesentliche Rolle; es wird daher häufig der Absorptionskoeffizient im Sinne des Henryschen Gesetzes als Löslichkeitsmaß benützt. Da sich der Absorptionskoeffizient auf Massen- oder Volumteile beziehen läßt, sind auch verschiedene Absorptionskoeffizienten in der Literatur gebräuchlich, die gegebenenfalls ineinander umgerechnet werden müssen.

Wenn ein Mischphasensystem sich aus Komponenten in verschiedenen Aggregatzuständen aufbaut, dann muß die Löslichkeit stets eine Grenze haben; unbegrenzte Mischbarkeit ist nur bei Komponenten im gleichen Aggregatzustand möglich.

Lösung eines Festkörpers. Im Zustand der Sättigung einer Lösung mit einem festen Stoff liegt ein Gleichgewicht zwischen dem Bodenkörper und dem gelösten Anteil vor. Wäre die Sättigungskonzentration noch nicht erreicht, dann würde sich noch Stoff auflösen können; würde diese überschritten sein, also eine übersättigte Lösung vorliegen, dann würde sich soviel von dem Festkörper ausscheiden, bis die Sättigungskonzentration erreicht ist.

Da ein Gleichgewichtszustand stets durch den Nullwert der Änderung der Freien Enthalpie des betreffenden Vorgangs gekennzeichnet ist, so muß für den Lösungsvorgang bei der Sättigungszusammensetzung ebenfalls ein $\Delta G = 0$, bzw. $d\Delta G = 0$, vorliegen.

Schreiben wir den Vorgang für einen Stoff Z

$$Z_{(f)} \rightarrow Z_{(gel)},$$

so folgt für das gelöste Z

$$d^*G_2 = {}^*V_2\,dp - {}^*S_2\,dT + \underbrace{\left(\frac{\partial^* G_2}{\partial x}\right) dx}_{RT\,d\ln a_2} \qquad \text{(B/131)} \quad \text{(B/136)}$$

und für das feste Z

$$\underline{dG_2 = V_2\,dp - S_2\,dT}$$

für den Lösungsvorgang also die Differenz

$$d\Delta G_2 = d({}^*G - G)_2 = ({}^*V - V)_2 dp - ({}^*S - S)_2\,dT + RT\,d\ln a_2 = 0. \qquad (35)$$

Sind Druck und Temperatur konstant,

$$dp = 0,\; dT = 0,$$

dann muß auch — im Gleichgewicht ist $d\Delta G = 0$ — das letzte Glied null sein,

$$RTd\ln a_2 = 0; \tag{36}$$

$$a_2 = \text{konst.} \tag{37}$$

d. h. die Aktivität des Stoffes in Lösung ist konstant.

Die Sättigungskonzentration des gelösten Stoffes wird durch zusätzlich gelöste Fremdstoffe dann beeinflußt, wenn seine Aktivität in der Lösung durch sie verändert wird. Diese Erscheinung der Löslichkeitsbeeinflussung tritt insbesondere bei gelösten Salzen, also Elektrolyten, infolge Beeinflussung der Ionenaktivität durch Fremdsalzzusätze in Erscheinung.

Temperaturabhängigkeit der Löslichkeit. Für konstanten Druck ($dp = 0$) lautet die Gleichgewichtsbedingung

$$({}^*S - S)_2\, dT = RTd\ln a_2\,. \tag{38}$$

Im Gleichgewichtszustand, wo ΔH gleich der reversiblen Wärme ist, läßt sich für das Entropieglied setzen

$$({}^*S - S)_2 = \frac{(\Delta H_2)_{sätt}}{T}, \tag{39}$$

demnach

$$\frac{d\ln a_2}{dT} = \frac{(\Delta H_2)_{sätt}}{RT^2}\,. \tag{40}$$

Das ist die analoge Temperaturabhängigkeit, wie sie sich für den Dampfdruck oder die Gleichgewichtskonstante ergibt.

Bei schwerlöslichen Stoffen, also bei sehr geringer Sättigungskonzentration, ist die Konzentration der Aktivität proportional zu setzen, somit

$$\frac{d\ln c_{sätt}}{dT} = \frac{(\Delta H_2)_{sätt}}{RT^2}\,. \tag{41}$$

Der Temperaturkoeffizient der Sättigungskonzentration wird aus der „*letzten*" Lösungsenthalpie berechenbar. Jedenfalls läßt sich aus dem Vorzeichen dieser Lösungsenthalpie ohne weiteres die Richtung der Löslichkeitsänderung mit der Temperatur feststellen. In den Tabellen finden sich allerdings meist nur Werte für die integralen Lösungsenthalpien, so daß man den differentiellen Wert bei der Sättigungszusammensetzung, den ja die „letzte" Lösungsenthalpie darstellt, erst zu berechnen hat.

Lösung eines Gases. Für die Löslichkeit von Gasen in Flüssigkeiten läßt sich in gleicher Weise wie bei der Festkörperlöslichkeit die Beziehung heranziehen

$$d\Delta G = 0\,. \tag{2}$$

Für konstante Temperatur und konstantem Druck $dT = 0$; $dp = 0$ folgt dann:

$$RTd\ln a_{2(Lsg)} - RTd\ln a_{2(gas)} = RTd\ln\frac{a_{2(Lsg)}}{a_{2(gas)}} = 0, \tag{42}$$

oder

$$\frac{a_{2(Lsg)}}{a_{2(gas)}} = \text{konst.} \tag{43}$$

Das Verhältnis der Aktivitäten des Stoffes in der Lösung und in der Gasphase ist konstant.

Für geringe gelöste Gasmengen und geringe Gaspartialdrucke läßt sich einerseits die Aktivität in Lösung proportional dem Molenbruch (auch der Konzentration) und andererseits die Aktivität im Gasraum proportional dem Partialdruck setzen, wodurch man als Grenzbeziehung das *Henrysche Gesetz* erhält, etwa in der Form

$$x_{2(Lsg)} = k \cdot p_2 \,. \tag{44}$$

Die gelöste Gasmenge ist dem Partialdruck in der Gasphase proportional; k bezeichnet man als den Absorptionskoeffizienten (auch als Verteilungskoeffizienten).

Verteilung eines Stoffes zwischen zwei Lösungsmitteln. In analoger Weise wie die Löslichkeit läßt sich auch das Verteilungsgleichgewicht eines Stoffes zwischen zwei flüssigen unmischbaren Medien behandeln. Es wird dann für

$$dp = 0;\; dT = 0$$

$$R\,T\,d\ln\frac{a_2}{a_2'} = 0, \tag{45}$$

oder

$$\frac{a_2}{a_2'} = \text{konst.} \tag{46}$$

Das Verhältnis der Aktivitäten des Stoffes in den beiden Lösungsmitteln ist konstant.

Der Ausdruck des *Nernstschen Verteilungssatzes* ist die Grenzbeziehung für geringe gelöste Mengen, wenn die Aktivitäten den Konzentrationen proportional gesetzt werden können, somit $\frac{c_2}{c_2'} = \text{konst.}$

Wenn der gelöste Stoff in den beiden Lösungsmitteln in verschiedenem Molekularzustand vorliegt — in einem Lösungsmittel etwa polymer oder komplex gelöst —, dann scheint die Konstanz im Sinne des Nernstschen Verteilungssatzes nicht mehr gegeben zu sein, da der Verteilungskoeffizient dann vom Absolutwert der gelösten Mengen abhängt. Dies folgt daraus, daß in dem einen Lösungsmittel ein Dissoziations- oder Komplex-Gleichgewicht sich einstellt, das eben konzentrationsabhängig ist, und die Konstanz der Aktivitäten sich auf die gleiche Molekelart bezieht.

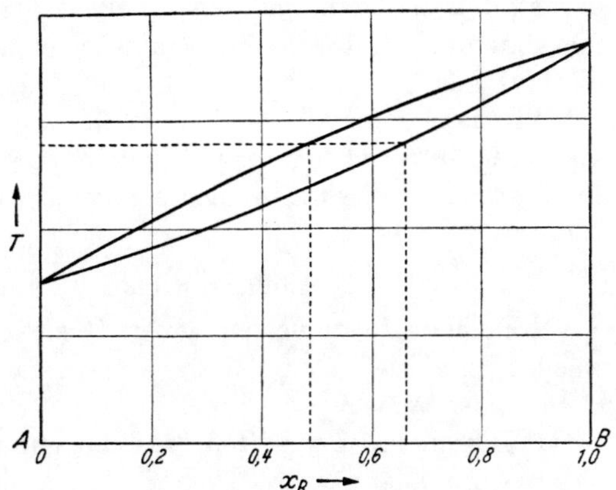

Abb. 13. Schmelzdiagramm eines Zweistoffsystems bei vollkommener Mischbarkeit beider Komponenten in fester und flüssiger Phase.

Die Auswirkung der Verteilung eines Stoffes in zwei verschiedenen Phasen erkennen wir auch an der Gestalt der Phasendiagramme von Mischphasensystemen, wie z. B. an dem Zweistoff-Schmelzdiagramm von im flüssigen wie auch im festen Zustand vollkommen mischbaren Stoffen (Abb. 13). Im Gleichgewicht bei bestimmter Temperatur (Druck ist konstant) ist ein bestimmtes Konzentrationsverhältnis des betreffenden Stoffes in der Schmelze $x_{(fl)}$ und im Mischkristall $x_{(f)}$, gegeben.

Analoge Diagramme ergeben sich bei der Verdampfung eines Flüssigkeitsgemisches, wobei die Dampfphase andere Zusammensetzung als die mit ihr im Gleichgewicht befindliche flüssige Mischphase hat. (In der Destillation und fraktionierten Destillation macht man von dieser Tatsache Gebrauch.)

§ 13. Chemische Gleichgewichte.

Eine chemische Reaktion, die wir allgemein durch eine Reaktionsgleichung der folgenden Form darstellen wollen

$$\nu_A A + \nu_B B + \cdots \rightleftarrows \nu_E E + \nu_F F + \cdots, \tag{47}$$

kann in der einen oder anderen Richtung ablaufen. Die Richtung des freiwilligen Ablaufs ist gegeben durch die Änderung der Freien Enthalpien (bzw. Freien Energien). Wie in § 10/5 gezeigt, verläuft eine Reaktion stets in Richtung einer Verminderung der Freien Enthalpie (Freien Energie). Die Reaktion läuft nicht weiter, wenn die Freie Enthalpie der an der Reaktion beteiligten Stoffe rechts und links in der Gleichung gleich groß ist, wenn ΔG (bzw. ΔF) $= 0$ oder wenn die Ausgangsstoffe verbraucht sind. Im ersteren Falle kommt die Reaktion zum Stillstand (statistisch-energetisch gesehen), weil ein Gleichgewicht erreicht ist, und im zweiten Falle, weil sie zu Ende gelaufen ist. Der zweite Fall, ein vollkommener Ablauf, kann streng genommen nur in heterogenen Systemen, also in mehrphasigen eintreten; in homogenen Systemen, einphasigen, d. i. in einer Mischphase, kommt es immer zu einem Gleichgewicht, das allerdings in manchen Fällen bzw. unter gewissen Zustandsbedingungen sehr einseitig liegen kann, derart, daß die Komponenten der einen Seite nicht mehr durch unsere Analysenmethoden nachweisbar sind. Praktisch sieht dies dann nach einem vollständigen Verlauf aus.

Wir haben hier die Gleichgewichte zu behandeln und zwar die allgemeinen Gesetzmäßigkeiten, wie sie sich in homogenen Systemen ergeben und darüber hinaus die Auswirkungen, die auch zur Beherrschung heterogener Gleichgewichte führen.

1. Gleichgewichte in homogenen Systemen.

Homogene Systeme, an denen Reaktionen stattfinden können, also Mischphasen, sind

a) Gasgemische,
b) Lösungen (inbegriffen die homogenen Flüssigkeitsgemische),
c) feste Lösungen.

Eine Verfolgung von Gleichgewichten in fester homogener Mischphase scheidet praktisch aus, in flüssiger Phase sind Gleichgewichte nur bei den Dissoziationsreaktionen — also Elektrolytgleichgewichte, die im Rahmen der Elektrochemie zu behandeln sind — bedeutsam, so daß wir uns hier nur mit den Gesetzmäßigkeiten der chemischen Gasgleichgewichte zu befassen haben.

Das Massenwirkungsgesetz (MWG). Die Abhängigkeit der Gleichgewichtslage von der Zusammensetzung der Mischphase wird durch das Massenwirkungsgesetz dargestellt. Da es sich dabei um die Abhängigkeit bei konstanter Temperatur handelt, wird die Gesetzmäßigkeit mitunter auch als „Reaktionsisotherme" bezeichnet. Drückt man die Zusammensetzung durch die Molenbrüche der Reaktionsteilnehmer aus, so läßt sich das MWG, auf die obige allgemeine Reaktionsgleichung bezogen, wie folgt schreiben:

$$\frac{x_E^{\nu_E} \cdot x_F^{\nu_F} \cdot}{x_A^{\nu_A} \cdot x_B^{\nu_B} \cdot} = K_x \,.$$

Über die Anwendungsgrenzen dieser Formel siehe unter Gleichgewichtskonstante.

Das MWG läßt sich thermodynamisch und kinetisch ableiten. Die letztere Ableitung wird in der „Kinetik" behandelt, die thermodynamische Ableitung kann auf folgenden 2 Wegen erfolgen:

a) indem man für die Änderung der Freien Enthalpie von dem Ausdruck der Freien Enthalpie der Mischphasenkomponenten (s. § 11) ausgeht

$$*dG_i = *V_i\,dp - *S_i\,dT + RT \cdot d\ln x_i \qquad (B/131)$$

und dann für die Reaktionsgröße erhält:

$$\boxed{d\Delta *G_i = \Delta *V_i dp - \Delta *S_i dT + RTd\Delta \nu_i \ln x_i} \qquad (48)$$

Bei isotherm-isobarem Verlauf (reversible Prozeßführung ist schon für die Ausgangsgleichung Voraussetzung)

$$\text{ist} \quad dT = 0$$
$$\text{und} \quad dp = 0.$$

Für das Gleichgewicht ist Bedingung

$$\boxed{d\Delta *G_i = 0\,,}$$

mithin folgt für den Gleichgewichtszustand

$$RT \cdot d\Delta \nu_i \ln x_i = 0\,. \qquad (49)$$

Diese Forderung ist nur erfüllt, wenn das Differential null ist, bzw. der Ausdruck $\Delta \nu_i \ln x_i$ eine Konstante ist, somit auch K_x

$$\Delta \nu_i \ln x_i = \ln \frac{x_E^{\nu_E} \cdot x_F^{\nu_F}}{x_A^{\nu_A} \cdot x_B^{\nu_B}} \equiv \ln K_x = \text{Konst}\,. \qquad (50)$$

b) Über das Gedankenexperiment des van't Hoffschen Gleichgewichtskastens für den Fall idealer Gase, wobei man die „maximale Nutzarbeit" (die um die Volumarbeit verminderte maximale Arbeit), also die Freie Reaktionsenthalpie ΔG in der Weise ermittelt, daß man (alles isotherm-reversibel) die Ausgangsstoffe von ihren Anfangspartialdrucken (P_i) zu den Gleichgewichtspartialdrucken (p_i) überführt, sie dann unter den Gleichgewichts-Zustandsbedingungen reagieren läßt (hierbei $\Delta G = 0$) und die Reaktionsprodukte wieder aus den Gleichgewichtsbedingungen in den Endzustand bringt.

Für die isotherme und reversible Überführung der einzelnen Gase entsprechend den vorgenannten Teilprozessen erhalten wir:

$$\left.\begin{aligned} \Delta G_A &= \nu_A\, RT \cdot \ln \frac{p_A}{P_A} \\ \Delta G_B &= \nu_B\, RT \cdot \ln \frac{p_B}{P_B} \end{aligned}\right\} \text{ und } \left\{\begin{aligned} \Delta G_E &= \nu_E\, RT \cdot \ln \frac{P_E}{p_E} \\ \Delta G_F &= \nu_F\, RT \cdot \ln \frac{P_F}{p_F} \end{aligned}\right. . \qquad (51)$$

Die gesamte Änderung der Freien Enthalpie ergibt sich aus der Summe der Teilwerte, also bei Zusammenfassung der Glieder P_i und p_i zu:

$$\Delta G = RT \cdot \ln \left[\frac{P_E^{\nu_E} \cdot P_F^{\nu_F}}{P_A^{\nu_A} \cdot P_B^{\nu_B}} - \frac{p_E^{\nu_E} \cdot p_F^{\nu_F}}{p_A^{\nu_A} \cdot p_B^{\nu_B}} \right]. \qquad (52)$$

Im Sinne unserer Δ-Schreibweise (Differenz der mit den stöchiometrischen Umsatzzahlen multiplizierten Größen nach minus vor der Reaktion) läßt sich auch schreiben

$$\Delta G = RT \cdot [\Delta \nu_i \ln P_i - \Delta \nu_i \ln p_i]. \qquad (53)$$

Da die Freie Enthalpie — und damit auch die Freie-Reaktionsenthalpie ΔG — als Zustandsfunktion nur vom Anfangs- und Endzustand, nicht aber vom Weg und von Zwischenzuständen abhängt, in diesem Falle also nur von den P-Werten, die im ersten Glied zusammengezogen sind, muß das zweite Glied, das die Gleichgewichtspartialdrucke enthält, eine Konstante darstellen. Sie ist die Gleichgewichtskonstante K_p des Massenwirkungsgesetzes.

Die Gleichgewichtskonstante. Die Konstante des MWG., die Gleichgewichtskonstante, ergibt sich allgemein in ihrem Zahlenwert verschieden, je nach der Wahl der Zusammensetzungsgrößen. Bei Gasgemischen, Gasreaktionen, rechnet man entweder in Molenbrüchen x_i oder in Partialdrucken p_i, bei Lösungen meist mit Konzentrationen c_i.

Im Sinne der Reaktionsgleichung (47) zu Beginn dieses Kapitels sind die Gleichgewichtskonstanten zu schreiben:

$$K_x = \frac{x_E^{\nu_E} \cdot x_F^{\nu_F}}{x_A^{\nu_A} \cdot x_B^{\nu_B}}; \quad K_p = \frac{p_E^{\nu_E} \cdot p_F^{\nu_F}}{p_A^{\nu_A} \cdot p_B^{\nu_B}}; \quad K_c = \frac{c_E^{\nu_E} \cdot c_F^{\nu_F}}{c_A^{\nu_A} \cdot c_B^{\nu_B}}. \qquad (54)$$

Die Beziehungen dieser Gleichgewichtskonstanten zueinander ergeben sich für ein gasförmiges System im Gültigkeitsbereich des idealen Verhaltens (wo alle Zusammensetzungsmaße einander proportional sind) aus $x_i = p_i/p$, $(p = \Sigma p_i)$, und $pv = nRT$.

$$K_x = \frac{\left(\frac{p_E}{p}\right)^{\nu_E} \left(\frac{p_F}{p}\right)^{\nu_F}}{\left(\frac{p_A}{p}\right)^{\nu_A} \left(\frac{p_B}{p}\right)^{\nu_B}} = \frac{p_E^{\nu_E} \cdot p_F^{\nu_F}}{p_A^{\nu_A} \cdot p_B^{\nu_B}} \left(\frac{1}{p}\right)^{\Delta \nu_i} = K_p \cdot p^{-\Delta \nu_i}, \qquad (55)$$

$$\text{Aus } pv = nRT; \quad p = \frac{n}{v} \cdot RT = cRT,$$

$$p_i = c_i \cdot RT$$

$$\boxed{K_p = \frac{(c_E R T)^{\nu_E} \cdot (c_F R T)^{\nu_F}}{(c_A R T)^{\nu_A} \cdot (c_B R T)^{\nu_B}} = K_c \cdot (R T)^{\Delta \nu_i}}, \tag{56}$$

und

$$\boxed{K_x = K_c \left(\frac{R T}{p}\right)^{\Delta \nu_i}}. \tag{57}$$

Außerhalb des Bereichs idealen Verhaltens der Reaktionsteilnehmer in der Mischphase ist weder die Konstanz der „Gleichgewichtskonstanten", noch die Proportionalität unter den verschiedenen K-Größen gegeben. Man muß dann an Stelle des Molenbruchs die Aktivitäten einführen, um dem realen Verhalten Rechnung zu tragen und das MWG auch über den idealen Bereich hinaus anwendbar zu machen.

Die allgemein gültige Form des MWG ist somit:

$$\boxed{K_a = \frac{a_E^{\nu_E} \cdot a_F^{\nu_F}}{a_A^{\nu_A} \cdot a_B^{\nu_B}}}. \tag{58}$$

Diese Aktivitätskonstante wird zu K_x durch die Aktivitätskoeffizienten f_{ai} in Beziehung gebracht:

$$K_a = K_x \cdot \frac{f_E^{\nu_E} \cdot f_F^{\nu_F}}{f_A^{\nu_A} \cdot f_B^{\nu_B}}, \tag{59}$$

für den Logarithmus auch in der Form

$$\ln K_a = \ln K_x + \Delta \nu_i \ln f_{ai}. \tag{60}$$

(Bei den Elektrolytgleichgewichten, den Ionengleichgewichten in Lösung, wird K_a zu K_c in Beziehung gesetzt (s. § 4)).

K_x, K_p, K_c stellt danach die Grenzbeziehung für ideales Verhalten, also Gase unter geringen (und mittleren) Drucken und verdünnte Lösungen, dar. Da diese Gleichgewichtskonstanten direkt auf der mengenmäßigen Zusammensetzung fußen, wird man sie der leichten Ermittelbarkeit wegen, wo es noch angängig ist, bei rechnerischer Behandlung den Aktivitätskonstanten vorziehen, da man für diese stets erst die jeweiligen, aus experimentellen Daten zu erlangenden Aktivitäten bzw. Aktivitätskoeffizienten zu ermitteln hat.

Die allgemein gültige Beziehung für die Änderung der Freien Enthalpie bei Reaktionen in Mischphasen ist nun mit K_a zu schreiben:

$$d\Delta\, {}^*G_i = \Delta\, {}^*V_i\, dp - \Delta\, {}^*S_i\, dT + RT \cdot d \ln K_a \tag{61}$$

und im Gleichgewicht ist dieser Ausdruck gleich null.

Druckabhängigkeit der Gleichgewichtskonstante. Von der vorstehenden allgemeinen Gleichgewichtsbeziehung in Mischphasen $d\Delta\, {}^*G_i = 0$ ausgehend, folgt für die Druckabhängigkeit bei konstanter Temperatur $dT = 0$:

$$\left(\frac{RT\, \partial \ln K_a}{\partial p}\right)_T = -\Delta {}^*V_i, \tag{62}$$

$$\boxed{\left(\frac{\partial \ln K_a}{\partial p}\right)_T = -\frac{\Delta^* V_i}{R T}} \,. \tag{63}$$

Für *ideales Verhalten* erhält man dann

$$\left(\frac{\partial \ln K_x}{\partial p}\right)_T = -\frac{\Delta V}{R T}\,; \tag{64}$$

für K_p folgt, da

$$K_x = K_p \cdot p^{-\Delta \nu_i}\,, \tag{55}$$

$$\left(\frac{\partial \ln K_p}{\partial p}\right)_T - \left(\frac{\Delta \nu_i \, \partial \ln p}{\partial p}\right)_T = -\frac{\Delta V}{R T}\,. \tag{65}$$

Nachdem

$$\frac{\Delta \nu_i \cdot \partial \ln p}{\partial p} = \Delta \nu_i \frac{1}{p}\,, \tag{66}$$

$\left(\text{denn } \frac{dp}{p} = d \ln p, \text{ somit } \frac{d \ln p}{dp} = \frac{1}{p}\right)$, da ferner bei idealem Verhalten die Partialvolumina proportional den molaren Anteilen $\Delta^* V_i = V \cdot \Delta \nu_i$ $(= \Delta V)$ sind, ergibt sich für ideales Verhalten:

$$\boxed{\left(\frac{\partial \ln K_p}{\partial p}\right)_T = -\Delta \nu_i \frac{V}{R T} + \Delta \nu_i \frac{1}{p} = 0\,.} \tag{67}$$

($V/RT = 1/p$ aus der idealen Gasgleichung). Es heißt dies, daß die Gleichgewichtskonstante K_p (bei idealem Verhalten) vom Druck unabhängig ist.

Mit der Druckabhängigkeit von K_x ist auch die Druckabhängigkeit der Gleichgewichts*lage* gegeben; diese ist nur dann gleich null, wenn die Reaktion ohne Molzahländerung verläuft, wenn also $\Delta \nu = 0$, wodurch $K_x = K_p$ wird.

Die Gleichgewichtslage, Gleichgewichtszusammensetzung. Die Gleichgewichtslage, also die Gleichgewichtszusammensetzung (durch K_x zum Ausdruck gebracht), ist vom Gesamtdruck — bei Lösungsgleichgewichten, wie überhaupt bei Reaktionen bei konstantem Volumen, von der Absolutkonzentration — abhängig. Praktisch wichtig ist die Ermittlung der Gleichgewichtszusammensetzung bei gegebener Gleichgewichtskonstante und angewandtem Druck, z.B. zur Bestimmung des theoretischen Umsatzes oder der praktischen Ausbeute bei Prozessen. Die Zusammensetzung ermitteln wir aus der auf Molenbrüche bezogenen Gleichgewichtskonstante K_x. Um die Mengen der im Gleichgewicht vorhandenen Reaktionsteilnehmer zu bestimmen, d. h. die Gleichung des MWG aufzulösen, wird die Zahl der Variablen derart verringert, daß man auf Grund der aus der Reaktionsgleichung sich ergebenden stöchiometrischen Abhängigkeit die Molenbrüche der einzelnen Teilnehmer möglichst auf einen Stoff bezieht, d. h. durch die Abhängigkeit von einem Stoff ausdrückt. Wir bedienen uns hierzu des Dissoziationsgrades α oder des Bildungsgrades β.

Dissoziationsgrad α. Darunter verstehen wir jenen Anteil der Menge des Ausgangsstoffes, der in Teile zerfallen ist. $1-\alpha$ stellt somit den unzerfallenen Anteil des Ausgangsstoffes dar. Manche Bildungsreaktionen lassen sich im gegenläufigen Sinne als Dissoziationsreaktion auffassen und behandeln.

Bildungsgrad β. Darunter wird meist der Molenbruch des gebildeten Stoffes im Gleichgewicht verstanden. (Zuweilen wird in Analogie zum Dissoziationsgrad der zu dem Endstoff umgesetzte Teil eines Ausgangsstoffes oder des stöchiometrischen Ausgangsgemisches als Bildungsgrad bezeichnet.)

Die Gleichgewichtskonstante in Abhängigkeit vom Dissoziationsgrad α bzw. Bildungsgrad β bei einigen Reaktionstypen homogener Gasreaktionen.

Reaktionstyp	Gleichgewichtskonstante $K_x = K_p \cdot p^{-\Delta\nu}$	bei sehr kleinen α (bzw. β); $\alpha \ll 1$
$A_2 = 2\,A$ ($H_2 = 2\,H$)	$K_p \cdot p^{-1} = \frac{x_A^2}{x_{A_2}} = \frac{4\alpha^2}{1-\alpha^2}$	$\simeq 4\alpha^2$; $\alpha = \frac{1}{2}\sqrt{\frac{K_p}{p}}$
$AB = A + B$ ($HCONH_2 = CO + NH_3$)	$K_p \cdot p^{-1} = \frac{x_A \cdot x_B}{x_{AB}} = \frac{\alpha^2}{1-\alpha^2}$	$\simeq \alpha^2$; $\alpha = \sqrt{\frac{K_p}{p}}$
$AB = \frac{1}{2}\,A_2 + \frac{1}{2}B_2$ ($HJ = \frac{1}{2}H_2 + \frac{1}{2}J_2$)	$K_p = \frac{x_{A_2}^{1/2} \cdot x_{B_2}^{1/2}}{x_{AB}} = \frac{\alpha}{2(1-\alpha)}$	$\simeq \frac{\alpha}{2}$; $\alpha = 2\,K_p$
$2\,A_2B = 2\,AB + A_2$ ($2\,CO_2 = 2\,CO + O_2$) $2\,A_3B = 2\,A_2B + A_2$ ($2\,SO_3 = 2\,SO_2 + O_2$)	$K_p \cdot p^{-1} = \frac{x_{AB}^2 \cdot x_{A_2}}{x_{A_2B}^2} = \frac{\alpha^3}{(2+\alpha)(1-\alpha)^2}$	$\simeq \frac{\alpha^3}{2}$; $\alpha = \sqrt[3]{\frac{2\,K_p}{p}}$
$3\,A_2 + B_2 = 2\,A_3B$ ($3\,H_2 + N_2 = 2\,NH_3$)	$K_p \cdot p^2 = \frac{x_{A_3B}^2}{x_{A_2}^3 \cdot x_{B_2}} = \frac{4^4\beta^2}{3^3(1-\beta)^4}$	$\simeq \frac{4^4\beta^3}{3^3}$; $\beta = p\sqrt{\frac{27}{256}K_p}$

Am Beispiel des vorletzten Reaktionstyps

$$2\,A_2B = 2\,AB + A_2 \tag{68}$$

sei der Weg zu dem Endausdruck der α-Abhängigkeit der Gleichgewichtskonstante aufgezeigt:

$$K_x = \frac{K_p}{p} = \frac{x_{AB}^2 \cdot x_{A_2}}{x_{A_2B}^2}. \tag{69}$$

$$x_{A_2B} = \frac{1-\alpha}{1-\alpha+\alpha+\frac{\alpha}{2}} = \underline{\frac{2(1-\alpha)}{2+\alpha}};\quad x_{AB} = \frac{\alpha}{1+\frac{\alpha}{2}} = \underline{\frac{2\,\alpha}{2+\alpha}};\quad x_{A_2} = \frac{\frac{\alpha}{2}}{1+\frac{\alpha}{2}} = \underline{\frac{\alpha}{2+\alpha}} \tag{69a}$$

$$\underline{\frac{K_p}{p} = \frac{\alpha^3}{(1-\alpha)^2\,(2+\alpha)}} \tag{70}$$

An Hand einer Skizze mag das Ausdrücken der Gleichgewichtszusammensetzung (d. i. der Molenbrüche) durch den Dissoziationsgrad α noch veranschaulicht werden.

Ausgangsmenge: Es reagiert: Im Gleichgewicht:

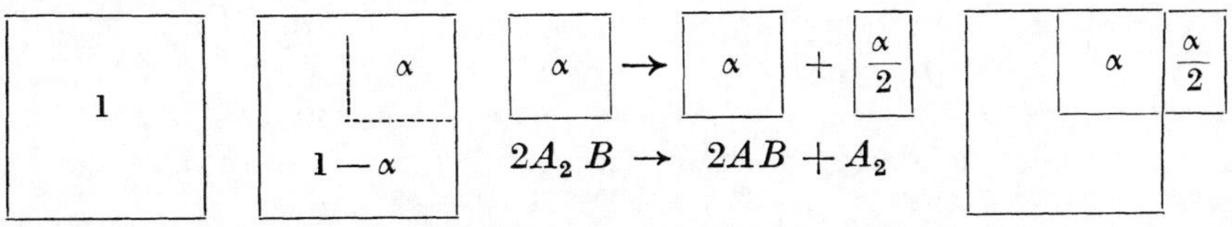

1 | α, $1-\alpha$ | $\alpha \rightarrow \alpha + \frac{\alpha}{2}$ | α, $\frac{\alpha}{2}$

$2A_2\,B \rightarrow 2AB + A_2$

Von der Einheit 1, der Ausgangsmenge, des Stoffes A_2B reagiert der Bruchteil α unter Zerfall in die Dissoziationsprodukte AB und A_2. Die unverändert bleibende Menge des Ausgangsstoffes ist dann $1-\alpha$.

Auf Grund des stöchiometrischen Verhältnisses entstehen bei dieser homogenen Gasreaktion aus dem Bruchteil α gleichviel Mole AB und halb so viele Mole A_2. Die Gesamtzahl der Mole im Gleichgewicht läßt sich daher ausdrücken durch $1 - \alpha + \alpha + \frac{1}{2}\alpha = 1 + \frac{\alpha}{2}$.

Die Anteile der einzelnen Reaktionsteilnehmer an der Gesamtmolzahl — die Molenbrüche x_{A_2B}, x_{AB}, x_{A_2} — sind damit wie oben zu schreiben.

(Die Ableitung der übrigen Ausdrücke siehe Aufgabenteil Bsp. 55.)

Wie der Zerfall einer reinen Substanz den größten Dissaziationsgrad ergibt — jede Beimischung eines Dissoziationsproduktes vermindert den Dissoziationsgrad, drängt die Dissoziation zurück —, so erhält man umgekehrt den größten Bildungsgrad, wenn man von einem stöchiometrischen Gemisch der Ausgangsstoffe ausgeht.

Über die qualitative Aussage betreffend die Verschiebung der Gleichgewichtslage mit dem Druck, bei Reaktionen, die unter Molzahländerung verlaufen, siehe unter Prinzip des kleinsten Zwanges S. 96.

Temperaturabhängigkeit der Gleichgewichtskonstante. Ebenfalls von der allgemeinen thermodynamischen Gleichgewichtsbeziehung für Mischphasenreaktionen (61) ausgehend,

$$d\Delta^*G_i = \Delta^*V_i\, dp - \Delta^*S_i\, dT + RT \cdot d\ln K_a = 0$$

folgt für druckkonstante Änderungen ($dp = 0$):

$$\left(\frac{RT \cdot \partial \ln K_a}{\partial T}\right)_p = \Delta^* S_i = \frac{\Delta^* H_i}{T}, \tag{71}$$

$$\left(\text{denn } \Delta S = \frac{\Delta H}{T}, \text{ wenn } \Delta C = 0\right)$$

$$\boxed{\left(\frac{\partial \ln K_a}{\partial T}\right)_p = \frac{\Delta^* H_i}{RT^2}}\,. \tag{72}$$

Diese letzte Gleichung wird, weil für konstanten Druck abgeleitet, die „Reaktionsisobare" genannt. In Analogie zu dieser Temperaturabhängigkeit bei konstantem Druck läßt sich auch die Gleichung für konstantes Volumen ($dv = 0$) ermitteln. Wir erhalten dann die „Reaktionsisochore":

$$\left[\left(\frac{\partial \ln K_a}{\partial T}\right)_v = \frac{\Delta^* U}{RT^2}\right]. \tag{73}$$

Für ideales Verhalten läßt sich wieder an Stelle von K_a als Gleichgewichtskonstante K_x setzen,

$$\left(\frac{\partial \ln K_x}{\partial T}\right)_p = \frac{\Delta H}{RT^2} \tag{74}$$

für druckkonstante Änderungen bei Gasreaktionen mit Vorteil K_p und für volumkonstante Änderungen K_c.

Die Temperaturabhängigkeit der Gleichgewichtskonstante, etwa von K_x (ebenso die anderen Gleichgewichtskonstanten), kann man auch in die Form bringen,

$$\left(\frac{\partial \ln K_x}{\partial\left(\frac{1}{T}\right)}\right)_p = -\frac{\Delta H}{R}, \tag{75}$$

nachdem $\frac{dT}{T^2} = -d\left(\frac{1}{T}\right)$ (siehe Umformung bei (10)). Trägt man ln K_x-Werte gegen $1/T$ auf, dann läßt sich aus der Steigung der Kurve bei der jeweiligen Temperatur ΔH ermitteln. (In der Praxis wird wieder lg K_x gegen $1/T$ aufgetragen, die Steigung entspricht dann dem Ausdruck $-\Delta H/2{,}3\,R$). Ist ΔH, die Reaktionsenthalpie, konstant, dann ergibt sich eine Gerade bei dieser Auftragung.

Man erkennt die vollkommene Analogie in den Ausdrücken für die Temperaturabhängigkeit der Gleichgewichtskonstante und des Dampfdrucks (10) (auch beim Dampfdruck handelt es sich um ein Gleichgewicht — das der Verdampfung —, das in der prinzipiell gleichen Weise wie chemische Gleichgewichte zu behandeln ist). Von der Temperaturabhängigkeit der Gleichgewichtskonstante K_x gelangt man über die Beziehung $K_x = K_p \cdot p^{-\Delta\nu}$ zu der von K_p. Da der Faktor $p^{-\Delta\nu}$ (p, der konstante Gesamtdruck) temperaturunabhängig ist, also $\Delta\nu\left(\frac{\partial \ln p}{\partial T}\right)_p = 0$, so gelangt man zur analogen Gleichung

$$\left(\frac{\partial \ln K_p}{\partial T}\right)_p = \frac{\Delta H}{RT^2}. \tag{76}$$

Integriert man (der konstante Druck ist — ohne besonderen Hinweis — gegeben), so folgt:

$$\int_{T_0}^{T} d\ln K_p = \int_0^T \frac{\Delta H}{RT^2}\,dT, \tag{77}$$

ΔH in seiner Temperaturabhängigkeit eingeführt

$$\left.\begin{aligned} \ln K_p &= \frac{1}{R}\int_0^T \frac{\Delta H_0 + \int_0^T \Delta C_p \cdot dT}{T^2}\cdot dT + \underbrace{\text{konst}}_{\Delta I_k} = \\ &= -\frac{\Delta H_0}{RT} + \frac{1}{R}\cdot\int_0^T \frac{\int_0^T \Delta C_p \cdot dT}{T^2}\,dT + \Delta I_k, \end{aligned}\right\} \tag{78}$$

die Molwärmendifferenz ΔC_p aufgegliedert in den temperaturunabhängigen und den temperaturabhängigen Teil

$$\Delta C_p = \Delta C_{p0} + \Delta(C_p - C_{p0}) \tag{14}$$

$$\boxed{\ln K_p = -\frac{\Delta H_0}{RT} + \frac{\Delta C_{p0}}{R}\ln T + \frac{1}{R}\int_0^T \frac{\int_0^T \Delta(C_p - C_{p0})\,dT}{T^2}\,dT + \Delta I_k}. \tag{79}$$

In dekadischen Logarithmen gerechnet und das Doppelintegral in der anderen Schreibweise, folgt:

$$\lg K_p = -\frac{\Delta H_0}{2{,}3\,RT} + \frac{\Delta C_{p0}}{R}\lg T + \frac{1}{2{,}3\,R}\int_0^T \frac{dT}{T^2}\int_0^T \Delta(C_p - C_{p0})\,dT + \Delta J_k. \tag{80}$$

ΔJ_k, die Chemische Konstante der betreffenden Reaktion, setzt sich im Sinne der Δ-Größen aus den Chemischen Konstanten der Reaktionsteilnehmer (s. S. 77) zusammen. $\Delta J_k = \Delta I_k/2{,}3$.

Prinzip des kleinsten Zwanges (Le Chatelier-Braun). Dieses bringt zum Ausdruck, daß sich die Gleichgewichtslage mit dem Druck und der Temperatur in der Richtung verschiebt, die dem ausgeübten Zwange nachgibt. So bewirkt eine Druckerhöhung eine Veränderung der Gleichgewichtslage in Richtung der volumverringernden Reaktion, eine Temperaturerhöhung eine Verlagerung in Richtung der wärmeverbrauchenden Reaktion und umgekehrt. Dies ist eine qualitative Aussage bzw. Folgerung des zweiten Hauptsatzes.

Freie Reaktionsenthalpie ΔG (Affinität) und Gleichgewichtskonstante. Zur Beantwortung der Frage nach dem Zusammenhang zwischen ΔG, der Freien Reaktionsenthalpie, deren Vorzeichen und Wert die Richtung und Intensität einer Reaktion anzeigt (die Affinität der zur Reaktion kommenden Stoffe), und der Gleichgewichtslage, beschrieben durch die Gleichgewichtskonstante, läßt sich bei der Gleichung für ΔG von Gasreaktionen anknüpfen, die wir zur thermodynamischen Ableitung des MWG, dort unter b), erhielten:

$$\Delta G = RT \cdot \ln \left[\frac{P_E^{\nu_E} \cdot P_F^{\nu_F}}{P_A^{\nu_A} \cdot P_B^{\nu_B}} - K_p \right] . \qquad (81)$$

Die Freie Enthalpie der Reaktion ΔG wird verschieden sein, je nach dem Ausgangs- und Endzustand aus dem, bzw. zu dem die Reaktionsteilnehmer gelangen. Je nachdem, ob das erste oder zweite Glied einen größeren (positiveren) Wert besitzt, erhalten wir einen positiven oder negativen ΔG-Wert. Während das zweite Glied, die Gleichgewichtskonstante, feststeht, kann das erste entsprechend den gewählten Ausgangs- und Endzuständen variieren und damit ΔG beliebige Werte annehmen.

Beziehung zum Normalwert der Freien Reaktionsenthalpie $\Delta^N G$ (Normalaffinität). Um die Abhängigkeit von den jeweiligen Ausgangs- und Endbedingungen zwecks Schaffung eines Vergleichsmaßstabes für Richtung und Intensität des chemischen Geschehens auszuschalten, bezieht man sich auf einen Normalzustand, in dem man die betreffenden Ausgangs- und Endzustandsgrößen (hier P_i) gleich eins setzt ($P_i = {}^N p = 1$ Atm). Man erhält dann für den Normalwert der Freien Reaktionsenthalpie (die Normalaffinität) den Ausdruck:

$$\boxed{-\Delta^N G = RT \cdot \ln K_p} . \qquad (82)$$

Die allgemeine Beziehung, auch für das Gebiet realen Verhaltens, lautet dann, wenn wir den Normalzustand dahingehend definieren, daß die Ausgangs- und End-Aktivitäten gleich 1 sind:

$$\boxed{-\Delta^N G = RT \cdot \ln K_a} . \qquad (83)$$

Man gelangt zu dieser Gleichung auch von der allgemeinen Beziehung für $d\Delta G$ (61) durch Integration:

$$d\Delta^* G_i = \Delta^* V_i \cdot dp - \Delta^* S_i dT + RT d\,\Delta \nu_i \ln a_i ,$$

bei isotherm-isobaren Änderungen

$$(dp = 0, \quad dT = 0),$$

$$d\,\Delta^*G_i = RT \cdot d\ln K_a = RT\,d\Delta\nu_i \ln a_i$$

$$\int\limits_{\Delta^N G}^{\Delta^* G_i = 0} d\,\Delta^* G_i = RT \int\limits_{0}^{\Delta\nu_i \ln a_i} d\Delta\nu_i \ln a_i\,. \tag{84}$$

Wir haben für die untere Grenze des Integrals den Wert für die Ausgangs- und Endaktivitäten der Reaktionsteilnehmer (die für jeden Stoff gleich 1 gewählt sind), also 0 für $d\Delta\nu_i \ln a_i$ zu setzen, was also dem Normalwert der Freien Reaktionsenthalpie $\Delta^N G_i$ entspricht, und als obere Grenze den Gleichgewichtswert, einerseits $\Delta^* G_i = 0$ und andererseits für die Gleichgewichtsaktivitäten $\Delta\nu_i \ln a_i$, erhalten somit

$$O - \Delta^N G = RT\,\Delta\nu_i \ln a_i,$$

also das obige Resultat (83).

Für ideales Verhalten folgt dann:

$$\boxed{-\Delta^N G = RT \cdot \ln K_x\,,} \tag{85}$$

und für K_p ergibt sich, wenn wir den Normalzustand so festsetzen, daß die Ausgangs- und End-Drucke gleich 1 sind, d. i. mit (55) $K_x = K_p \cdot p^{-\Delta\nu_i}$ (der Gesamtausdruck p im Gleichgewicht ist 1 Atm), die obige Gleichung (82).

Zusammengesetzte chemische Gleichgewichte. Laufen verschiedene Reaktionen mit gemeinsamen Reaktionsteilnehmern in einem homogenen System, z. B. in der Gasphase, ab, dann sind nicht nur die Gleichgewichte der Einzelreaktionen durch die jeweiligen Gleichgewichtskonstanten festgelegt, sondern auch die Reaktionsprodukte der Einzelreaktionen stehen miteinander im Gleichgewicht.

Ebenso wie zur thermochemischen Berechnung unzugänglicher Reaktionsdaten lassen sich auch zur Ermittlung von Gleichgewichtskonstanten Reaktionen kombinieren. In allgemeiner Formulierung z. B.:

	Reaktion:	Gleichgewichtskonst. (MWG):
1)	$A + B = AB$	$\frac{[AB]}{[A]\,[B]} = K_1$
2)	$2D + B = D_2B$	$\frac{[D_2B]}{[D]^2\,[B]} = K_2$
1) — 2) = 3)	$A + D_2B = AB + 2D;$	$\frac{[AB]\,[D]^2}{[A]\,[D_2B]} = \frac{K_1}{K_2} = K_3\,.$

Werden die beiden Gleichungen 1) und 2) kombiniert, so heißt dies, daß in den Ausdrücken für K_1 und K_2 der gemeinsame Stoff B mit gleicher Konzentration auftritt. Man kann also durch Substitution von $[B]$ zu dem Ausdruck für K_3 gelangen oder, was auf das gleiche hinauskommt, entsprechend der Subtraktion der Reaktionsgleichungen 1) minus 2) den Quotienten der Ausdrücke K_1 und K_2 bilden. Im Aufgabenteil, Bsp. 61 u. 62 sind Beispiele hierfür behandelt.

2. Chemische Gleichgewichte in heterogenen Systemen.

Das MWG, das die Aktivitäten bzw. Konzentrationsverhältnisse in einem homogenen System regelt, ist u. U. auch bei heterogenen Systemen, so z. B. bei heterogenen Gasreaktionen, heranziehbar. Jeder der kondensierten Reaktionsteilnehmer tritt dann mit dem ihm eigenen Dampfdruck (als Partialdruck) im MWG in Erscheinung. Dieser besitzt, wie bei den Verdampfungsgleichgewichten gezeigt, für eine bestimmte Temperatur einen bestimmten konstanten Wert, der sich in die Konstante, die Gleichgewichtskonstante, einbeziehen läßt.

(Bei der Dissoziationsreaktion etwa eines zweiatomigen Gases in Gegenwart der kondensierten Phase ist das Verhältnis der beiden durch das MWG, also die Dissoziationskonstante, gegeben, gleichzeitig auch durch den Dampfdruck des Stoffes zu zwei- und einatomigem Gas. Durch die Dampfdruckgleichgewichte ist der Absolutwert des Partialdrucks festgelegt, so daß über die Aussage der Dissoziationskonstanten bezüglich des Konzentrationsverhältnisses hinaus, die Konzentrationen selbst gegeben sind. Siehe z. B. Modellbsp. S. 132).

Die vollständige Berechnung eines heterogenen chemischen Gasgleichgewichts und damit auch der Temperaturabhängigkeit der Gleichgewichtskonstante erfolgt in analoger Weise wie bei den homogenen Gleichgewichten; die einzelnen energetischen Größen sind nur sinngemäß einzusetzen, u. zwar:

$$\ln K_{p\,(het)} = \frac{\Delta H_{0\,(het)}}{R \cdot T} + \frac{\Delta C_{p0\,(g)}}{R} \ln T - \frac{1}{R} \int_0^T \frac{dT}{T^2} \int_0^T \Delta (C_p - C_{p_0})_{(het)} \cdot dT + \Delta I_{k\,(g)} \quad (86)$$

und bei Rechnung mit dekadischen Logarithmen:

$$\lg K_{p\,(het)} = -\frac{\Delta H_{0\,(het)}}{2{,}3 \cdot RT} + \frac{\Delta C_{p0\,(g)}}{R} \lg T - \frac{1}{2{,}3 \cdot R} \int_0^T \frac{dT}{T^2} \int_0^T \Delta (C_p - C_{p_0})_{(het)} \cdot dT + \Delta J_{k(g)} \quad (87)$$

Die Aufteilung der Molwärmen in einen temperaturunabhängigen und einen temperaturabhängigen Anteil führt nur bei Gasen zu ersterem C_{p0}-Wert, da bei kondensierten Stoffen $C_{p0} = 0$, also die gesamte Molwärme temperaturabhängig ist. Dadurch bezieht sich das zweite Glied nur auf die im Gleichgewicht auftretenden Gase. Das dritte Glied mit dem Doppelintegral über die Molwärmen ist im Sinne der Δ-Werte über sämtliche an der Reaktion beteiligten Stoffe auszuwerten, also einschließlich der kondensierten beteiligten Stoffe. Für diese ist der Ausdruck $C_p - C_{p\,0}$ eben die Gesamt-Molwärme. Das letzte Glied, die Chemische Konstante der Reaktion, setzt sich aus den Einzelkonstanten (gleich den Dampfdruckkonstanten) der teilnehmenden Gase zusammen. (Daß nur für Gase Chemische Konstanten eingesetzt werden können, geht schon aus der Beziehung zu den Nullpunktsgrößen

$$I_k = \frac{{}^{N}S_0 - C_{p0}}{R} \quad (17)$$

hervor. In kondensierten Phasen sind sowohl S_0 als auch C_{p0} gleich null, somit auch der ganze Ausdruck.)

In dem Übersichtsblatt 3 sind die Konstanten des MWG, ihre Ableitung und ihre Abhängigkeiten zusammengefaßt.

Übersicht 3. Die Konstanten des MWG; Ableitung und Abhängigkeiten.

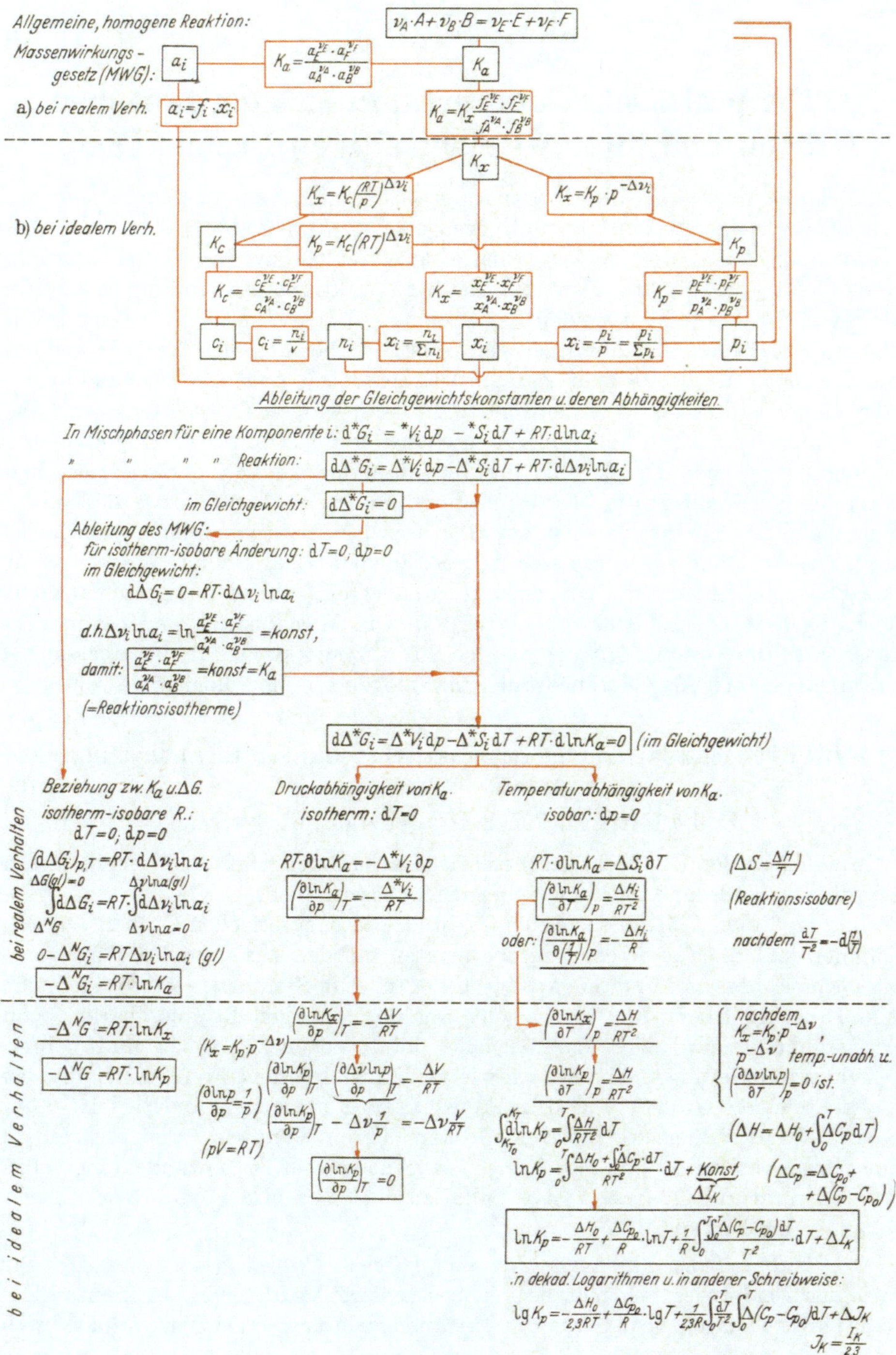

Die analogen Ableitungen lassen sich für die volumkonstanten Änderungen durchführen und die Gleichgewichtskonstante zu F in Beziehung bringen.

Anwendungsteil.

D. Die praktische Auswertung der energetischen Größen und ihrer wechselseitigen Beziehungen.

Nachdem im Teil B die energetischen Größen, die Zustandsfunktionen, in ihrer theoretischen Bedeutung und gegenseitigen Verkettung und in Teil C die Auswirkungen auf die Gleichgewichte aufgezeigt, bzw. abgeleitet wurden, werden in diesem Teil ihre Auswertbarkeit und praktische Anwendung behandelt. Die hierfür in Frage kommenden Beziehungen sind in Form dreier Übersichtsblätter (4 bis 6) den Ausführungen vorangestellt. Die schematischen Übersichten 4 und 5 bringen die Beziehungen für Einzelstoffe und für Umwandlungen (Reaktionen) unter der vereinfachenden Annahme idealen Verhaltens der Gase und — wie es praktisch in der Regel geschehen kann — unter Vernachlässigung der relativ geringen Druck- und damit Volumabhängigkeit der energetischen Daten kondensierter Stoffe. Es resultieren dann für die Druck- bzw. die Volumabhängigkeiten nur die allgemeinen, allen Gasen gemeinsamen leicht überblickbaren Gesetzmäßigkeiten, die sich mit der idealen Gasgleichung ergeben. Für jene Fälle, bei denen ein Rechnen unter den vereinfachenden Annahmen nicht mehr angängig ist, d. h. für Stoffe (reine und in Mischphasen) bei realem Verhalten, sind die Zusammenhänge in allen ihren Auswirkungen in der Übersicht 6 zusammengefaßt. Als Gebrauchsanleitung mögen die Modellbeispiele gelten.

§ 14. Die Übersichtsdarstellung der praktisch benutzten thermodynamischen Beziehungen.

1. Die Übersicht für Einphasen-Einstoff-Systeme.

Mit den in der Übersicht 4 schematisch zusammengefaßten Formeln lassen sich die Zustände und Zustandsänderungen beschreiben.

In der linken Hälfte des Schemas sind die energetischen Größen auf das Volumen und die Temperatur, in der rechten auf den Druck und die Temperatur als unabhängige Zustandvariable bezogen. Die Symmetrie ergibt sich, wie schon aus der Übersicht 1 hervorgeht, aus der analogen Behandelbarkeit von Energieinhalt und Freier Energie bei volumbezogenen Größen und volumkonstanten Änderungen einerseits sowie von Enthalpie und Freier Enthalpie bei druckbezogenen Größen und druckkonstanten Änderungen andererseits. Betrachtet werden hier die molaren Größen; deren Symbole (großgeschrieben) sind schwarz umrandet, die Beziehungen zwischen diesen rot umrandet eingesetzt. Die Temperaturabhängigkeit ist vertikal zu verfolgen, die Volum- bzw. Druckabhängigkeit horizontal.

a) *Die Beziehungen zwischen den energetischen Größen eines Zustands*: Die einzelnen Felder des Schemas beziehen sich jeweils auf einen bestimmten Zustand, rechts ausgedrückt durch die Zustandsvariablen p und T und links durch

Übersicht 4 (Schema für Einphasen-Einstoffsysteme). Übersicht über die thermodynamischen Beziehungen der energetischen Größen eines Stoffes in jeweils einem einheitlichen Aggregatzustand (bei idealem Verhalten der Gase und Nichtberücksichtigung der relativ geringen Druck- bzw. Volumabhängigkeit der kondensierten Stoffe).

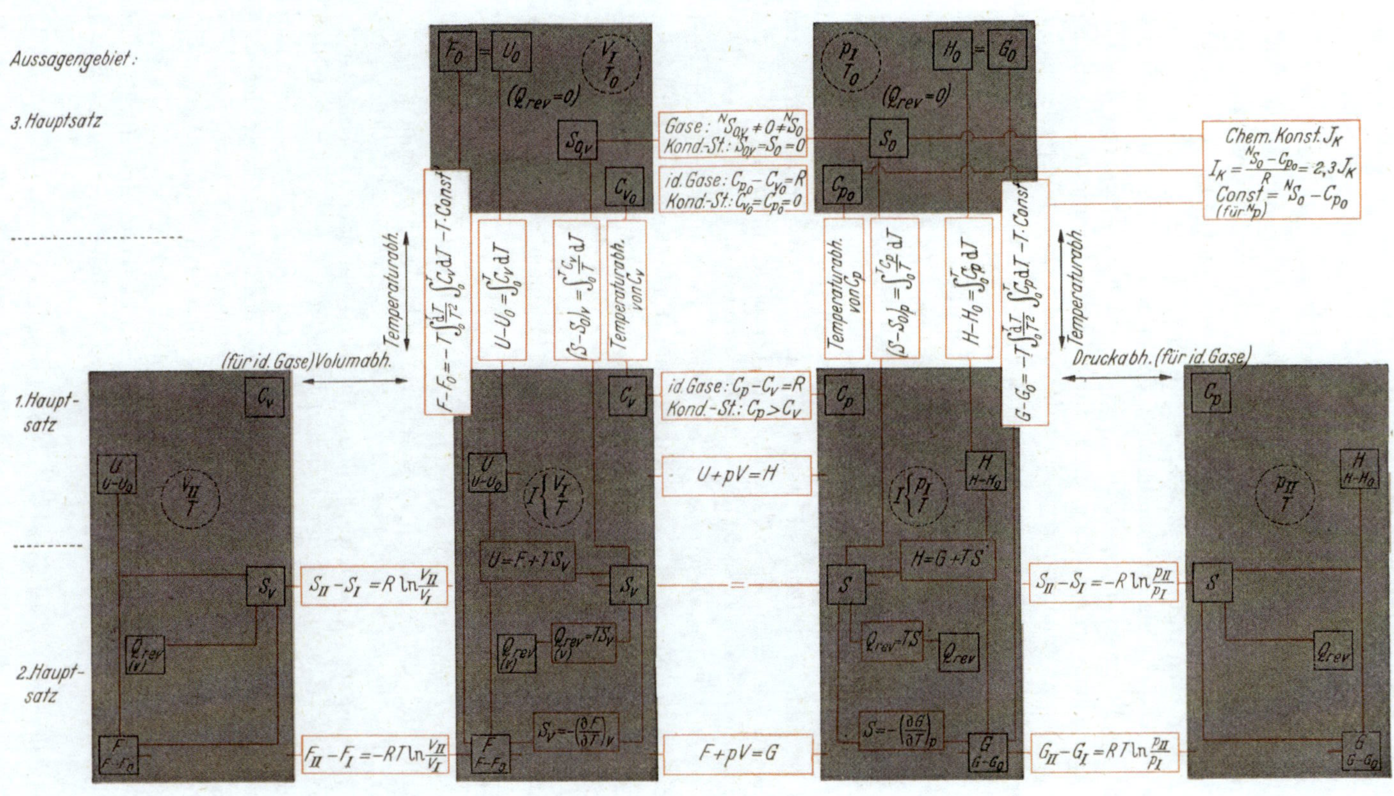

V und T. Die Beziehung zwischen den energetischen Größen (Zustandsfunktionen) ist durch die Gleichung

$$H = G + TS \quad \text{bzw.} \quad U = F + TS$$

gegeben, die in dem jeweiligen Mittelfeld eingetragen ist.

b) *Die Beziehungen zwischen den druck- und volumbezogenen Größen*: Gehen wir von ein und demselben Zustand (I) rechts und links aus, dann ergibt sich der Unterschied zwischen H und U, sowie zwischen G und F definitionsgemäß zu pV. Der Identität des Zustands wegen ist die Entropie — als Zustandsfunktion — die gleiche (unabhängig davon, ob wir sie auf den Druck, S_p, oder aus das Volumen, S_v, beziehen). Sofern man verschiedene Zustände (gleicher Temperatur) vorliegen hat, sind die beiden Entropiewerte entsprechend dem Druck- bzw. Volumunterschied differierend. Das entsprechende gilt dann für den Unterschied von Freier Enthalpie und Freier Energie, die sich dann unterscheiden $G - F = pV - T(S_p - S_v)$. (Dieser Hinweis erfolgt im Hinblick auf die Verfolgung druckkonstanter und volumkonstanter Reaktionen.)

c) *Die Beziehungen zwischen Zuständen verschiedener Temperatur*: Die Temperaturabhängigkeit wird durch die Beziehungen zu den Nullpunktsgrößen dargestellt, die in den oberen Feldern verzeichnet sind. Diese Beziehungen sind auf jede beliebige Temperaturdifferenz anzuwenden, indem man die Grenzen des bestimmten Integrals über den jeweiligen Molwärmenausdruck entsprechend einsetzt. (Bei dem Glied $T \cdot \text{Const}$ der Temperaturabh. der Freien Enthalpie ist dann sinngemäß $(T_2 - T_1) \cdot \text{Const}$ zu setzen.)

d) *Die Nullpunktsgrößen*: Am absoluten Nullpunkt sind Enthalpie und Freie Enthalpie bzw. Energieinhalt und Freie Energie gleich, die reversible Wärme mithin null. Während Spezifische Wärme und Entropie kondensierter Stoffe bei $T = 0$ null werden, sind diese für Gase davon verschieden. Die Entropie der Gase ist wegen ihrer Druck- bzw. Volumabhängigkeit auf einen bestimmten Druck bzw. ein bestimmtes Volumen zu beziehen. Die Entropiekonstante ist für den Normaldruck ${}^N p = 1$ Atm bzw. das Normalvolumen ${}^N V = 1$ Liter definiert. Geht man von den Entropiekonstanten aus, ist für die vertikale Temperaturabhängigkeit (bei konstantem Druck bzw. Volumen) der Druck bzw. das Volumen in deren Normalgröße vorgegeben.

e) *Die Beziehungen zwischen Zuständen verschiedenen Drucks, bzw. verschiedenen Volumens*: Da die Druckabhängigkeit der energetischen Größen kondensierter Stoffe innerhalb der üblichen Druckbereiche praktisch nicht ins Gewicht fällt, diese mitunter den Charakter geringfügiger Korrekturen annimmt, die innerhalb der Fehlergrenzen experimentell ermittelter Werte liegen, bleibt diese auch hier unberücksichtigt. Für Gase ist diese Druck- bzw. Volumabhängigkeit bei idealem Verhalten in den Beziehungen zu den beiden Außenfeldern niedergelegt. Abhängig sind nur die Entropie und die Freie Enthalpie bzw. Freie Energie, während Enthalpie bzw. Energieinhalt und Spezifische Wärmen, d. h. Molwärmen, von Druck und Volumen (bei idealem Verhalten) unabhängig sind.

f) *Die Aussagenbereiche der drei Hauptsätze*: Diese lassen sich in der schematischen Übersicht in ihren Schwerpunkten abzeichnen. Betrifft der erste Hauptsatz die Additivität der Energiegrößen, also eigentlich alle Bereiche, so umfaßt der Aussagebereich des zweiten Hauptsatzes die Entropie und die Freie Enthalpie bzw. Freie Energie, und der dritte bezieht sich auf den Bereich des absoluten Nullpunkts. Die Bereiche sind seitlich angezeichnet.

2. Die Übersicht für Reaktions- (Umwandlungs-)größen.

Übersicht 5.

In der Übersicht 5 sind die Beziehungen des vorhergehenden Schemas für Einzelstoffe sinngemäß auf Umwandlungen jeglicher Art (physikalischer wie chemischer) übertragen. Entsprechend ihrer hervortretenden praktischen Bedeutung sind hier nur die druckbezogenen Umwandlungsgrößen wiedergegeben. Zusätzlich sind die auf die chemischen Gleichgewichte bezug habenden Größen (Gleichgewichtskonstante und Dampfdruck) mit ihren Beziehungen zu dem Normalwert der Freien Reaktionsenthalpie aufgenommen. Die Gesamtreaktion wird aus Zweckmäßigkeitsgründen in die Normal- oder Grundreaktion und in die Restreaktion zerlegt.

Die Redaktionsgrößen ergeben sich als die Differenz der Einzelgrößen der Reaktionsteilnehmer nach und vor der Umsetzung.

a) *Die Normal- oder Grundreaktion*: Die Normalwerte der Reaktionsgrößen beziehen sich auf die Reaktionen der Teilnehmer von und zu Normalzuständen. Diese Normalzustände beziehen sich auf die gasförmigen Reaktionsteilnehmer, denen der Normaldruck ${}^{N}p = 1$ Atm zugrunde liegt. Normalreaktionen sind dann hypothetisch, wenn die Forderung, daß jedes Einzelgas unter dem Normaldruck auftritt infolge des Auftretens mehrerer Gase auf einer Reaktionsseite (im Gemisch liegt dann ein entsprechend geringerer Partialdruck der Einzelgase vor) nicht erfüllt ist. An die Normal- oder Grundreaktion hat dann die Berechnung der Restreaktion anzuschließen. Die Reaktionsgrößen für die Normalreaktion in den linken Feldern der Übersicht 5 sind sinnentsprechend auch mit dem Normalsymbol zu schreiben, also $\Delta\,{}^{N}S$, $\Delta\,{}^{N}G$. Die Vertikalbeziehung, die Temperaturabhängigkeit ist zwischen den Normal-Reaktionsgrößen bei der Temperatur T und $T = 0$ dargestellt.

b) *Die Restreaktion*: Diese bezieht sich auf die Überführung der gasförmigen Reaktionsteilnehmer vom Normaldruck zum Partialdruck von dem aus die Gase tatsächlich reagieren. Nachdem (bei idealen Gasen) nur die Entropie und die Freie Enthalpie druckabhängig sind, so können sich Rest-Reaktionsbeträge (bei idealem Verhalten) nur für diese energetischen Größen ergeben.

Die Partialdruckabhängigkeit, die der Restreaktion entspricht, läßt sich in die Molenbruch- und die Gesamtdruckabhängigkeit aufgliedern, nachdem $p_i = x_i \cdot p$, so daß

$$\Delta(S - {}^{N}S) = \Delta S - \Delta\,{}^{N}S = -R\,\Delta\nu_i \ln p_i = \underline{-R\,\Delta\nu_i \ln x_i - R\,\Delta\nu_i \ln p},$$

und

$$\Delta(G - {}^{N}G) = \Delta G - \Delta\,{}^{N}G = R\,T\,\Delta\nu_i \ln p_i = \underline{R\,T\,\Delta\nu_i \ln x_i + R\,T\,\Delta\nu_i \ln p}.$$

Vom Gesamtdruck p sind die Reaktionsgrößen ΔS und ΔG dann abhängig, wenn die Reaktion unter Molzahländerung der gasförmigen Reaktionsteilnehmer verläuft; bei $\Delta\nu_i = 0$ wird die Gesamtdruckabhängigkeit gleich null und die Partialdruckabhängigkeit ist gleich der Molenbruchabhängigkeit.

Übersicht 5 (Schema für Reaktionen). Übersicht über die thermodynamischen Beziehungen der energetischen Umwandlungs-(Reaktions-)größen bei idealem Verhalten der beteiligten Gase, ohne Berücksichtigung der geringen Druckabhängigkeit der energetischen Größen der kondensierten Reaktionsteilnehmer.

Reaktion: $\nu_A A + \nu_B B + \ldots = \nu_E E + \nu_F F + \ldots$

Reaktionsgrößen: $\Delta Y = \sum_{\text{End}} \nu_i Y_i - \sum_{\text{Anf}} \nu_i Y_i$

(Bei Reaktionsteilnehmern aus Mischphasen sind für diese die partiellen molaren Größen bei der Differenzbildung der Reaktionsgrößen zu nehmen.)

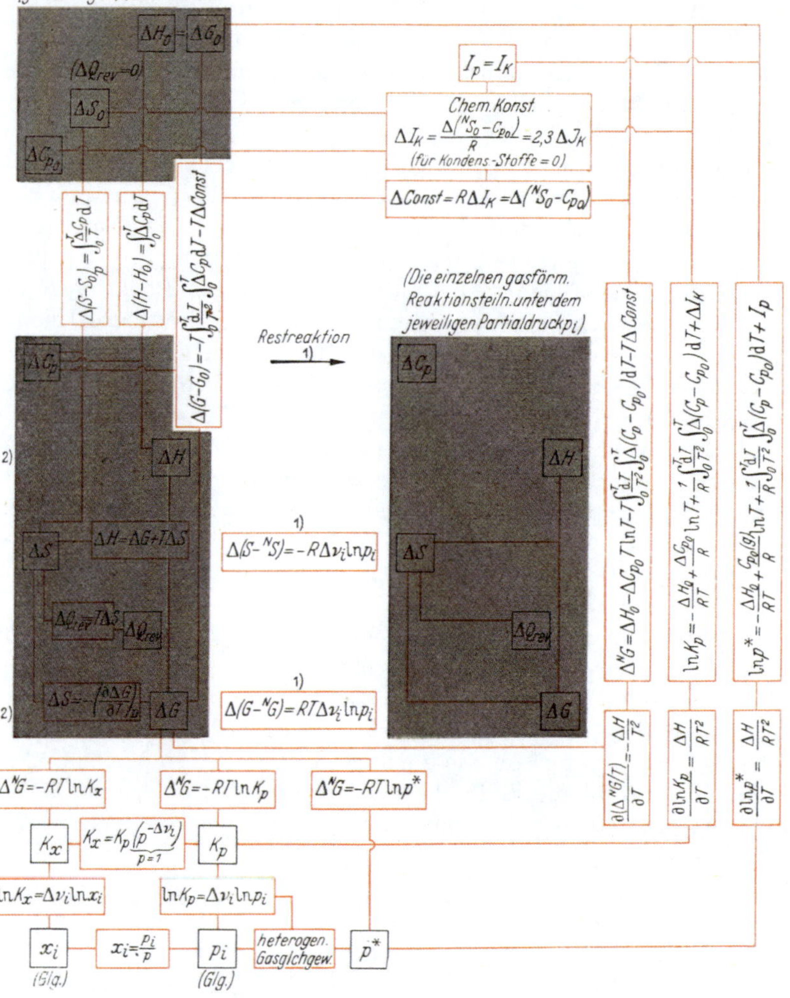

[1] Die Partialdruckabhängigkeit beinhaltet die Molenbruch- und Gesamtdruckabhängigkeit; wegen $p_i = x_i \cdot p$ folgt:

$$\Delta (S - {}^N S) = -R \Delta \nu_i \ln p_i = -R \Delta \nu_i \ln x_i - R \Delta \nu_i \ln p, \text{ und}$$
$$\Delta (G - {}^N G) = RT \Delta \nu_i \ln p_i = RT \Delta \nu_i \ln x_i + RT \Delta \nu_i \ln p.$$

[2] Die Beziehung zwischen den druckkonstanten und volumkonstanten Reaktionen ist

c) *Die Beziehung zur Gleichgewichtskonstante und zum Dampfdruck*: Diese ist über den Normalwert der Freien Enthalpie der zum Gleichgewicht führenden Reaktion, bzw. des Verdampfungsvorgangs gegeben $\Delta\,{}^{N}G = -RT\ln K_p$ bzw. $\Delta\,{}^{N}G = -RT\ln p^*$,

$$\text{oder } \ln K_p = -\frac{\Delta\,{}^{N}G}{RT} \quad \text{bzw.} \quad \ln p^* = -\frac{\Delta\,{}^{N}G}{RT}.$$

$\Delta\,{}^{N}G$ läßt sich aus der Reaktionsenthalpie ΔH und den Normalentropien der Reaktionsteilnehmer ${}^{N}S$ (daraus ergibt sich $\Delta\,{}^{N}S$) ermitteln nach $\Delta\,{}^{N}G = \Delta H - T\Delta\,{}^{N}S$. Nachdem ΔH im Bereich idealen Gasverhaltens druckunabhängig ist, braucht man diese Größe nicht als Normalgröße bezeichnen; wir erhalten

$$\ln K_p = -\frac{\Delta H}{RT} + \frac{\Delta\,{}^{N}S}{R} \quad \text{oder bei dekadischem Logarithmus}$$

$$\lg K_p = -\frac{\Delta H}{2{,}3\,RT} + \frac{\Delta\,{}^{N}S}{2{,}3\,R}.$$

Bei praktischen Berechnungen ist diese Form — sofern die Entropiedaten bekannt sind — heranzuziehen. Die seitlich verzeichnete Beziehung zur Berechnung von K_p bzw. p^* aus dem Gang der Molwärmen und den Chemischen Konstanten, bzw. der Dampfdruckkonstante, ist praktisch weniger verwendbar, da das Molwärmenintegral bis nahe zum absoluten Nullpunkt meist nicht genügend bekannt ist. Diese Beziehungen sind mehr von theoretischer Bedeutung.

3. Die allgemeine Übersicht für reales Verhalten.

In der Übersicht 6 ist nicht nur dem realen Gasverhalten, bzw. den Druckabhängigkeiten der energetischen Größen ganz allgemein Rechnung getragen, es werden darin auch die Zusammensetzungseinflüsse bei Mischphasenbildung realer Systeme — ausgedrückt durch die Molenbruchabhängigkeit — aufgeführt. Die Abhängigkeiten bei idealem Verhalten stellen sich darin als Grenzfall dar.

Behandlung finden nur die druckbezogenen Größen, die Anordnung lehnt sich an die der vorhergehenden Schemata an. So deckt sich die rechte Hälfte, die sich auf einphasige Einstoffsysteme bezieht, mit der rechten Hälfte der Übersicht 4, hier allerdings mit den Beziehungen bei realem Verhalten.

a) *Die Abhängigkeit von der Zusammensetzung*: Diese wird in dem Schema durch die Beziehungen zur linken Hälfte wiedergegeben, in der die analogen Abhängigkeiten für die Mischphasengrößen — die partiellen molaren Größen (gesternte Symbole) — zum Ausdruck kommen. Temperatur- und Druckabhängigkeit ergeben korrespondierende Ausdrücke. Durch Einführung der Zwischenfunktion Z stellt sich auch die Molenbruchabhängigkeit in gleicher Form wie die Druckabhängigkeit dar. Nachdem wir ferner bei der Molenbruchabhängigkeit die Aktivitätsfunktion zwischenschalten, um die äußere Form der Beziehungen idealen Verhaltens zu bewahren, gelangen wir zu den ebenfalls im Mittelfeld verzeichneten Integralformen für die Abhängigkeit von der Ak-

---

gegeben durch $\Delta H - \Delta U = p\,\Delta V$ und $\Delta G - \Delta F = p\,\Delta V - T(\Delta S_p - \Delta S_v)$. $\Delta S_p - \Delta S_v$ ist von null verschieden bei Reaktionen, die unter Molzahländerung der gasförmigen Reaktionsteilnehmer verlaufen. Die Differenz der Reaktionsentropien ergibt sich aus den unterschiedlichen Partialdrucken (Partialvolumina) unter den beiden Bedingungen.

Übersicht 6 (Schema für reales Verhalten). Übersicht über die thermodynamischen Beziehungen der energetischen Größen eines Stoffes bei realem Verhalten sowohl in reinem Zustand, als auch in Mischphasen (partielle molare Größen).

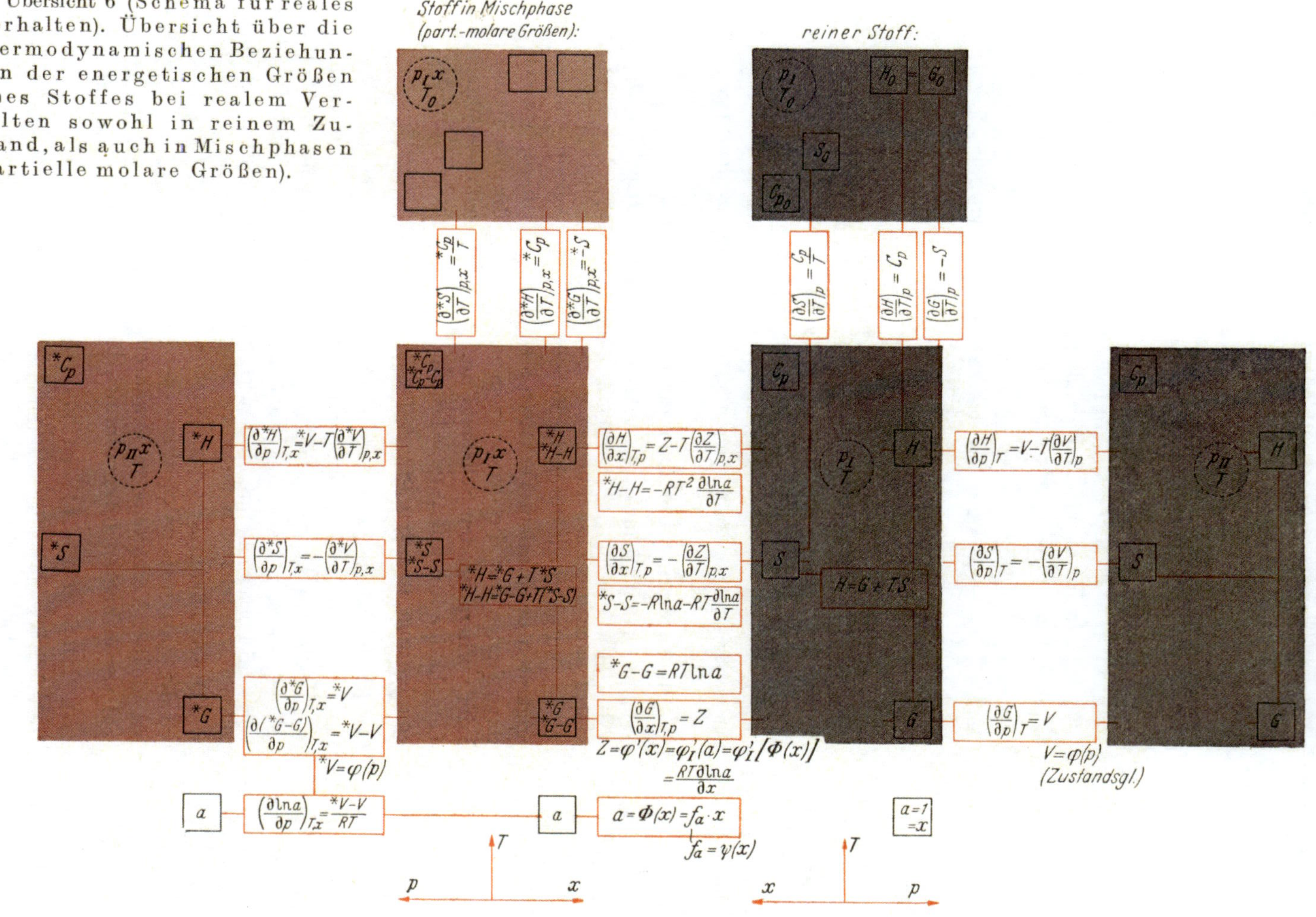

tivität, die dann ihrerseits eine von Fall zu Fall zu ermittelnde Funktion darstellt $(a = \Phi(x))$.

b) *Die Abhängigkeit vom Gesamtdruck*: In die Ausdrücke für die Druckabhängigkeit der einzelnen energetischen Größen ist für das Volumen V bzw. $^*V$ der Ausdruck einer bei dem betrachteten System zutreffenden Zustandsgleichung ($V = \varphi(p)$ bzw. $^*V = \varphi(p)$) einzusetzen.

c) *Die Abhängigkeit vom Partialdruck*: Durch die Beziehung $p_i = x_i \cdot p$ ist ersichtlich, daß sich die Partialdruckabhängigkeit aufgliedern läßt in die Molenbruch- und die Gesamtdruckabhängigkeit. Die beiden letzteren, in der linken Hälfte verzeichneten Abhängigkeiten ergeben damit zusammen die Abhängigkeit vom Partialdruck (wie es im Reaktionsschema 5 — dort bei idealem Verhalten, wo die Größen bei gleichem Partialdruck und Gesamtdruck gleich werden — bereits zum Ausdruck gebracht ist).

d) *Bei idealem Verhalten* ist a gleich x zu setzen ($a = x$) und für die Zustandsgleichung der Gase $pV = RT$, so daß die Glieder zwischen den Enthalpien null werden (im Mittelfeld ist der Temperaturkoeffizient $\frac{\partial \ln x}{\partial T} = 0$, denn der Molenbruch ändert sich nicht mit der Temperatur, und bei den Druckabhängigkeiten wird der Ausdruck $T\left(\frac{\partial V}{\partial T}\right)_p = V$ bzw. $T\left(\frac{\partial\, ^*V}{\partial T}\right)_p = {}^*V$). Daraus ergeben sich auch die vereinfachten Entropiebeziehungen.

Über die einzelnen Abhängigkeiten siehe auch § 11.

§ 15. Die Anwendung der praktisch benutzten thermodynamischen Beziehungen in einem Modellbeispiel.

Es ist zweifellos ein Mangel, wenn die Geschlossenheit und Präzision thermodynamischer Beziehungen nur in Teilbezirken — wie es fast stets geschieht — demonstriert wird. Dies geschieht, weil entweder die experimentell zugänglichen Daten nicht ausreichen, um an einem System die Zustandsfunktionen in ihren Auswirkungen auf Zustandsänderungen sowie physikalische und chemische Umwandlungen zu demonstrieren, oder weil die Daten mit sehr unterschiedlicher Genauigkeit bestimmt sind, so daß die dadurch auftretenden Fehlerbereiche nur zu wenig guten Übereinstimmungen mit rechnerisch ermittelbaren Werten führen.

Das festgefügte Gerüst der Thermodynamik und die Handhabung der thermodynamischen Gleichungen sollen daher hier an einem Modellbeispiel demonstriert werden, das frei von Bestimmungsungenauigkeiten die exakten Beziehungen wiedergibt. Dies erfolgt unter Heranziehung eines hypothetischen Stoffes „Z“, unter dem wir uns ein chemisches Element vorstellen wollen, das wir in seinen Aggregatzuständen, Zustandsänderungen und Umwandlungen (physikalischen wie chemischen) behandeln. Als chemische Reaktion soll die Dissoziation des zweiatomigen Gases Z_2 zu $2\,Z$ dienen.

Voraussetzung für die durchgehende Behandlung ist in erster Linie die Kenntnis des Verlaufs der Spezifischen Wärmen (der Molwärmen) in dem behandelten Temperaturgebiet. Dieser Verlauf ist in der Regel nur in beschränkten Gebieten bekannt, bzw. als einfache Funktion darstellbar und trägt insbesondere bei den

C_p-Werten den Charakter von empirisch bestimmten Abhängigkeiten. Um das Zahlenrechnen in unserem Modellbeispiel zu erleichtern und abzukürzen, werden im folgenden möglichst einfach zu handhabende Ausdrücke für die Temperaturabhängigkeit der Spezifischen Wärmen gewählt, die einem tatsächlichen Verlauf in den verschiedenen Aggregatzuständen annähernd angeglichen sind. Diese Spezifische-Wärme-Funktionen, die de facto in einem beschränkten Temperaturintervall ohne weiteres auch praktische Geltung haben könnten, werden hier formal für den gesamten Rechnungsbereich als verbindlich genommen. Dadurch erhält dieses Modellbeispiel eine vollkommen exakte Grundlage. (Näherungsmethoden, die in der Praxis zweifellos ihre Berechtigung haben, wo exakte Daten und Abhängigkeiten nicht bekannt oder zugänglich sind, sollen in diesem Rahmen keine Berücksichtigung finden.) Bei den Gasen wird ideales Verhalten vorausgesetzt, also die Anwendbarkeit der Zustandsgleichung $p\,V = R\,T$, bei den kondensierten Phasen sind die Aussagen des Nernstschen Wärmesatzes (Dritten Hauptsatzes) erfüllt.

Für die Berechnungen seien also gegeben:

α) die spezifischen Wärmen (Molwärmen) und ihre Temperaturabhängigkeit

a) des Festkörpers Z · · · · · $C_p = C_v = 3\,R\,\frac{\left(\frac{\Theta}{T}\right)^2 \cdot e^{\frac{\Theta}{T}}}{\left(e^{\frac{\Theta}{T}} - 1\right)^2}$; $\Theta = 75$,

b) der Flüssigkeit Z · · · · · $C_p = C_v = 1{,}326 \cdot C_p$ (fest),

c″) des zweiatomigen Gases Z_2 · $C_p = 7{,}4 + 0{,}001\,T$ cal. grad^{-1}
$C_p - C_v = R$,

c′) des einatomigen Gases Z · · $C_p = 5{,}0$ cal. grad^{-1} (temperaturunabhängig)
$C_p - C_v = R$,

β) die Entropiekonstante
des zweiatomigen Gases Z_2 · · · ${}^{N}S_0$ (${}^{N}S_{op}$) $= 18{,}15$ cal. grad^{-1},
,, einatomigen Gases Z · · · · ${}^{N}S_0$ $= 10{,}8$ cal. grad^{-1},

γ) die Umwandlungstemperaturen
Schmelzpunkt T_e · · · · · · · · $266^0\,K$,
Siedepunkt T_s · · · · · · · · · $331^0\,K$.
(Verdampfung zu zweiatomigem Gas)

Auch eine Schmelz- oder Verdampfungsenthalpie bei irgendeiner Temperatur würde an Stelle der Umwandlungstemperaturen genügen.

δ) die Dissoziationsenthalpie (z. B. aus Gleichgewichtsmessungen) für $Z_2\,(g) = 2\,Z\,(g)$; $\Delta H_{298} = 16\,210$ cal.

Zu berechnen sind:

I. die energetischen Daten für jede Einzelphase (fest, flüssig, gasförmig Z_2 und Z), und zwar

$$C_p,\ H - H_0,\ S,\ Q_{rev},\ G - G_0;$$

II. die energetischen Daten für die Aggregatzustandsänderungen (Umwandlungen), ferner die Dampfdrucke des festen und flüssigen Z zu zwei- und einatomigem Gas, und zwar

$$\Delta C_p,\ \Delta H,\ \Delta S,\ \Delta G, \text{ sowie } p^{**} \text{ und } p^{*};$$

III. die energetischen Daten der Dissoziationsreaktion $Z_2 = 2\,Z$ als chemische Umwandlung sowie die Gleichgewichtskonstante K_p und der Dissoziationsgrad α, ferner die Chemische Konstante der Reaktion, also

$$\Delta C_p,\ \Delta H,\ \Delta S,\ \Delta G, \text{ sowie } K_p,\ \Delta I_k \text{ bzw. } \Delta J_k;$$

IV. die Größen bei bestimmtem Volumen bzw. volumkonstanten Änderungen, so insbesondere die volumabhängigen Größen auch der idealen Gase, Entropie und Freie Energie, und daraus die Beziehungen zu den druckbezogenen Größen bzw. den druckkonstanten Änderungen, also

$$C_v,\ U - U_0,\ S_v \text{ und } {}^{N}S_{0v},\ F - F_0, \text{ und die}$$

Reaktionsgrößen ΔC_v, ΔU, ΔS_v ΔF.

I. Die energetischen Daten der Einzelphasen des Stoffes Z.

a) Festkörper Z.

1. Molwärme C_p, C_v. (Spezifische Wärme). Jede der theoretisch abgeleiteten Formeln für die Temperaturabhängigkeit der Mol- oder Atomwärmen (der Spezifischen Wärmen) der Festkörper bezieht sich auf C_v; C_p ist erst bei Kenntnis der Ausdehnungs- und Kompressibilitätskoeffizienten daraus berechenbar (s. § 9/1 S. 34). Hier ist einfachheitshalber C_p gleich C_v gesetzt (s. oben die Voraussetzungen für dieses Modellbeispiel) und dieses durch die Planck-Einsteinsche Gleichung — für ein Gramm-Atom des Elementes Z — wiedergegeben.

$$C = 3\,R\,\frac{\left(\frac{\Theta}{T}\right)^2 \cdot e^{\left(\frac{\Theta}{T}\right)}}{\left(e^{\frac{\Theta}{T}} - 1\right)^2}$$

$$\Theta = \beta\,\nu = 75\,.$$

Das ν stellt die Schwingungszahl der Atome Z, der Oszillatoren, dar. Für diesen Stoff sei daraus eine Charakteristische Temperatur Θ in der angegebenen Größe resultierend.

Für die Temperatur $T = 50^0$ K z. B. errechnet sich $\left(C \text{ bei } \frac{\Theta}{T} = \frac{75}{50} = 1{,}5\right)$ zu:

$$C_{50} = 3\,R \cdot \frac{1{,}5^2 \cdot e^{1{,}5}}{(e^{1{,}5} - 1)^2} = 5{,}96 \cdot \frac{2{,}25 \cdot 4{,}43}{(4{,}43 - 1)^2} = 5{,}96 \cdot \frac{9{,}97}{11{,}76} = 5{,}06 \text{ cal. grad}^{-1}\,.$$

Weitere Zahlenwerte für C_p sind in Tab. 28, Spalte 3 verzeichnet (s. auch Tab. 31), der Verlauf mit der Temperatur ist ferner in Abb. 14, Kurve I wiedergegeben. (Die Atomwärmen C_p überschreiten in Wirklichkeit den Grenzwert der theoretischen C_v-Kurven von $3\,R = 5{,}96$; nach Dulong-Petit besitzen sie bei Zimmertemperatur einen mittleren Wert von 6,4.)

2. Enthalpie $H - H_0$. Den Enthalpiezuwachs vom absoluten Nullpunkt an erhält man aus dem Integral über die Molwärmen.

$$H - H_0 = \int_0^T C_p \cdot d\,T\,.$$

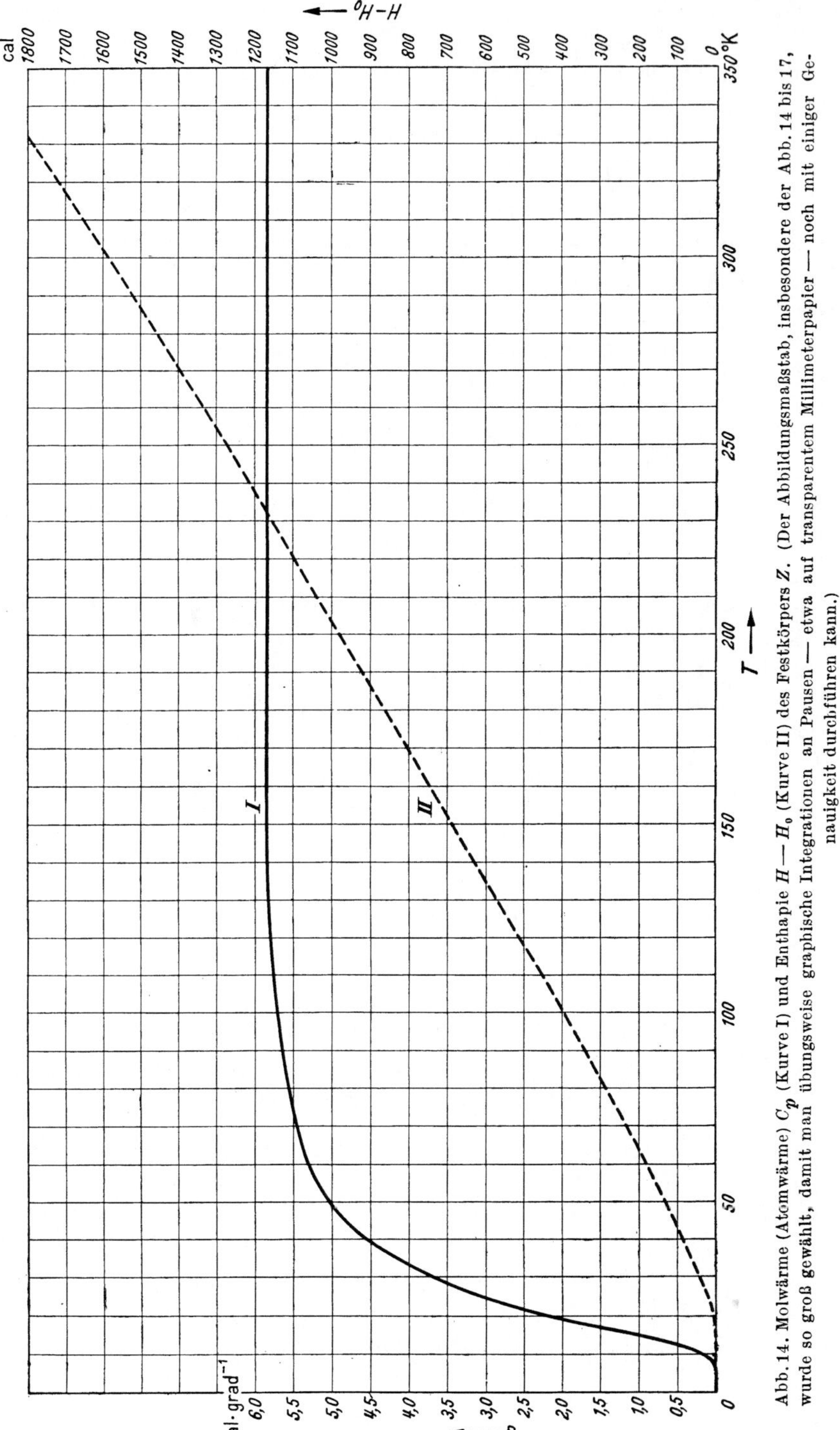

Abb. 14. Molwärme (Atomwärme) C_p (Kurve I) und Enthalpie $H - H_0$ (Kurve II) des Festkörpers *Z*. (Der Abbildungsmaßstab, insbesondere der Abb. 14 bis 17, wurde so groß gewählt, damit man übungsweise graphische Integrationen an Pausen — etwa auf transparentem Millimeterpapier — noch mit einiger Genauigkeit durchführen kann.)

Sind die Molwärmen nicht durch eine rechnerisch integrierbare Funktion darstellbar, dann läßt sich die Integration auf jeden Fall graphisch durchführen, wie dies bei der Entropieermittlung im nächsten Abschnitt dargestellt ist. In vorliegendem Falle, der Gültigkeit der Planck-Einstein-Funktion, die ja durch Differentiation des Ausdrucks für den Energieinhalt (s. Beispiel 27) gewonnen ist, ist der ($H - H_0$)-Wert — hier gleich $U - U_0$ angenommen — daraus direkt errechenbar:

$$\left(\text{hier:} \quad H - H_0 = 3\,R \frac{\Theta}{e^{\frac{\Theta}{T}} - 1}\right).$$

Für 50 ^0K ergibt sich danach

$$H_{50} - H_0 = 5{,}96 \frac{75}{4{,}43 - 1} = 130 \text{ cal.}$$

Weitere Zahlenwerte s. Tab. 28, Spalte 4 (s. auch Tab. 31), der Kurvenverlauf ist Abb. 14, Kurve II zu entnehmen.

Tabelle 28.
Atomwärme C_p und Enthalpie H—H_0 des Festkörpers Z.

T	$\frac{\Theta}{T}$	C_p	$H - H_0$
0	—	0	0
7,5	10	$0{,}026_6$	
10	7,5	0,185	
12,5	6	0,535	1,12
15	5	1,03	3,06
18,75	4	1,83	8,4
25	3	2,98	23,5
30	2,5	3,66	
37,5	2	4,34	70,3
50	1,5	5,06	130
75	1	5,49	260
150	0,5	5,83	688
266	0,282	5,84	1366
298	0,252	5,86	1570
331	$0{,}226_5$	5,87	1790
750	0,1	5,95	4250
1000	0,075	5,96	5730

3. Entropie S. Die Entropie des Festkörpers (exakt des idealen) am absoluten Nullpunkt ist gleich null, daher ergibt sich aus dem Integral über C_p/T gleich der Absolutwert der Entropie.

$$S - S_0 = \int_0^T \frac{C_p}{T}\,d\,T$$
$$= S;\ \text{da}\ S_0 = 0.$$

Die Integration über C_p/T erfolgt hier graphisch. Dies kann auf zwei Wegen geschehen

a) durch Auszählung (bei entsprechend kleinem Raster) oder durch Auswägung des ausgeschnittenen Flächenstücks, das von der Kurve C_p/T (Abb. 15 Kurve I) und der Abszissenachse bis zu der betreffenden Temperatur eingeschlossen wird,

b) nach der von LEWIS empfohlenen Methode durch Ausmessen des Flächenstückes, das bei Auftragen von C_p mit lg T (Abb. 16) erhalten wird und Multiplikation dieses Wertes mit 2,3 ($=1/\lg e$) gemäß

$$\int_{T_1}^{T_2} dS = \int_{T_1}^{T_2} \frac{C_p}{T}\,d\,T = \int_{\ln T_1}^{\ln T_2} C_p d \ln T = 2{,}3 \int_{\lg T_1}^{\lg T_2} C_p\,d \lg T\,.$$

Die zur Auswertung nach den zwei Methoden dienenden Zahlen, sowie die resultierenden Entropiewerte bringt Tab. 29, der Entropieverlauf mit der Temperatur ist aus Kurve II der Abb. 15 zu ersehen.

Als untere Grenze bei der Entropieermittlung vom absoluten Nullpunkt an hat in Fällen rechnerischer Ermittlung nicht $T = 0$, sondern eine dem absoluten Nullpunkt benachbarte Temperatur zu gelten, etwa $T = 1$, wo ln T bzw. lg T

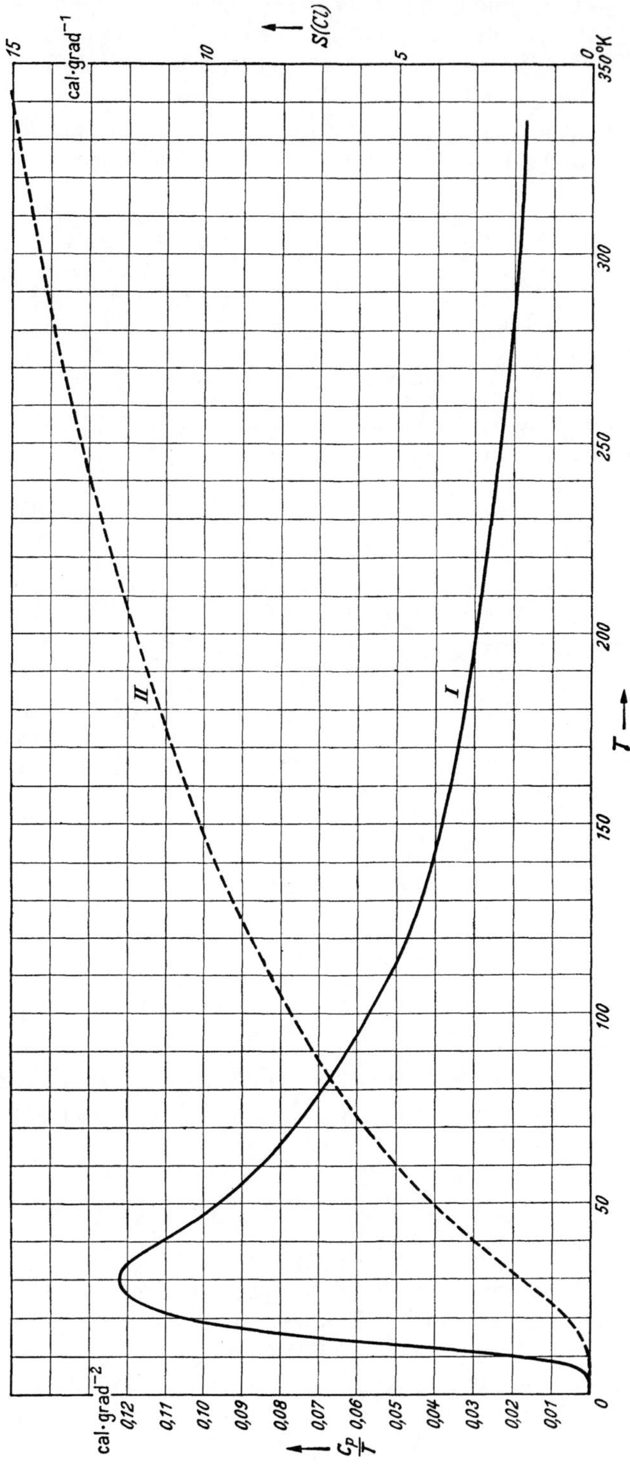

Abb. 15. C_p/T (Kurve I) und **Entropie** S (Kurve II) des Festkörpers Z.

gleich 0 wird; im anderen Falle, bei $T = 0$, wird $\ln T$ gleich $-\infty$. Man sieht aber bei der graphischen Auftragung, daß im Gebiet sehr tiefer Temperaturen der Beitrag zur Entropie sehr gering und schließlich vernachlässigbar klein wird.

Die Auswertungsmethode b) hat den Vorteil, daß der Verlauf bei niederen Temperaturen, wo die Änderungen relativ groß sind, stärkere Berücksichtigung findet.

Als Auswertungsbeispiel dient hier die Entropieermittlung für $T = 266°\,K$:

nach a) Aus Abb. 15; 135,81 □ bis $T = 266°\,K$; 1 □ = 0,1 cal. grad^{-1} (= 0,1 Cl); $S_{266} = \underline{13{,}58\ Cl}$;

nach b) Aus Abb. 16; 117,93 □ bis $\lg T = 2{,}425$ ($T = 266$); 20 □ = $2{,}3_{03}\,Cl$,

$$S_{266} = \frac{117{,}93}{20} \cdot 2{,}3_{03} = \underline{13{,}58\ Cl}$$

(cal.grad^{-1}).

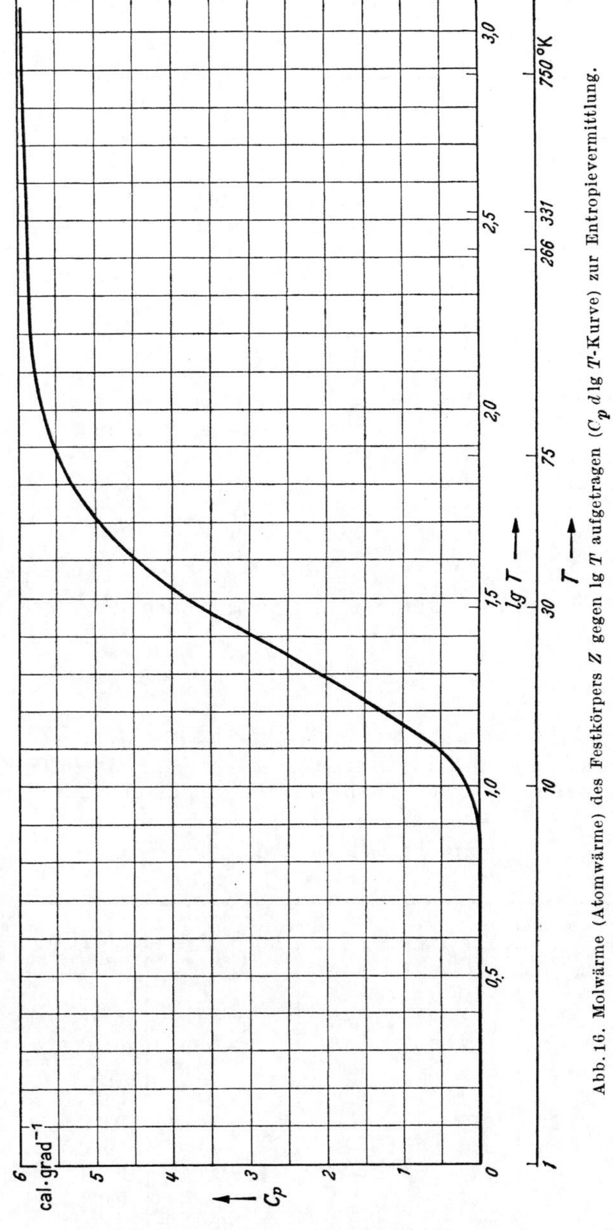

Abb. 16. Molwärme (Atomwärme) des Festkörpers Z gegen lg T aufgetragen ($C_p\,d\lg T$-Kurve) zur Entropievermittlung.

4. Reversible Wärme Q_{rev}. Diese ergibt sich als das Produkt TS (siehe § 8/b und § 9/3) und ist demnach über die Entropie aus dem Gang der Molwärmen zu bestimmen. Man bedient sich dieses Wertes vor allem zur Ermittlung der Freien Enthalpie nach der Gleichung

$$H = G + Q_{rev}$$

(d. i. $H - H_0 = G - G_0 + Q_{rev}$, wobei $H_0 = G_0$.)

Eine Reihe von Werten für TS sind in Tab. 30, Spalte 3, bzw. Tab. 31, Spalte 5 verzeichnet. In Abb. 18 tritt das Q_{rev} jeweils in dem Abstand der H- und G-, bzw. $(H - H_0)$- und $(G - G_0)$-Kurven in Erscheinung.

5. Freie Enthalpie $G-G_0$. Diese, d. h. Unterschiede derselben, zu berechnen, ist vielfach das Ziel, da die Änderung der freien Enthalpie die bestimmende Größe für das Reaktionsgeschehen (chemisches wie physikalisches) darstellt. Bei Kenntnis der Enthalpie- und Entropiewerte läßt sich der entsprechende Wert der Freien Enthalpie ohne weiteres ermitteln; für $T = 266$ z. B.:

$a)$ $(G_{266} - G_0)$
$= (H_{266} - H_0) - 266 \cdot S_{266}$,
$(G_{266} - G_0)$
$= 1366 - 3612 = -2246$ cal.

Tabelle 29. Entropie S des Festkörpers Z und Daten zu deren graphischer Ermittlung a) nach $\int \frac{C_p}{T} dT$, b) nach $2{,}3 \int C_p \, d \lg T$.

T	$\lg T$	C_p	$\frac{C_p}{T}$	S
0	$-\infty$	0	—	0
7,5	0,875	0,0027	0,0036	—
10	1,0	0,186	0,0186	0,03
12,5	1,0969	0,54	0,0432	0,11
15	1,1761	1,03	0,0685	—
18,75	1,2730	1,83	0,098	—
25	1,3979	2,98	0,119	1,21
30	1,4771	3,66	0,122	1,82
37,5	1,5740	4,34	0,1155	—
75	1,8751	5,49	0,0732	6,13
150	2,1761	5,83	0,0388	10,10
266	2,4249	5,84	0,0219	13,58
298	2,4742	5,86	0,0197	14,22
331	2,5198	5,87	$0{,}0177_5$	14,86
750	2,8751	5,95	$0{,}0079_3$	19,66
1000	3,0000	5,96	$0{,}0059_6$	21,37

In Tab. 30 sind die entsprechenden Zahlen für einige Temperaturen in die Spalten 2 u. 3 eingetragen, in Spalte 4 das Ergebnis für $G - G_0$.

Ein zweiter Weg zur Errechnung der Freien Enthalpie ist der über die Nullpunktsgrößen führende s. (B/97a) nach der Beziehung

$$(G - G_0) = -T \int_0^T \frac{H - H_0}{T^2} \, dT = -T \int_0^T \frac{dT}{T^2} \int_0^T C_p \, dT\,.$$

Tabelle 30. Die Freie Enthalpie $G-G_0$ des Festkörpers Z und die Daten zu deren Ermittlung a) nach $(H-H_0)-TS$, b) durch graphische Integration $\int_0^T \frac{H}{T^2} dT$ (Abb. 17, Kurve I).

T (°K)	$H-H_0$ (cal)	TS (cal)	$G-G_0$ (cal)	$\frac{H-H_0}{T^2}$ (cal. Grad^{-2})
0	0	0	0	—
12,5	1,12	1,37	— 0,25	0,00 735
15	3,06	—	—	0.0136
18,75	8,4	—	—	0,024
25	23,5	30,2	— 6,7	0,0377
37,5	70,3	—	—	0,05
50	130	—	—	0,0516
75	260	460	— 200	0,0461
100	397	—	—	0,0397
150	688	1 515	— 827	0,0306
266	1366	3 612	— 2 246	0,0193
298	1570	4 238	— 2 668	0,0177
331	1790	4 919	— 3 129	0,0163
750	4250	14 745	—10 495	0,00 755
1000	5730	21 370	—15 640	0,00 573

Die Integrationskonstante ist bei kondensierten Phasen nach dem 3. Hauptsatz gleich null und hier daher nicht angeführt (bei der vorhergehenden Berechnungsart ist dem durch den Wert Null der Nullpunktsentropie und von C_{p0} bereits Rechnung getragen).

Das Integral über die H/T^2-Werte läßt sich in diesem Falle wieder graphisch ermitteln. In Abbildung 17, Kurve I, sind die Werte für $(H - H_0)/T^2$ der Tab. 30, letzte Spalte, wiedergegeben, Kurve II

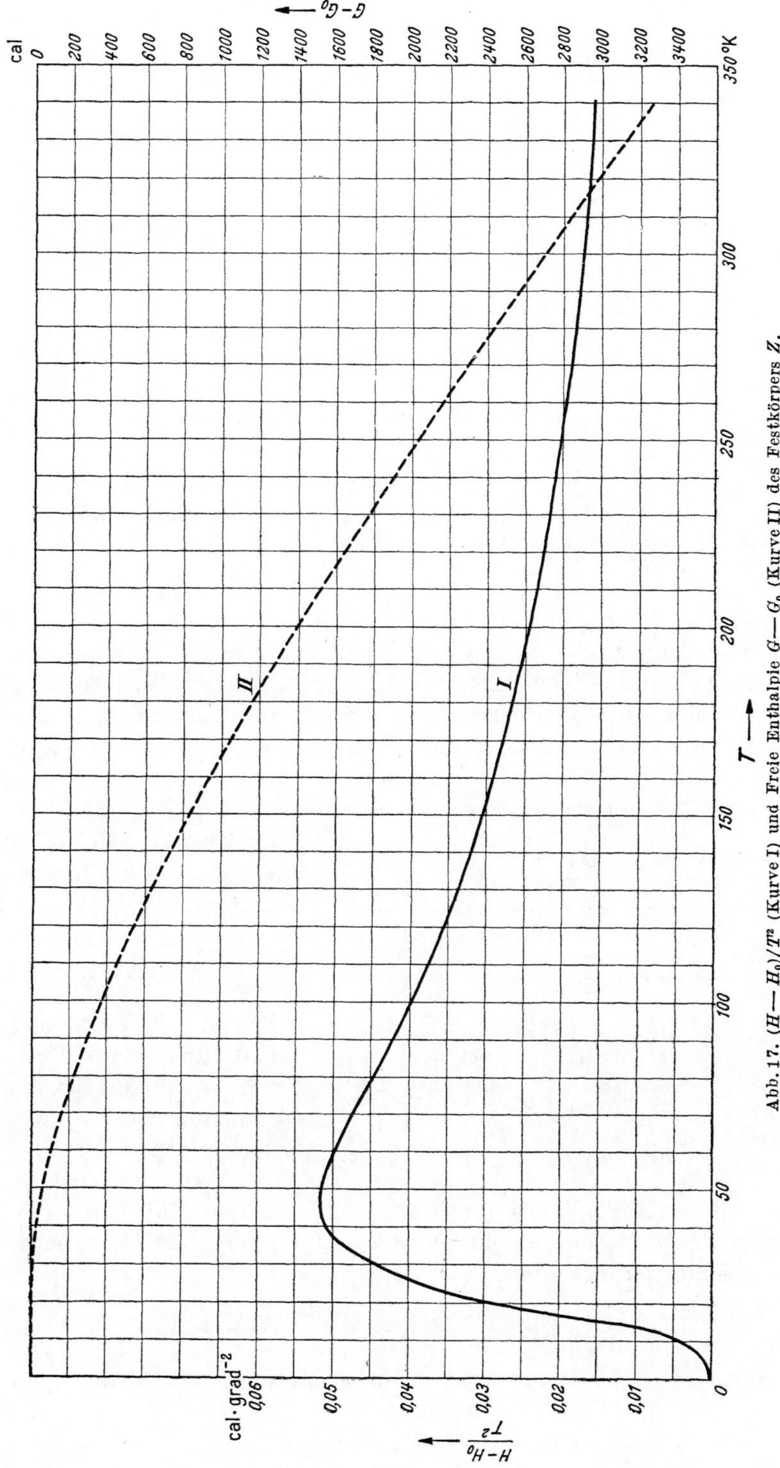

Abb. 17. $(H - H_0)/T^2$ (Kurve I) und Freie Enthalpie $G - G_0$ (Kurve II) des Festkörpers Z.

dieser Abbildung zeigt den Verlauf der Integralwerte, also die $(G - G_0)$-Kurve.

Den Wert für $T = 266$ z. B. erhält man wie folgt:

b) Aus Abb. 4; 168,9 □ bis $T = 266$; 20 □ = 1 cal. grad^{-1};

$$\int_0^{266} \frac{H - H_0}{T^2}\, dT = 8{,}44_5 \text{ cal. grad}^{-1}; \quad (G_{266} - G_0) = -266 \cdot 8{,}44_5 = -\underline{2246 \text{ cal.}}$$

Tabelle 31. Energetische Daten für den Stoff Z im festen Zustand (zusammenfassender Auszug aus den Tabellen 28—30).

T (°K)	C_p (cal/grad)	$H-H_0$ (cal)	S (Cl)	TS (cal)	$G-G_0$ (cal)
0	0	0	0	0	0
150	5,83	688	10,10	1 515	— 827
266	5,84	1366	13,58	3 612	— 2 246
298	5,86	1570	14,22	4 238	— 2 668
331	5,87	1790	14,86	4 919	— 3 129
750	5,95	4250	19,66	14 745	—10 495
1000	5,96	5730	21,37	21 370	—15 640

Eine Zusammenstellung sämtlicher energetischer Daten des Festkörpers Z bis 1000° K, die zu den Berechnungen der Daten der physikalischen und chemischen Umwandlungen (Aggregatzustandsänderungen und chemische Reaktionen) im folgenden gebraucht werden, bringt Tab. 31.

b) Flüssiger Stoff Z.

1. Molwärmen C_p, (C_v). Die Molwärmen (die spezifischen Wärmen) von Flüssigkeiten sind allgemein nur aus empirisch bestimmten Daten zu ermitteln und werden dann durch Reihenformeln innerhalb angegebener Temperaturgrenzen dargestellt. Diese Art der Darstellung und die Handhabung solcher Abhängigkeiten finden sich im Rahmen dieses Beispiels bei dem zweiatomigen Gas Z_2. Hier ist für das flüssige Z die einfache Annahme gemacht, daß sich die Molwärmen um den Faktor 1,326 von denen des Festkörpers unterscheiden (hierdurch kommt auch zum Ausdruck, daß die Molwärme im flüssigen Zustand größer ist als im festen).

Tabelle 32. Energetische Daten für den Stoff Z im flüssigen Zustand.

T (°K)	C_p (cal/grad)	$H-H_0$ (cal)	S (Cl)	TS (cal)	$G-G_0$ (cal)
0	0	0	0	0	0
150	7,72	912	13,39	2 008	— 1 096
266	7,74	1811	$18{,}00_7$	4 790	— 2 979
298	7,77	2080	18,85	5 618	— 3 538
331	7,78	2374	19,70	6 518	— 4 144
750	7,89	5635	26,07	19 552	—13 917
1000	7,903	7598	28,337	28 337	—20 739

Hier zu rechnen:

$$C_p\,(fl) = C_p\,(f) \cdot 1{,}326.$$

2. bis 5. Enthalpie, Entropie und Freie Enthalpie. Infolge der Festlegung der Molwärme nach 1) sind die betreffenden Werte obiger Größen sämtlich aus den Festkörperwerten durch Multiplikation mit dem Faktor 1,326 erhältlich. In Tab. 32 sind diese für die weiteren Berechnungen benützten, sich aus den Werten der Tab. 31 ergebenden Zahlen verzeichnet.

c) Gasförmiger Stoff Z (zwei- und einatomiges Gas).

c'') *Zweiatomiges Gas* Z_2.

1. Molwärme C_p. In dem Temperaturbereich unserer Rechnungen soll gelten:

$$C_p = (7{,}4 + 0{,}001\,T) \text{ cal. grad}^{-1}.$$

Werte danach s. Tab. 33. C_{p0} stellt mit dem Wert 7,4 eine extrapolierte Rechengröße dar. (Nach der kinetischen Theorie der Molwärmen zweiatomiger idealer Gase ist C_{p0} gleich $7/2\ R$.)

2. Enthalpie $H - H_0$.

$$H - H_0 = \int_0^T (7{,}4 + 0{,}001\ T)\, d\,T = \int_0^T 7{,}4 \cdot d\,T + \int_0^T 0{,}001\ T \cdot d\,T =$$

$$= (7{,}4\ T + 0{,}0005\ T^2)\ \text{cal.}$$

3. Entropie $S - S_0$, S und 4. Reversible Wärme $Q_{rev} = TS$. Da bei Gasen S_0 in

$$S - S_0 = \int_0^T \frac{C_p}{T}\, d\,T \qquad \text{bzw.} \qquad S = S_0 + \int_0^T \frac{C_p}{T}\, d\,T$$

nicht wie beim (idealen) Festkörper und praktisch auch bei Flüssigkeiten gleich null zu setzen ist (3. Hauptsatz, Formulierung nach Planck), so ist der Absolutwert der Entropie mit Hilfe der Molwärmen nur zu erhalten, sofern die Entropiekonstante bekannt, bzw. ermittelbar ist. Aus einem Entropiewert des Gases (der sich z. B. auch aus der Entropie der Flüssigkeit und der Verdampfungsenthalpie beim Siedepunkt T_s ergibt) und dem bis zum absoluten Nullpunkt bekannten Gang der Molwärme des Gases würde man z. B. zum Wert der Entropiekonstante gelangen (vgl. unter Verdampfungsentropie Abb 20).

Ist die Entropiekonstante einmal gegeben — siehe Voraussetzungen für dieses Modellbeispiel S. 108 —, in unserem Falle zu

$${}^{N}S_0 = 18{,}15\ \text{cal. grad}^{-1},$$

so resultiert für eine Temperatur T (bei dem Normaldruck ${}^{N}p = 1$ Atm) ein Entropiewert:

$$S = 18{,}15 + \int_0^T \frac{7{,}4}{T}\, d\,T + \int_0^T 0{,}001\, d\,T.$$

Die Integration der Summenglieder gestaltet sich hier sehr einfach:

$$S = 18{,}15 + 7{,}4 \cdot \ln T + 0{,}001\ T$$
$$= (18{,}15 + 7{,}4 \cdot 2{,}3 \cdot \lg T + 0{,}001\ T)\ \text{cal. grad}^{-1}.$$

Zahlenwerte siehe Tab. 33, Spalte 5, ebenso für das Produkt TS Spalte 6.

5. Freie Enthalpie $G - G_0$. Diese ist wieder, wie schon beim Festkörper gezeigt, auf zwei Wegen zu ermitteln, u. zw. nach

$G = H - TS$ bzw. $(G - G_0) = (H - H_0) - TS$, oder nach

$$G - G_0 = -T \int_0^T \frac{d\,T}{T^2} \int_0^T C_p \cdot d\,T - T \cdot \text{Const} = -T \int_0^T \frac{H - H_0}{T^2}\, d\,T - T \cdot \text{Const}$$

$$= -T \int_0^T \frac{7{,}4}{T}\, dT - T \int_0^T 0{,}0005\, d\,T - T\,(S_0 - C_{p0})\,.$$

Die Integrationskonstante (bei $p = 1$ Atm) stellt die Differenz ${}^{N}S_0 - C_{p0}$ dar; ihr Zahlenwert ist 10,75.

$$G - G_0 = -T \cdot 7{,}4 \ln T - T \cdot 0{,}0005\, T - T \cdot 10{,}75$$
$$= -2{,}3 \cdot 7{,}4\, T \lg T - 0{,}0005\, T^2 - 10{,}75 \cdot T.$$

Zahlenwerte für $G - G_0$ (bei dem betrachteten Normaldruck ${}^{N}p = 1$ Atm) siehe Tab. 33, letzte Spalte.

Tabelle 33. Energetische Daten für das zweiatomige Gas Z_2.

T (° K)	C_p (cal/grad)	$H-H_0$ (cal)	$S-S_0$ (Cl)	S (Cl)	TS (cal)	$G-G_0$ (cal)
0	7,4	0	0	18,15	0	0
50	7,45	382	28,93	47,08	2 354	— 1 972
150	7,55	1121	37,14	55,29	8 294	— 7 173
266	$7{,}66_6$	2003	41,57	59,72	15 885	—13 882
298	$7{,}69_8$	2250	42,41	60,56	18 048	—15 798
331	$7{,}73_1$	2504	43,22	61,37	20 313	—17 809
750	8,15	5831	49,68	67,83	50 872	—45 041
1000	8,40	7900	52,06	70,21	70 210	—62 310

6. Chemische Konstante J_k bzw. I_k. Diese ergibt sich als Integrationskonstante aus der Dampfdruckgleichung (Dampfdruckkonstante) oder aus der Beziehung für die Temperaturabhängigkeit der Gleichgewichtskonstante bei Gasreaktionen. Sie stellt, auf energetische Größen zurückgeführt, den Ausdruck dar:

$$I_k = \frac{{}^{N}S_0 - C_{p0}}{R} = 2{,}3\, J_k;$$

$$J_k = \frac{{}^{N}S_0 - C_{p0}}{2{,}3\, R}.$$

J_k ist der Wert der Konstante beim Rechnen mit dekadischen Logarithmen, I_k beim Rechnen mit natürlichen Logarithmen.

Für unser zweiatomiges Gas Z_2 entspricht dies dem Wert:

$$J_k = + \underline{2{,}35} \left(= \frac{18{,}15 - 7{,}4}{4{,}57} \right).$$

c′) *Einatomiges Gas Z.*

1. Molwärme C_p. Der folgende Wert soll bei dem einatomigen Gas temperaturunabhängig gelten.

$$C_p = 5{,}0 \text{ cal.grad}^{-1}.$$

2. Enthalpie $H - H_0$.

$$H - H_0 = 5{,}0\, T.$$

3. Entropie $S - S_0$, S und 4. Reversible Wärme TS. Die Entropiekonstante, die etwa aus der Chemischen Konstante hergeleitet sein soll, beträgt hier (wie S. 108 gegeben)

$${}^{N}S_0 \; (= 2{,}3\, R\, J_k + C_{p0}) = 10{,}8 \text{ cal.grad}^{-1}$$

$$S = {}^{N}S_0 + \int_0^T \frac{C_p}{T}\, dT = 10{,}8 + 2{,}3 \cdot 5{,}0 \cdot \lg T.$$

Die Zahlen für das Produkt TS ($= Q_{rev}$) sind ebenfalls wie die S-Werte in Tab. 34 verzeichnet.

5. Freie Enthalpie $G - G_0$. Die Berechnung erfolgt in analoger Weise wie beim zweiatomigen Gas. Erforderlich hierfür ist wieder die Kenntnis der Integrationskonstante, sobald man den zweiten Weg der Berechnung (nach der Doppelintegralformel) geht. Dieser Wert ergibt sich aus Entropiekonstante und C_{p0} zu

Const $= 10{,}80 - 5{,}0 = 5{,}8$.

Tabelle 34. Energetische Daten für das einatomige Gas Z.

T (° K)	C_p (cal/grad)	$H-H_0$ (cal)	$S-S_0$ (Cl)	S (Cl)	TS (cal)	$G-G_0$ (cal)
0	5,0	0	0	10,80	0	0
50	5,0	250	19,5	30,30	1 515	— 1 265
150	5,0	750	25,0	35,8	—	—
266	5,0	1330	27,89	38,69	10 292	— 8 962
298	5,0	1490	28,45	39,25	11 697	—10 207
331	5,0	1655	28,98	39,78	13 166	—11 511
750	5,0	3750	33,06	43,86	32 895	—29 145
1000	5,0	5000	34,50	45,30	45 300	—40 300

Für $G - G_0$ folgt wegen der temperaturunabhängigen Molwärme der einfache Ausdruck

$$G - G_0 = -5{,}0\,T \cdot \ln T - 5{,}8\,T.$$

$$= -5{,}0 \cdot 2{,}3\,T \lg T - 5{,}8\,T.$$

Zahlenwerte der energetischen Daten des einatomigen Gases siehe Tab. 34.

6. Chemische Konstante J_k bzw. I_k. (Für einatomige Gase ergibt sich die experimentell bestimmte Chemische Konstante meist in guter Übereinstimmung mit der auch auf statistischem Wege errechenbaren.)

$$J_k = 1{,}27.$$

II. Physikalische Umwandlungen. Die energetischen Daten für die Aggregatzustandsänderungen des Stoffes Z.

Bei jeder Art von Umwandlungen, also sowohl bei den in diesem Kapitel betrachteten physikalischen als auch bei den darauffolgenden chemischen, stofflichen, sind die energetischen Daten — die Umwandlungsgrößen — in vollkommen analoger Weise zu ermitteln wie für die Einzelphasen im vorhergegangenen Kapitel I. In der schematischen Darstellung der energetischen Umwandlungsgrößen (Übersicht 5) ist dies zum Ausdruck gebracht. An Stelle der energetischen Einzelgrößen treten nur die Differenzen derselben auf. (Es sei für das praktische Rechnen nochmals darauf hingewiesen — s. § 10 —, daß die Differenzbildung bei jedem Prozeß so zu geschehen hat, daß die linke Seite der Reaktionsgleichung von der rechten subtrahiert wird, also entstehende Stoffe bzw. deren energetische Daten (rechts) minus verschwindende Stoffe bzw. deren energetische Daten (links) genommen werden

$$\Delta Y = \Big(\sum_{\text{End}} \nu_i Y_i - \sum_{\text{Anf}} \nu_i Y_i\Big).$$

Im folgenden werden die Daten für das Schmelzen und Verdampfen ermittelt. (In gleicher Weise wären auch Modifikationsänderungen, also die Umwandlung zweier fester Phasen ineinander, zu behandeln.)

In der Abb. 18 sind Enthalpie $(H - H_0)$ und Freie Enthalpie $(G - G_0)$ für den Stoff Z (u. zwar für $2\,Z$ bzw. Z_2), im festen, flüssigen und gasförmigen Zustand dargestellt. Aus dem Gang von C_p (s. Abb. 21) lassen sich jeweils nur die $H - H_0$- und $G - G_0$-Werte und deren Kurvenverlauf ermitteln. Über die Lage *zueinander* lassen sich daraus *keine* Aussagen machen. Diese Lage hängt von der chemischen Natur des Stoffes Z ab, ist also individuell verschieden. Man erkennt, daß durch die Messung eines Gleichgewichts zwischen zwei Aggregat-

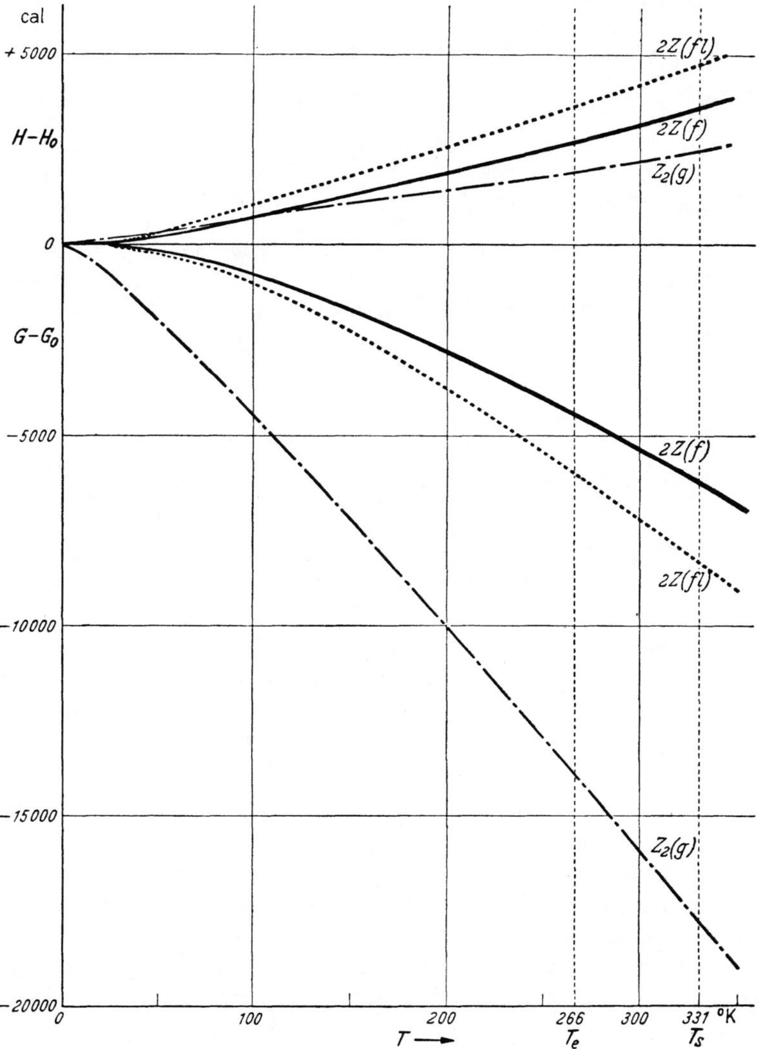

Abb. 18. Der Verlauf der H—H_0- und G—G_0-Kurven des Stoffes Z in den einzelnen Aggregatzuständen.

zuständen — hier z. B. durch Bestimmung der Schmelz- bzw. der Siedetemperatur — die gegenseitige Lage der Kurven bestimmt wird, da in diesen Punkten die Änderung der Freien Enthalpien, ΔG, gleich Null sein muß, die betreffenden $G - G_0$-Kurven sich demnach schneiden müssen. (Die Angaben beziehen sich, wo nicht anders angegeben, auf Atmosphärendruck; diese Festlegung auf den Normaldruck ist in erhöhtem Maße bei den Verdampfungsdaten wegen ihrer starken Druckabhängigkeit wichtig.) Durch diesen Schnittpunkt liegt bereits die Umwandlungsenthalpie (Schmelz- bzw. Verdampfungsenthalpie) am absoluten Nullpunkt ($\Delta G_0 = \Delta H_0$), und darüber hinaus ΔH im Bereich der bekannten Molwärmen ganz allgemein, fest. In Abb. 19 ist die auf diese Weise (aus Kennt-

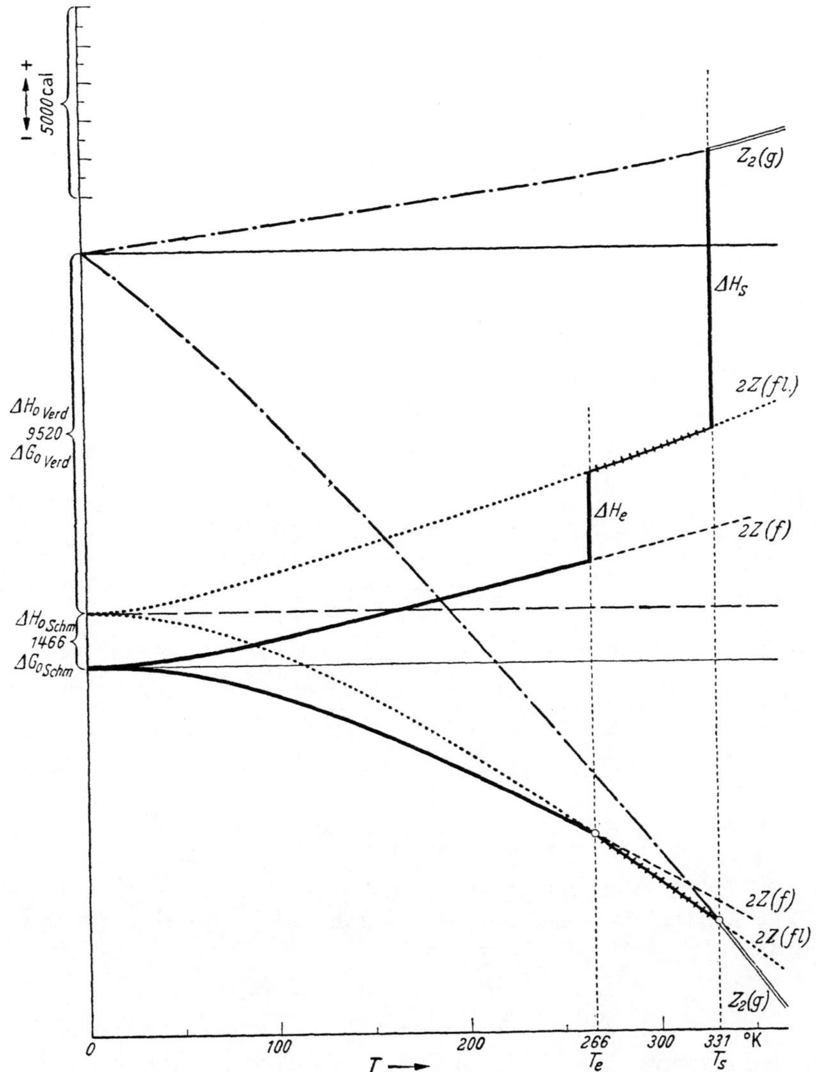

Abb. 19. Die relative Lage der $H-H_0$- und $G-G_0$-Kurven des Stoffes Z in den einzelnen Aggregatzuständen

nis der Umwandlungspunkte) festgelegte relative Kurvenlage veranschaulicht. Die ausgezogenen Kurvenäste beziehen sich auf die jeweils in dem betreffenden Temperaturgebiet stabilen Phasen. In Tabelle 35 sind die Umwandlungsdaten verzeichnet.

Tabelle 35. Umwandlungsdaten für die Aggregatzustandsänderungen des Stoffes Z.

Vorgang	Umwandlungs-			
	Temp. T	Enthalpie ΔH	Entropie ΔS	Freie Enthalpie ΔG
Schmelzen	266° K	$2 \cdot 1178 =$ 2356 cal	$2 \cdot 4{,}43 = 8{,}86$ cal/grad	0
$2\,Z_{(f)} = 2\,Z_{(fl)}$	0° K	$2 \cdot 733 = 1466$ cal	0	$\Delta G_0 = \Delta H_0 = 1466$ cal
Verdampfen[1]	331° K	7276 cal	21,97 cal/grad	0
$2\,Z_{(fl)} = Z_{2(g)}$	0° K	9520 cal	18,15 cal/grad	$\Delta G_0 = \Delta H_0 = 9520$ cal

[1] Daten für Verdampfen zum einatomigen Gas siehe Tab. 38.

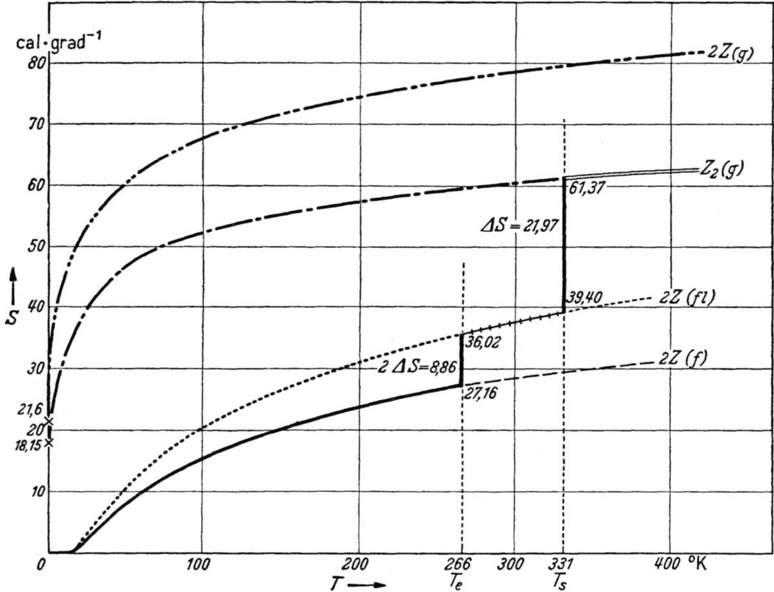

Abb. 20. Der Entropieverlauf in den einzelnen Aggregatzuständen und die Umwandlungsentropien für den Stoff Z.

Aus dem ΔH-Wert bei der Umwandlungstemperatur (über dem Schnittpunkt der G — G_0-Kurven) ist durch Division durch die Temperatur die Umwandlungsentropie ΔS erhältlich, da wegen

$$\Delta G = 0 \; (\text{in } \Delta H = \Delta G + T \Delta S),$$
$$\Delta H = T \Delta S \quad = \Delta Q_{rev},$$

die Umwandlungsenthalpie in diesem Punkt die reversible Wärme darstellt, aus der die Umwandlungsentropie direkt erhalten werden kann.

Die Aussage der Troutonschen Regel, nach der die Verdampfungsentropie am Siedepunkt den Wert von $\sim 21{,}5$ Cl besitzt, ist hier auch realisiert.

Beim Zurückverfolgen der Umwandlungsentropie nach

$$\Delta S = \Delta S_0 + \int_0^T \frac{C_p}{T} \cdot dT .$$

gelangt man zu dem ΔS_0-Wert, der im Falle des Schmelzens Null ist (da die Entropien beider kondensierter Phasen null sind), im Falle der Verdampfung hingegen den von Null verschiedenen Wert der Entropie des Gases liefert. Dieser stellt, auf den Gasdruck 1 Atm berechnet, die Entropiekonstante dar.

In Abb. 20 sind der Entropieverlauf in den einzelnen Aggregatzuständen und die Umwandlungsentropien in den Umwandlungspunkten wiedergegeben. Die Umwandlungsentropien, die sich jeweils aus der Differenz der betreffenden Entropiekurven der an der Umwandlung beteiligten Aggregatzustände ablesen lassen, sind nur in den Umwandlungspunkten T_e und T_s gleich $\Delta H/T$ — wie oben schon hingewiesen —, da nur dort $\Delta G = 0$, somit $\Delta H = \Delta Q_{rev}$.

Für einen Punkt abseits der Umwandlungspunkte, bei der Normaltemperatur von $298^0\ K$, sollen nun die energetischen Daten für das Schmelzen und Verdampfen errechnet werden:

a) *Schmelzen*, $2\,(Z_{(f)} = Z_{(fl)})$: (Die Verdopplung der Reaktionsgleichung erfolgt im Hinblick auf die bessere, unmittelbare Vergleichbarkeit mit den Verdampfungsdaten zu zweiatomigem Gas).

$$2\Delta C_{p,298} = 2\,(C_{p(fl)} - C_{p(f)}) = 15{,}54 - 11{,}72 = +\,3{,}82 \text{ cal} \cdot \text{grad}^{-1}$$

$$2\Delta H_{298} = 2\Delta H_0 + 2\,(H - H_0)_{fl} - 2\,(H - H_0)_f = 1466 + (4160 - 3140) = 2486 \text{ cal (Schmelzenthalpie)}$$

$$2\Delta S_{298} = 2\,(S_{(fl)} - S_{(f)}) = 37{,}70 - 28{,}44 = +\,9{,}26\ Cl \qquad \text{(Schmelzentropie)}$$

$$2\,T\Delta S_{298} = 298 \cdot 9{,}26 = +\,2760 \text{ cal}$$

$$2\Delta G_{298} = 2\Delta G_0 + 2\,(G - G_0)_{fl} - 2\,(G - G_0)_f = 1466 - 7076 + 5336 = -\,274 \text{ cal.}$$

b) *Verdampfen* (zum zweiatomigen Gas), $2\,Z_{(fl)} = Z_{2\,(g)}$:

$$\Delta C_{p,298} = C_{p\,(g)} - 2\,C_{p\,(fl)} = 7{,}70 - 15{,}54 = -\,7{,}84 \text{ cal} \cdot \text{grad}^{-1}$$

$$\Delta H_{298} = \Delta H_0 + (H - H_0)_g - 2\,(H - H_0)_{fl} = 9520 + 2250 - 4160 = 7610 \text{ cal (Verdampfungsenthalpie)}$$

$$\Delta S_{298} = S_{(g)} - 2\,S_{(fl)} = 60{,}56 - 37{,}70 = 22{,}86 \text{ Cl (Verdampfungsentropie)}$$

$$T\Delta S_{298} = 298 \cdot 22{,}86 = 6812 \text{ cal}$$

$$\Delta G_{298} = \Delta G_0 + (G - G_0)_g - 2\,(G - G_0)_{fl} = 9520 - 15798 + 7076 = +\,798 \text{ cal}$$

$$\lg p^{**}_{298} = -\frac{\Delta^N G}{2{,}3 \cdot R \cdot T} = -\frac{798}{4{,}57 \cdot 298} = -\,0{,}58_6.$$

Der Schmelzvorgang verläuft bei der Temperatur $T = 298$ freiwillig, entsprechend dem negativen Wert von ΔG_{298}, mit einer Triebkraft von 274 cal/2 mol. (Die freie Enthalpie des entstehenden Zustands ist geringer, dieser ist demnach der stabilere.) Beim Verdampfen zeigt hingegen der positive ΔG-Wert an, daß bei dieser Temperatur unterhalb des Siedepunkts der Vorgang nur unter Energieaufwand verläuft. In den Tabellen 36 und 37 sind die energetischen Daten für den Schmelz- und den Verdampfungsvorgang bei Temperaturen bis zu $1000^0\ K$ verzeichnet. In den graphischen Darstellungen Abb. 19 und 20 ergeben sich die Umwandlungsgrößen aus der jeweiligen Differenz der betreffenden Kurven, für

Tabelle 36. Energetische Daten für das Schmelzen des Stoffes Z bei verschiedenen Temperaturen. $2\,(Z_{(f)} = Z_{(fl)})$[1].

T (° K)	$2\Delta C_p$ (cal/grad)	$2\Delta H$ (cal)	$2\Delta S$ (Cl)	$2\,T\Delta S$ (cal)	$2\Delta G$ (cal)
0	0	1466	0	0	+1466
150	3,78	″+ 448 = 1914	6,58	986	″— 538 = 928
266	3,80	″+ 890 = 2356	8,86	2 356	″— 1 466 = 0
298	3,82	″+1020 = 2486	9,26	2 760	″— 1 740 = — 274
331	3,82	″+1168 = 2634	9,68	3 198	″— 2 030 = — 564
750	3,88	″+2770 = 4236	12,82	9 614	″— 6 844 = —5378
1000	$3{,}88_6$	″+3736 = 5202	$13{,}93_4$	13 934	″—10 198 = —8732

[1] Die Verdoppelung der Reaktionsgleichung erfolgt zwecks besserer Vergleichbarkeit mit dem Verdampfungsvorgang, wobei auf gleiche Massen zu beziehen ist.

Tabelle 37. Energetische Daten für die Verdampfung des flüssigen Stoffes Z zum zweiatomigen Gas. $2\,(Z_{(fl)} = Z_{2\,(g)})$.

T (° K)	ΔC_p (cal/grad)	ΔH (cal)	ΔS (Cl)	$T\Delta S$ (cal)	ΔG (cal)	$\lg p^{**} = -\frac{\Delta G}{4{,}57 \cdot T}$
0	+7,4	+9520	18,15	0	+9520	—
266	$—7{,}81_4$	″—1619 = 7901	23,70	6 307	″— 7 926 = + 1 594	—1,31
298	$—7{,}84_2$	″—1910 = 7610	22,86	6 812	″— 8 722 = + 798	$-0{,}58_6$
331	$—7{,}82_8$	″—2244 = 7276	21,97	7 276	″— 9 520 = 0	0
750	—7,63	″—5439 = 4081	15,69	11 768	″—17 207 = — 7 687	+2,24
1000	$—7{,}40_6$	″—7296 = 2224	$13{,}53_6$	13 536	″—20 832 = —11 312	$+2{,}47_5$

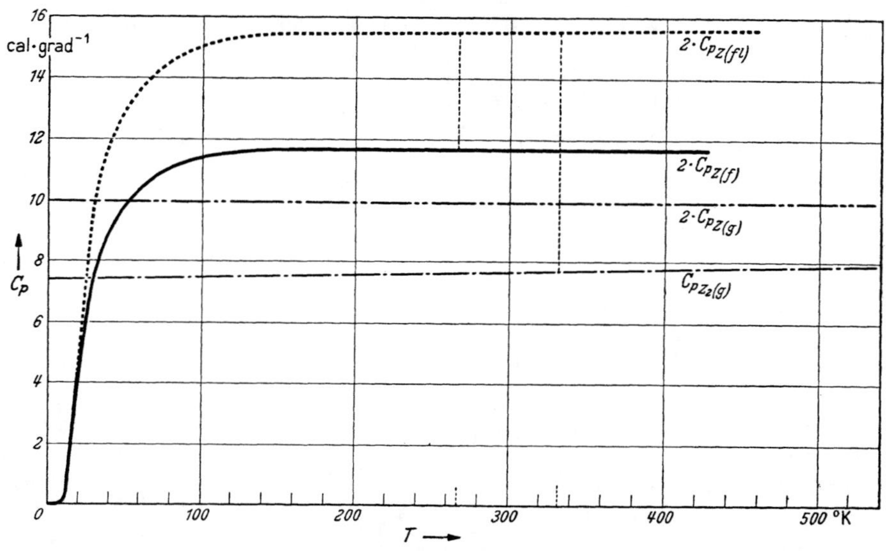

Abb. 21. Der Verlauf der Molwärmen des Stoffes Z in den einzelnen Aggregatzuständen.

das Schmelzen zwischen fest und flüssig, für das Verdampfen zwischen flüssig und gasförmig und für das Sublimieren zwischen fest und gasförmig; in Abb. 21 ist noch der Verlauf der Molwärmen nachgetragen. Man ersieht, daß der Verlauf der Molwärmen noch keinen Anhaltspunkt für die Lage von Umwandlungspunkten liefert, daß dazu noch eine die Umwandlungsenergie charakterisierende Größe erforderlich ist.

b′) *Verdampfung zum einatomigen Gas*, $Z_{(fl)} = Z_{(g)}$. Für die Verdampfung zum einatomigen Gas liegen die energetischen Verhältnisse ungünstiger. Die Verdampfungsenthalpie besitzt einen größeren Wert als bei Verdampfung zum zweiatomigen Gas. Das ΔH, bzw. ΔH_0 ($= \Delta G_0$) ist prinzipiell wohl aus einer Dampfdruckmessung ableitbar, infolge des vorherrschenden Dampfdrucks zum zweiatomigen Gas wird man dies aber aus einer Gleichgewichtsmessung, dem Dissoziationsgleichgewicht (s. das folgende Kapitel III), ermitteln. Der Wert für die Nullpunkts-Verdampfungsenthalpie sei hier vorweggenommen:

$$2\Delta H_0 = 2\Delta G_0 = 25\,000 \text{ cal.}$$

Die sich in gleicher Weise wie beim zweiatomigen Gas errechnenden energetischen Daten sind der Tab. 38 zu entnehmen.

Tabelle 38. Energetische Daten für die Verdampfung des flüssigen Stoffes Z zum einatomigen Gas. $2\,(Z_{(fl)} = Z_{(g)})$.[1]

T (°K)	$2\,\Delta C_p$ (cal/grad)	$2\Delta H$ (cal)	$2\,\Delta S$ (Cl)	$2\,T\Delta S$ (cal)	$2\,\Delta G$ (cal)	$\lg p^* = -\frac{\Delta G}{4{,}57 \cdot T}$
0	+10,0	+25 000	21,60	0	+25 000	—
266	— 5,48	″— 962 = 24 038	41,36	11 000	″—11 962 = +13 038	$-10{,}72_5$
298	— 5,54	″—1180 = 23 820	40,80	12 160	″—13 340 = +11 660	$-8{,}56_2$
331	— 5,56	″—1438 = 23 562	40,16	13 290	″—14 728 = +10 272	$-6{,}79_2$
750	— 5,78	″—3770 = 21 230	35,58	26 686	″—30 456 = — 5 456	$+1{,}59_2$
1000	$-5{,}80_6$	″—5196 = 19 804	$33{,}92_6$	33 926	″—39 122 = —14 122	$+3{,}09_0$

Der Siedepunkt liegt — graphisch aus Abb. 9 und 10 ermittelt — bei ~ 600° K.

[1] Die Verdoppelung der Reaktionsgleichung erfolgt zwecks besserer Vergleichbarkeit mit dem Verdampfungsvorgang zum zweiatomigen Gas, wobei auf gleiche Massen zu beziehen ist.

c) *Der Dampfdruck* (p^{**}, p^*): Das Maß für das Bestreben der Molekeln des Stoffes Z, aus dem flüssigen in den gasförmigen Zustand überzugehen, gibt uns die Änderung der Freien Enthalpie ΔG bei diesem Vorgang; je höher ein positiver Wert hierfür ist, desto geringer ist das Streben von Z, in den Gaszustand überzugehen — also der Dampfdruck —, und umgekehrt. Der direkte Zusammenhang zwischen Dampfdruck und dem $\Delta^N G$-Wert, also dem Normalwert der Änderung der Freien Enthalpie, ist für die jeweilige Temperatur durch die Beziehung gegeben

$$\lg p^{**} = -\frac{\Delta^N G}{2{,}3 \cdot RT}\,.$$

(Die beiden Sterne sollen hier den Dampfdruck zum zweiatomigen Gas symbolisieren, ein Stern den zum einatomigen Gas.) In den letzten Spalten der Tabellen 37 und 38 sind die so berechneten Dampfdrucke, bzw. deren Logarithmen, bereits eingetragen. Im Siedepunkt, hier beim Dampfdruckwert 1 Atm, wird $\lg p^{**}$ bzw. $\lg p^*$ gleich Null.

Aus diesem Zusammenhang zwischen Dampfdruck und Normalwert der Freien Verdampfungsenthalpie ist die allgemeine Dampfdruckgleichung ableitbar, nach der sich der Dampfdruck — im folgenden für die Temperatur $T =$

$298^0\,K$ durchgeführt — berechnet:

$$\lg p^{**} = -\frac{\Delta H_0}{2{,}3\,RT} + \frac{C_{p0\,Gas}}{R} \lg T + \frac{1}{2{,}3\,R}\int_0^T \frac{d\,T}{T^2}\int_0^T \Delta\,(C_p - C_{p0})\,d\,T + J_p.$$

Für $2\,Z_{(fl)} = Z_{2\,(g)}$, die Verdampfung zum zweiatomigen Gas, sind die folgenden Werte für die Größen der obigen Gleichung zu setzen: für ΔH_0, der Nullpunktswert der Verdampfungsenthalpie, an Stelle von ΔC_{p0}, C_{p0} des Gases, da der Wert für die Flüssigkeit null ist. Der Doppelintegralausdruck über den temperaturabhängigen Teil der Molwärmen wird aufgegliedert in den für das Gas Z_2 minus den für die Flüssigkeit $2\,Z$ (wobei $2\,(C_p - C_{p_0})_{(fl)} = 2\,C_{p\,(fl)}$, da $C_{p_0\,(fl)} = 0$).

Der Ausdruck $\int_0^T \frac{d\,T}{T^2}\int_0^T (C_p - C_{p_0})\,d\,T$ ist für die Temperatur $T = 298^0\,K$ zu ermitteln u. zwar für das Gas zu errechnen $\int_0^{298} \frac{d\,T}{T^2}\int_0^{298} 0{,}001\;T \cdot d\,T$ und für die Flüssigkeit $2\,Z$ brauchen wir ihn nicht erst graphisch zu ermitteln, sondern, da er den Wert $-\frac{2\,(G - G_0)}{T}$ darstellt, können wir ihn aus den bereits ermittelten Werten der Tab. 32 entnehmen u. zwar

$$\frac{2 \cdot 3538}{298} = 23{,}74_5\,.$$

Die letzte Größe J_p, die Dampfdruckkonstante des zweiatomigen Gases Z_2, entnehmen[1] wir von S. 118.

$$\lg p^{**}_{298} = -\frac{9520}{4{,}57 \cdot 298} + \frac{7{,}4}{1{,}986} \cdot 2{,}474 + \frac{0{,}0005 \cdot 298}{4{,}57} - \frac{23{,}74_5}{4{,}57} + 2{,}35 =$$

$$= -6{,}990 + 9{,}219 + 0{,}033 - 5{,}196 + 2{,}35 = \underline{-0{,}584}$$

$$p^{**}_{298} = 0{,}26 \text{ Atm.}$$

Bei $331^0\,K$ erreicht der Dampfdruck p^{**} den Wert 1 Atm; bei $266^0\,K$, dem Schmelzpunkt, ist der Dampfdruck des festen gleich dem des flüssigen Z (s. Sublimation). In Tab. 39 sind berechnete Dampfdruckwerte bis $1000^0\,K$ zu-

Tabelle 39. Dampfdrucke des flüssigen und festen Z zum zweiatomigen Gas Z_2.

T (^0K)	$1/T$	$2\,Z_{(fl)} = Z_{2(g)}$		$2\,Z_{(f)} = Z_{2(g)}$ (Sublimation)	
		$\lg p^{**}$	p^{**} (Atm)	$\lg p^{**}\,(f)$	$p^{**}(f)$
266	0,00376	—1,311	0,0489	—1,311	0,0489
298	0,00335	—0,586	0,259	—	—
331	0,00302	0	1,00	+0,373	2,36
750	0,00133	+2,24	174	—	—
1000	0,001	$+2{,}47_5$	299	$+4{,}38_6$	24300

[1] Umgekehrt läßt sich von einer Dampfdruckmessung ausgehend, bei Kenntnis des C_p-Verlaufes bis $T = 0$ für die beiden Aggregatzustände, J_p ermitteln und daraus die Entroplekonstante bestimmen. Läßt sich die Dampfdruckkonstante aus molekularen Daten theoretisch ableiten, dann ist auch ohne Dampfdruckmessung (bei Kenntnis des Molwärmenverlaufs) das Verdampfungsgleichgewicht bestimmt und damit auch die relative Lage der $H - H_0$- und $G - G_0$-Kurven des flüssigen und gasförmigen Zustandes gegeben.

sammengestellt. Abb. 22, Kurve A, gibt die Dampfdruckkurve bei Auftragen von lg p^{**} gegen $1/T$ wieder. Bei dieser Darstellung erhält man im Falle einer konstanten Verdampfungsenthalpie eine Gerade, deren Neigung die Größe der

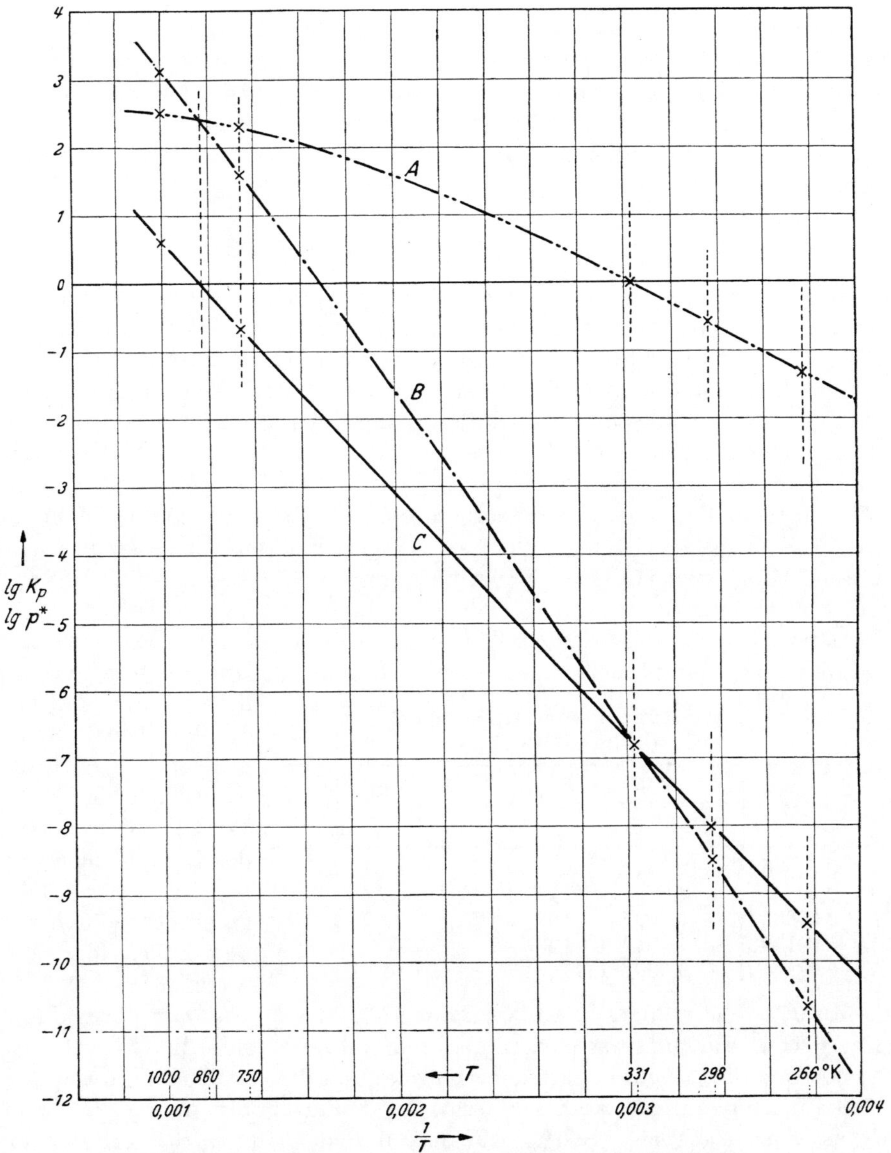

Abb. 22. Die Dampfdruckkurven des Stoffes Z (Verdampfung zu Z_2 und zu $2Z$), sowie die Kurve der Gleichgewichtskonstante K_p für das Dissoziationsgleichgewicht $Z_2 \rightleftharpoons 2Z$.

Verdampfungsenthalpie bestimmt, gemäß der in § 12 abgeleiteten Beziehung

$$\frac{\partial \ln p^{**}}{\partial\left(\frac{1}{T}\right)} = \frac{\Delta H}{R}\,, \quad \text{somit} \quad \frac{\partial \lg p^{**}}{\partial\left(\frac{1}{T}\right)} = \frac{\Delta H}{2{,}3\, R}\,.$$

Ist die Verdampfungsenthalpie temperaturabhängig (der Temperaturkoeffizient ist gleich der Differenz der Molwärmen in den beiden Aggregatzuständen, $\frac{\partial \Delta H}{\partial T} = \Delta C_p$), dann ist aus der Kurvenneigung bei der betreffenden Temperatur die jeweilige Verdampfungsenthalpie zu ermitteln (vgl. Beispiel 63).

Der Dampfdruck des festen Z (Sublimation $2\,Z_{(f)} = Z_{2(g)}$).

Der Dampfdruck des festen Z und die übrigen energetischen Daten für die Sublimation errechnen sich in der gleichen Weise wie diejenigen der Verdampfung des flüssigen Z, nur ist sinngemäß an Stelle der Verdampfungsenthalpie die Sublimationsenthalpie (Summe von Schmelz- und Verdampfungsenthalpie) zu setzen.

$$\Delta H_{Subl} = \Delta H_e + \Delta H_s$$

$$\Delta H_{0\,Subl} = 1466 + 9520 = \underline{10986 \text{ cal.}}$$

Beim Schmelzpunkt muß sich der gleiche Dampfdruck für den festen und flüssigen Stoff ergeben (eine Gleichgewichtsbedingung), die Dampfdruckkurven des festen und flüssigen Stoffes schneiden sich in diesem Punkte. Oberhalb des Schmelzpunktes hat die feste Phase den größeren Dampfdruck, unterhalb desselben die flüssige. Schmelzaffinität (Differenz der freien Enthalpien) und Dampfdruckunterschied (Logarithmus desselben) lassen sich wieder in die oben benutzte Beziehung setzen. Wenn der Schnittpunkt der beiden Dampfdruckkurven bei einer Temperatur liegt, bei der der äußere Druck (unter normalen Bedingungen 1 Atm) bereits überschritten ist, kommt es nicht zum Schmelzen, sondern zum Verdampfen des festen Stoffes, zur Sublimation.

Sublimationsdrucke sind in Tab. 39 im rechten Teil verzeichnet.

Der Dampfdruck p^* des flüssigen Z zum einatomigen Gas. Infolge der wesentlich größeren Verdampfungsenthalpie beim Übergang zum einatomigen Gas liegen die Dampfdrucke bei Zimmertemperatur noch bei wesentlich kleineren Werten. Der Anstieg der Dampfdruckkurve ist in diesem Falle entsprechend dem größeren Wert der Molwärmen von $2\,Z_{(g)}$ gegenüber $Z_{2\,(g)}$ viel steiler. In Kurve B der Abb. 22 ist diese Dampfdruckkurve wiedergegeben, die entsprechenden Dampfdruckdaten sind in Tab. 40 verzeichnet. Der Schnittpunkt mit der Nullinie liegt bei $\sim 600^0\,K$ (Siedepunkt bei Verdampfung zum einatomigen Gas), der Schnittpunkt mit der Dampfdruckkurve A liegt bei $\sim 860^0$. Auf dessen Bedeutung wird noch im folgenden Kapitel III (Dissoziationsreaktion) eingegangen.

Tabelle 40. Dampfdrucke des flüssigen Z zum einatomigen Gas Z.

T (°K)	$1/T$	$2\,Z_{(fl)} = 2\,Z_{(g)}$		$Z_{(fl)} = Z_{(g)}$
		$2 \lg p^*$	p^{*2}	p^* (Atm)
266	0,00376	$-10{,}72_5$	$1{,}88 \cdot 10^{-11}$	$4{,}34 \cdot 10^{-6}$
298	0,00335	$-8{,}56_2$	$2{,}74 \cdot 10^{-9}$	$5{,}24 \cdot 10^{-5}$
331	0,00302	$-6{,}79_2$	$1{,}62 \cdot 10^{-7}$	$4{,}02 \cdot 10^{-4}$
750	0,00133	$+1{,}59_2$	39,1	6,25
1000	0,001	$+3{,}090$	1230	35,4

III. Chemische Reaktionen. Die energetischen Daten für die Dissoziationsreaktion des zweiatomigen Gases Z_2.

Wie bei den physikalischen (Kapitel II), ist prinzipiell auch bei den chemischen Umwandlungen zu verfahren. Maßgeblich bleibt die sinngemäße Differenzbildung der energetischen Größen gemäß dem Formelumsatz. Die Reaktionswärmen sind in ihrer Temperaturabhängigkeit durch den Molwärmenverlauf bestimmt, ihre Höhe ist aber von der chemischen Natur der Reaktionspartner, also von deren uns im Absolutwert nicht zugänglichen Energieinhalt, Nullpunktsenergie, abhängig. Die Unterschiede der Energieinhalte bzw. der Enthalpien haben wir aus einer experimentellen Bestimmung, gegebenenfalls auch einer Gleichgewichtsmessung, herzuleiten. (Der Wert der Dissoziationsenthalpie läßt sich z. B. aus einer Gleichgewichtszusammensetzung bei höherer Temperatur und dem bekannten Verlauf der Molwärmen der beiden Gase in dem durchschrittenen Temperaturgebiet erhalten.) Mit einem derartig gewonnenen Wert ist dann wieder die Berechenbarkeit sämtlicher Reaktionsdaten gegeben (vgl. S. 120).

Unsere hier behandelte Reaktion, die Gasreaktion

$$Z_{2\,(g)} = 2\,Z_{(g)}\,,$$

also die Dissoziation des Z_2 zu $2\,Z$ ist von einer Wärmetönung, einer Enthalpiedifferenz begleitet im Betrag von (s. die vorgegebenen Bedingungen S. 108):

$$\underline{\Delta H_{298} = 16210 \text{ cal}}.$$

Diese Dissoziationsenthalpie entspricht auch der Differenz der Verdampfungsenthalpien

$$\text{I.}\quad 2\,Z_{(fl)} = 2\,Z_{(g)};\quad \Delta H_{298} = \quad x \text{ cal}$$

$$\text{II.}\quad 2\,Z_{(fl)} = Z_{2(g)};\quad \Delta H_{298} = 7610 \text{ cal}$$

$$Z_{2\,(g)} = 2\,Z_{(g)};\ \Delta H_{298} = 16210 \text{ cal} = \Delta H_I - \Delta H_{II}$$

(x. d. i. ΔH_I, ergibt sich daraus zu 23820 cal).

Für $T = 0$ erhalten wir

$$\underline{\Delta H_0} = \Delta H_{298} - \int_0^{298} \Delta C_p\, d\,T = \underline{15480 \text{ cal.}}$$

Die übrigen Reaktionsdaten für $T = 298$ errechnen sich dann wie folgt:

$$\Delta C_{p\,298} = \underline{2{,}30_2 \text{ cal.grad}^{-1}},$$

ΔH_{298} siehe oben

$$\Delta S_{298} = \Delta S_0 + \int_0^{298} \frac{\Delta C_p}{T}\, d\,T = 2\,S_{(Z)} - S_{(Z_2)} = 2 \cdot 39{,}25 - 60{,}56 = \underline{17{,}94\, Cl}$$

$$T\Delta S_{298} = 298 \cdot 17{,}94 = \underline{5346 \text{ cal}}$$

$$\Delta G_{298} = \Delta H_{298} - T\Delta S_{298} = 16210 - 5346 = \underline{10864 \text{ cal.}}$$

Wir erhalten bei dieser Reaktion die Normalwerte der Reaktionsentropie $\Delta\,{}^{N}S$ und der Freien Reaktionsenthalpie $\Delta\,{}^{N}G$, da die gasförmigen Reaktionsteilnehmer rechts und links je unter dem Normaldruck von 1 Atm stehen. Reaktionsdaten für weitere Temperaturen s. Tab. 41.

Bildungsenthalpien (Bildungswärmen). Diese werden gewöhnlich auf den bei $298^\circ K$ (25°C) stabilen Zustand der Ausgangselemente des betrachteten Stoffes bezogen, in unserem Falle auf das flüssige Z.

Tabelle 41. Energetische Daten der Reaktion $Z_{2\,(g)} = 2\,Z_{(g)}$ (Dissoziation des zweiatomigen Gases).

T (°K)	ΔC_p (cal/grad)	ΔH (cal)	ΔS (Cl)	$T \cdot \Delta S$ (cal)	$\Delta G = \Delta^N G$ (cal)	$\lg Kp = -\frac{\Delta^N G}{4{,}57 \cdot T}$
0	2,6	15480	3,45	0	+15480	—
266	2,33	″+ 657 = 16137	17,66	4698	+11439	—9,415
298	2,30	″+ 730 = 16210	17,94	5346	+10864	—7,976
331	2,27	″+ 806 = 16286	18,19	6019	+10267	—6,792
750	1,85	″+1669 = 17149	19,89	14918	+ 2231	—0,648
1000	1,6	″+2100 = 17580	20,39	20390	— 2810	+0,615

Die Bildungsenthalpie des Gases Z_2 ist dann gleich der Verdampfungsenthalpie bei dieser Temperatur, also

$$2\,Z_{(fl)} = Z_{2(g)};\ \Delta H_{298} = +\ 7610 \text{ cal.}$$

Die Bildungsenthalpie des einatomigen Gases aus dem zweiatomigen (gleich der Dissoziationsenthalpie)

$$Z_{2\,(g)} = 2\,Z_{(g)};\ \Delta H_{298} = 16210 \text{ cal,}$$

und die Bildungsenthalpie des einatomigen Gases aus dem flüssigen Z folgt wieder durch Addition der beiden voranstehenden thermochemischen Reaktionsgleichungen (gleichzeitig ein Beispiel für das Hesssche Gesetz von der Konstanz der Wärmesummen, der Spezialformulierung des ersten Hauptsatzes) zu

$$2\,Z_{(fl)} = 2\,Z_{(g)};\ \Delta H_{298} = 23820 \text{ cal,}$$

für den einfachen Formelumsatz dann die Hälfte:

$$Z_{(g)} = Z_{(g)};\ \Delta H_{298} = 11910 \text{ cal.}$$

Das chemische Gleichgewicht (das MWG). Ein chemisches Gleichgewicht wird in homogenen Systemen nach dem Massenwirkungsgesetz, dem MWG, geregelt. Jede in einem homogenen System ablaufende Reaktion führt zu einem Gleichgewicht, und so ist auch das MWG auf unsere reine Gasreaktion anwendbar und deren Gleichgewicht durch eine Gleichgewichtskonstante zu charakterisieren.

Die Gleichgewichtskonstante der Reaktion $Z_{2(g)} = 2\,Z_{(g)}$ — wir rechnen bei Gasreaktionen am zweckmäßigsten mit der auf die Partialdrucke bezogenen, K_p — läßt sich bereits aus dem schon ermittelten ΔG-Wert der Reaktion berechnen (s. § 12, C/82) nach

a) $$\Delta^N G = -\ R\,T \cdot \ln K_p, \text{ bzw.}$$

$$\lg K_{p298} = -\frac{\Delta^N G}{2{,}3 \cdot RT} = -\frac{10\,864}{4{,}57 \cdot 298} = \underline{-\ 7{,}976.}$$

Auf Grund der allgemeinen Gleichung für die Temperaturabhängigkeit der Gleichgewichtskonstante (analog der allgemeinen Dampfdruckgleichung), berechnen wir den Wert für 298° K wie folgt:

b)

$$\lg K_p = -\frac{\Delta H_0}{2{,}3\,RT} + \frac{\Delta\,C_{p0}}{R} \lg\ T + \frac{1}{2{,}3\,R}\int\limits_0^T \frac{d\,T}{T^2}\int\limits_0^T \Delta\,(C_p - C_{p0})\,d\,T + \Delta\,J_k,$$

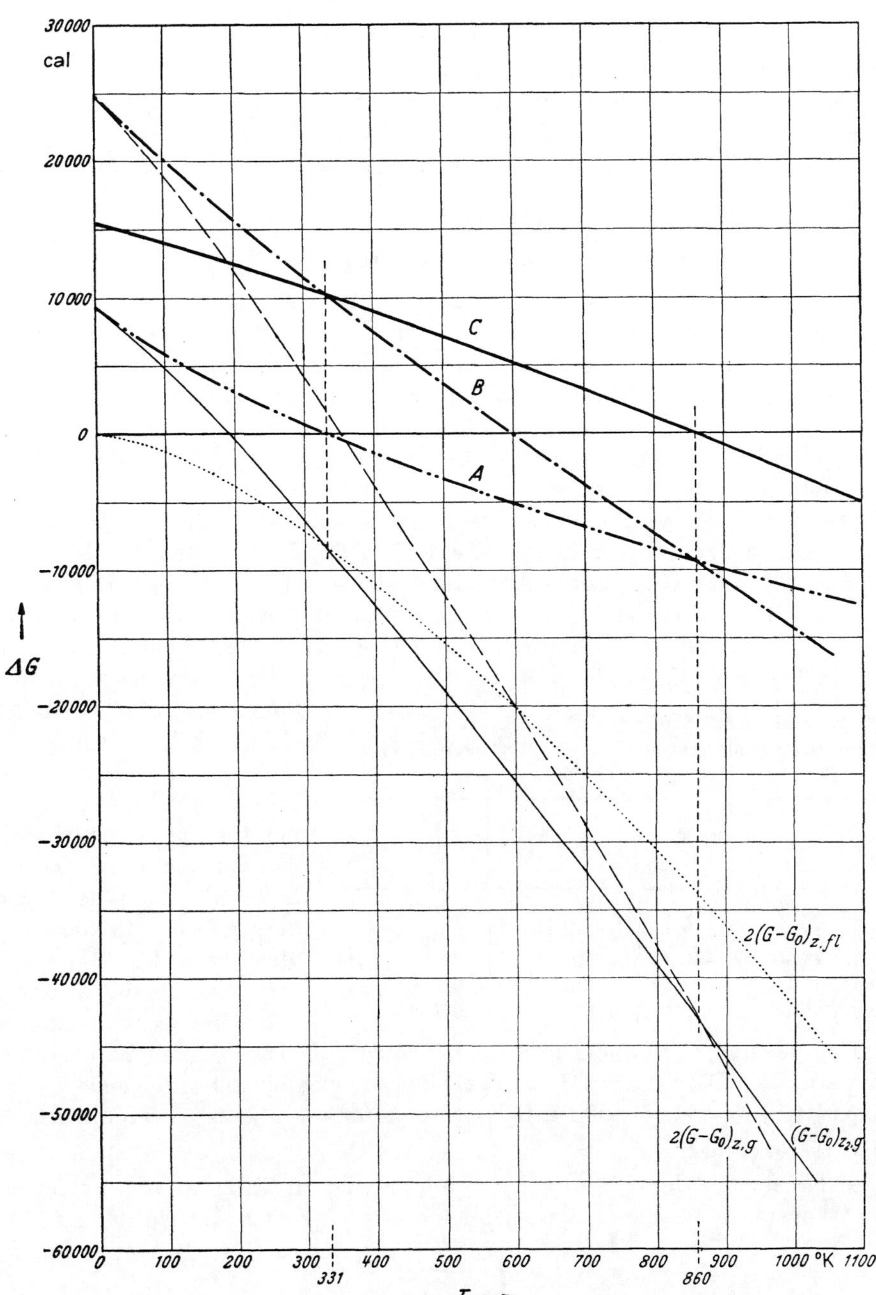

Abb. 23. Der Verlauf der Freien Enthalpien der Einzelphasen des Stoffes Z, ferner der Verdampfung zum zweiatomigen (Kurve A) und zum einatomigen Gas (Kurve B), sowie der Dissoziation des zweiatomigen Gases (Kurve C).

[$\Delta (C_p - C_{p0})$ ist in unserem Falle 0,001 T; das Doppelintegralglied ergibt sich dann zu $\frac{0{,}0005\,T}{2{,}3\,R}$].

$$\lg K_{p298} = -11{,}36_7 + 3{,}23_9 - 0{,}03_3 + 0{,}19 = \underline{7{,}97_1}.$$

Man kann diese Dissoziationsreaktion auch als Beispiel für eine *heterogene* Gasreaktion heranziehen. Bei Temperaturen, bei denen die kondensierte Phase noch existent ist, also unterhalb 331°, ist in der darüber befindlichen Gasphase sowohl zwei- als auch einatomiges Gas vertreten, beide im Verhältnis ihrer Dampfdrucke. Für die Gasphase gilt überdies die Beziehung des MWG, also

$$\lg K_p = \lg \frac{p^{*2}}{p^{**}} = 2 \lg p^* - \lg p^{**}$$

$$\lg K_{p\,298} = -8{,}562 - (-0{,}586) = \underline{-7{,}976}.$$

(Wie bei jeder Gleichgewichtsbeziehung nach dem MWG treten auch beim heterogenen Gasgleichgewicht nur die Komponenten der homogenen Gasphase in Erscheinung; kondensierte Phasen nehmen nur durch den Partialdruck ihres Dampfes am Gleichgewicht teil. In unserem Falle ist die kondensierte Phase für die Partialdrucke beider Gase verantwortlich. Über die Zahl koexistenter Phasen und der Freiheiten in einem heterogenen Gleichgewicht läßt sich auf Grund der Phasenregel aussagen.)

Werte der Gleichgewichtskonstanten sind in Tab. 41, letzte Spalte, und in Tab. 42 verzeichnet, graphisch dargestellt wird der Verlauf mit der Temperatur in Abb. 22, Kurve *C*. Aus der Abbildung wird ersichtlich, wie sich die Gleichgewichtskonstante aus dem Quotienten der Dampfdrucke, d. h. aus der Differenz der Logarithmen der Dampfdrucke ergibt. Bei einem Dampfdruck von $p^{**} = 1$ Atm wird K_p gleich p^{*2}. Im Schnittpunkt der beiden Dampfdruckkurven p^{**} und p^{*2} ist K_p gleich 1.

Tabelle 42. Gleichgewichtskonstante (Dissoziationskonstante) K_p der Gasreaktion $Z_2 = 2Z$ und Dissoziationsgrad α.

T	$1/T$	$\lg K_p$	$K_p = \frac{p^{*2}}{p^{**}}$	$\alpha = \sqrt{\frac{K_p/4}{1 + K_p/4}}$ ($p = 1$ Atm)
266	0,00376	—9,415	$3{,}85 \cdot 10^{-10}$	$0{,}98 \cdot 10^{-5}$
298	0,00335	—7,976	$1{,}06 \cdot 10^{-8}$	$0{,}515 \cdot 10^{-4}$
331	0,00302	—6,792	$1{,}61 \cdot 10^{-7}$	$2{,}01 \cdot 10^{-4}$
750	0,00133	—0,648	0,225	0,231
1000	0,001	+0,615	4,12	0,712

In Abb. 23 wird der Verlauf der Freien Enthalpie für die Einzelphasen, die Verdampfung und die Dissoziationsreaktion, wiedergegeben; aus dem Vergleich mit Abb. 22 läßt sich die Abhängigkeit zwischen Gleichgewichtskonstante (bzw. Dampfdruck) und Freier Enthalpie erkennen. Ist $\Delta G = 0$, dann ist bei dieser Temperatur der Dampfdruck bzw. die Gleichgewichtskonstante gleich 1. Die Superposition der verschiedenen G-Kurven wird dabei ebenfalls verdeutlicht.

Der Dissoziationsgrad.

Die Berechnung des Dissoziationsgrades α, der in Tab. 42, aus der Gleichgewichtskonstante errechnet, verzeichnet ist, erfolgt nach der Beziehung

$$\alpha = \sqrt{\frac{\frac{K_p}{4p}}{1 + \frac{K_p}{4p}}}\,,$$

sie ergibt sich aus

$$K_p = p \cdot K_x = p \frac{x^2{(Z)}}{x_{(Z_2)}} \text{ für die Reaktion } Z_2 = 2Z$$

$$x_{(Z)} = \frac{2\alpha}{1+\alpha};\; x_{(Z2)} = \frac{1-\alpha}{1+\alpha}.$$

$$K_p = p \cdot \frac{\dfrac{2\alpha^2}{(1+\alpha)^2}}{\dfrac{1-\alpha}{1+\alpha}} = p \cdot \frac{4\alpha^2}{(1-\alpha)\,(1+\alpha)} = p \frac{4\alpha^2}{1-\alpha^2} .$$

Nach α aufgelöst ergibt sich die obenstehende Gleichung.

Der Druck p (Gesamtdruck) ist bei den Zahlen für α in der Tab. 42 gleich 1 Atm.

Druckabhängigkeit des Dissoziationsgrades. Da die Dissoziationsreaktion unter Änderung der Molzahl (des Volumens) verläuft, wird die Gleichgewichtslage, der Dissoziationsgrad α, vom Absolutwert des Druckes abhängen. Bisher wurde die Reaktion und damit die Gleichgewichtslage unter dem Normaldruck von 1 Atm verfolgt. Das α für andere Drucke ergibt sich durch Einsetzen der betreffenden p-Werte in die obige Gleichung. Wird das Glied $K\ /4p$ sehr klein, dann wird das Nennerglied $1 + K_p/4\mathrm{p}$ praktisch gleich 1 und man erhält die Werte aus

$$\alpha \approx \sqrt{\frac{K_p}{4p}} .$$

Dissoziationsgrade bei verschiedenen Drucken sind in Tab. 43 wiedergegeben.

Tabelle 43. Dissoziationsgrade α bei verschiedenen Drucken. (Reaktion $Z_2 = 2Z$.)

T	α, beim Gesamtdruck p =					berechnet nach
	0,01	0,1	1	10	100 (Atm)	
266	$0{,}98 \cdot 10^{-4}$	$3{,}1 \cdot 10^{-5}$	$0{,}98 \cdot 10^{-5}$	$3{,}1 \cdot 10^{-6}$	$0{,}98 \cdot 10^{-6}$	$\alpha \approx \sqrt{\frac{K_p}{4p}}$
331	$2{,}01 \cdot 10^{-3}$	$6{,}42 \cdot 10^{-4}$	$2{,}01 \cdot 10^{-4}$	$6{,}42 \cdot 10^{-5}$	$2{,}01 \cdot 10^{-5}$	
750	0,921	0,60	0,231	0,075	0,0237	$\alpha = \sqrt{\frac{\frac{K_p}{4p}}{1+\frac{K_p}{4p}}}$
1000	0,994	0,955	0,712	0,305	0,101	

Man ersieht daraus die Auswirkung des „*Prinzips des kleinsten Zwanges*“. Die Seite mit geringem Volumbedarf — also das zweiatomige Gas — wird bei Drucksteigerung begünstigt, Druckverminderung hingegen erhöht den Dissoziationsgrad.

Ideales und reales Verhalten. Bei der Berechnung von K_p, und daraus abgeleitet von α, haben wir unter Atmosphärendruck und bei nicht zu tiefen Temperaturen ideales Verhalten voraussetzen können und damit gerechnet. Infolge großer Annäherung der Molekeln bei Anwendung hoher Drucke sind aber die Voraussetzungen für die Anwendung der idealen Gasgleichung nicht mehr zutreffend, K_p ist nicht mehr druckunabhängig und der wahre Dissoziationsgrad wird von dem errechneten abweichen. Dem kann durch Einführung der Aktivitätskonstante K_a an Stelle der Molenbruchkonstante K_x Rechnung getragen werden, doch ist dies kein rechnerisches Problem, sondern vielmehr ein experimentell-praktisches, da sich die Aktivitäten bzw. Aktivitätskoeffizienten nur auf diesem Wege ermitteln lassen.

Die korrespondierenden Ausdrücke für die Abhängigkeiten der Aktivitätskonstante K_a von den Zustandsgrößen sind in Übersichtsblatt 3 verzeichnet.

Betreffend das Rechnen mit Aktivitäten sei auf das nächste „Modellbeispiel Lösung" verwiesen.

IV. Die energetischen Größen bei bestimmtem Volumen und Umwandlungen (Reaktionen) bei konstantem Volumen.

Behandelt man die Zustandsfunktionen in ihrer Abhängigkeit von Volumen und Temperatur, so erhält man die analogen Beziehungen wie bei der Abhängigkeit von Druck und Temperatur. Die Berechnungen sind dadurch auch im Prinzip die gleichen. Wenn hier trotzdem energetische Größen bei bestimmtem Volumen berechnet und in ihrer Temperaturabhängigkeit verfolgt werden, so soll damit in erster Linie die Möglichkeit des Vergleichs der druck- und volumbezogenen Größen gegeben und die Beziehungen zwischen den druck- und volumkonstanten Reaktionsgrößen zahlenmäßig belegt werden.

Bei den kondensierten Phasen, die kein beliebiges Volumen einnehmen können und bei denen der Ausdehnungskoeffizient gegenüber dem der Gase, und auch der Unterschied der Molwärmen C_p und C_v relativ gering ist, sind die U- und H-Werte, die S_p- und S_v-, sowie die F- und G-Werte wenig voneinander verschieden. Die Bedingung der Volumkonstanz bei Erwärmung oder Umwandlung fester und flüssiger Stoffe ist experimentell schwer, z. T. überhaupt nicht einzuhalten. So liegt die praktische Bedeutung der Unterscheidung der Größen und Vorgänge unter den beiden Änderungsbedingungen bei den Gasen, da diese nicht nur jedes Volumen einnehmen können und damit volumkonstante Zustandsänderungen und Reaktionen durchführbar machen, sondern weil hier auch die Unterschiede der Reaktionsgrößen beträchtlich sein können.

Für Reaktionen gilt sinngemäß das Obengesagte. Die Reaktionsgrößen bei volum- und druckkonstanter Prozeßführung werden um so unterschiedlicher, je größer der Unterschied der Molzahlen der auftretenden Gase vor und nach der Reaktion ist; bei Reaktionen, an denen nur Stoffe in kondensierter Phase teilnehmen, sind die Unterschiede in der Regel — unabhängig von einer Molzahländerung — praktisch vernachlässigbar.

Im folgenden werden für ideale Gase, für das zweiatomige Gas Z_2 und das einatomige Z, zuerst die energetischen Größen bei bestimmtem Volumen ermittelt, auch in ihrer Temperaturabhängigkeit, und anschließend die Dissoziationsreaktion bei konstantem Volumen behandelt. In schematischen Gegenüberstellungen werden die Beziehungen zu den druckkonstanten Reaktionsgrößen aufgezeigt.

Zur Volumabhängigkeit der energetischen Größen von Gasen:

Bei idealem Gasverhalten, das bei Gasen unter nicht zu hohen Drucken und bei nicht zu tiefen Temperaturen für die meisten Zwecke hinreichend realisiert ist, ist der Energieinhalt unabhängig vom Volumen $\left(\frac{\partial U}{\partial V}\right)_T = 0$ (bei realem Verhalten ungleich Null, Joule-Thomson-Effekt). In gleicher Weise sind die spezifischen Wärmen, die Molwärmen, unabhängig vom Volumen des idealen Gases.

Die Entropie ist volumabhängig, Ausdehnung ist mit Entropievermehrung verbunden, $S_E - S_A = R \cdot \ln (V_E/V_A)$.

Die Freie Energie zeigt die Volumabhängigkeit $F_E - F_A = -RT \cdot \ln (V_E/V_A)$.

a) Zweiatomiges Gas Z_2:

α) bei einem Volumen $V_1 = 24{,}44$ l/mol (= Molvol. bei 1 Atm und 298° K),

β) bei einem Volumen $V_2 = 27{,}14$ l/mol (= Molvol. bei 1 Atm und 331° K).

1. Molwärme C_v. Für Z_2 soll nach den idealen Gasgesetzen gelten

$$C_v = C_p - R.$$

Für die Temperaturabhängigkeit von C_v folgt dann die gleiche Abhängigkeit wie bei C_p, also

$$C_v = 5{,}414 + 0{,}001\ T.$$

(Der für C_{v0} hieraus sich ergebende Wert ist als Rechengröße zu betrachten — siehe auch C_{p0} — und stellt keinen theoretischen Wert für ein ideales zweiatomiges Gas dar. Nach der Theorie der Gleichverteilung folgt für ideales Verhalten eines zweiatomigen Gases der Wert von $\frac{5}{2} R$. In der gegebenen Temperaturabhängigkeit liegt schon eine Angleichung an praktische Gegebenheiten.)

Für die Temperatur $T = 298$ errechnet sich volumunabhängig

$$\begin{aligned} C_{v\,298} &= 5{,}414 + 298 \cdot 0{,}001 \\ &= \underline{5{,}712 \text{ cal.grad}^{-1}}. \end{aligned}$$

Weitere Daten s. Tab. 44.

2. Energieinhalt $U - U_0$. Bei idealem Gasverhalten ist der Energieinhalt vom eingenommenen Volumen unabhängig, ändert sich demnach nicht bei isothermer Ausdehnung oder Kompression.

$$U - U_0 = \int_0^T C_v\, d\, T,$$

$$U_{298} - U_0 = 5{,}414 \cdot 298 + 0{,}0005 \cdot 298^2 = \underline{1658 \text{ cal.}}$$

Aus der Beziehung zur Enthalpie errechnet sich der Energieinhalt:

$$\begin{aligned} (U - U_0) &= (H - H_0) - pV, \\ &= (H - H_0) - R\,T, \\ (U_{298} - U_0) &= 2250 - 592 = \underline{1658 \text{ cal.}} \end{aligned}$$

3. Entropie S_v. Die Entropie für ein Gas bei bestimmtem Volumen V ergibt sich für eine betrachtete Temperatur zu:

$$S_v = {}^N S_{0v} + \int_0^T \frac{C_v}{T} \cdot d\,T + R \cdot \ln V;$$

${}^N S_{0v}$ ist die Entropiekonstante, die bei der Behandlung der Entropie als Funktion von Volumen und Temperatur, $S = \varphi\,(V, T)$, resultiert; sie bezieht sich auf das Volumen ${}^N V = 1$ Liter (die Volumeinheit im praktischen Maßsystem). Der Integralwert gibt den Entropiezuwachs vom absoluten Nullpunkt an bei konstantem Volumen, und das letzte Glied ergibt den Entropiewert der Volumänderung (Übergang vom Volumen 1 l zum betrachteten Volumen V Liter).

Für das zwei- und einatomige Gas Z_2 bzw. Z werden im folgenden die Entropien bei bestimmten Volumina berechnet.

Für das Volumen V_1 ergibt sich bei 298° K wieder der Wert des auch in Tab. 33 aufscheinenden Ausgangszustands

$$S_{298, V1} = \underline{60{,}56.}$$

Um zur Entropiekonstante ${}^{N}S_{0v}$ zu gelangen, nehmen wir vorerst die isotherme Kompression auf das Volumen 1 l vor

$$({}^{N}S_v - S_{V1})_T = R \cdot \ln \frac{{}^{N}V}{V_1} = 2{,}3 \cdot R \cdot \lg \frac{1}{24{,}44} = 2{,}3 \cdot 1{,}986 \cdot (-1{,}388) = -6{,}34,$$

$${}^{N}S_{v298} = 60{,}56 - 6{,}34 = \underline{54{,}22,}$$

und von diesem Entropiewert kommen wir durch isochore Abkühlung (gleich isochorer Erwärmung mit negativem Vorzeichen) zur Entropiekonstante:

$$(S_{298} - S_0)_v = \int_0^{298} \frac{C_v}{T} \, d\,T = \int_0^{298} \frac{5{,}414 + 0{,}001\,T}{T} \, d\,T = 30{,}81 + 0{,}30 = 31{,}11,$$

$${}^{N}S_{0v} = 54{,}22 - 31{,}11 = \underline{23{,}11.}$$

Der Unterschied zwischen den beiden Entropiekonstanten, der auf die Druck- und der auf die Volumeinheit bezogenen, errechnet sich auch aus der Beziehung (B/82) zu

$${}^{N}S_{0\,(p)} - {}^{N}S_{0v} = R \cdot \ln R^{*\,1}, = 2{,}3 \cdot 1{,}986 \cdot \lg 0{,}082 = -4{,}96,$$

in Übereinstimmung mit der aus obiger Zahl sich ergebenden Differenz

$$18{,}15 - 23{,}11 = -4{,}96.$$

Für die Temperatur $T_2 = 331^0\ K$ und das Volumen V_1 ergibt sich dann ein Entropiewert, von der Entropiekonstante ${}^{N}S_{0v}$ ausgehend, aus dem Zuwachs bei der Ausdehnung auf das Volumen V_1 und Erwärmung auf die Temperatur T_2, also

$$S_{331, v_1} = {}^{N}S_{0v} + R \cdot \ln V_1 + \int_0^{331} \frac{C_v}{T} \, d\,T$$

$$= 23{,}11 + 6{,}34 + 31{,}71 = \underline{61{,}16\ Cl.}$$

Für dieselbe Temperatur, aber das etwas größere Volumen V_2, ändert sich nur das zweite Summenglied in $R \cdot \ln V_2$. Der Zahlenwert ist in Tab. 44 verzeichnet.

4. Reversible Wärme Q_{rev} (Gebundene Energie). Der Wert derselben errechnet sich einfach als das Produkt $T \cdot S_v$.

5. Freie Energie $F - F_v$. Aus der inneren Energie minus der Gebundenen Energie erhält man die Freie Energie, also nach

$$F = U - T\,S_v$$

$$(F - F_0) = (U - U_0) - T\,S_v$$

$$(F_{298} - F_0)_{v_1} = 1658 - 298 \cdot 60{,}56 = -\underline{16\,390\ \text{cal.}}$$

[1] $R^* \left(= \frac{p\,V}{T}\right)$ stellt die Verhältniszahl zu $\frac{(p = 1\ \text{Atm})\ (V = 1\ \text{l})}{T}$ dar, ist daher im Zahlenwert von Literatmosphären · grad^{-1} einzusetzen. Als Verhältniszahl ist R^* dimensionslos.

Der andere Weg der direkten Bestimmung aus der Molwärme und der Integrationskonstante führt wie folgt zu diesem Wert:

$$(F - F_0)_{v_1} = -T \int_0^T \frac{dT}{T^2} \int_0^T C_v\, dT - T \cdot \text{Const}' - RT \ln V_1$$

$$(F_{299} - F_0)_{v_1} = -5{,}414 \cdot T \cdot \ln T - 0{,}0005 \cdot T^2 - T \cdot \text{Const}' - \\ - 1{,}986\, T \ln 24{,}44.$$

Für das Normal-Volumen ${}^{N}V$ ergibt sich die Integrationskonstante

$$\text{Const}' = {}^{N}S_{0v} - C_{v0} = 23{,}11 - 5{,}414 = \underline{17{,}69_6}$$

$$(F_{298} - F_0)_{v_1} = -2{,}3 \cdot 5{,}414 \cdot 298 \cdot \lg 298 - 0{,}0005 \cdot 298^2 - 298 \cdot 17{,}69_6 - \\ - 4{,}57 \cdot 298 \cdot 1{,}388 = -9183 - 44 - 5273 - 1890 = \underline{-16390 \text{ cal.}}$$

Für die Temperatur $T = 331$ und das Volumen V_1 (d. i. das gleiche Volumen wie bei 298° K) ergibt sich von 298° ausgehend, folgende Änderung

$$(F_{331} - F_{298})_{v_1} = -T \int_{298}^{331} \frac{dT}{T^2} \int_{298}^{331} C_v\, dT - (T_2 - T_1)\,\text{Const}' - (T_2 - T_1)\, RT \ln V.$$

Für die Freie Energie bei dieser Temperatur und das Volumen V_2 folgt eine Änderung

$$(F_{v_2} - F_{v_1})_T = -RT \ln \frac{V_2}{V_1}$$

(dies stellt die Freie Energie-Änderung bei isothermer Dilatation dar).

Die Beziehung zur Freien Enthalpie (gleiche Temperatur) ist gegeben durch

$$F = G - pV + T(S_p - S_v)\,.$$

Sofern es sich um F und G desselben Zustands handelt, sind die Entropien S_p und S_v identisch und die beiden energetischen Größen unterscheiden sich nur um den definitionsmäßigen Betrag pV.

Tabelle 44. Energetische Daten für das zweiatomige Gas Z_2 bei bestimmtem Volumen.

V	T (°K)	C_v (cal/grad)	$U-$ (cal)	$(S-S_0)_v$ (Cl)	S_v (Cl)	$T \cdot S_v$ (cal)	$F-F_0$ (cal)	Differenz ${}^{N}G - F_v$
${}^{N}V = 1$	0	5,414	0	—	23,11*	0	0	—
$V_1 = 24{,}44$	0	5,414	0	0	29,45	0	0	—
(Molvol bei	298	5,712	1658	31,11	60,56	18 048	—16 390	592
1 Atm, 298° K	331	5,745	1847	31,71	61,16	20 244	—18 397	588
$V_2 = 27{,}14$	0	5,414	0	0	29,66	0	0	—
(Molvol bei	331	5,745	1847	31,71	61,37	20 313	—18 466	657
1 Atm, 331° K								

* ${}^{N}S_{0v}$ = Entropiekonstante (${}^{N}V = 1$).

In der Tab. 44, in der die energetischen Daten für Z_2 bei bestimmtem Volumen zusammengestellt sind, sind in der letzten Spalte auch die Differenzen zwischen

Freier Enthalpie $(G - G_0)$ beim Druck 1 Atm und Freier Energie $(F - F_0)$ bei dem betreffenden Volumen verzeichnet.

b) Einatomiges Gas Z.

Die Berechnung der energetischen Daten erfolgt in der gleichen Weise wie beim zweiatomigen Gas. Die Molwärme ist hier temperaturunabhängig.

$$C_v = C_p - R = 3{,}014 \text{ cal.grad}^{-1}.$$

Die Zahlenwerte sind in Tab. 45, und zwar für die Volumina V_1 und V_2, sowie im Hinblick auf die im folgenden behandelten Dissoziationsreaktion bei konstantem Volumen auch für die halben Volumina $V_1/2 = V_3$ und $V_2/2 = V_4$, verzeichnet.

Tabelle 45. Energetische Daten für das einatomige Gas Z bei bestimmtem Volumen.

V (l)	T (°K)	C_v (cal/grad)	$U - U_0$ (Cl)	$S_v - S_{0v}$ (Cl)	S_v (Cl)	$T \cdot S_v$ (cal)	$F - F_0$ (cal)	Differenz ${}^N G - F_v$
${}^N V = 1$	0	3,014	0	0	15,761[1]	0	0	—
$V_1 = 24{,}44$	0	3,014	0	0	22,10	0	0	—
	298	3,014	898	17,15	39,25	11 697	— 10 799	592
	331	3,014	998	17,47	39,57	13 097	— 12 099	588
$V_2 = 27{,}14$	0	3,014	0	0	22,31	0	0	—
	331	3,014	998	17,47	39,78	13 166	— 12 168	657
a) bei halbem Volumen von V_1 und V_2:								
$V_3 = 12{,}22$	0	3,014	0	0	20,725	0	0	—
	298	3,014	898	17,15	37,875	11 287	— 10 389	182
	331	3,014	998	17,47	38,195	12 642	— 11 644	133
$V_4 = 13{,}57$	0	3,014	0	0	20,935	0	0	—
	331	3,014	998	17,47	38,405	12 712	— 11 714	202

[1] ${}^N S_{0v}$ = Entropiekonstante (${}^N V = 1$).

Bei halbem Volumen bleiben die Größen C_v, $U - U_0$ und $(S - S_0)_v$ unverändert, während S_v, $T S_v$ und $F - F_0$ sich unterscheiden

$$S_{331 v_3} = S_{331 v_1} - R \cdot \ln 2$$
$$F_{331 v_3} = F_{331 v_1} + R T \ln 2 .$$

Tab. 46 bringt die verdoppelten Werte der Tab. 45a, also die energetischen Daten für $2Z$, die für die Berechnung der Reaktionsdaten im folgenden Abschnitt Verwendung finden.

c) Dissoziationsreaktion $Z_{2(g)} = 2 Z_{(g)}$ bei konstantem Volumen.

Die energetischen Daten für diese Reaktion lassen sich sowohl von den Reaktionsdaten bei druckkonstantem Verlauf (Tab. 41) herleiten, als auch aus den energetischen Einzeldaten für die beiden Gase (also durch Differenzbildung der Werte der Tab. 46 minus der Werte der Tab. 44).

Eine Reaktionsenergie ΔU (Wärmetönung bei konstantem Volumen) ergibt sich aus dem bekannten Enthalpiewert (Wärmetönung bei konstantem Druck) ΔH

$$\Delta U = \Delta H - p \Delta V = \Delta H - \Delta \nu \, R T.$$

Tabelle 46. Energetische Daten für das einatomige Gas $2Z$ bei bestimmtem Volumen (verdoppelte Werte der Tabelle 45a).

$2V$ (l)	T (°K)	$2C_v$ (cal/grad)	$2(U-U_0)$ (cal)	$2(S-S_0)_v$ (Cl)	$2S_v$ (Cl)	$2TS_v$ (cal)	$2(F-F_0)$ (cal)
24,44	0	6,028	0	0	41,45	0	0
	298	6,028	1796	34,30	75,75	22 574	— 20 778
	331	6,028	1996	34,94	76,39	25 284	— 23 288
27,14	0	6,028	0	0	41,87	0	0
	331	6,028	1996	34,94	76,81	25 424	— 23 428

Für den Nullpunktswert folgt

$$\Delta U_0 = \Delta H_0 = \underline{15\,480 \text{ cal.}}$$

Die entsprechenden Reaktionsdaten für 298 und 331 °K bei einem Volumen von V_1 einerseits und V_2 andererseits sind in Tab. 47 aufgeführt.

Tabelle 47. Energetische Daten der Reaktion $Z_{2(g)} = 2Z_{(g)}$ (Dissoziation des zweiatomigen Gases) bei konstantem Volumen.

Vol. v (l)	T (° K)	ΔC_v (cal/grad)	$\Delta(U-U_0)$ (cal)	ΔU (cal)	$\Delta(S-S_0)_v$ (Cl)	ΔS_v (Cl)	$T\Delta S_v$ (cal)	$\Delta(F-F_0)$ (cal)	ΔF (cal)
24,44	0	0,614	0	15 480	0	12,0	0	0	15 480
	298	0,316	138	15 618	3,19	15,19	4526	4388	11 092
	331	0,283	149	15 629	3,23	15,23	5041	4892	10 588
	0	0,614	0	15 480	0	12,21	0	0	15 480
27,14	331	0,283	149	15 629	3,23	15,44	5111	4962	10 518

Die Zahlen ergeben sich aus der Differenz der Werte der Tab. 46 und 44.

Tabelle. 48a. Schematische Darstellung der Reaktionswärmen unter verschiedenen Bedingungen.

Temperatur $T_1 = 298°$ K, $T_2 = 331°$ K, druckkonstante Reaktion bei $p = 1$ Atm, volumkonstante Reaktion bei $v_1 = 24{,}41$ l, $v_2 = 27{,}14$ l.

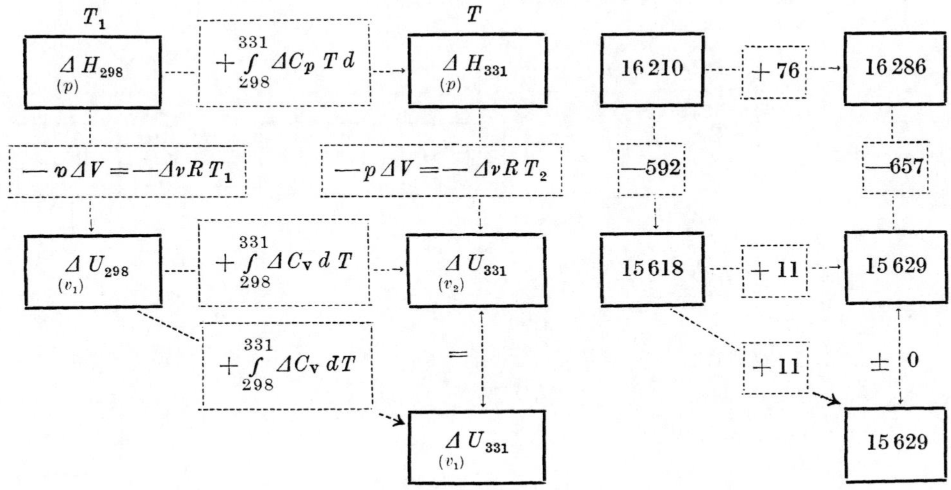

Tabelle 48b. Schematische Darstellung der Reaktionsentropien unter verschiedenen Bedingungen (Bedingung wie bei Tab. 48a).

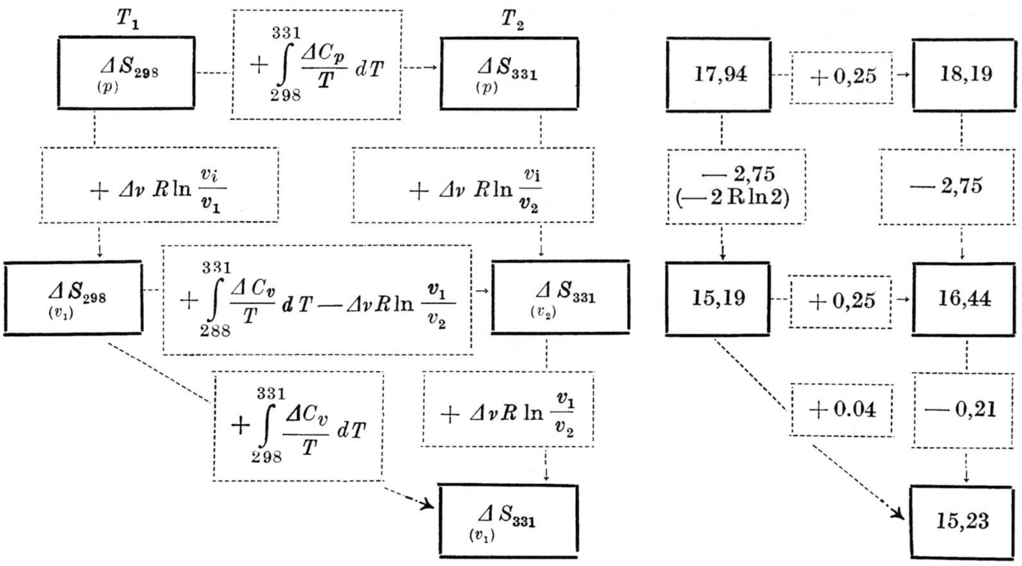

Tabelle 48c. Schematische Darstellung der Freien Reaktionsenergien unter verschiedenen Bedingungen (Bedingungen wie bei Tab. 48a).

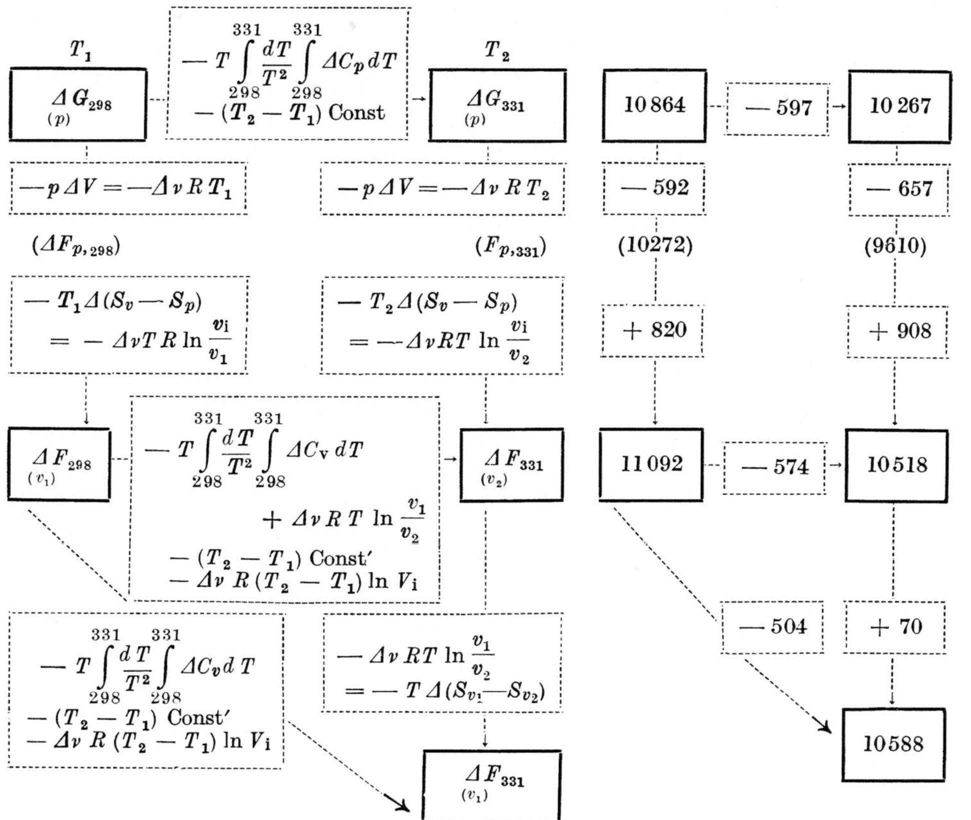

Die Änderungen der Reaktionsdaten bei Variation der Reaktionsbedingungen sollen noch an Hand von Kreisprozessen verdeutlicht werden, s. Tab. 48a bis c.

§ 16. Die Anwendung der thermodynamischen Beziehungen bei realem Mischphasenverhalten in einem „Modellbeispiel Lösung".

In diesem Beispiel werden behandelt:

die Effekte und energetischen Größen bei Bildung einer realen Mischphase (beim Lösen und Verdünnen),

die Phasengleichgewichte des Mischphasensystems,

die chemischen Reaktionen von Mischphasenkomponenten. (Die chemischen Gleichgewichte innerhalb einer Mischphase — also in homogenem System —, in der Gasphase, sind im vorhergehenden Modellbeispiel am Beispiel des Dissoziationsgleichgewichts behandelt — dort, weil angängig als ideale Mischung. In flüssiger Phase, in Lösung, sind nur die Elektrolytgleichgewichte von Bedeutung, so die Ionengleichgewichte bei Dissoziation schwacher Elektrolyte und bei der Solvolyse bzw. Hydrolyse, die im Rahmen der Elektrochemie Behandlung finden.)

1. Die Effekte und energetischen Größen bei Bildung einer realen Mischphase (beim Lösen und Verdünnen).

a) Der Dampfdruck und die Aktivität der Lösungskomponenten.

Die Attraktionskräfte zwischen den Molekeln zweier flüssiger Stoffe A und B, die in allen Verhältnissen mischbar sind, sind in unserem Falle geringer als zwischen den Eigenmolekeln. Dieser Unterschied in den Wechselwirkungskräften bedingt auch die Beeinflussung der energetischen Daten, ferner der Aktivität und des Volumens. Die Beeinflussungsrichtung ist qualitativ aus der Zusammenhangskizze S. 65 ersichtlich.

Hier gehen wir von dem Aktivitätsverlauf aus, der sich aus dem Verlauf der

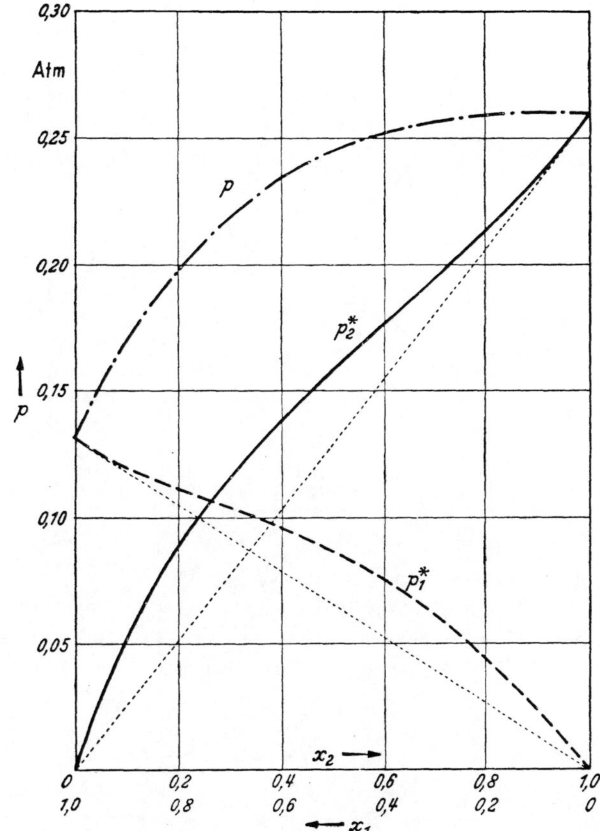

Abb. 24. Dampfdruckkurven eines realen Zweistoffsystems bei vollkommener Mischbarkeit der Komponenten im flüssigen Zustand, wenn Attraktionskräfte zwischen den Molekeln A und B geringer sind, als zwischen den Eigenmolekeln.

Dampfdruckkurven über den Mischungsbereich ergibt. Die Aktivität eines Stoffes in Lösung ist proportional seinem Dampfdruck. Der Proportionalitätsfaktor sei in unserem Falle

$$p_1^* = 0{,}132\,a_1$$

für den Stoff A, der hier durch den Index 1 gekennzeichnet ist (allgemein für das Lösungsmittel gebräuchlich) und

$$p_2^* = 0{,}259\,a_2$$

für den Stoff B, der hier durch den Index 2 gekennzeichnet ist (allgemein für den gelösten Stoff gebräuchlich).

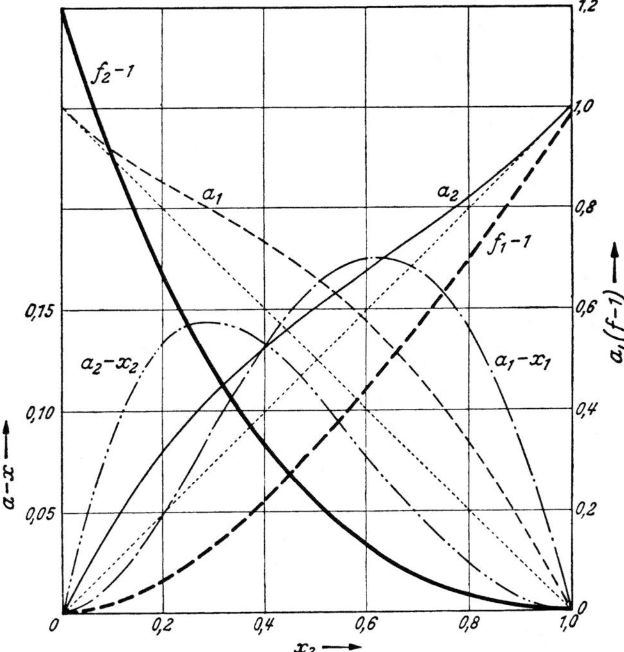

Abb. 25. Kurven des Verlaufes der Aktivitäten der beiden Komponenten des realen flüssigen Zweistoffsystems, der Differenzen $a—x$, sowie der Aktivitätskoeffizienten bzw. von $f_a—1$.

Die Aktivität der Stoffe in der Gasphase sind gleich ihrem Molenbruch in der Gasphase zu setzen, da unter gewöhnlichen Bedingungen ideales Verhalten im Gasraum anzunehmen ist.

In Abb. 24 sind die Dampfdrucke der beiden Komponenten $p_1{}^*$ und $p_2{}^*$ sowie der Gesamtdampfdruck p über den gesamten Mischungsbereich wiedergegeben.

Die Aktivitäten zeigen eine Abhängigkeit vom Molenbruch, wie aus Abb. 25 (Kurven a_1 und a_2) hervorgeht.

Wir wollen nun als erstes die Aktivitätsfunktion, d. h. die Abhängigkeit der Aktivität vom Molenbruch $a = \Phi(x)$ behandeln. Tragen wir die Differenzen $a_1 - x_1$ bzw. $a_2 - x_2$ (Differenz der a-*K*urven und der punktierten x-*K*urven) gegen den Molenbruch x auf, so erhalten wir die in Abb. 25 eingezeichneten Kurven. Dividieren wir die $a—x$-Werte durch x, dann ergeben sich die $f_1—1$- bzw. $f_2—1$-Kurven derselben Abbildung.

$$a = f_a \cdot x\,,$$

$$a_1 = f_1 \cdot x_1; \qquad \frac{a_1 - x_1}{x_1} = f_1 - 1\;;$$

$$a_2 = f_2 \cdot x_2; \qquad \frac{a_2 - x_2}{x_2} = f_2 - 1\,.$$

(Der Index a beim Aktivitätskoeffizienten f_a ist im Interesse übersichtlicherer Stoffindizierung fortgelassen.)

Wir erhalten Kurven (Abbildung 25) der Bauart (empirisch ermittelt)

$$f_i - 1 = \frac{\alpha\,(1 - x_i)^2}{(1 + \beta\, x_i)^2}$$

oder

$$\left[\frac{\gamma\,(1 - x_i)}{(1 + \beta\, x_i)}\right]^2.$$

Die Koeffizienten α (bzw. γ) und β lassen sich prinzipiell aus zwei Wertepaaren von a und x ermitteln.

Hier gelten für die Aktivitätskoeffizientenkurven folgende Abhängigkeiten[1]:

$$f_1 - 1 = \frac{0{,}9769\,(1 - x_1)^2}{(1 - 0{,}266\, x_1)^2}$$

$$f_2 - 1 = \frac{1{,}2\,(1 - x_2)^2}{(1 + 0{,}36\, x_2)^2}.$$

Bezieht man die Funktionen anstatt auf den Molenbruch auf die Verdünnung η, dann stellt sich die Umrechnung wie folgt:

$$\eta = \frac{n_1}{n_2} = \frac{1 - x_2}{x_2} = \frac{x_1}{1 - x_1};$$

(s. [A/4] S. 10)

$$x_1 = \frac{\eta}{\eta + 1}; \quad x_2 = \frac{1}{\eta + 1};$$

$$f_1 - 1 = \frac{1{,}8074}{(\eta + 1.36)^2}$$

und

$$f_2 - 1 = \frac{1{,}20 \cdot \eta^2}{(\eta + 1{,}36)^2}.$$

In Tab. 49 sind die Werte für die Kurven der Abbildungen 24 u. 25, nach den obigen Beziehungen berechnet, zusammengestellt.

Tabelle 49. Aktivität und Dampfdruck in Abhängigkeit von der Zusammensetzung im flüssigen Mischphasensystem A (als Komponente 1) und B (als Komponente 2).

x_1	x_2	η	f_1-1	a_1-x_1	a_1	p_1^*	f_2-1	a_2-x_2	a_2	p_2^*	p
0	1	0	0,9769	0	0	0	0	0	1	0,259	0,259
0,05	0,95	$0{,}0526_3$	0,9055	0,04527	0,09527	0,0126	$0{,}00166_6$	$0{,}00158_{25}$	0,95158	0,246	0,2586
0,1	0,9	0,1111	0,8348	0,08348	0,18348	0,0242	$0{,}00684_5$	$0{,}006160_5$	0,90616	0,235	0,2592
0,2	0,8	0,25	0,6970	0,13940	0,33940	0,0449	0,02893	0,023144	0,82314	0,213	0,2579
0,3	0,7	0,4286	0,5648	0,16944	0,46944	0,062	0,0689	0,04823	0,74823	0,194	0,256
0,4	0,6	0,6666	0,4399	0,17596	0,57596	0 076	0 1299	0,07794	0,67794	0,176	0,252
0,5	0,5	1	0,3244	0,1622	0,6622	0,0875	0,2155	0,10775	0,60775	0,157	0 2445
0,6	0,4	1,5	0,2209	0,13254	0,73254	0,0966	0,3301	0,13204	0,53204	0,138	0,2346
0,7	0,3	2,333	0,1324	0,09268	0,79268	0,105	0,4790	0,1437	0,4437	0,115	0,220
0,8	0,2	4	0,0629	0,05032	0,85032	0,112	0,6683	0,13366	0,33366	$0{,}086_3$	0,1983
0,9	0,1	9	$0{,}0168_4$	0,01515	0,91515	0,121	0,9056	0,09056	0,19056	0,0493	0,1703
0,95	0,05	19	$0{,}0042_6$	$0{,}00404_7$	$0{,}95404_7$	0,126	1,045	0,05225	0,10225	$0{,}026_4$	$0{,}152_4$
1	0	∞	0	0	1	0,132	1,20	0	0	0	0,132
—	—	—	—	$(f_1-1)\,x_1$	—	$0{,}132\,a_1$	—	$(f_2-1)\,x_2$	—	$0{,}259\,a_2$	$p_1^*+p_2^*$

[1] Zwischen Aktivitätskoeffizienten besteht eine wechselseitige Abhängigkeit, auf deren Demonstrierung in diesem Beispiel verzichtet wird.

Aus der Abb. 25 (a-Kurven) ersieht man, daß im Bereich $x \to 1$ (also bei geringen Gehalten der Zusatzkomponenten) die Aktivität der betreffenden Komponente deren Molenbruch gleich wird. In gleicher Weise verhalten sich in diesem Bereich der jeweils reinen Komponente deren Partialdampfdrucke; die Kurven des realen Verhaltens münden in die des idealen ein. In diesem Bereich erweist sich das Raoultsche Gesetz als gültig (Berechnung s. unter Dampfdruckerniedrigung in Punkt 2.).

b) Die Wärmeeffekte beim Mischen (Lösen und Verdünnen) bzw. die partiellen molaren Enthalpien der Lösungskomponenten.

In dem vorliegenden Mischphasensystem sei der Enthalpieunterschied

$$({}^*H - H) = \text{prop}\ (f_a - 1)$$

(also proportional der Differenz des Aktivitätskoeffizienten des Stoffes bei der jeweiligen Zusammensetzung und dem des reinen Zustandes, der gleich 1 ist); damit ist auch der Temperaturkoeffizient der Aktivität festgelegt, denn ${}^*H - H = -RT^2 \cdot \frac{\partial \ln a}{\partial T}$.

Fassen wir den Stoff B als den gelösten auf (Index 2), dann können wir die Enthalpiedifferenz ${}^*H_2 - H_2$ auch als Lösungsenthalpie bezeichnen.

$$\underline{({}^*H_2 - H_2) = \Delta^d H_L} = 775\,(f_2 - 1) = \underline{\frac{930\,\eta^2}{(\eta + 1{,}36)^2}}\,.$$

$$\underline{({}^*H_1 - H_1) = \Delta^d H_D} = 700\,(f_1 - 1) = \underline{\frac{1265}{(\eta + 1{,}36)^2}}\,.$$

Den Stoff A betrachten wir als Lösungsmittel (Index 1) und die Enthalpiedifferenz ${}^*H_1 - H_1$ ergibt sich damit als Verdünnungsenthalpie.

Wir verfolgen hier den Gang der Enthalpien mit der „Verdünnung“ als Zusammensetzungsmaß, könnten aber in gleicher Weise die Molenbruchabhängigkeit heranziehen.

Zusammenhänge zwischen den einzelnen Enthalpiegrößen (integrale und differentielle) sind der Übersicht 2 S. 72 zu entnehmen.

Die Mischungsenthalpie errechnet sich danach (pro Mol Lösung) zu

$$\underline{\Delta H_M} = \frac{n_1 \Delta^d H_D + n_2 \Delta^d H_L}{n_1 + n_2}$$
$$= x_1 \Delta^d H_D + x_2 \Delta^d H_L = \frac{930\,(1{,}36 x_1 + x_2 \cdot \eta^2)}{(\eta + 1{,}36)^2} = \underline{\frac{930\,\eta}{(\eta + 1{,}36)\,(\eta + 1)}}\,.$$

Für die integrale Lösungsenthalpie folgt:

$$\underline{\Delta^i H_L = \frac{930\,\eta}{\eta + 1{,}36}}\,.$$

Für die „erste Lösungsenthalpie“ $\Delta^\infty H_L$ (d. i. $\Delta^i H_L$ oder $\Delta^d H_L$ bei $\eta = \infty$) erhält man:

$$\Delta^\infty H_L = 930,$$

denn mit steigender Verdünnung η konvergiert der Quotient $\frac{\eta}{\eta + 1{,}36}$ in dem Ausdruck für die integrale oder differentielle Lösungsenthalpie gegen 1.

Für die integrale Verdünnungsenthalpie folgt:

$$\underline{\Delta^i H_D} = \Delta^\infty H_L - \Delta^i H_L = \underline{\frac{1265}{\eta + 1{,}36}}\,.$$

Die Zahlenwerte für die verschiedenen Lösungs- und Verdünnungsenthalpien sind in Tab. 50 zusammengestellt.

Tabelle 50. Die Lösungs-, Verdünnungs- und Mischungsenthalpien.

η	$^*H_2 - H_2$ $\Delta^d H_L$	$^*H_1 - H_1$ $\Delta^d H_D$	$x_1 \Delta^d H_D + x_2 \Delta^d H_L$ ΔH_M	$\Delta^d H_L + \eta \Delta^d H_D$ $\Delta^i H_L$	$\Delta^\infty H_L - \Delta^i H_L$ $\Delta^i H_D$
0	0	683	0	0	930
0,0526	1,3	634	33	35	895
0,1111	5,5	584	63,4	70	860
0,2500	22,5	488	115,6	145	785
0,4286	53,5	396	156,1	223	707
0,6666	100,5	308	183,5	306	624
1,000	167	227	197,0	394	536
1,500	256	154,5	195,1	488	442
2,333	371	92,5	176 0	587	343
4	518	44	138,8	694	236
9	702	11,8	80,8	808	122
19	810	3,1	43,4	868	62
∞	930	0	0	930	0

Der Verlauf dieser Enthalpiewerte mit der Verdünnung einerseits und dem Molenbruch andererseits ist den Abb. 26 u. 27 zu entnehmen.

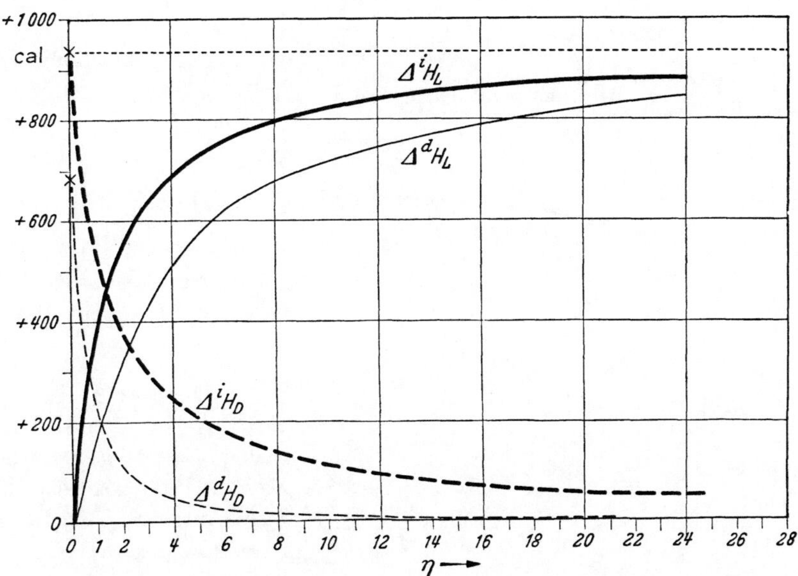

Abb. 26. Die Lösungs- und Verdünnungsenthalpien des realen flüssigen Zweistoffsystems (differentielle und integrale Werte in Abhängigkeit von der Verdünnung aufgetragen).

Aus dem Zusammenhang der integralen Lösungsenthalpie mit den differentiellen Lösungs- und Verdünnungsenthalpien $\Delta^i H_L = \Delta^d H_L + \eta \Delta^d H_D$, ergibt sich die graphische Ermittelbarkeit der beiden letzteren aus der ersteren gemäß Abb. 28.

Aus der Beziehung
$$\Delta^d H_D = \frac{d\,(\Delta^i H_L)}{d\,\eta}$$

folgt, daß die Steigung der Kurve der integralen Lösungsenthalpie (tgα) gleich der differentiellen Verdünnungsenthalpie ist. Wir ermitteln den Wert, indem wir die Tangente an die Kurve in dem betreffenden Punkt legen und aus dem Dreieck YCD den Wert tg $\alpha = \overline{YD}/\overline{CD}$ bestimmen. Auf rechnerischem Wege gelangen wir zu dem Ergebnis durch Differentiation der integralen Lösungsenthalpie nach der Verdünnung, also $\frac{\partial\left(\frac{930\,\eta}{(\eta+1{,}36)}\right)}{\partial\,\eta}$, die wir nach der Quotientenregel durchführen können und erhalten

$$\frac{930\,(\eta+1{,}36)-930\,\eta\cdot 1}{(\eta+1{,}36)^2}$$
$$=\frac{1285\,\eta}{(\eta+1{,}36)^2},$$

das oben schon gebrachte Ergebnis.

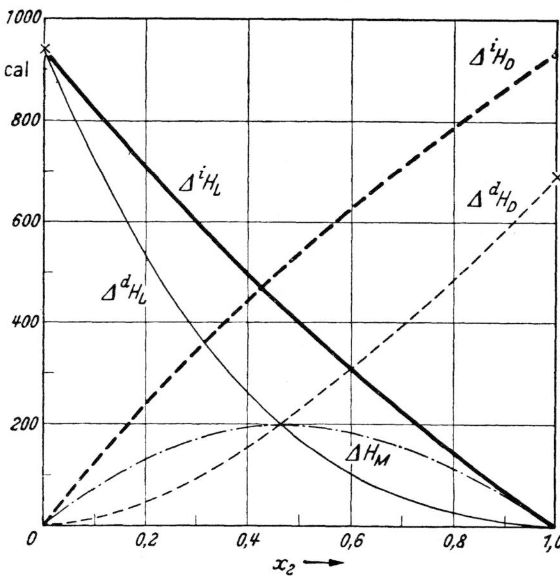

Abb. 27. Die Lösungs- und Verdünnungsenthalpien (differentielle und integrale), sowie die Mischungsenthalpie des realen flüssigen Zweistoffsystems (in Abhängigkeit vom Molenbruch aufgetragen).

Auf graphischem Wege erhalten wir den Wert für die differentielle Lösungsenthalpie $\Delta^d H_L$ gemäß der Beziehung

$$\Delta^i H_L = \eta\,\Delta^d H_D + \Delta^d H_L$$

als die Strecke $\overline{DE}$ in Abb. 28, die direkt ablesbar ist im Schnittpunkt der Tangente mit der Ordinatenachse.

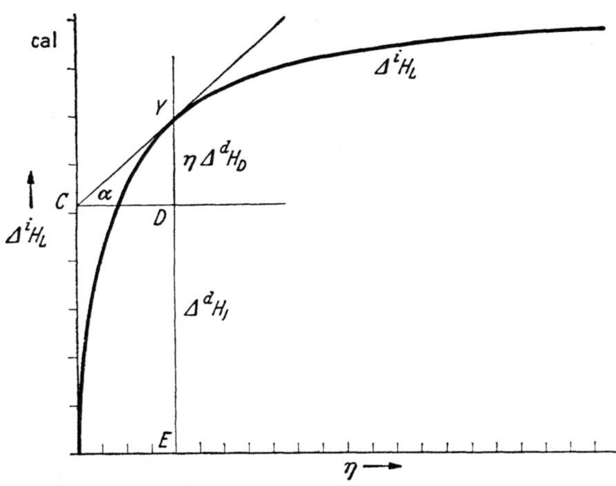

Abb. 28. Die graphische Ermittlung der differentiellen Lösungs- und Verdünnungsenthalpien aus dem Verlauf der integralen Lösungsenthalpie.

c) Die partiellen molaren Größen der Freien Enthalpie und Entropie und die Mischungsgrößen des realen Systems in Vergleich zum idealen Verhalten.

Nachdem stets nur Energieunterschiede feststellbar sind, beziehen wir die Freie Enthalpie der Lösungskomponenten, wie wir dies auch im vorigen Abschnitt bei der Enthalpie getan haben, auf einen Bezugszustand, als den wir den betreffenden reinen Stoff wählen. Für unser reales System ermitteln wir demnach $^*G - G$ wie folgt:

$$^*G - G = RT\ln a,$$

wobei $a = \Phi(x)$,

also $^*G_2 - G_2 = 2{,}3\,R\,T \cdot \lg a_2$

und $^*G_1 - G_1 = 2{,}3\,R\,T \cdot \lg a_1$.

Da wir die Berechnung für die Normaltemperatur (25° C = 298° K) vornehmen (für diese Temperatur ist die Aktivitätsfunktion gegeben), erhalten wir die Werte der 4. Spalte der Tabellen 51 bzw. 52.

Tabelle 51. Die energetischen Größen der Komponente A (des Lösungsmittels 1; $T = 298°$ K).

x_1	a_1	$\lg a_1$	$^*G_1 - G_1$ Δ^*G_1	$^*H_1 - H_1$ Δ^*H_1	$^*Q_{rev_1} - Q_{rev_1}$ $\Delta^*Q_{rev_1}$	$^*S_1 - S_1$ Δ^*S_1
0	0	$-\infty$	$-\infty$	+683	$+\infty$	$+\infty$
0,05	0,0953	—1,021	—1390	+634	2024	6,80
0,1	0 1835	—0,737	—1005	+584	1589	5,33
0,2	0,3394	—0,470	— 640	+488	1128	3,79
0,3	0,4694	—0,329	— 448	+396	844	2,83
0,4	0,5760	—0 240	— 327	+308	635	2 13
0,5	0,6622	—0,179	— 244	+227	471	1,584
0,6	0,7325	—0,135	— 184	+154,5	338,5	1,137
0,7	0,7927	—0,101	— 138	+ 92,5	230,5	0,773
0,8	0,8503	—0,071	— 96,8	+ 44	140,8	0,472
0,9	0,9151	—0,039	— 53	+ 11,8	64,8	0,217
0,95	0,9540	—0,020	— 27,2	+ 3,1	30,3	0,102
1,0	1,0	0	0	0	0	0
—	—	—	$\underbrace{2{,}3\,RT \lg a_1}_{1362}$	—	$\Delta^*H_1 - \Delta^*G_1$	$\dfrac{\Delta^*H_1 - \Delta^*G_1}{T}$

Tabelle 52. Die energetischen Größen der Komponente B (des gelösten Stoffes 2; $T = 298°$ K).

x_2	a_2	$\lg a_2$	$^*G_2 - G_2$ Δ^*G_2	$^*H_2 - H_2$ Δ^*H_2	$^*Q_{rev_2} - Q_{rev_2}$ $\Delta^*Q_{rev_2}$	$^*S_2 - S_2$ Δ^*S_2
1,0	1,0	0	0	0	0	0
0,95	0,9516	—0,0216	— 29,3	+ 1,3	30,6	0,103
0,9	0,9061	—0,0428	— 58,3	+ 5,5	63,8	0,214
0,8	0,8231	—0,0845	— 115	+ 22,5	137,5	0,461
0,7	0,7482	—0,126	— 172	+ 53,5	225,5	0,757
0,6	0,6779	—0,169	— 230	+100,5	330,5	1,11
0,5	0,6077	—0,216	— 295	+ 167	462	1,55
0,4	0,5320	—0,274	— 373	+ 256	629	2,11
0,3	0,4437	—0,353	— 481	+ 371	852	2,86
0,2	0,3337	—0,477	— 650	+518	1168	3,92
0,1	0,1906	—0,720	— 980	+702	1682	5,66
0,05	0,1022	—0,990	—1350	+810	2160	7,25
0	0	$-\infty$	$-\infty$	+930	$+\infty$	∞
—	—	—	$\underbrace{2{,}3\,RT \lg a_2}_{1362}$	—	$\Delta^*H_2 - \Delta^*G_2$	$\dfrac{\Delta^*H_2 - \Delta^*G_2}{T}$

Die Aktivitätsfunktionen $a_1 = \Phi_1(x_1)$ und $a_2 = \Phi_2(x_2)$ erhalten wir aus der gegebenen f_a — 1-Funktion über die Beziehung $a = f_a \cdot x$,

$$f_1 = 1 + \frac{0{,}9769\,(1 - x_1)^2}{(1 - 0{,}266\,x_1)^2} \quad \text{und} \quad \underline{a_1 = x_1 + \frac{0{,}9769 \cdot x_1\,(1 - x_1)^2}{(1 - 0{,}266\,x_1)^2}}$$

und in analoger Weise

$$a_2 = x_2 + \frac{1{,}2 \cdot x_2\ (1 - x_2)^2}{(1 + 0{,}36 \cdot x_2)^2}\,.$$

Zum Vergleich hierzu sind die $^*G - G$-Werte bei *idealem* Verhalten (wo $a = x$) ermittelt nach $(^*G - G)_{id} = R\,T \cdot \ln x$ und in Tab. 53, Spalte 3, verzeichnet. Die Abweichungen werden in Abb. 29 verdeutlicht. Man ersieht, daß die partiellen molaren Freien Enthalpien der Komponenten dieser realen Mischphase geringer negative Werte gegenüber dem idealen Verhalten (gestrichelte Kurve in Abb. 29) aufweisen. (Je negativer, desto triebkräftiger der Vorgang der Mischphasenbildung, denn negative Energiebeträge bedeuten Energieabgabe, d. h. Verminderung der Freien Enthalpie in der Prozeßrichtung.) Infolge der erhöhten Abstoßungskräfte zwischen den beiden Mischungskomponenten verläuft also die Vermischung weniger triebkräftig.

Tabelle 53. Energetische Größen der Komponenten einer idealen Mischung (da stoffunabhängig, gelten die Werte sowohl für x_1 als auch für x_2, ganz allgemein für beliebige Stoffe).

x_i	$\lg x_i$	$^*G_i - G_i$	$^*H_i - H_i$	$^*S_i - S_i$
0	$-\infty$	$-\infty$	keine Enthalpieänderung beim Verdünnen (Änderung der Zusammensetzung)	$+\infty$
0,05	−1,301	−1770		5,95
0,1	−1,000	−1362		4,58
0,2	−0 699	− 953		3,20
0,3	−0,523	− 713		2,39
0,4	−0,398	− 542		1,825
0,5	−0,301	− 410		1,375
0,6	−0,222	− 302		1,012
0,7	−0,155	− 211		0,708
0,8	−0,097	− 132		0,443
0,9	−0,046	− 62,5		0,210
0,95	$-0{,}022_3$	− 30,4		0,102
1,0	0	0		0
				$-\frac{^*G_i - G_i}{T}$

Die Berechnung der partiellen molaren Entropie, d. h. deren Änderung bei Mischphasenbildung, $^*S - S$ erfolgt nach $H = G + T\,S$ bzw. $(^*H - H) = (^*G - G) + T\,(^*S - S)$, somit

$$^*S - S = \frac{(^*H - H) - (^*G - G)}{T}\,.$$

Wir können $^*S - S$ auch durch die Gleichung ausdrücken

$$^*S - S = -R \ln a - R\,T\,\frac{\partial \ln a}{\partial T};$$

der Temperaturkoeffizient der Aktivität ist durch die Enthalpiefunktion

$$^*H - H = -RT^2 \cdot \frac{\partial \ln a}{\partial T}$$

gegeben. Zu dessen Bestimmung sind somit die $^*H - H$-Werte heranzuziehen. In den Tab. 51 u. 52, Spalten 5, sind diese angeführt (sie sind mit den differentiellen Lösungs- und Verdünnungsenthalpien der Tab. 50, Spalten 2 u. 3 identisch) und zum besseren Vergleich mit den Freien Enthalpiekurven in Abb. 29 graphisch dargestellt.

Die berechneten Entropiewerte sind für die beiden Komponenten in der 7. Spalte der Tab. 51 u. 52 verzeichnet, graphisch dargestellt in Abbildung 30, die Vergleichswerte für ideale Mischungen ergeben sich (nachdem dort $^*H - H$ gleich null ist) zu

$$(^*S - S)_{id} = -\frac{(^*G - G)}{T}\,{}_{id}$$

Sie sind in Tab. 53 (Spalte 5) enthalten und als gestrichelte Kurve in Abb. 30 eingezeichnet.

Die energetischen Mischungsgrößen lassen sich ganz allgemein aus den partiellen Größen herleiten. Man bezieht sie auf ein Mol Mischung ($x_1 + x_2 = 1$) und erhält sie als die Summe der mit ihrem Molenbruch multiplizierten partiellen molaren Größen (Y bedeutet eine der energetischen Größen).

$$\Delta Y_M = \sum x_i \, \Delta {}^*Y_i \, .$$

In Tab. 54 sind die so errechneten Mischungsdaten zusammengefaßt und zwar unter a) für unser reales System und unter b) die Vergleichsdaten für ideale Systeme. Die Mischungsenthalpie ist bereits in Tab. 50 mitangeführt, hier benötigen wir sie noch zur Ermittlung der Mischungsentropie nach

$$\Delta S_M = \frac{\Delta H_M - \Delta G_M}{T} \, .$$

In der Abb. 31 sind die Mischungsgrößen, die einzeln auch in den Abb. 29 u. 30 eingezeichnet sind, für das reale und das ideale System gegenübergestellt. Der Abstand der ΔH_M- und ΔG_M-Kurven stellt

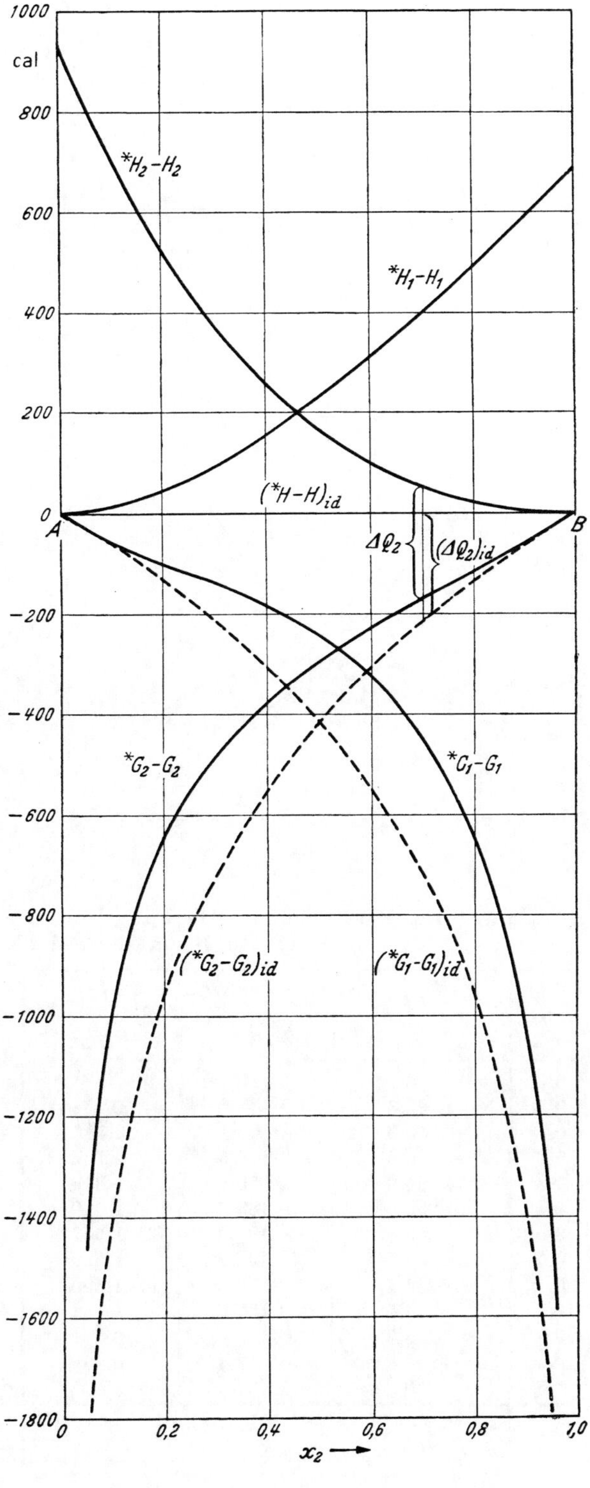

Abb. 29. Der Verlauf der partiellen molaren Enthalpie und Freien Enthalpie bzw. der Differenzen $^*H - H$ und $^*G - G$ für das reale flüssige Zweistoffsystem (ausgezogene Kurven) und zum Vergleich die Kurven für ideales Verhalten.

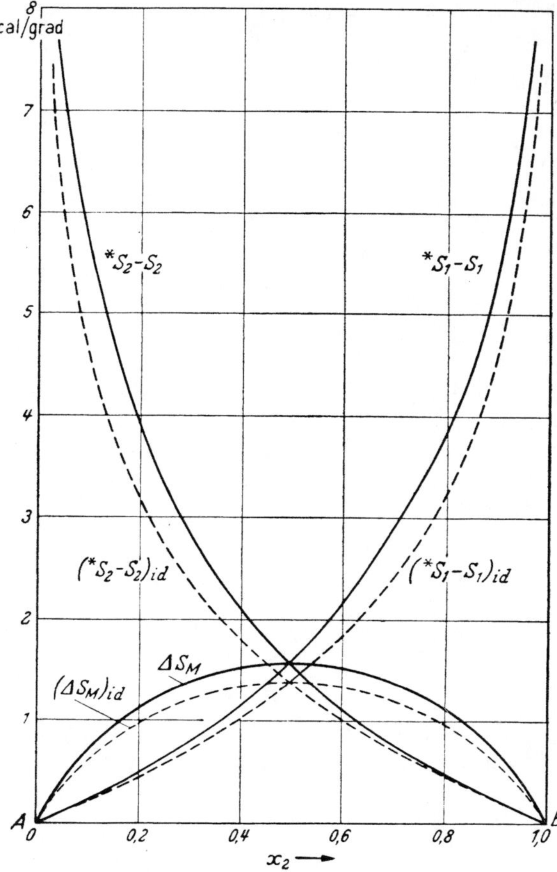

Abb. 30. Der Verlauf der partiellen molaren Entropie bzw. der Differenz $*S—S$, sowie der Mischungsentropie ΔS_M für das reale flüssige Zweistoffsystem (ausgezogene Kurven) und zum Vergleich die Kurven für ideales Verhalten (gestrichelte Kurven).

die reversible Wärme dar, die durch die absolute Temperatur dividiert die Entropie bei der jeweiligen Zusammensetzung ergibt. Im Falle der idealen Mischung ist die ΔH_M-Kurve mit der Abszissengeraden zusammenfallend (ΔH_M im ganzen Mischungsbereich gleich null), daher gibt der ΔG_M-Wert, durch die absolute Temperatur dividiert, mit umgekehrten Vorzeichen die Mischungsentropie (s. Tab. 54b).

d) Die Volumeffekte beim Mischen (Lösen und Verdünnen). Ebenso wie die Enthalpie der Komponenten seien im vorliegenden Falle auch die partiellen Molvolumina direkt proportional den Aktivitätskoeffizienten, die Volumdifferenzen ($*V — V$) also prop. (f_a — 1). In unserem Falle sei dieser Proportionalitätsfaktor

Tabelle 54. Die energetischen Mischungsdaten: a) für unser reales Mischphasensystem, b) für ideale Mischungen.

x_1	a) das reale System			b) ideale Systeme		
	$*\Delta G_M$	$\Delta * H_M$	$\Delta * S_M$	$\Delta * G_M$	$\Delta * H_M$	$\Delta * S_M$
0	0	0	0	0	keine Mischungsenthalpie	0
0,05	— 97,3	+ 33,0	0,438	—117,4		0,394
0,1	—153,0	+ 63,4	0,726	—192,4		0,647
0,2	—220,0	+115,6	1,127	—296,2		0,994
0,3	—254,9	+156,1	1,379	—361,6		1,213
0,4	—269,0	+183,5	1,518	—397,0		1,337
0,5	—269,5	+197,0	1,567	—410		1,375
0,6	—259,4	+195,1	1,526	—397,0		1,337
0,7	—241,1	+176,0	1,399	—361,6		1,213
0,8	—207,5	+138,8	1,162	—296,2		0,994
0,9	—145,7	+ 80,8	0,761	—192,4		0,647
0,95	— 93,4	+ 43,4	0,459	—117,4		0,394
1,0	0	0	0	0		0
	$x_1(*G_1 - G_1) + x_2(*G_2 - G_2)$	Werte s. auch Tab. 50	$\frac{\Delta * H_M - \Delta * G_M}{T}$	$x_1(*G_1 - G_1) + x_2(*G_2 - G_2)$		$-\frac{\Delta * G_M}{T}$

für beide Komponenten der gleiche, und zwar 2,6.

$$(^*V_1 - V_1) = 2{,}6\ (f_1 - 1)$$

$$(^*V_2 - V_2) = 2{,}6\ (f_2 - 1).$$

Mit der gegebenen Volumfunktion ist auch die Druckabhängigkeit der Freien Enthalpie (und der Aktivität) über den ganzen Mischungsbereich festgelegt, denn

$$\frac{\partial (^*G - G)}{\partial p} = {}^*V - V = R\,T\,\frac{\partial \ln a}{\partial p}.$$

Die gesamte Volumänderung ΔV_M beim Mischen der beiden Komponenten (für 1 Mol Lösung) ergibt sich in Analogie zur Mischungsenthalpie bzw. den übrigen Mischungsgrößen zu:

$$\Delta V_M = x_1 (^*V_1 - V_1) + x_2 (^*V_2 - V_2),$$

hier:

$$= 2{,}6 \cdot x_1 (f_1 - 1) + 2{,}6 \cdot x_2 (f_2 - 1);$$

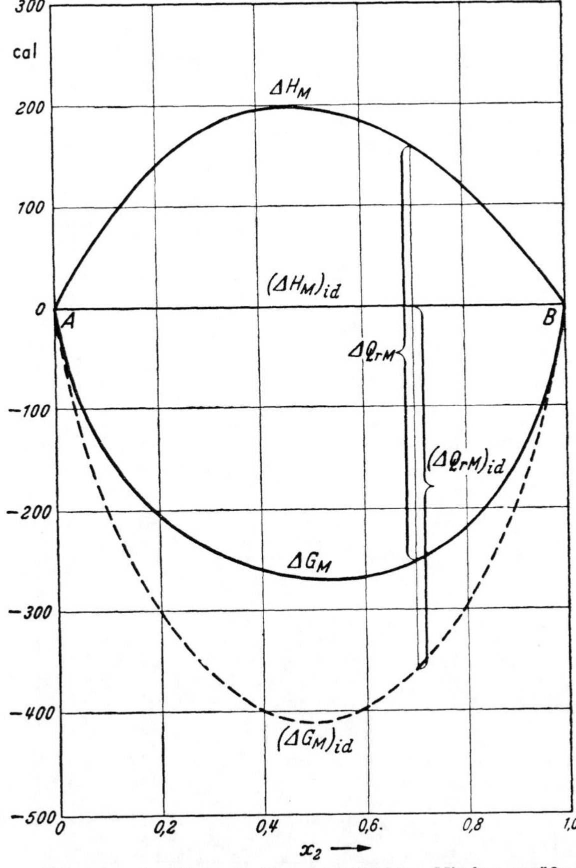

Abb. 31. Der Verlauf der energetischen Mischungsgrößen (Mischungsenthalpie, Freie-Mischungsenthalpie und Reversible Mischungswärme) für das reale flüssige Zweistoffsystem. Zum Vergleich der Kurvenverlauf für ideales Verhalten.

mit $x_1 = \frac{\eta}{\eta + 1}$ und $x_2 = \frac{1}{\eta + 1}$ sowie der Funktion für $(f_a - 1)$

$$\Delta V_M = \frac{2{,}6 \cdot 1{,}2 \cdot \eta\,(\eta + 1{,}5)}{(\eta + 1{,}36)^2\,(\eta + 1)}.$$

In Tab. 55 sind die errechneten Abweichungen der partiellen Molvolumina sowie die gesamte Volumänderung beim Mischen verzeichnet, in Abb. 32 sind die Daten in Kurven zusammengefaßt. Es ergibt sich bei Mischen infolge der größeren Abstoßungskräfte eine Volumvermehrung, die bei $x_1 = x_2 = 0{,}5$ (etwa im Maximum) 0,7 cm³ (genauer 0,697 cm³) ausmacht. Kennen wir die Molvolumina der reinen Komponenten, dann ist die prozentuelle Volumänderung zu berechnen:

$$V_1 = \frac{M_1}{\varrho_1} = \frac{154}{1{,}6} = 96{,}3\ \text{cm}^3 \cdot \text{mol}^{-1},\quad \text{(Molvolumen = Molekulargewicht durch Dichte)}$$

$$V_2 = \frac{M_2}{\varrho_2} = \frac{160}{3{,}14} = 51\ \text{cm}^3 \cdot \text{mol}^{-1}$$

$$\%\ \text{Vol.änd.} = \frac{100\,\Delta V_M}{V_{1,2}} = \frac{69{,}7}{0{,}5\,(96{,}3 + 51)} = 0{,}95 \cong 1\%.$$

Tabelle 55. Volumänderung beim Mischen beider Lösungskomponenten.

x_1	x_2	$^*V_1 - V_1$ (cm³)	$^*V_2 - V_2$ (cm³)	$x_1\,(^*V_1 - V_1)$ (cm³)	$x_2\,(^*V_2 - V_2)$ (cm³)	ΔV_M (cm³)
0	1	2,54	0	0	0	0
0,05	0,95	$2{,}35_5$	0,0043	0,1177	0,0041	0,122
0,1	0,9	2,17	0,0178	0,217	$0{,}016_0$	0,233
0,2	0,8	1,81	$0{,}075_2$	0,362	$0{,}060_2$	0,422
0,3	0,7	1,47	0,179	0,441	$0{,}125_3$	0,566
0,4	0,6	$1{,}14_4$	$0{,}33_8$	$0{,}457_6$	$0{,}202_8$	0,660
0,5	0,5	$0{,}83_4$	0,56	0,417	0,280	0,697
0,6	0,4	$0{,}57_5$	$0{,}85_7$	0,345	0,343	0,688
0,7	0,3	$0{,}34_4$	$1{,}24_5$	$0{,}240_8$	$0{,}373_5$	0 614
0 8	0,2	$0{,}163_5$	1,74	$0{,}130_8$	0,348	0,479
0,9	0,1	$0{,}043_8$	2,33	$0{,}039_4$	0,233	0,272
0,95	0,05	$0{,}011_1$	2,72	$0{,}010_5$	0,136	0,146
1	0	0	3,12	0	0	0
	—	$2{,}6\,(f_1 - 1)$	$2{,}6\,(f_2 - 1)$	—	—	$x_1\,(^*V_1 - V_1) + x_2\,(^*V_2 - V_2)$

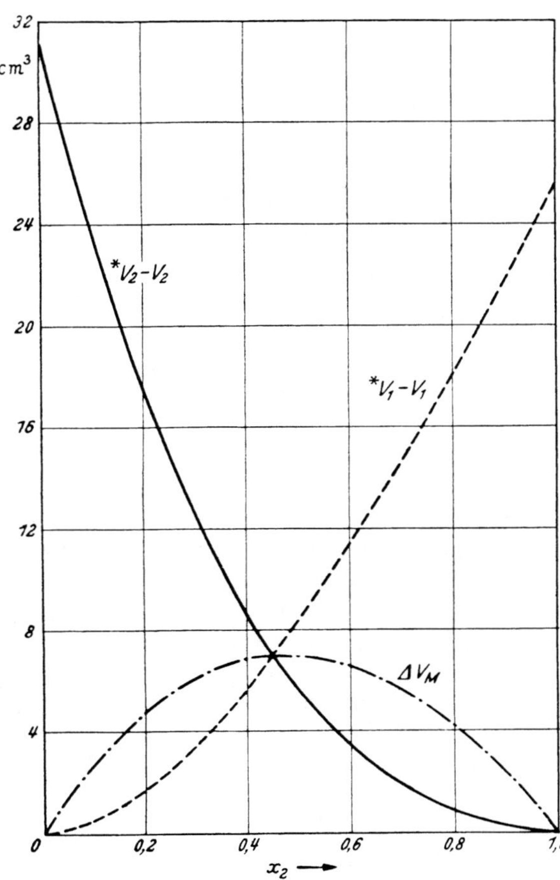

Abb. 32. Die Kurven für die Volumeffekte bei dem realen flüssigen Zweistoffsystem ($^*V - V$ und ΔV_M).

2. Die Phasengleichgewichte des Mischphasensystems.

Bei den hierhergehörigen Phasengleichgewichten handelt es sich um die Gleichgewichte beim Verdampfen und Erstarren einer Lösungskomponente und um das Löslichkeitsgleichgewicht. (Nachdem es sich aber im vorliegenden Beispiel um eine lückenlose Mischbarkeit handelt, so wird die Berechnung eines Löslichkeitsgewichtes und einer Löslichkeitsbeeinflussung in diesem Beispiel nicht durchführbar.)

a) Verdampfung der Mischphasenkomponente *A* bzw. *B*.

Der Dampfdruck. Die Dampfdruckkurven sind der Abb. 24 zu entnehmen. Einer allgemeinen rechnerischen Behandlung stets zugänglich sind die Bereiche idealen Verhaltens. Die Partialdampfdruckkurven verlaufen bei geringen Zusätzen für die

Hauptkomponente weitgehend dem Raoultschen Gesetz entsprechend. Die relative Dampfdruckerniedrigung für die beiden Komponenten A und B unseres Gemisches ergeben sich aus den Tabellenwerten (Tab. 49).

Für Stoff B und $x_2 = 0{,}95$:

$$\frac{\Delta p_2^*}{p_2^*} = \frac{0{,}259 - 0{,}246}{0{,}259} = \frac{0{,}013}{0{,}259} = \underline{0{,}05},$$

für Stoff A und $x_1 = 0{,}95$:

$$\frac{\Delta p_1^*}{p_1^*} = \frac{0{,}132 - 0{,}126}{0{,}132} = \frac{0{,}006}{0{,}132} = \underline{0{,}046}\,.$$

Es zeigt sich, daß im zweiten Falle, d. h. bei Stoff A, bei $x_1 = 0{,}95$, somit $x_2 = 0{,}05$, der Gültigkeitsbereich des Raoultschen Gesetzes bereits überschritten ist (man erhält für die relative Dampfdruckerniedrigung den Wert 0,046 an Stelle von 0,05).

(Praktisch von Bedeutung sind Fälle, in denen die Zusatzkomponente keinen merklichen Dampfdruck besitzt — was bei den meisten gelösten Festkörpern bei gewöhnlichen Temperaturen der Fall ist —, wo dann der Gesamtdampfdruck mit dem verfolgten Partialdampfdruck des Lösungsmittels identisch wird, die experimentelle Ermittlung sich daher auf die Gesamtdampfdruckmessung beschränkt.)

Unser Gemisch ergibt im übrigen bei einer Zusammensetzung von $x_1 = 0{,}1$, $x_2 = 0{,}9$ einen um wenig höheren Gesamtdampfdruck als die reine Komponente B. Ein Dampfdruckmaximum entspricht aber einem Siedepunktsminimum einem bevorzugten Siedegemisch.

b) Siedepunktserhöhung und Gefrierpunktserniedrigung. Die durch die Dampfdruckerniedrigung (Partialdampfdruck) bei Zufügung einer zweiten Komponente sich ergebenden Siedepunkts- und Gefrierpunktsänderungen lassen sich im Gültigkeitsbereich des Raoultschen Gesetzes ohne weiteres berechnen, sobald das Molekulargewicht, die Siede- bzw. Gefriertemperatur, sowie die Verdampfungs- bzw. Schmelzwärme bei dieser Temperatur für das Lösungsmittel — in unserem Falle des Flüssigkeitsgemisches für die Hauptkomponente — bekannt sind (s. § 12/2).

Für die beiden Komponenten A und B sollen die Daten der Tabelle 56 gelten (die energetischen Daten von B sind die des Stoffes Z aus dem ersten Modellbeispiel).

Tabelle 56. Daten zur Berechnung der ebullioskopischen und kryoskopischen Konstanten der Komponenten A und B des Flüssigkeitsgemisches.

	A	B
Molekulargewicht M	154	160
Siedepunkt T_s	349° K	331° K
Gefrierpunkt T_e	250° K	266° K
Verdampfungsenthalpie ΔH_s (bei T_s)	7040 cal	7276 cal
Schmelzenthalpie ΔH_e (bei T_e)	577 cal	2356 cal
Dichte ϱ	1,6 g · cm^{-3}	3,14 g · cm^{-3}

Aus diesen Daten errechnen sich die molekulare Siedepunktserhöhung (ebullioskopische Konstante)

$$E_s = \frac{M \cdot R \cdot T_s^2}{1000\,\Delta H_s}$$

und die molekulare Gefrierpunktserniedrigung (kryoskopische Konstante)

$$E_e = \frac{M \cdot R \cdot T_e^2}{1000\,\Delta H_e}.$$

für Stoff A:

$$\underline{E_s} = \frac{154 \cdot 1{,}987 \cdot 349^2}{1000 \cdot 7040} = \underline{5{,}5}$$

$$\underline{E_e} = \frac{154 \cdot 1{,}987 \cdot 250^2}{1000 \cdot 577} = \underline{33{,}2}\,,$$

für Stoff B:

$$\underline{E_s} = \frac{160 \cdot 1{,}987 \cdot 331^2}{1000 \cdot 7276} = \underline{4{,}8}$$

$$\underline{E_e} = \frac{160 \cdot 1{,}987 \cdot 266^2}{1000 \cdot 2356} = \underline{9{,}5}\,.$$

(Die Gefrierpunktserniedrigung läßt sich aus den kryoskopischen Konstanten — im Grenzgebiet — in allen jenen Fällen berechnen, in denen das reine Lösungsmittel erstarrt, nicht aber wenn eine feste Mischphase (Mischkristall) gebildet wird.)

Mit Hilfe der kryoskopischen Konstante lassen sich einerseits für eine gegebene Zusammensetzung im Grenzgebiet des reinen Lösungsmittels die resultierende Gefrierpunktserniedrigung und damit auch die Grenztangente der realen Schmelzkurven bestimmen, andererseits aus dem Mengen-(Massen-)-verhältnis der Komponenten das Molekulargewicht des gelösten Stoffes berechnen. Gefrierpunktserniedrigung von A bei $x_1 = 0{,}98$, somit $x_2 = 0{,}02$:

$$0{,}2 = x_2 = \frac{n_2}{n_1 + n_2} \sim \frac{n_2}{n_1} = \frac{c_g}{\frac{1000}{154}}\,;$$

$$c_g = \frac{20}{154} = \underline{0{,}13}\ \text{mol/1000 g Lösungsmittel};$$

$$\underline{\Delta T_e} = c_g \cdot E_e = 0{,}13 \cdot 33{,}2 = \underline{4{,}31^0}.$$

Molekulargewichtsbestimmung:

Aus einer gemessenen Gefrierpunktserniedrigung

$$\Delta T_e = 4{,}31^0,$$

bei einem Mengenverhältnis der beiden Komponenten

$$\frac{m_2}{m_1} = \frac{0{,}320}{15{,}09}$$

(rückgerechnet aus $x_2 = 0{,}02$, also: $0{,}02 \cdot 160$ bzw. $0{,}98 \cdot 154$) erfolgt die Berechnung von M_2:

$$\Delta T_e = c_g E_e = \frac{1000\,n_2}{m_1} \cdot E_e = \frac{1000\,m_2}{M_2\,m_1} \cdot E_e$$

$$M_2 = \frac{1000\,m_2}{\Delta T_e\,m_1} \cdot E_e = \frac{1000 \cdot 0{,}320 \cdot 33{,}2}{4{,}31 \cdot 15{,}09} = \underline{163}\,.$$

Dieser Wert ist um 2% zu hoch gegenüber dem theoretischen Wert von 160 (Molekulargewicht des Stoffes B). Die Abweichung rührt daher, daß schon in diesem Konzentrationsbereich ($x_2 = 0{,}02$) Molenbruch und Konzentration nicht mehr ohne weiteres einander proportional gesetzt werden können,

$$x_2 = \frac{n_2}{n_1 + n_2} \approx \frac{n_2}{n_1},$$

dem Ausdruck, auf welchem die Konzentrationsmaße fußen.

Die Grenzgeraden der Erstarrungs-(Schmelzpunkts-)kurven ergeben sich aus den Daten der molekularen Gefrierpunktserniedrigungen der beiden Komponenten wie in Abb. 12 ersichtlich.

Bei einem angenommenen idealen Verhalten im gesamten Mischungsbereich würde der Punkt tiefsten Schmelzens, in dem die flüssige Mischung (Schmelze) mit beiden festen Stoffen A und B im Gleichgewicht steht, der eutektische Punkt, bei einer Zusammensetzung von etwa $x_2 = 0{,}16$ liegen. Die eutektische Temperatur läge bei $\approx 217°$ K.

Der Verlauf des Erstarrungs-(= Schmelz-)diagramms weicht bei den realen Systemen von diesem Grenzverlauf mehr oder weniger ab, so daß sich auch der Schnittpunkt, der eutektische Punkt, verlagert. Diese Diagramme werden experimentell ermittelt. An diesem einfachen Zweistoffsystem ist nur der prinzipielle Verlauf aus den Grenzgesetzen her gedeutet.

3. Chemische Reaktionen mit Mischphasenkomponenten.

Die energetischen Daten einer Reaktion, an der ein Stoff aus einer Mischphase (ein gelöster Stoff) beteiligt ist, erhält man in der üblichen Weise (vgl. § 10) durch geeignete Δ-Wert-Bildung, d. h. unter Verwendung der partiellen molaren Größe an Stelle der molaren Größe der Reinsubstanz.

Aus den energetischen Daten der Reaktion der reinen Stoffe gelangt man zu den Daten der Reaktion mit gelöstem Reaktionsteilnehmer durch entsprechende Kombination der thermochemischen Gleichungen der dem Gesamtvorgang zugrunde liegenden Teilvorgänge.

Als Beispiel hierfür soll die Reaktion $M + B_{(gel.\ in\ A,\ x\,=\,0{,}5)} = MB$ dienen, deren Daten wir aus denjenigen der Reaktion $M + B = MB$ und den Lösungsdaten für B in A ohne weiteres ermitteln können.

$$1)\qquad M + B = MB;\ \Delta H = -48000\ \text{cal}$$

(Die Reaktionsenthalpie sei aus experimenteller Ermittlung bekannt.)

$$2)\qquad \underline{B = B_{(gel.\ in\ A,\ x\,=\,0{,}5)};\ \Delta H = 167\ \text{cal}}$$

(Die Lösungsenthalpie ist für dieses Lösungssystem der Tabelle 52, Spalte 5 zu entnehmen.)

$$3)\qquad M + B_{(gel.\ in\ A,\ x\,=\,0{,}5)} = MB;\ \underline{\Delta H = -48167\ \text{cal.}}$$

Wir subtrahieren die zweite Gleichung von der ersten und gelangen so zur dritten mit dem resultierenden Enthalpiewert.

Entsprechend ihrer Abhängigkeit von der Zusammensetzung wird der Wert der Lösungsenthalpie variieren. Da die Lösungsenthalpie bei unendlicher Verdünnung den Grenzwert 930 cal erreicht, erhält man für die Reaktionsenthalpie bei äußerst verdünnter Lösung von B den Wert -48930 cal.

Die Ermittlung der übrigen Reaktionsgrößen Entropie und Freie Enthalpie läßt sich in gleicher Weise durchführen, sofern entsprechende Ausgangsdaten vorliegen.

Aus den Entropiewerten der reinen Reaktionsteilnehmer

	M	B	MB
S_{298}:	20,4	37,7	51

folgt als Reaktionsentropie für die Reaktion 1).

$$\underline{\Delta S_{298} = -7{,}1 \text{ Cl}.}$$

Daraus erhält man durch Subtraktion der Lösungsentropie für die Reaktion 2), die der Tab. 52, Spalte 7, zu entnehmen ist (1,55), die Reaktionsentropie für 3)

$$\underline{\Delta S_{298}} = -7{,}1 - 1{,}55 = \underline{-8{,}65 \text{ Cl}}$$

und für die Freie Enthalpie dieser Reaktion folgt dann aus $\Delta G = \Delta H - T\Delta S$

$$\underline{\Delta G_{298}} = -48167 \underbrace{-298 \cdot (-8{,}65)}_{+2580} = \underline{-45587 \text{ cal}.}$$

Die Reaktion geht trotzt negativer Reaktionsentropie sehr triebkräftig vor sich, da die große negative Reaktionsenthalpie bei dieser Temperatur noch den Ausschlag gibt. (Bei höheren Temperaturen fällt dann das zweite Glied mehr ins Gewicht, das Vorzeichen der Entropie wird ausschlaggebend.)

Da die Entropie und die Freie Enthalpie der Mischungskomponente bei unendlicher Verdünnung keinen endlichen Grenzwert haben, sondern ebenfalls unendlich werden, muß man sich bei diesen Größen stets auf Werte endlicher Konzentration beziehen.

Zum Vergleich mit den oben berechneten Reaktionsdaten bei einer Lösungskonzentration von B, $x_2 = 0{,}5$, sollen noch die Werte für $x_2 = 0{,}1$ gebracht werden (es sind hierfür die betreffenden Lösungsdaten von den Reaktionsdaten der Reaktion 1) abzuziehen):

für B gel., $x_1 = 0{,}1$

$$\Delta H = -48000 - 702 = \underline{-48702 \text{ cal}}$$

$$\Delta S = -7{,}1 - 5{,}66 = \underline{-12{,}76 \text{ Cl}}$$

$$\Delta G = -48702 - 298 \,.\, (-12.76) = \underline{-44900 \text{ cal}.}$$

E. Übungsbeispiele und Aufgaben.

Im folgenden werden, nachdem die prinzipielle rechnerische Behandlungsweise und zahlenmäßige Demonstration thermodynamischer Beziehungen durch die Modellbeispiele aufgezeigt wurde, verschiedene Beispiele — inhaltlich in etwa gleicher Reihenfolge wie die Paragraphen des theoretischen Teils — gerechnet. Weitere analoge bzw. abgewandelte Aufgaben lassen sich mit den Daten des Tabellenteils stellen.

Beispiel 1. Rechne die Wärmeeinheit 1 cal in absolute Energieeinheiten (erg) um, wenn das mechanische Wärmeäquivalent gegeben ist zu 426,78 mkg/kcal.

Ausrechnung: $1\,\text{kcal} = 426{,}78\ \text{m} \cdot \text{kg}_{(\text{Gew})}$

$$1000\,\text{cal} = 426{,}78 \cdot 10^2\,\text{cm} \cdot \underbrace{\text{kg}_{(\text{Gew.})}}_{1000\,\cdot\,980{,}665\,\text{dyn}}$$

$$\underline{1\,\text{cal} = 4{,}1853 \cdot 10^7\,\text{erg.}}$$

Beispiel 2. Rechne a) 1 Torr in absolute Druckeinheiten und b) 1 Atm in at, also 1 physikalische Atmosphäre in technische Atmosphären um.

Ausrechnung: a) $\underline{1\,\text{Torr}}$ (= 1 mm Hg) = $0{,}1 \cdot 13{,}5951 \cdot 980{,}665$

$$= \underline{1333{,}2\,\text{dyn} \cdot \text{cm}^{-2}}$$

b) $1\,\text{Atm} = x\,\text{at}$

$$x = \frac{1\,\text{Atm.}}{1\,\text{at}} = \frac{76 \cdot 13{,}5951 \cdot 980{,}665\,\text{erg}}{1000 \cdot 980\,665\,\text{erg}} = \underline{1{,}03323}$$

Beispiel 3. Wie groß ist das Molekulargewicht folgender Gase, deren Dichte bei 0° C und 1 Atm a) $0{,}0012505\,\text{g} \cdot \text{cm}^{-3}$, b) $0{,}0001785\,\text{g} \cdot \text{cm}^{-3}$, deren Kubikmetergewicht unter denselben Bedingungen c) $1{,}9768\,\text{kg} \cdot \text{m}^{-3}$, d) $0{,}7168\,\text{kg} \cdot \text{m}^{-3}$ beträgt.

Ausrechnung: Das Molvolumen idealer Gase bei 0° C und 1 Atm ist zu $22{,}415 \cdot 10^3\,\text{cm}^3 \cdot \text{mol}^{-1}$ bestimmt. Die Dichte ϱ gibt die Gramm (Masse) pro cm^3, also $\text{g} \cdot \text{cm}^{-3}$, an, mithin ist das Molgewicht gleich $\varrho \cdot 22{,}415 \cdot 10^3$;

a) $M = \underline{28{,}03}$ ($N_2 \cdots 28{,}016$)

b) $M = \underline{4{,}001}$ ($\text{He} \cdots 4{,}002$)

c) $M = \frac{1{,}9768 \cdot 1000}{100^3} \cdot 22{,}415 \cdot 10^3 = \underline{44{,}31}$ ($CO_2 \cdots 44{,}01$)

d) $M = \underline{16{,}07}$ ($CH_4 \cdots 16{,}04$).

Beispiel 4. Für eine 10%ige Rohrzuckerlösung soll die Konzentration, und zwar c_g (Gewichtskonzentration) sowie c (Volumenkonzentration) angegeben werden, letztere für 20° C, bei welcher Temperatur die Dichte der Lösung $\varrho_{(\vartheta = 20)} = 1{,}0381_3$.

Ausrechnung: $c_g = \frac{1000 \cdot n_2}{m_1}$ (Mol gelöster Stoff pro 1000 g Lösungsmittel)

$n_2 = \frac{m_2}{M_2}$, und das Molekulargew. des Rohrz., $M_2 = 342{,}29$

$$c_g = \frac{1000 \cdot m_2}{m_1 \cdot M_2} = \frac{1000 \cdot 10}{90 \cdot 342{,}29} = \underline{0{,}3246.}$$

Die Konzentration c (Mol pro Liter Lösung) $= \frac{1000\,n_2}{v}$

$$n_2 = \frac{m_2}{M_2};\quad v = \frac{m_1 + m_2}{\varrho} = \frac{(\text{Masse Lösung})}{(\text{Dichte Lösung})}$$

$$c = \frac{1000\,m_2 \cdot \varrho}{M_2\,(m_1 + m_2)};\quad \text{da}\ \frac{m_2}{m_1 + m_2} \cdot 100 = y\ (= \text{Gew.\%}),\ \text{so}$$

$$c = \frac{10 \cdot y \cdot \varrho}{M_2} = \frac{10 \cdot 10 \cdot 1{,}0381}{342{,}29} = \underline{0{,}3033.}$$

Beispiel 5. Die Zusammensetzung einer Silber-Gold-Legierung von 25 Gew.-% Ag soll durch Mol% bzw. den Molenbruch ausgedrückt werden.

Ausrechnung:

Atomgewicht von Au (Stoff 1) · · · 197,2

„ von Ag (Stoff 2) · · · 107,88

$$n_2 \cdots \text{Mol Ag} \cdots \frac{25}{107{,}88} = 0{,}23174$$

$$n_1 \cdots \text{Mol Au} \cdots \frac{75}{197{,}2} = 0{,}38032.$$

Der Molenbruch des Ag; $x_2 = \frac{n_2}{n_1 + n_2} = \frac{0{,}23\,174}{0{,}61\,206} = \underline{0{,}3786}$;

„ „ „ Au; $x_1 = \frac{n_1}{n_1 + n_2} = 1 - x_2 = \underline{0{,}6214}$.

Der 100fache Betrag ergibt die Mol%; <u>37,86 Mol% Ag</u>

<u>62,14 „ Au.</u>

Beispiel 6. Wie groß ist der Hg-Gehalt (Gew.% und Mol%) folgender intermetallischer Verbindungen: Hg_4Na, Hg_2Na, $HgNa$, $HgNa_3$?

Ergebnis: (Die Atomgewichte A_{Hg} · · · 200,61; A_{Na} · · · 22,997)

Mol%: 80; 66,66; 50; 25;

Gew%: 97,214; 94,579; 89,716; 74,41.

Beispiel 7. Welche Dichte hat das gasförmige Brom bei 0° C und 1 Atm (ideales Verhalten vorausgesetzt), wenn Br_2-Moleküle vorliegen? Wievielmal schwerer als Stickstoff ist der Bromdampf?

Ergebnis: $\varrho_{Br_2} = 0{,}007130\ \text{g/cm}^3$.

Das gasförmige Br_2 ist 5,7mal schwerer als Stickstoff (N_2).

Beispiel 8. Welche Dimension hat die Gaskonstante R und wie groß ist der Absolutwert von R im praktischen (l, Atm) und absoluten (cm, g, s) Maßsystem?

Ergebnis:

$$\text{a)}\ [R] = \left[\frac{p \cdot V}{T}\right] = \left[\frac{\text{dyn} \cdot \text{cm}^{-2} \cdot \text{cm}^3}{\text{grad} \cdot \text{mol}}\right] = \left[\frac{\text{g} \cdot \text{cm}^2 \cdot s^{-2}}{\text{grad} \cdot \text{mol}}\right] = \left[\frac{\text{Energie}}{\text{Grad} \cdot (\text{Mol})}\right],$$

$$\text{b)}\ R = \frac{{}^{N}p \cdot {}^{N}V}{{}^{N}T} = \frac{1 \cdot 22{,}415}{273{,}16} = \underline{0{,}082_{062}\ \text{l} \cdot \text{Atm}}$$

$$= \frac{\underset{(\text{cm})}{76} \cdot \underset{(\text{g}\cdot\text{cm}^{-3})}{13{,}6} \cdot \underset{(\text{cm}\cdot\text{s}^{-2})}{980} \cdot \underset{(\text{cm}^3)}{22415}}{\underset{(\text{Grad})}{273}} = \underline{8{,}3 \cdot 10^7\ \text{erg} \cdot \text{grad}^{-1}}.$$

Beispiel 9. Wie groß ist das scheinbare Molekulargewicht von Luft bei 1 Atm und 0° C auf Grund der Analysendaten von Tab. 11.

Ergebnis (Tabellenwert) . . . . <u>28,98</u>

Beispiel 10. Wie groß ist die Luftdichte bei 0° C bzw. 25° C und 1 Atm?

Ausrechnung: Auf Grund des Gay-Lussacschen Gesetzes beträgt die Ausdehnung idealer Gase 1/273,16 des Volumens bei 0° C, also $V_\vartheta = {}^{N}V\,(1 + \alpha\,\vartheta)$

$${}^{N}\varrho = \frac{M}{{}^{N}V} = \frac{28{,}98}{22\,415} = 0{,}0012929$$

$$V_\vartheta = 22415\left(1 + \frac{20}{273{,}16}\right) = 24061\ \text{cm}^3$$

$$\varrho_{\vartheta=20} = \frac{M}{V} = \frac{28{,}98}{24\,061} = 0{,}001204_4.$$

Beispiel 11. Die gegenseitige Beziehung der drei Koeffizienten, die die Zustandsänderungen bei isothermen, isobaren und isochoren Prozessen kennzeichnen, also Kompressibilitäts-, Ausdehnungs- und Spannungskoeffizient, ist abzuleiten.

Ausführung: $p = \varphi\,(v,\ T)$

$$dp = \left(\frac{\partial p}{\partial T}\right)_v d\,T + \left(\frac{\partial p}{\partial v}\right)_T dv.$$

Für isobare Änderung zwischen T und v; $dp = 0$,

$$-\left(\frac{\partial v}{\partial T}\right)_p = \frac{\left(\frac{\partial p}{\partial T}\right)_v}{\left(\frac{\partial p}{\partial v}\right)_T}.$$

Beispiel 12. Berechne den Spannungskoeffizienten $\frac{1}{^N p}\left(\frac{\partial p}{\partial T}\right)_v$ von Wasser bei 20° C (auf Atm bezogen), wenn gegeben sind:

der kubische Ausdehnungskoeffizient $\alpha = \frac{1}{^N V}\left(\frac{\partial V}{\partial T}\right)_p = 18 \cdot 10^{-5}\,\text{grad}^{-1}$,

der isotherme kubische Kompressibilitätskoeffizient

$$\chi = -\frac{1}{^N V}\left(\frac{\partial V}{\partial p}\right)_T = 49{,}1 \cdot 10^{-6}\ \text{Atm}^{-1}.$$

Ausrechnung:

$$^N p \cdot \beta = \left(\frac{\partial p}{\partial T}\right)_v = -\left(\frac{\partial V}{\partial T}\right)_p \cdot \left(\frac{\partial p}{\partial V}\right)_T = -\frac{\frac{1}{^N V}\left(\frac{\partial V}{\partial T}\right)_p}{\frac{1}{^N V}\left(\frac{\partial V}{\partial p}\right)_T} =$$

$$\frac{\alpha}{\chi} = \frac{18 \cdot 10^{-5}}{49{,}1 \cdot 10^{-6}} = \underline{3{,}66\ \text{Atm} \cdot \text{grad}^{-1}}$$

$$\underline{\beta = 3{,}66\ \text{grad}^{-1}},$$

d. h. um Wasser bei Erwärmung um 1° auf konstantem Volumen zu halten ist eine Drucksteigerung um 3,66 Atm nötig.

Beispiel 13. Die beiden Gasgesetze, das Gay-Lussacsche $v = \varphi\,(T)$ und das Boyle-Mariottesche $v = \varphi\,(p)$ sind graphisch darzustellen. Welche Kurvenformen erhält man?

Ergebnis: eine lineare Abhängigkeit (Kurve: Gerade) und
eine hyperbolische „ („ : Hyperbel), bei
der praktisch realisierbar und damit sinnvoll, nur die Kurvenzüge mit den positiven Variablen sind.

Beispiel 14. Der Partialdruck des Sauerstoffs in wasserdampfgesättigter Luft bei 745 mm Hg und 25° C ist zu ermitteln. Luftzusammensetzung s. Tab. 11, Wasserdampfdruck s. Tab. 25.

Ausrechnung: Der Partialdruck der trockenen Luft ist 745—23,7 Torr und der Sauerstoffpartialdruck beträgt davon $\frac{20,99}{100}$, also

$$p_{O_2} = \frac{721,3 \cdot 20,99}{100} = \mathbf{151,4\ Torr} = \mathbf{0,1992\ Atm.}$$

Beispiel 15. Das Molekulargewicht einer Substanz ist aus der Dampfdichtebestimmung nach VIKTOR MEYER zu ermitteln. Bei 0,2150 g Einwaage erhält man über Wasser als Sperrflüssigkeit bei 20° C und 750 mm Luftdruck 41,9 cm^3 verdrängtes Gas. Wie groß sind Dampfdichte und Molekulargewicht der verdampften Substanz?

Ausrechnung: Aus $p v = n RT = \frac{m}{M} RT$ folgt $M = \frac{m \cdot R \cdot T}{p \cdot v}$.

Bei Rechnung von v in Litern und p in Atm erhält man (mit abgerundeten Zahlen:)

$$M = \frac{0,215 \cdot 0,082 \cdot 293}{\frac{750 - 23,7}{760} \cdot 0,0419} = \mathbf{129}.$$

(Der einzusetzende Druck ergibt sich als Differenz aus Barometerstand und Wasserdampfpartialdruck [s. Tab. 25]).

Beispiele über die Zustandsgleichung realer Gase (VAN DER WAALS):

Beispiel 16. Welche Dimension besitzen die beiden Koeffizienten der van der Waalsschen Gleichung?

Ergebnis: Nur dimensionsgleiche Größen sind addierbar, daher hat a/V^2 die Dimension eines Drucks, somit $[a] = [g \cdot cm^5 \cdot s^{-2}]$; aus $V - b$ folgt $[b] = [cm^3]$.

Beispiel 17. Die kritischen Daten (Wendepunktskoordinaten) sollen aus der van der Waalsschen Gleichung hergeleitet werden

a) aus der Gleichung dritten Grades (Zusammenfallen der drei Wurzeln),

b) durch Differentiation.

Ausführung: a) Die van der Waalssche Gleichung ausmultipliziert

$$p V + \frac{a}{V} - b p - \frac{ab}{V^2} = R T,$$

auf gleichen Nenner gebracht und diesen eliminiert,

$$pV^3 + aV - bpV^2 - ab = RTV^2,$$

nach fallenden Potenzen von V geordnet und zusammengefaßt

$$V^3 - V^2\left(b + \frac{RT}{p}\right) + V\frac{a}{p} - \frac{ab}{p} = 0. \qquad (\times)$$

Die Bedingung

$$(V - V_1)(V - V_2)(V - V_3) = 0$$

muß erfüllt sein. Dies kann nur der Fall sein, wenn entweder zwei oder keine imaginäre Wurzeln vorliegen (durch Multiplikation zweier imaginärer Größen erhält man wieder eine reele). Mathematisch können die einzelnen Wurzeln auch negativ sein, physikalisch hat dies aber keinen Sinn.

Für den Wendepunkt, den kritischen Punkt, fallen die drei Wurzeln zusammen, also $V_1 = V_2 = V_3 = V_{kr}$, somit

$$(V - V_{kr}) = 0 = V^3 - 3V^2 V_{kr} + 3\,V\,V_{kr}^2 - V_{kr}^3. \qquad (\times)$$

Durch Koeffizientenvergleich der beiden angekreuzten Gleichungen folgt

$$1. \quad 3V_{kr} = b + \frac{R\,T_{kr}}{p_{kr}}.$$

$$2. \quad 3V_{kr}^2 = \frac{a}{p_{kr}}$$

$$3. \quad V_{kr}^3 = \frac{a\,b}{p_{kr}}.$$

Daraus werden V_{kr}, p_{kr} und T_{kr} berechnet in ihrer Abhängigkeit von den Koeffizienten.

Aus Gleichung 3) durch 2) folgt $\underline{V_{kr} = 3b}$,

,, ,, 2) dann $\underline{p_{kr} = \frac{a}{27\,b^2}}$

und ,, 1) $\underline{T_{kr} = \frac{8\,a}{27\,b\,R}}$.

b) Zwecks Differentiation der van der Waalsschen Gleichung lösen wir dieselbe nach p auf ($R\,T$ wollen wir als konstant gleich C setzen).

$$\alpha) \qquad p = \frac{C}{V-b} - \frac{a}{V^2}$$

$$\beta) \qquad \frac{d\,p}{d\,V} = -\frac{C}{(V-b)^2} + \frac{2\,a}{V^3} \qquad = 0 \text{ (beim Wendepunkt)}$$

$$\gamma) \qquad \frac{d^2\,p}{d\,V^2} = \frac{2\,C}{(V-b)^3} - \frac{6\,a}{V^4} \qquad = 0 \text{ (beim Wendepunkt).}$$

Für V im Wendepunkt (erste und zweite Ableitung gleich 0) ist V_{kr} zu setzen. Dividieren wir die Gleichung γ') durch β')

$$\beta')\ 2a\,(V_{kr} - b)^2 = C \cdot V_{kr}^3$$

$$\gamma')\ 3a\,(V_{kr} - b)^3 = C \cdot V_{kr}^4$$

$$\frac{3}{2}\,(V_{kr} - b) = V_{kr}$$

$$\underline{V_{kr} = 3b}$$

Durch Einsetzen des Wertes $3b$ für V_{kr} in Gleichung γ wird C und damit T_{kr} berechnet und mit diesen Werten p_{kr}, mit dem bereits unter a) verzeichneten Ergebnis.

Beispiel 18. Aus den kritischen Daten des Äthylens C_2H_4 sind die Koeffizienten der van der Waalsschen Gleichung aufzusuchen.

Das kritische Volumen ist aus dem Zusammenhang zwischen p_{kr}, T_{kr} und V_{kr} aus den beiden übrigen kritischen Daten zu errechnen.

Wie lautet dann die Gleichung für das Äthylen? Zeichne einige Isothermen des C_2H_4 (etwa für 350°, 298°, 282,66°, 250° K), vergleiche sie mit den Isothermen des idealen Gases und grenze die Gebiete des permanenten Gases, des Dampfes und der Flüssigkeit ein.

Gegeben für C_2H_4 ($M = 28{,}05$): $\vartheta_{kr} = 9{,}5°$ C

$p_{kr} = 50{,}7$ Atm.

Ausrechnung:

Der Quotient $\frac{p_{kr} \cdot V_{kr}}{R \cdot T_{kr}} = \frac{3}{8}$.

(Nach der idealen Gasgleichung wäre er gleich 1.)

R ist in cm³ Atm/grad ··· 82,062,

$$V_{kr} = \frac{3 \cdot 82{,}062 \cdot 282{,}66}{50{,}7} = \underline{171{,}5 \text{ cm}^3}.$$

$$b = \frac{V_{kr}}{3} = \underline{57{,}17}; \; a = p_{kr} \cdot 27\, b^2 = 50{,}7 \cdot 27 \cdot 57{,}17^2 = \underline{4{,}474 \cdot 10^6}.$$

Die van der Waalssche Gleichung für das Äthylen lautet somit

$$\underline{\left(p + \frac{4.474 \cdot 10^6}{V^2}\right)(V - 57{,}17) = 82{,}062\, T} \text{ (in cm}^3 \text{ und Atm).}$$

Die p—V-Daten für die betrachteten Isothermen errechnen sich aus der van der Waalsschen Gleichung; für $T = 350°$ K ist $RT = 82{,}06 \cdot 350 = 28721$. Bei $V = 1000$ cm³ ergibt sich

$$p = \frac{28721}{1000 - 57{,}17} - \frac{4{,}474 \cdot 10^6}{1000^2}$$
$$= 30{,}46 \quad - \quad 4{,}47 \quad = \underline{26{,}0 \text{ Atm.}}$$

V (cm³)	$T = 250°K$	$282{,}66°K$	$298°K$	$350°K$	id. Gas $350°K$
	p (Atm)	p (Atm)	p (Atm)	p (Atm)	p (Atm)
25 000	0,815	0,924	—	—	—
10 000	2,02	2,29	2,4	—	—
1 000	17,23	20,18	21,48	26,0	28,7
800	—	—	25,9	31,6	35,9
500	28,4	—	37,4	46,9	57,4
300	34,6	45,8	50,9	68,4	95,7
250	34,8	—	—	—	—
200	31,5	—	—	89	143,6
171,5	27,5	50,7	61	—	—
150	22,5	—	—	—	—
130	16	53	71	—	—
100	32	95	124	223	287
60	6000	6960	7388	—	—

Weitere so ermittelte Daten für diese und andere Isothermen sind in der nebenst. Tabelle zusammengestellt, die daraus sich ergebenden Kurven sind in Abb. 1 eingezeichnet.

Die 350°-Isotherme nähert sich in ihrer Gestalt bereits der Isotherme des idealen Gases; die Abweichungen, insbesondere bei höheren Drucken, gehen aus der Gegenüberstellung der Werte nach der idealen Gasgleichung, die in der letzten Spalte der Tabelle zum Vergleich angeführt sind, hervor.

In Abb. 1 S. 15, sind die obigen Isothermen in dem Zustandsgebiet bis zu $V = 1000$ cm³ und $p \cong 100$ Atm eingezeichnet. Die schleifenförmigen Mittelstücke bei den Isothermen unterhalb der kritischen Temperatur sind physikalisch nicht realisiert; bei diesen Isothermen (in der Abb. 1 für $T = 250°$ K gezeigt) läßt sich das Gas bis zum Punkt A komprimieren, dort steht es mit der Flüssigkeit, zu der es bei diesem Druck kondensiert, im Gleichgewicht, um bei weiterer Druckerhöhung nur mehr die geringe Komprimierbarkeit der reinen Flüssigkeit zu zeigen.

Beispiel 19. a) Die Isothermen des C_2H_4 nach der van der Waalsschen Zustandsgleichung sind für die Temperaturen $T = 350, 500, 800, 1000$ und $1200°$ K in Abhängigkeit des Produktes pV von p (bis zu 300 Atm) zu zeichnen und daraus auf graphischem Wege die Boyle-Temperatur zu ermitteln.

b) Die Boyle-Temperatur für C_2H_4 ist auf rechnerischem Wege zu ermitteln.

c) Wo liegt danach die Inversionstemperatur und was besagt diese?

Ausführung: Für die angegebenen Temperaturen — und damit gegebenen Werte für RT — wird nach der van der Waalsschen Gleichung zu gewissen V-Werten der dazugehörige p-Wert ermittelt (s. Beispiel 18) und das Produkt pV gebildet. Die Koeffizientenwerte sind dem Beispiel 18 bzw. der Tab. 12 zu entnehmen: $a = 4{,}474 \cdot 10^6$; $b = 57{,}17$. Die sich ergebenden Zahlenwerte sind in der folgenden Tabelle zusammengestellt, ihre graphische Auftragung zeigt Abb. 33.

Die Isotherme bei 1000°K zeigt bei kleinsten Drucken nahezu horizontalen Verlauf (horizontales Einmünden bei $p = 0$), das entspricht idealem Grenzverhalten bei Druckverringerung. Die Temperatur, bei der dies der Fall ist, stellt die Boyle-Temperatur dar.

Zu b) Berechnen läßt sich die Boyle-Temperatur aus den Koeffizienten der van der Waalsschen Gleichung a und b auf Grund folgender Überlegung:

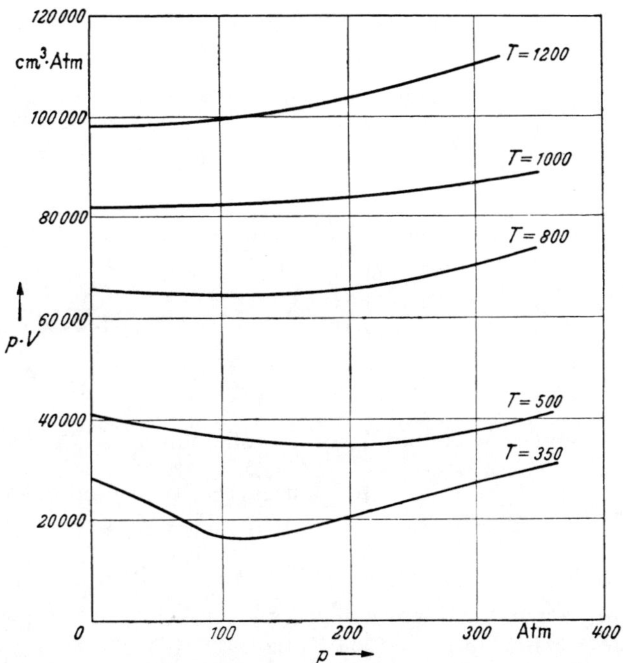

Abb. 33. Isothermen des C_2H_4 für Temperaturen $T = 350, 500, 800, 1000$ und $1200°$ K. Aufgetragen ist das Produkt pV (nach VAN DER WAALS) gegen p zwecks Ermittlung der Boyle-Temperatur auf graphischem Wege.

V (cm³)	$T = 350°$ K $RT = 28700$		$T = 500°$ K $RT = 41031$		$T = 800°$ K $RT = 65650$		$T = 1000°$ K $RT = 82062$		$T = 1200°$ K $RT = 98474$ cm³ Atm	
	p (Atm)	pV (cm³ · Atm)	p	pV	p	pV	p	pV	p	pV
100000	—	—	0,41010	41010	$0{,}6564_2$	65642	$0{,}8206_3$	82063	0,9849	98490
50000	—	—	—	—	—	—	1,6413	82065	—	—
10000	—	—	4,0820	40820	6,5579	65579	8,208	82080	9,859	98590
1000	26,0	26000	39,05	39050	65,16	65160	52,566	82566	99,984	99984
500	46,9	23450	74,7	37350	130	65000	167	83500	209,6	104800
300	68,4	20550	119	35700	221	66300	288	86400	—	—
100	223	22300	511	51100	1085	108500	1469	146900	—	—

Wir formen die Gleichung

$$\left(p + \frac{a}{V^2}\right)(V - b) = R\,T \text{ um in}$$

$$p = \frac{RT}{V-b} - \frac{a}{V^2}, \text{ bzw.}$$

$$p \cdot V = \frac{R\,T}{1 - \frac{b}{V}} - \frac{a}{V} = R\,T\left(\frac{1}{1 - \frac{b}{V}} - \frac{a}{R\,T\,V}\right).$$

Aus dieser Form ersieht man, daß das Produkt $p\,V$ dann gleich $R\,T$ wird (ideales Verhalten), wenn der Klammerausdruck gleich 1 ist. Da wir nur das Grenzverhalten bei gegen Null konvergierenden Drucken (sehr groß werdenden Volumina) zu betrachten haben, läßt sich eine vereinfachende Umformung des Ausdrucks $\frac{1}{1 - \frac{b}{V}}$ vornehmen. Das Volumen V ist dann groß gegenüber b, dem Kovolumen, ($V \gg b$), und so ist $\frac{b}{V}$ sehr klein, es läßt sich also schreiben:

$$\frac{1}{1 - \frac{b}{V}} \simeq 1 + \frac{b}{V}$$

(Regel für Rechnen mit kleinen Zahlen).

Für $V \gg b$ ist somit:

$$p \cdot V \cong R\,T \cdot \left(1 + \frac{b}{V} - \frac{a}{R\,T\,V}\right)$$

$$p \cdot V \cong R\,T\left(1 - \frac{B}{V}\right), \quad \text{wobei } B = \frac{a}{R\,T} - b,$$

$p\,V$ ändert sich linear mit $\frac{1}{V}$, oder linear mit p, da $V \approx$ prop. $\frac{1}{p}$,

$p\,V > R\,T$, wenn B negativ (wenn Volumkorrektur b überwiegt),

$p\,V < R\,T$, „ B positiv (wenn erstes Glied überwiegt).

Bei höherer Temperatur ist der erstere Fall realisiert, denn das Glied $\frac{a}{RT}$ mit T im Nenner wird dann kleiner und bei tieferer Temperatur, wo die Verhältnisse umgekehrt liegen, ist der letztere Fall zutreffend.

Soll das Glied $\frac{B}{V}$ null sein, d. h. bei wachsendem Volumen ideales Grenzverhalten vorliegen, dann muß $B = 0$ sein, somit können wir diese Temperatur, bei der dies der Fall ist, die Boyle-Temperatur, aus dem Ausdruck für B berechnen:

$$\underline{T_{Boyle} = \frac{a}{b\,R}}.$$

Für das Äthylen folgt damit: $T_{Boyle} = \frac{4{,}474 \cdot 10^6}{57{,}17 \cdot 82{,}062} = \underline{953^\circ\,\text{K}}.$

Zu c) Die Inversionstemperatur beträgt etwa das Doppelte der Boyletemperatur

$$T_{Inv.} \simeq 2 \cdot T_{Boyle}$$

(dies ist auch mit Hilfe der van der Waalsschen Gleichung ableitbar).

Sie ist jene Temperatur, oberhalb der eine Entspannung, also Volumvermehrung bei realen Gasen eine Erwärmung, unterhalb dieser jedoch eine Abkühlung bewirkt (Joule—Thomson-Effekt). Für das Äthylen erhält man danach $T_{Inv} = 1906°$ K ($= 1633°$ C).

Überschlägig gilt, daß bei der halben Boyle-Temperatur pro Atmosphäre Entspannung 1° Abkühlung erzielt wird.

Bei 477° K (204° C) würde dies bei Äthylen der Fall sein, bei noch tieferen Temperaturen ist der Effekt noch größer.

Beispiel 20. Es sind jeweils 4 l eines ein- bzw. zweiatomigen idealen Gases von dem Ausgangszustand bei 0,25 Atm und 300° K zu komprimieren und zwar a) isotherm und b) adiabatisch. Die Vorgänge sind in p, v- und T, v-Koordinaten im Bereich zwischen $v = 4$ l und $v = 0{,}5$ l darzustellen.

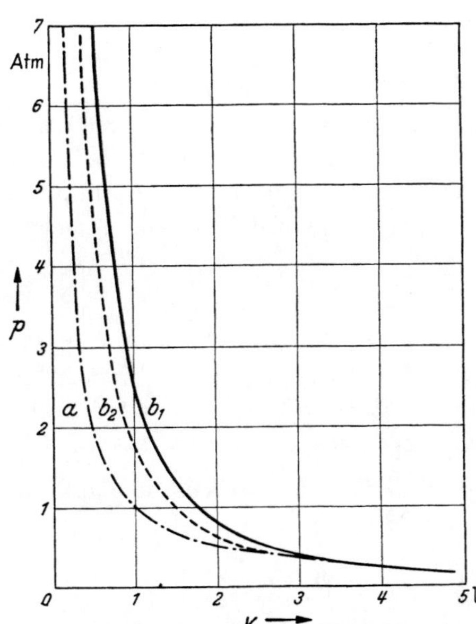

Abb. 34. Isotherme (a) und Adiabaten (b_1, b_2) für ideale 1- und 2-atomige Gase in p—v-Koordinaten.

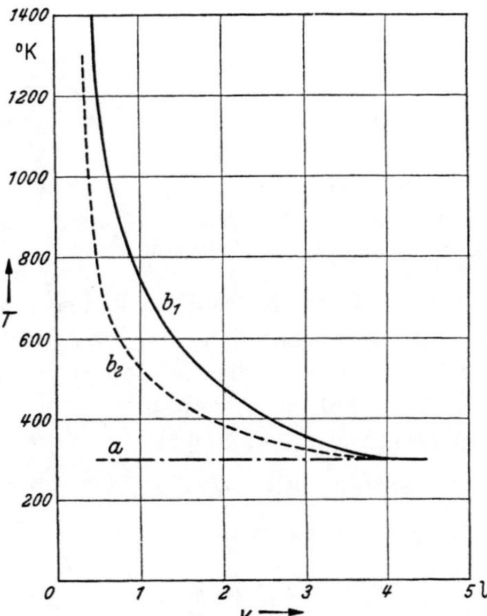

Abb. 35. Isotherme (a) und Adiabaten (b_1, b_2) für ideale 1- und 2-atomige Gase in T—v-Koordinaten.

Ausführung: Für die Isotherme gilt das Boyle-Mariottesche Gesetz $p \cdot v =$ const., also

a)

v	p
4 l	0,25 Atm
2 l	0,5 ,,
1 l	1 ,,
0,5 l	2 ,,

Für die Adiabaten gelten die Poissonschen Gleichungen $p_2 \cdot v_2^\gamma = p_1 \cdot v_1^\gamma$ und $T_2 \cdot v_2^{\gamma-1} = T_1 \cdot v_1^{\gamma-1}$

$\gamma = \frac{C_p}{C_v}$, also für das einatomige Gas $\frac{5}{3} = 1{,}66$ und für das zweiatomige Gas $\frac{7}{5} = 1{,}40$;

b_1) für das einatomige Gas: $b)_2$ für das zweiatomige Gas:

v	p	v	p
4	0,25	4	0,25
2	0,79	2	0,66
1	2,49	1	1,74
0,5	7,9	0,5	4,6

v	T	v	T
4	300° K	4	300° K
2	475	2	395
1	748	1	522
0,5	1180	0,5	688

In Abb. 34 sind die p, v-Kurven eingezeichnet, die Adiabaten zeigen einen steileren Druckanstieg und zwar ist die Abweichung von der Isotherme bei dem einatomigen Gas am größten (größter γ-Wert). In Abb. 35, der T, v-Darstellung, kommt die größere Erwärmung des einatomigen Gases bei der adiabatischen Kompression zum Ausdruck.

Beispiel 21. Ein Mol eines idealen zweiatomigen Gases wird adiabatisch auf $^1/_{10}$ seines Ausgangsdruckes von 1 Atm expandieren gelassen. Wie groß sind das Endvolumen und die Endtemperatur, wenn die Ausgangstemperatur 298° K betrug? Welcher Arbeitsbetrag wird hierbei aufgewendet? Wie würden die entsprechenden Daten bei einer isothermen Expansion lauten?

Ausrechnung: Das Ausgangsvolumen ergibt sich aus der Gasgleichung zu $\underline{V_1} = 0{,}082 \cdot 298 = \underline{24{,}4\ \text{l}}$; $\gamma = \frac{7}{5} = 1{,}4$

$$p_2 V_2^{\gamma} = p_1 V_1^{\gamma} \qquad T_2^{\gamma} \cdot p_2^{1-\gamma} = T_1^{\gamma} \cdot p_1^{1-\gamma}$$

$$0{,}1 \cdot V_2^{1,4} = 1 \cdot 24{,}4^{1,4} \qquad T_2^{1,4} \cdot 0{,}1^{-0,4} = 298^{1,4} \cdot 1^{-0,4}$$

$$\underline{V_2 = 127\ \text{l}} \qquad \underline{T_2 = 206^0\ \text{K}}\ (= -67^0\ \text{C})$$

Der Arbeitsbetrag ist $C_v\,(T_2 - T_1) = \frac{5}{2} R\,(206 - 298) = \underline{\underline{-456\ \text{cal.}}}$

Bei isothermer Dilatation gelangt man zum 10fachen Ausgangsvolumen, also $\underline{244\ \text{l}}$, und die isotherme Arbeit, die der aufgenommenen Wärmemenge entspricht, ergibt sich zu $-RT \cdot \ln \frac{V_2}{V_1} = -298 \cdot 1{,}987 \cdot 2{,}3 \lg 10 = \underline{\underline{-1360\ \text{cal.}}}$

Beispiel 22. Mit einem Mol eines einatomigen idealen Gases ist ein Carnotscher Kreisprozeß durchzuführen, und zwar ist von dem Ausgangszustand bei 1 Atm und 300° K das Gas isotherm auf das doppelte Volumen auszudehnen und die darauffolgende adiabatische Entspannung bis zu einer Abkühlung um 100° durchzuführen. Es ist

a) der Kreisprozeß in p, V und T, V-Koordinaten graphisch darzustellen,

b) die Arbeitssumme aus den Teilarbeitsbeträgen zu ermitteln,

c) die Arbeitsausbeute, d.h. der Wirkungsgrad einer entsprechend arbeitenden Maschine zu berechnen,

d) der mechanische Wirkungsgrad bei Führung des Prozesses zwischen 300° K und einer um 10, 50 und 100° tieferen, sowie einer um 10, 50 und 100° höheren Temperatur zu vergleichen.

Ausrechnung:

Zu a) Das Ausgangsvolumen ist auf Grund der Gasgleichung

$$V_1 = \frac{RT}{p} = 0{,}082 \cdot 300$$
$$= \underline{24{,}6\ \mathrm{l}.}$$

Der erste Schritt besteht in der isothermen Ausdehnung bei $T_1 = 300°$ K auf das doppelte Volumen: $V_2 = 49{,}2$ l. Auf Grund des Boyle-Mariotteschen Gesetzes $p_1 V_1 = p_2 V_2$ oder der Gasgleichung

$$pV = RT$$

folgt $p_2 = 0{,}5$ Atm.

Der zweite Schritt besteht in einer adiabatischen Dilatation bis zu einer Abkühlung auf $T_3 = 200°$ K. Das hierbei erreichte Volumen ist aus der Poissonschen Gleichung für adiabatische Zustandsänderungen für V und T zu errechnen, also $T_3 V_3^{\gamma-1} = T_2 V_2^{\gamma-1}$. Für das einatomige Gas ist $\gamma = 5/3 = 1{,}66$; $T_2 = T_1 = 300°$, somit

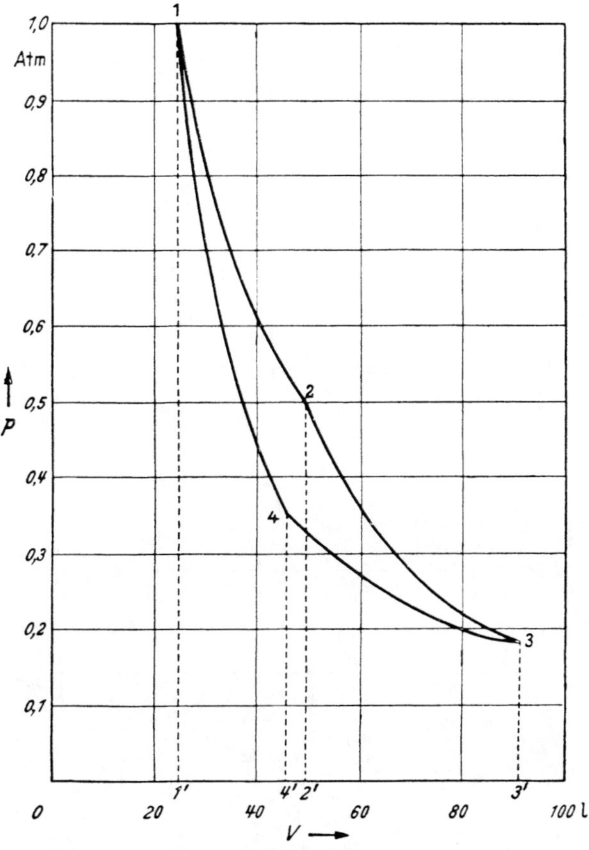

Abb. 36. Darstellung des CARNOTschen Kreisprozesses in p, v-Koordinaten.

$$V_3 = 49{,}2 \cdot \sqrt[0{,}66]{1{,}5} = \underline{91{,}0\ \mathrm{l}.}$$

Der dritte Schritt besteht in einer isothermen Verdichtung auf jenes Volumen, das bei darauffolgender adiabatischer Kompression bei Erwärmung um 100° wieder zum Ausgangszustand führt. Es läßt sich daher V_4 von V_1 aus auf dieselbe Weise wie V_3 aus V_2 errechnen, doch ist dies wegen der Gleichheit der Temperaturen $T_1 = T_2$ und $T_3 = T_4$ nicht nötig, da daraus auch ein gleiches Volumverhältnis $V_2/V_3 = V_1/V_4$ und damit auch $V_2 : V_1 = V_3 : V_4$ folgt; $\underline{V_4 = 45{,}5\ \mathrm{l}.}$

Der vierte Schritt schließt den Kreis durch die adiabatische Kompression von V_4 auf das Ausgangsvolumen V_1.

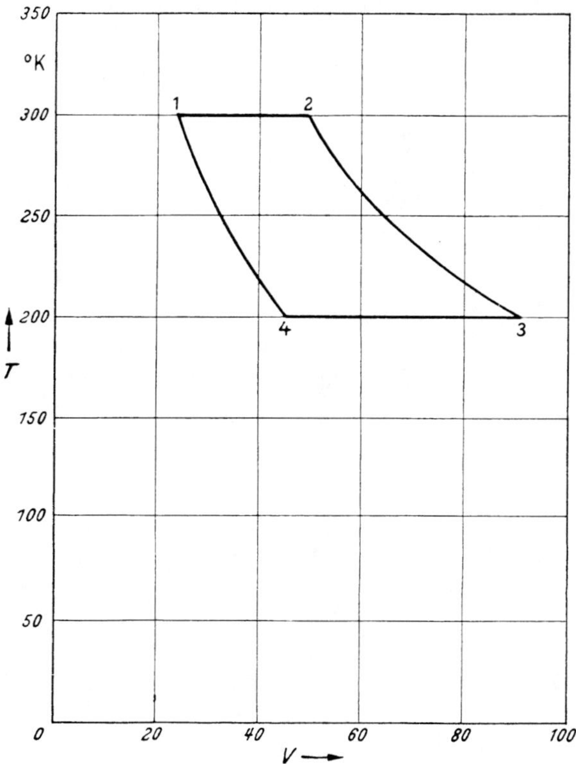

Abb. 37. Darstellung des CARNOTschen Kreisprozesses in T, v-Koordinaten.

Die Drucke p_3 und p_4 ergeben sich aus der Poissonschen Beziehung $p_3 V_3^\gamma = p_2 V_2^\gamma$; da hier aber sowohl T als auch V gegeben bzw. bestimmt sind, ist der einfachere Weg der der Bestimmung aus der Gasgleichung.

Die Daten für die vier Zustände sind in der folgenden Tabelle zusammengestellt, der Kreisprozeß ist in Abb. 36 u. 37 graphisch dargestellt.

Zust.	(°K) T	p (Atm)	(l) V
1	300	1	24,6
2	300	0,5	49,2
3	200	0,18	91,0
4	200	0,36	45,5

Zu b) Die Teilbeträge der reversibel geführten Arbeiten ergeben sich bei den einzelnen Schritten wie folgt:

$$A_{1\to 2} = \int_1^2 d A_{rev} = -\int_1^2 p\, d V = -R T \int_{v_1}^{v_2} \frac{d V}{V} = -R T \cdot \ln \frac{V_2}{V_1}$$

$$= -1{,}987 \cdot 300 \cdot 2{,}3 \cdot \lg 2 = \underline{-413 \text{ cal.}}$$

$$A_{2\to 3} = \int_2^3 d A_{rev} = \int_{T_2}^{T_3} C_v\, d T = C_v (T_3 - T_2) = \frac{3}{2} R (200 - 300)$$

$$= -1{,}5 \cdot 1{,}987 \cdot 100 = \underline{-298 \text{ cal}}$$

$$A_{3\to 4} = \int_3^4 d A_{rev} = -\int_3^4 p\, d V = -R T \int_{V_3}^{V_4} \frac{d V}{V} = -R T \cdot \ln \frac{V_4}{V_3}$$

$$= -1{,}987 \cdot 200 \cdot 2{,}3 \cdot \lg \frac{1}{2} = \underline{+275 \text{ cal}}$$

$$A_{4\to 1} = \int_4^1 d A_{rev} = \int_{T_4}^{T_1} C_v\, d T = C_v (T_1 - T_4) = \frac{3}{2} R (300 - 200)$$

$$= +298 \text{ cal}$$

$$A_{\bigcirc} = \sum \int dA_{rev} = -RT_1 \cdot \ln \frac{V_2}{V_1} - RT_3 \cdot \ln \frac{V_4}{V_3} \qquad \left(\text{infolge } \frac{V_2}{V_1} = \frac{V_3}{V_4}\right)$$

$$= -RT_1 \cdot \ln \frac{V_2}{V_1} + RT_3 \cdot \ln \frac{V_2}{V_1} = -R(T_1 - T_3) \ln \frac{V_2}{V_1}$$

$$= -413 + 275 = \underline{-138 \text{ cal.}}$$

Die bei dem Kreisprozeß insgesamt geleistete Arbeit beträgt also 138 cal.

Zu c) Die vom System aufgenommene Wärmemenge entspricht der bei diesem ersten Schritt geleisteten Arbeit, also

$$\underline{Q_{rev, 1 \to 2} = +413 \text{ cal.}}$$

Die Arbeitsausbeute stellt den Quotienten aus insgesamt geleisteter Arbeit und aufgenommener Wärmemenge dar:

$$-\frac{A_{\bigcirc}}{Q_{rev,1\to 2}} = \frac{138}{413} = \underline{0{,}333},$$

oder aus den Ausdrücken für $A_{\bigcirc}$ und Q_{rev}:

$$\frac{T_1 - T_3}{T_1} = \frac{100}{300} = 0{,}333$$

Zu d) Zwischen den angeführten oberen (T_1) und unteren (T_3) Temperaturen ergeben sich aus der vorstehenden Beziehung für die Arbeitsausbeute die Werte der nebenstehenden Tabelle:

$T_1 - T_3$	$\frac{T_1 - T_3}{T_1}$	$T_1 - T_3$	$\frac{T_1 - T_3}{T_1}$
400—300	0,25	300—200	0,333
350—300	0,143	300—250	0,166
310—300	0,0323	300—290	0,0333

Man ersieht, daß der Wirkungsgrad um so größer ist, je tiefer die Arbeitstemperaturen liegen und je größer die Temperaturdifferenzen sind, zwischen denen sich der Kreisprozeß abspielt (gegen den absoluten Nullpunkt konvergiert der Wirkungsgrad gegen 1).

Die in Abb. 36 von den Kurvenzügen 1, 2, 3, 4, 1 umschriebene Fläche im p, V-Diagramm entspricht der beim Kreisprozeß geleisteten Arbeit $A_{\bigcirc}$, die durch 1, 2, 2′, 1′, 1 umgrenzte Fläche entspricht der aufgenommenen Wärmemenge $Q_{1\to 2}$.

Beispiel 23. An Stelle des vorstehenden Zahlenbeispiels soll das Ergebnis des Carnotschen Kreisprozesses — die maximale Arbeitsausbeute — allgemein für eine beliebige Molzahl n eines idealen Gases abgeleitet werden.

Ausführung: Die einzelnen Schritte sollen hier nicht mehr gesondert interpretiert werden, es sei diesbezüglich auf das vorige Beispiel verwiesen.

Gasgleichung für beliebige Molzahl: $p \cdot v = nRT$,

Isotherme Ausdehnung vom Ausgangszustand v_1, p_1, T_1 auf das Volumen v_2 (Zustand v_2, p_2, T_1).

$$\text{Arbeit: } \underline{A_{1\to 2} = -nRT_1 \cdot \ln \frac{v_2}{v_1}}\,.$$

Adiabatische Ausdehnung bis zur Abkühlung auf T_3 (Zustand v_3, p_3, T_3). Verkettung der Zustandsgrößen bei adiabatischen Zustandsänderungen durch die Poissonschen Gleichungen, zwischen den v- und T-Werten, $T_3 v_3^{\gamma-1} = T_2 v_2^{\gamma-1}$, wobei hier $T_2 = T_1$.

$$\text{Arbeit: } \underline{A_{2\to 3} = nC_v\,(T_3 - T_1)}.$$

Isotherme Kompression von Zustand 3 auf Zustand $4(v_4,\ p_4,\ T_3)$, d. h. bis zu jenem Volumen, das bei dem nächsten adiabatischen Schritt wieder zum Ausgangszustand führt. Infolge der Gleichheit der Temperaturen der beiden adiabatischen Schritte ist auch das Volumverhältnis der beiden Adiabaten-Endzustände gleich $v_3/v_2 = v_4/v_1$ und damit auch das Verhältnis der Volumina der beiden Isothermen-Endzustände $v_2/v_1 = v_3/v_4$.

$$\text{Arbeit:}\quad A_{3\to4} = -nRT_3\cdot\ln\frac{v_4}{v_3} = +nRT_3\cdot\ln\frac{v_3}{v_4} = \underline{nRT_3\cdot\ln\frac{v_2}{v_1}}\,.$$

Adiabatische Kompression von Zustand 4 auf den Ausgangszustand. Über das Volumverhältnis siehe vorstehend; somit ist diese adiabatische Arbeit die gleiche wie die des zweiten Schrittes, nur mit entgegengesetztem Vorzeichen.

$$\text{Arbeit:}\quad A_{4\to1} = nC_v(T_1 - T_3) = \underline{-nC_v(T_3 - T_1)}.$$

Die Gesamtarbeit ist die Summe der Teilarbeiten, und da sich die beiden adiabatischen Arbeiten bei gleicher Größe und entgegengesetztem Vorzeichen aufheben, verbleibt

$$A_\bigcirc = A_{1\to2} + A_{3\to4} = -nRT_1\cdot\ln\frac{v_2}{v_1} + nRT_3\cdot\ln\frac{v_2}{v_1} = \underline{nR(T_3 - T_1)\cdot\ln\frac{v_2}{v_1}}\,.$$

Die Arbeitsausbeute oder der mechanische Wirkungsgrad, der Quotient aus dem gesamten Arbeitsbetrag $A_\bigcirc$ und der zugeführten Wärme $Q_{1\to2}$, die gleich dem Arbeitsbetrag $A_{1\to2}$ mit entgegengesetztem Vorzeichen ist, ergibt sich zu

$$-\frac{A_\bigcirc}{Q_{1\to2}} = \frac{T_1 - T_3}{T_1}\,.$$

Formen wir die vorstehende Beziehung um — die Arbeit des Kreisprozesses ist auch als Differenz der beiden isothermen Arbeiten zu schreiben — und führen einen Grenzübergang durch für $\Delta T \to 0$, dann erhalten wir den Ausdruck, der den Inhalt des 2. Hauptsatzes wiedergibt, und gleich S gesetzt die Entropie darstellt.

$$-\frac{A_\bigcirc}{T_1 - T_3} = \frac{Q_{1\to2}}{T_1} = -\frac{A_{1\to2} - A_{4\to3}}{T_1 - T_3}\,;\quad \underline{-\frac{dA}{dT} = \frac{Q_{rev}}{T} = S}\,.$$

Beispiel 24. Ermittle aus den Werten für die spezifischen Wärmen von Gasen der Tab. 15 eine Näherungsformel für die Temperaturabhängigkeit der Molwärmen etwa des Sauerstoffs und anderer dort aufgeführter Gase und vergleiche sie mit den von Lewis und Randall (Tab. 16) angegebenen Formeln bzw. mit den Werten aus dem Gleichverteilungssatz (Tab. 14).

Ausführung: Die spezifischen Wärmen werden zu Beginn oder am Schluß der Rechnung in Molwärmen (multiplizieren mit dem Molekulargewicht des O_2 gleich 32,000) umgerechnet. Wir wollen die Temperaturfunktion in Form einer Potenzreihe der Art $C_p = a + b\cdot T + c\cdot T^2$ darstellen und benötigen zur Ermittlung dreier Koeffizienten 3 Wertepaare, die wir aus den folgenden Daten auswählen.

T	273	373	473	773	1273	2273
C_p	7,00	7,14	7,35	8,04	8,59	9,17
	×		×			×

Nehmen wir die angekreuzten Daten, so berechnen wir die Koeffizienten aus den entsprechenden Gleichungen:

$$\text{I.}\quad 7{,}00 = a + 273 \cdot b + 273^2 \cdot c$$

$$\text{II.}\quad 8{,}04 = a + 773 \cdot b + 773^2 \cdot c$$

$$\text{III.}\quad 9{,}17 = a + 2273 \cdot b + 2273^2 \cdot c.$$

Wir eliminieren a durch Subtraktion der Gleichungen I von II und II von III und erhalten

$$\text{IV.}\quad 1{,}04 = 500\,b + \underbrace{(773^2 - 273^2)}_{1046 \cdot 500} \cdot c \qquad (\text{nach } m^2 - n^2 = (m+n)(m-n))$$

$$\text{V.}\quad 1{,}13 = 1500\,b + 3046 \cdot 1500 \cdot c$$

b wird eliminiert durch Abziehen der mit Faktor 3 multiplizierten Gleichung IV von V; wir erhalten

$$1{,}99 = -2000 \cdot 1500 \cdot c$$

$$\underline{c = -\ 0{,}000\,000\,663}$$

Dieser Wert, in Gleichung IV oder V eingesetzt, führt zu

$$\underline{b = 0{,}00277_3}$$

und aus einer der Gleichungen I bis III folgt

$$\underline{a = 6{,}293\,.}$$

Die gesuchte Gleichung lautet danach:

$$\boldsymbol{C_p = 6{,}293 + 0{,}00277_3\,T - 0{,}00000066_3\,T^2.}$$

(Mache die Probe für eines der drei Wertepaare und berechne die dazwischenliegenden Werte, um festzustellen, inwieweit diese Formel auch den dazwischenliegenden Temperaturbereich befriedigend wiedergibt).

Die Vergleichsformel von Lewis und Randall lautet $C_p = 6{,}5 + 0{,}0010\,T$, der Wert aus dem Gleichverteilungssatz $\frac{7}{2}\,R = 6{,}95 \text{ cal} \cdot \text{grad}^{-1}$.

Beispiel 25. Berechne mit Hilfe der selbst aufgestellten Gleichung für die Temperaturabhängigkeit der Molwärme des Sauerstoffs

a) den Enthalpiezuwachs im Temperaturbereich zwischen 0 und 2000° C,

b) die Entropiezunahme im gleichen Temperaturintervall.

Ausrechnung:

Zu a) $$H_{2273} - H_{273} = \int_{273}^{2273} C_p\,dT = \int_{273}^{2273} (6{,}293 + 0{,}002773\,T - 0{,}00000066_3\,T^2)\,dT$$

$$= 6{,}293 \cdot 2000 + \frac{0{,}002773}{2}(2273^2 - 273^2) - \frac{6{,}63 \cdot 10^{-7}}{3}(2273^3 - 273^3)$$

$$= 12586 + 7060 - 2590 = \underline{\mathbf{17056\ cal}};$$

zu b) $$S_{2273} - S_{273} = \int_{273}^{2273} \frac{C_p}{T}\,dT = 6{,}293 \int_{273}^{2273} \frac{dT}{T} + 0{,}002773 \int_{273}^{2273} dT - 6{,}63 \cdot 10^{-7} \int_{273}^{2273} T\,dT$$

$$= 6{,}293 \cdot \ln \frac{2273}{273} + 0{,}002773 \cdot 2000 - \frac{6{,}63 \cdot 10^{-7}}{2}(2273^2 - 273^2)$$

$$= 13{,}337 + 5{,}546 - 1{,}688 = \mathbf{17{,}2\ Cl.}$$

Beispiel 26. Ermittle auf graphischem Wege a) die Enthalpiezunahme des Quecksilbers zwischen 0 und 200° K bzw. 0 und 300° K auf Grund der Atomwärmedaten der Tab. 19,

b) die Entropie bei 200 und 300° K (auf den beiden möglichen Wegen),

c) den Unterschied der Freien Enthalpie $G_{200} - G_0$ bzw. $G_{300} - G_0$ (graphisch und rechnerisch) aus den $H - H_0$- und S-Werten.

Ausführung: wie im Modellbeispiel § 15 gezeigt (Schmelzen berücksichtigen). Zahlenwerte s. Tab. 19.

Beispiel 27. Der Planck-Einsteinsche Ausdruck für die Atomwärme fester Körper ist durch Differentiation der Gleichung für den Energieinhalt eines räumlichen Oszillators

$$U = 3R \cdot \frac{\Theta}{e^{\frac{\Theta}{T}} - 1}$$

(dreimal dem Ausdruck des linearen Oszillators) abzuleiten.

Ausführung: $C_v = \left(\frac{\partial U}{\partial T}\right)_v$.

Die Differentiation des Ausdrucks für U führen wir nach der Kettenregel durch. Wir setzen für

$$\frac{\Theta}{T} = z \quad \text{und für} \quad e^z - 1 = y$$

und differenzieren:

$$\frac{dU}{dT} = \frac{dU}{dy} \cdot \frac{dy}{dz} \cdot \frac{dz}{dT} = \left(-\frac{3R}{y^2}\right)(e^z)\left(-\frac{\Theta}{T^2}\right) = 3R \cdot \frac{\left(\frac{\Theta}{T}\right)^2 \cdot e^{\frac{\Theta}{T}}}{\left(e^{\frac{\Theta}{T}} - 1\right)^2} = C_v .$$

Beispiel 28. Die Atomwärmekurve des Silbers soll durch einige Punkte (etwa 10, 20, 50, 100, 200 und 300° K) nach der Planck-Einsteinschen Formel dargestellt werden. Die Grenzfrequenz ν_g und daraus die Charakteristische Temperatur Θ sollen nach der Lindemannschen Gleichung aus der Schmelztemperatur ermittelt werden.

Die Planck-Einsteinsche Formel: $C_v = 3R \frac{\left(\frac{\Theta}{T}\right)^2 . e^{\frac{\Theta}{T}}}{\left(e^{\frac{\Theta}{T}} - 1\right)^2}$; $\Theta = \frac{h \cdot \nu_g}{k}$.

Die Lindemannsche Formel: $\nu_g = 2{,}8 \cdot 10^{12} \sqrt{\frac{T_s}{M \cdot V^{2/3}}}$.

Ausrechnung: Schmelztemperatur des Silbers $T_e = 960{,}5°$ C $\cong 1234°$ K

Atomgewicht A (M) $\cdots$ 107,9

Atomvolumen $V = \frac{A}{\varrho} \cdots 10{,}26\ \mathrm{cm^3 \cdot mol^{-1}}$

$$\nu_g = 2{,}8 \cdot 10^{12} \frac{1234}{107{,}9 \cdot 10^{2/3}} = \underline{4{,}36 \cdot 10^{12}}$$

$$\Theta = \frac{6{,}626 \cdot 10^{-27} \cdot 4{,}36 \cdot 10^{12}}{1{,}3807 \cdot 10^{-16}} = \underline{209}$$

für $T = 100°$ K:

$$C_v = 5{,}961 \cdot \frac{2{,}09^2 \cdot e^{2{,}09}}{(e^{2{,}09} - 1)^2} = \frac{5\,961 \cdot 4{,}368 \cdot 8{,}084}{7{,}084^2} = \mathbf{4{,}194}.$$

In gleicher Weise sind die weiteren Punkte zur Konstruktion der Kurve zu errechnen.

Beispiel 29. Mit Hilfe der aus dem vorhergehenden Beispiel erhaltenen Grenzfrequenz bzw. Charakteristischen Temperatur des Silbers soll im Bereich sehr tiefer Temperaturen (zwischen 0 und 20° K) der Verlauf der Atomwärmekurve nach dem Debyeschen T^3-Gesetz ermittelt und mit dem Verlauf dei Einstein-Kurve verglichen werden.

Ausrechnung: $C_v = 465 \left(\frac{T}{\Theta}\right)^3 = \frac{465 \cdot T^3}{9{,}13 \cdot 10^6} = \underline{5{,}1 \cdot 10^{-5} \cdot T^3}$.

T	C_v
5	0,006
10	0,051
15	0,172
20	0,408

Beispiel 30. Zeichne a) die Planck-Einstein-Funktion C_v gegen T/Θ, b) auf Grund der Θ-Werte (aus der Lindemannschen Formel) die Atomwärmekurven für Al und Pb (beachte den Einfluß des Wertes der Charakteristischen Temperatur auf den Kurvenverlauf).

Ausführung: Zu a) Die Kurve kann direkt aus den Daten der Tab. 18 oder aus den dem Nomogramm S. 213 entnommenen Daten, sonst durch Berechnung von Punkten nach der Formel, gezeichnet werden (s. Abb. 3 punktierte Kurve).

Zu b) Aus den Daten der Tab. 18 werden für die Θ-Werte 87 (für Pb) und 365 (für Al) die zu den C_v-Werten gehörigen T-Werte aufgesucht. Man ersieht wieder den flacheren Verlauf der C_v-Kurve bei höherer Charakteristischer Temperatur (Abb. 2).

Beispiel 31. Suche zwecks vergleichsweiser Gegenüberstellung die C_v-Werte nach Debye und Plank-Einstein für Pb, Ag und Al bei $T = 100°$ K auf a) für die in Tab. 17 verzeichneten Θ-Werte, b) für die nach der Lindemannschen Formel ermittelten Θ-Werte.

Ergebnis:

Element		Θ	$C_{v,100}$ nach Debye	$C_{v,100}$ n. Planck-Einstein
Pb	a)	88	5,73	5,57
	b)	87	5,74	5,58
Ag	a)	215	4,77	4,1
	b)	209	4,83	4,2
Al	a)	390	3,1	1,9
	b)	365	3,3	2,1

Beispiel 32. Der Unterschied der Atomwärmen des Silbers $C_p - C_v$ ist für 18° C zu berechnen, wenn die Daten für die Ausdehnungs- und Kompressibilitätskoeffizienten gegeben sind. $C_p - C_v = \frac{\alpha^2 T \cdot V}{\chi}$ (Daten aus Kohlrausch II, 518, 546).

Dichte ϱ . . . . 10,5 g · cm^{-3}

Ausdehnungskoeffizient, linear, γ . . . 19,7 · 10^{-6} grad^{-1}

Kompressibilitätskoeff., kubischer, χ . . 0,9 · 10^{-6} at^{-1}.

Ausrechnung: Das Atomvolumen $V = \frac{A}{\varrho} = \frac{107{,}88}{10{,}5} = \underline{10{,}26 \text{ cm}^3}$.

Der kubische Ausdehnungskoeffizient α ist bei isotropen Körpern $\alpha = 3\gamma$; bei dem regulär kristallisierenden Ag ist dies zutreffend.

$$\alpha \left(= \frac{1}{V_1} \frac{V_2 - V_1}{\vartheta_2 - \vartheta_1}\right) = \underline{59{,}1 \cdot 10^{-6}}.$$

Der kubische Kompressibilitätskoeffizient χ ist angegeben in reziproken technischen Atmosphären, also cm²/kp (kp = Kilopond = Kilogramm-Gewicht).

Die Atomwärmendifferenz wollen wir in Kalorien (cal) ermitteln, die Rechnung ist aber in einem mechanischen Maßsystem durchzuführen. Wir wollen dies auf dreifache Weise tun

Die einzelnen Größen sind wie folgt einzusetzen:

a) im absoluten, cgs-System (erg),
b) im praktischen (l Atm),
c) im praktischen (cm³ at.)

	α	V	χ
a)	$59{,}1 \cdot 10^{-6}$	$10{,}26\ \mathrm{cm}^3$	$0{,}918 \cdot 10^{-12}\ \mathrm{cm}^2 \cdot \mathrm{dyn}^{-1}$
b)	$59{,}1 \cdot 10^{-6}$	$0{,}01026\ \mathrm{l}$	$0{,}930 \cdot 10^{-6}\ \mathrm{Atm}^{-1}$
c)	$59{,}1 \cdot 10^{-6}$	$10{,}26\ \mathrm{cm}^3$	$0{,}90 \cdot 10^{-6}\ \mathrm{at}^{-1}$

Für $C_p - C_v$ folgt in den einzelnen Maßsystemen:

$$\left.\begin{aligned} &= 11{,}36 \cdot 10^6\ \mathrm{erg} \\ &= 11{,}21 \cdot 10^{-3}\ \mathrm{l\ Atm} \\ &= 11{,}59\ \mathrm{cm}^3\ \mathrm{at} \end{aligned}\right\} = \mathbf{0{,}271\ cal}$$

Beispiel 33. Ermittle den Verlauf der $U - U_0$- und der $F - F_0$-Kurven für Pt zwischen 0 und 450° K bei einem C_v-Verlauf nach DEBYE (Daten aus den Tabellen).

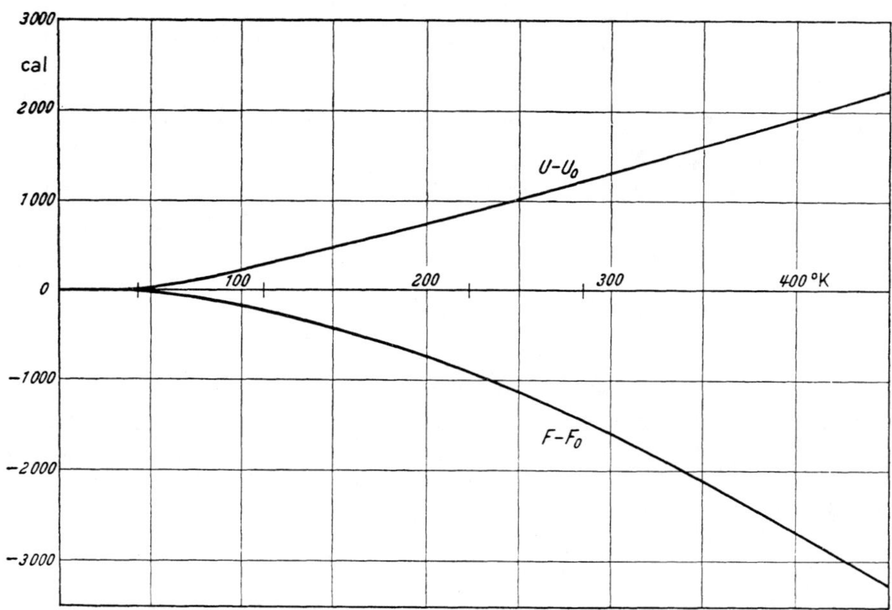

Abb. 38. Verlauf der $U - U_0$- und $F - F_0$-Kurven für Platin nach DEBYE.

Ausführung: Bei $\Theta = 225$ ist die obere Grenze für T/Θ gleich 2. Wir entnehmen die Werte für

$$\frac{U - U_0}{T} \text{ und } - \frac{F - F_0}{T}$$

der Tab. 18 und erhalten für die betreffenden T-Werte die nebenstehenden Zahlen. Die Werte für $U—U_0$ und $F—F_0$ können auch durch graphische Integration der C_v-Kurven erhalten werden. Dies kann übungshalber wenigstens für $T = 450°$ K durchgeführt werden, wie es im Modellbeispiel für $H—H_0$ und $G—G_0$ geschah.

$\frac{T}{\Theta}$	T (°K)	$U—U_0$ (cal)	$—(F—F_0)$ (cal)
0,2	45	31,5	12,3
0,5	112	292	195
1	225	905	917
1,25	282	1230	1410
2	450	2220	3240

Beispiel 34. Ermittle aus dem Kurvenverlauf des vorhergehenden Beispiels die Entropiewerte für $T = 300$, 200 und 100° K.

Ausrechnung: Aus $T S_v = (U—U_0) — (F—F_0)$ folgt:

$$S_{v,\,300} = \frac{1350 + 1550}{300} = \underline{9{,}67 \text{ Cl}}$$

$$S_{v,\,200} = \underline{7{,}5 \text{ Cl}}$$

$$S_{v,\,100} = \underline{4{,}0 \text{ Cl.}}$$

Beispiel 35. Ermittle den Entropiewert $S_{v,300}$ des Pt auf graphischem Wege aus den C_v-Daten nach DEBYE.

Ausführung: In Analogie zur graphischen Ermittlung von S im Modellbeispiel wird hier nach Auftragung von C_v gegen lg T das Flächenintegral $\int C_v \cdot d \lg T$ bestimmt.

Beispiel 36. a) Die Ausdrücke für die Entropieänderung eines Mols eines idealen Gases für die einzelnen Schritte eines isothermen Kreisprozesses (allgemein für die Temperatur T) sind anzugeben, wenn das Gas vom Ausgangszustand I (Druck $p_I = 1$ Atm, also der Normaldruck) durch Druckänderung in den Zustand II (Druck p_{II}) gebracht, von dort in ein Gasgemisch zum Partialdruck $p_{i,\,II}$, bei gleichbleibendem Gesamtdruck p_{II} übergeführt (= Zustand *II) wird, entsprechend dem Molenbruch x_i, weiter das Gasgemisch zum Gesamtdruck p_I und dem Partialdruck $p_{i,I}$ gebracht (Zustand *I) und schließlich aus der Mischphase wieder zum Ausgangs-, gleich dem Normalzustand I zurückgeführt wird. Wie groß ist die gesamte Entropieänderung beim Kreisprozeß?

b) Durch welchen Ausdruck ist die Entropieänderung vom Normalzustand der Entropie (I) ausgehend bis zu einem Zustand *II, also in einem Gasgemisch (x_i) bei dem veränderten Gesamtdruck p_{II} gegeben?

Ausführung: Zu a) Für den 1. Schritt erhalten wir

$$S_{II} — S_I = — R \cdot \ln \frac{p_{II}}{p_I} (\text{wobei } p_I = 1 \text{ und } \ln 1 = 0),$$

für den 2. Schritt folgt

$$^*S_{II} — S_{II} = — R \cdot \ln \frac{p_{iII}}{p_{II}} = — R \cdot \ln x_i \;(\text{nachdem } \frac{p_i}{p} = x_i),$$

für den 3. Schritt folgt

$$^*S_I — {}^*S_{II} = — R \cdot \ln \frac{p_{iI}}{p_{iII}} = — R \cdot \ln \frac{p_I}{p_{II}}$$

(nachdem die Partialdrucke proportional den Gesamtdrucken sind, $\frac{p_{iI}}{p_{iII}} = \frac{p_I}{p_{II}}\Big)$,

und für den letzten Schritt folgt

$$S_I - {}^*S_I = -R \cdot \ln \frac{p_I}{p_{iI}} = -R \cdot \ln \frac{1}{x_i} = +R \cdot \ln x_i$$

(der Molenbruch ändert sich nicht bei der Druckänderung des vorhergehenden Schritts, ist also im 2. und 4. Schritt der gleiche, was sich auch auf Grund der Proportionalität zwischen Gesamtdruck und Partialdruck ergibt).

Die Entropieänderung des gesamten Kreisprozesses ist null, die selbstverständliche Folge, da S eine Zustandsfunktion ist und nur durch den Zustand, nicht von der Vorgeschichte bestimmt ist.

Schematisch skizziert stellt sich dies dar:

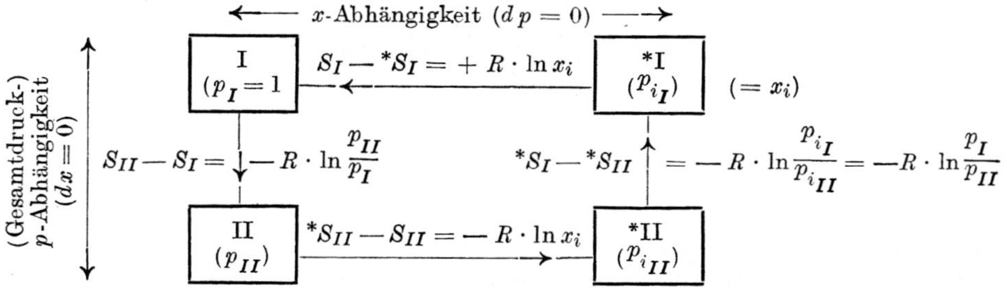

← x-Abhängigkeit ($dp = 0$) →

(Gesamtdruck-) p-Abhängigkeit ($dx = 0$) ↕

I ($p_I = 1$)	$S_I - {}^*S_I = +R \cdot \ln x_i$ ←	*I (p_{i_I})	($= x_i$)	
$S_{II} - S_I = -R \cdot \ln \frac{p_{II}}{p_I}$ ↓		↑ ${}^*S_I - {}^*S_{II} = -R \cdot \ln \frac{p_{i_I}}{p_{i_{II}}} = -R \cdot \ln \frac{p_I}{p_{II}}$		
II (p_{II})	${}^*S_{II} - S_{II} = -R \cdot \ln x_i$ →	*II ($p_{i_{II}}$)		

Zu b)

$${}^*S_{II} - S_I = -R \cdot \ln \frac{p_{II}}{p_I} - R \cdot \ln x_i,$$

$${}^*S_{II} - {}^NS = -R \cdot \ln p_{II} - R \cdot \ln x_i.$$

Beispiel 37. Die Umformung der Gleichung für die Temperaturabhängigkeit der Freien Enthalpie (bei konstantem Druck, $dp = 0$)

$$g = h_0 + \int_0^T c_p \, dT - T \int_0^T \frac{c_p}{T} \cdot dT - T \cdot s_0 \qquad \text{in}$$

$$g = h_0 - T \int_0^T \frac{dT}{T^2} \int_0^T c_p \, dT - T \cdot \text{const}$$

(siehe S. 48) ist durchzuführen.

(Alle Zustandsfunktionen, damit auch s_0, sind auf den konstant bleibenden Druck bezogen.)

Ausführung: Die Ausgangsgleichung können wir, da $h_0 = g_0$, auch schreiben:

$$\frac{g - g_0}{T} + s_0 = \frac{1}{T} \int_0^T c_p \, dT - \int_0^T \frac{c_p}{T} \, dT .$$

Die beiden Integralausdrücke wollen wir zusammenfassen nach der folgenden Integrationsregel

$$\int_0^T y \cdot dx = \Big[x\,y\Big]_0^T - \int_0^T x \cdot dy \text{ (vgl. Mathemat. Formelanhang).}$$

Diese Regel läßt sich graphisch veranschaulichen und zwar ist die Fläche $OABO$ (das Integral $\int y \cdot dx$) ausdrückbar als Differenz der Gesamtfläche $OABCO$ (dem Produkt xy) und der Fläche $OBCO$ (dem Integral $\int x \cdot dy$).

In unseren beiden Integralausdrücken stellt der erstere, $\frac{1}{T}\int\limits_0^T c_p\,dT$, das Produkt xy, der zweite, $\int\limits_0^T \frac{c_p}{T}\,dT$, den Ausdruck für $\int x \cdot dy$ dar. Dies, wenn wir setzen:

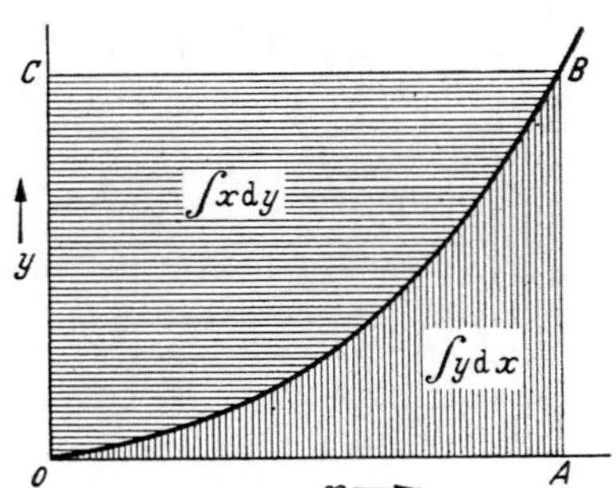

Abb. 39. Skizze zur Veranschaulichung der Regel zur Integration nach Teilen.

$$x = \frac{1}{T}, \qquad y = \int c_p\,dT,$$

damit $\quad dx = -\frac{dT}{T^2}, \quad dy = c_p\,dT\,.$

Für $\int\limits_0^T y \cdot dx$ erhalten wir dann: $-\int\limits_0^T \frac{\int\limits_0^T c_p\,dT}{T^2} \cdot dT$ oder $-\int\limits_0^T \frac{dT}{T^2}\int\limits_0^T c_p\,dT.$

Dieses Integral ist nur bis auf additive Konstante (dies wegen der Unbestimmtheit des Ausdrucks für die untere Grenze $T = 0$) bestimmt. Wir haben also zu schreiben

$$-\int\limits_0^T \frac{dT}{T_2}\int\limits_0^T c_p\,dT + \underbrace{k}_{=c_{p_0}}.$$

Den Wert der Konstante k erhalten wir zu c_{p_0}, wenn wir — wie wir es auch bei Bestimmung des Entropieintegrals $\int\limits_0^T \frac{c_p}{T}\,dT$ tun, wo für $T = 0$ $\ln 0 = -\infty$ ist — als untere Grenze eine Null benachbarte Temperatur, in der Regel 1 wählen.

Schreiben wir die Gleichung für g und fassen die Konstanten zusammen als $s_0 - c_{p_0} = \text{const}$, dann erhalten wir die obenstehende umgeformte Endgleichung. Für kondensierte Stoffe wird laut 3. Hauptsatz : const $= 0$ (jedes der Glieder s_0 sowie c_{p_0} wird 0), so daß diese Konstante nur bei Gasen zu berücksichtigen ist.

Beispiel 38. Maximale Flammentemperatur: Die maximale Temperatur einer Knallgasflamme ($H_2 + {}^1/_2\,O_2 = H_2O$) ist näherungsweise zu berechnen, wenn

a) bis zur errechneten Temperatur die Verbrennung zu H_2O vollständig vor sich gehen würde,

b) die H_2O-Dissoziation in H_2 und O_2 berücksichtigt wird (bei Verwendung mittlerer Molwärmen für den betreffenden Temperaturbereich).

Welche Dissoziationsprozesse setzen die obige hypothetische Flammentemperatur weiter herab?

Welche Stoffe befinden sich im Verbrennungsgleichgewicht? (Welche Zusammensetzung bei 3500° K?).

Ausrechnung: Die Bildungsenthalpie des $H_2O_{(g)}$; $\Delta H_{298} = -57840$ cal, stellt mit umgekehrtem Vorzeichen die auftretende Verbrennungswärme bei Bildung von 1 Mol H_2O dar. Diese Wärmemenge erhitzt das Verbrennungsprodukt, 1 Mol Wasserdampf. Die dabei erzielbare Temperaturerhöhung ab $T = 300^0$ K (also Zimmertemperatur) würde betragen

$$T_M - T_A = \frac{57840}{11,5} \cong 5000°,$$

(T_M = Maximaltemperatur, T_A = Ausgangstemperatur), da man für die mittlere Molwärme des Wassers zwischen 300 und 5000° K annehmen kann

$$\overline{C}_p = 11,5 \text{ cal.grad}^{-1}.$$

Die Annahme, daß die Verbrennung vollständig erfolgt, trifft jedoch nicht zu, denn bei 5000° K ist nach Beispiel 58, H_2O bereits zu 82% dissoziiert, so daß nur ein entsprechend geringerer Betrag der Verbrennungswärme auftritt und dieser zur Erwärmung der Verbrennungsprodukte laut Gleichgewichtszusammensetzung bei der erzielten Temperatur zur Verfügung steht. Betrachten wir nur die Dissoziation im entgegengesetzten Sinne der H_2O-Bildung aus H_2 und O_2, so erhält man als maximale Flammentemperatur, bei einer Ausgangstemperatur von 300° K, ~ 3500° K. Wir rechnen dabei mit mittleren Molwärmen zwischen 300 und 3500° K:

$$C_{p,H_2O} = 11,2, \quad \overline{C}_{p,H_2} = 8, \quad \overline{C}_{p,O_2} = 9 \text{ cal.grad}^{-1},$$

und einem Dissoziationsgrad von $\alpha = 0,34$ (s. Beispiel 58) bei der zu erwartenden Temperatur (3500° K). Es folgt

$$T_M - T_A \sim \frac{0,66 \cdot 57\,840}{0,66 \cdot 11,2 + 0,34 \cdot 8 + 0,17 \cdot 9} = 3280° \text{ (Temperaturerhöhung)},$$

bei einer Ausgangstemperatur von 300° K folgt somit für $T_M \sim 3580°$ K (abgerundet 3500° K).

Diese Temperatur kann aber ebenfalls nicht erreicht werden, da auch die Dissoziationsprodukte (oder Ausgangsstoffe) H_2 und O_2 in Atome dissoziieren (s. Tabelle der Dissoziationskonstanten), wodurch ein weiterer Wärmeverbrauch stattfindet (abgesehen von dem größeren C_p der 2 Atome). Neben dem Dissoziationsvorgang des H_2O in H_2 und O_2 läuft auch die Dissoziation in H und OH einher, so daß sich im Verbrennungsgleichgewicht folgende Stoffe befinden: H_2O, H_2, O_2, OH, H, O. Läßt sich auch die Zusammensetzung an diesen Stoffen auf Grund der bekannten Gleichgewichtskonstanten ermitteln, so ist eine einigermaßen genaue maximale Flammtemperatur bei der Vielzahl der Unbekannten nicht ohne weiteres zu errechnen. Hinzu kommt noch, daß bei der Zusammensetzungsberechnung (Dissoziationsgradberechnung) der Partialdruck der Komponenten der Einzel-Gleichgewichte durch die übrigen vorhandenen Dissoziationsprodukte entsprechend herabgesetzt ist, was ja die Gleichgewichtslage bei Reaktionen, die unter Molzahländerung verlaufen, beeinflußt. Die bei Temperatursteigerung in steigendem Maße sich auswirkenden Dissoziationsreaktionen bewirken, daß Temperaturen über 3000° mit Gasflammen praktisch nicht erzielt werden können.

Beispiel 39. Die maximale Verbrennungstemperatur T_M eines theoretisch zusammengesetzten (Luft-) Generatorgases bei Verbrennung mit Luft ist näherungsweise zu ermitteln (Luftzusammensetzung rund 1:4 anzunehmen, mittlere Molwärmen aus Tabellendaten bestimmen, Ausgangstemperatur $T_A = 300°$ K).

Ausrechnung: Verbrennungswärme des CO (aus den Bildungsenthalpiedaten) 67610 cal. Mittlere Molwärmen zwischen 300 und 2000° K: $\overline{C}_{p,\,CO_2} = 12{,}8$, $\overline{C}_{p,\,N_2} = 7{,}9$ cal.grad^{-1}.

$$T_M - T_A = \frac{67\,610}{12{,}8 + 4 \cdot 7{,}9} = 1525°;$$

T_M (bei Ausgangstemperatur $T_A = 300°$ K) $= 1825°$ K ($\sim 1550°$ C). (Auf ein Mol CO_2 entfallen 4 Mol N_2.)

Durch den mitzuerhitzenden Stickstoff wird die maximale Verbrennungstemperatur wesentlich herabgedrückt, so daß hier die Dissoziation des CO_2 nicht berücksichtigt werden muß. Für den Dissoziationsgrad in Abhängigkeit von K_p gilt hier dieselbe Beziehung bzw. Kurve zur K_p-Ermittlung, wie für die H_2O-Dissoziation (s. Beispiel 58, Abb. 44). Bei 1750° K, d. i. bei $K_p = 1{,}25 \cdot 10^{-4}$ ist $\alpha = 0{,}00315$, also 0,3% des Kohlendioxyds ist dissoziiert.

Beispiel 40. Berechne die Reaktionsenthalpie ΔH_{298} der Reaktion $C_{Diam} + CO_2 = 2\,CO$, wenn die Bildungsenthalpien (Normalwerte) der Reaktionsteilnehmer gegeben sind (s. Tab. 21).

Ausrechnung: Die Bildungsenthalpien als Reaktionsenthalpien der Bildungsreaktionen der betrachteten Stoffe aus den bei der betreffenden Temperatur stabilen Formen der Elemente, sind entsprechend den thermochemischen Gleichungen gemäß dem Hessschen Satz von der Konstanz der Wärmesummen zu kombinieren.

Gegeben also:

$$2\,C_{Diam} + O_2 = 2\,CO;\ \Delta H_{298} = 2 \cdot (-26{,}84)\ \text{kcal.}$$
$$\underline{C_{Diam} + O_2 = CO_2\ ;\ \Delta H_{298} = -94{,}45\ \text{kcal}\ .}$$

Durch Subtraktion der zweiten Gleichung von der ersten gelangt man zur gesuchten Reaktion:

$$\underline{C_{Diam} + CO_2 = 2\,CO;\ \Delta H_{298} = 40{,}77\ \text{kcal.}}$$

Zu diesem Resultat gelangt man einfacher, indem man die Differenz der Bildungsenthalpien der entstehenden und verschwindenden Stoffe bildet (rechts minus links):

$$\underline{C_{Diam} + CO_2 = 2\,CO;\ \Delta H_{298} = 2 \cdot (-26{,}84) - (-94{,}45) = +40{,}77\,\text{kcal.}}$$

Beispiel 41. Zu welchem Betrag ergibt sich ΔU_{298}, die Reaktionswärme bei konstantem Volumen für die Reaktion $C_{Diam} + CO_2 = 2\,CO$?

Ausrechnung:

$$\Delta U = \Delta H - p\Delta V;\ \Delta V = V,\ \text{somit}$$
$$\Delta U = \Delta H - RT\ \text{und}\ \underline{\Delta U_{298}} = 40770 - 1{,}987 \cdot 298 = \underline{40178\ \text{cal.}}$$

Beispiel 42. Berechne in Analogie zum vorstehenden Beispiel die Reaktionsenthalpien ΔH_{298} der nachstehenden Reaktionen aus den Werten der Bildungsenthalpien der Reaktionsteilnehmer, wie sie in Tab. 21 verzeichnet sind.

1) $NH_3 + HCl = NH_4Cl_{(f)}$

2) $CaO + CO_2 = CaCO_3$

3) $4H_2 + CO_2 = CH_4 + 2H_2O_{(g)}$

$4H_2 + CO_2 = CH_4 + 2H_2O_{(fl)}$

4) $Fe_3O_4 + 4CO = 3Fe + 4CO_2$

(und die Teilreaktionen:)

5) $Fe_3O_4 + CO = 3FeO + CO_2$

6) $FeO + CO = Fe + CO_2$.

Ausrechnung:

Zu 1) $\Delta H_{298} = \Delta H_{\text{Bild. }NH_4Cl} - \Delta H_{\text{Bild, }NH_3} - \Delta H_{\text{Bild, }HCl}$

$= (-74{,}95) - (-11{,}0) - (-21{,}89) = \underline{-42{,}06 \text{ kcal}}$,

zu 2) $\Delta H_{298} = (-289{,}5) - (-151{,}7) - (-94{,}45) = \underline{-43{,}35 \text{ kcal}}$,

zu 3) $\Delta H_{298} (-18{,}0) + 2(-57{,}84) - (-94{,}45) = \underline{-39{,}23 \text{ kcal}}$.

$\Delta H_{298} = (-18{,}0) + 2(-68{,}35) - (-94{,}45) = \underline{-60{,}25 \text{ kcal}}$,

zu 4) $\Delta H_{298} = 4(-94{,}45) - (-266{,}9) - 4(-26{,}84) = \underline{-3{,}54 \text{ kcal}}$,

zu 5) $\Delta H_{298} = 3(-64{,}3) + (-94{,}45) - (-266{,}9) - (-26{,}84) = \underline{+6{,}39 \text{ kcal}}$,

zu 6) $\Delta H_{298} = (-94{,}45) - (-64{,}3) - (-26{,}84) = \underline{-3{,}31 \text{ kcal}}$.

(Gleichung 5) plus dreimal Gleichung 6) ergibt Gleichung 4).)

Beispiel 43. Die Normalwerte der Reaktionsentropien (bei 298° K und 1 Atm, also $\Delta^N S_{298}$) sind für die Gleichungen 1) bis 6) des vorigen Beispiels aus den Einzelentropien der Reaktionsteilnehmer zu ermitteln. Die erforderlichen Daten sind der Tab. 21 zu entnehmen.

Ausrechnung:

Zu 1) $\Delta^N S_{298} = S_{NH_4Cl} - S_{NH_3} - S_{HCl}$

$= 31{,}8 - 45{,}9 - 44{,}66 = \underline{-58{,}76 \text{ Cl}}$,

zu 2) $\Delta^N S_{298} = 22{,}2 - 9{,}5 - 51{,}08 = \underline{-38{,}38 \text{ Cl}}$,

zu 3) $\Delta^N S_{298} = 44{,}46 + 90{,}26 - 124{,}92 - 51{,}08 = \underline{-41{,}28 \text{ Cl}}$,

$\Delta^N S_{298} = 44{,}46 + 33{,}8 - 124{,}92 - 51{,}08 = \underline{-97{,}74 \text{ Cl}}$,

zu 4) $\Delta^N S_{298} = 19{,}5 + 204{,}32 - 35{,}0 - 189{,}28 = \underline{-0{,}46 \text{ Cl}}$,

zu 5) $\Delta^N S_{298} = 42{,}6 + 51{,}08 - 35{,}0 - 47{,}32 = \underline{+11{,}36 \text{ Cl}}$,

zu 6) $\Delta^N S_{298} = 6{,}5 + 51{,}08 - 14{,}2 - 47{,}32 = \underline{-3{,}94 \text{ Cl}}$.

(Gleichung 5) plus dreimal Gleichung 6) ergibt die Bruttogleichung 4).)

Beispiel 44. Die Normalwerte der Freien Reaktionsenthalpien (für je 1 Atm Druck jedes Reaktionsteilnehmers und 298° K, also $\Delta^N G_{298}$) sind für die Gleichungen 1) bis 6) des Beispieles 42 zu ermitteln. Die erforderlichen Daten sind der Tab. 21 bzw. den vorangehenden Beispielen zu entnehmen. Vergleiche die ΔG-Werte mit den ΔH-Werten und prüfe so die Stimmigkeit des Berthelotschen Prinzips.

Ausrechnung: Auf Grund der Verknüpfung $\Delta G = \Delta H - T\Delta S$ lassen sich die Freien Enthalpiewerte aus den Enthalpie- und Entropiewerten für die gleiche Temperatur ermitteln. Die Enthalpiewerte sind in kcal angegeben, die Entropiewerte hingegen in Cl [cal.grad^{-1}], beides pro Formelumsatz, so daß beim Rechnen in kcal die Entropiewerte durch 1000 zu dividieren sind.

Zu 1) $\Delta^N G_{298} = (-42{,}06) - 298\left(-\frac{58{,}76}{1000}\right) = -42{,}06 + 17{,}51$
$= \underline{-24{,}55\text{ kcal}}$,

zu 2) $\Delta^N G_{298} = -43{,}35 + 298 \cdot 0{,}03838 = \underline{-31{,}37\text{ kcal}}$,

zu 3) $\Delta^N G_{298} = -39{,}23 + 298 \cdot 0{,}04128 = \underline{-26{,}93\text{ kcal}}$,

$\Delta^N G_{298} = -60{,}25 + 298 \cdot 0{,}09774 = \underline{-31{,}13\text{ kcal}}$,

zu 4) $\Delta^N G_{298} = -\ 3{,}54 + 298 \cdot 0{,}00046 = \underline{-\ 3{,}40_3\text{ kcal}}$,

zu 5) $\Delta^N G_{298} = +\ 6{,}39 - 298 \cdot 0{,}01136 = \underline{+\ 3{,}00_5\text{ kcal}}$,

zu 6) $\Delta^N G_{298} = -\ 3{,}31 + 298 \cdot 0{,}00394 = \underline{-\ 2{,}13_6\text{ kcal}}$.

Der Wert der Gleichung 4) für die vollständige Reduktion wird auch wieder erhalten aus der Summe der Werte für die stufenweise Reduktion, also Gleichung 5) plus dreimal Gleichung 6).

Bei den obigen Reaktionen sind die Vorzeichen von ΔH und ΔG wohl gleich bleibend, danach wäre qualitativ — was die Richtungsanzeige des Reaktionsablaufs anlangt — das Berthelotsche Prinzip in diesen Fällen erfüllt. Quantitativ ergeben sich jedoch auch hier Unterschiede, die durch die Größe des Entropiegliedes, d. h. die reversible Reaktionswärme, bedingt sind, welche bei der betrachteten Temperatur nur im Falle der Gleichung 4) praktisch vernachlässigbar ist. Die positive Reaktionsentropie in Gleichung 5) besagt, daß die Freie Enthalpie durch zusätzliche Bindung von Wärme einen negativeren Wert annimmt, also größere Arbeitsfähigkeit anzeigt.

Beispiel 45. Welches ist die bei Normalbedingungen stabilere C-Modifikation auf Grund der Bildungsenthalpie- und Entropiewerte der Tab. 21?

Ergebnis: Für die Reaktion

$C_{Diam} = C_{Graph}$ ist

$\Delta H_{298} = -220\text{ cal}$ und

$\Delta S_{298} = 1{,}36 - 0{,}6 = \underline{0{,}76\text{ Cl}}$,

daraus $T\Delta S = 298 \cdot 0{,}76 = +226\text{ cal}$

und $\underline{\Delta G_{298}} = \Delta H - T\Delta S = -446\text{ cal} = \underline{-0{,}44_6\text{ kcal}}$.

Die negative Freie Bildungsenthalpie des Graphits erweist diesen — da unter Arbeitsgewinn entstehend und damit geringeren Wert der Freien Enthalpie aufweisend — als die stabilere Modifikation. (Daß die Bildungsenthalpie der C-Verbindungen dennoch in der Tab. 21 auf Diamant bezogen ist, siehe Fußnote dort.)

Beispiel 46. Für die Ammoniakbildungsreaktion $N_2 + 3\,H_2 = 2\,NH_3$ sollen die folgenden Reaktionsdaten aus den Bildungsenthalpien und Normalentropien der Tab. 21, sowie den C_p-Werten der Tab. 16 ermittelt werden (die Gültigkeit der Zustandsgleichung $pV = RT$ ist in diesem Bereich vorausgesetzt):

a) der Normalwert der Freien Reaktionsenthalpie (Grundreaktion) bei 298° K ($\Delta^N G_{298}$),

b) die Freie Reaktionsenthalpie bei Reaktionsablauf der stöchiometrischen Ausgangsmischung unter 1 Atm Gesamtdruck (ΔG_{298}),

c) die Freie Reaktionsenthalpie bei einer Verdünnung der Reaktionsgase durch ein inertes Gas und zwar derart, daß auf $1 NH_3$ 4 Mole Fremdgas entfallen,

d) die Freie Reaktionsenthalpie, wenn die Reaktion nicht wie unter b) bei 1 Atm Gesamtdruck, sondern bei $^1/_5$ Atm abläuft,

e) der Normalwert der Freien Reaktionsenthalpie bei 600° K ($\Delta^N G_{600}$),

f) die Gleichgewichtskonstanten K_p bei 600° K und 298° K,

g) die Gleichgewichtszusammensetzung (Bildungsgrad) unter verschiedenen Drucken siehe Beispiel 60.

Ausrechnung:

Zu a) Der Normalwert der Reaktionsentropie ergibt sich zu:

$$\Delta^N S_{298} = 2 \cdot 45{,}9 - 45{,}8 - 3 \cdot 31{,}23 = -47{,}69 \text{ cal.grad}^{-1}.$$

Für die Bildungsenthalpie ist zu entnehmen $\Delta H_{298} = -22000$ cal,

$$\text{daher } \underline{\Delta^N G_{298}} = \Delta H_{298} - \mathrm{T} \cdot \Delta^N S_{298} = -22000 + \underbrace{298 \cdot 47{,}69}_{14212} = \underline{-7788 \text{ cal.}}$$

Zu b) Nachdem die Reaktion de facto bei einem Gesamtdruck von $p = 1$ Atm abläuft, was bei einem stöchiometrischen Ausgangsverhältnis folgenden Molenbrüchen entspricht: $x_{N_2} = {}^1/_4$ und $x_{H_2} = {}^3/_4$ im Ausgangsgemisch und $x_{NH_3} = 1$ im Endgas, so folgt die Abweichung vom Normalwert (dies stellt den Restreaktionsbetrag dar):

$$\Delta G_{298} - \Delta^N G_{298} = R\,T\,\Delta\,\nu_i \ln x_i; \text{ und da } x_i = \frac{p_i}{p} \text{ und } p = 1, \text{ so ist dies gleich}$$

$$= R\,T\,\Delta\nu_i \ln p_i$$

$$= RT \cdot \left(2 \ln 1 - \ln \frac{1}{4} - 3 \ln \frac{3}{4}\right) = 2{,}3\,R\,T \cdot \lg \frac{4^4}{3^3}$$

$$\underline{= +1333 \text{ cal},}$$

$$\underline{\Delta G_{298} \text{ (1 Atm)}} = -7788 + 1333 = \underline{-6455 \text{ cal.}}$$

Zu c) Wenn die Reaktionsgase durch 8 Mole Fremdgas verdünnt sind, dann stellt sich die Molenbruchabhängigkeit (= Partialdruckabhängigkeit) bei $x_{NH_3} = {}^2/_{10}$, $x_{N_2} = {}^1/_{12}$, $x_{H_2} = {}^3/_{12}$ dar:

$$\Delta G_{298(verd)} - \Delta^N G_{298} = R\,T\,\Delta\,\nu_i \cdot \ln x_i$$

$$= R\,T \cdot \left(2 \ln \frac{2}{10} - \ln \frac{1}{12} - 3 \ln \frac{3}{12}\right) = 2{,}3\,RT \cdot \lg 30{,}7$$

$$\underline{= +2022 \text{ cal}}$$

$$\underline{\Delta G_{298\,(verd)}} = -7788 + 2022 = \underline{-5766 \text{ cal.}}$$

Zu d) Die Abhängigkeit vom Gesamtdruck ist gegeben durch

$$\Delta G_{II} - \Delta G_I = R\,T\,\Delta\,\nu_i \ln \frac{p_{II}}{p_I}.$$

Nachdem $p_I = 1$ Atm und $p_{II} = \frac{1}{5}$, so folgt

$$\Delta G_{II} - \Delta G_I = R\,T\,(-2)\ln\tfrac{1}{5},$$
$$= 2{,}3\,R\,T \cdot 2\lg 5 = \underline{+\,1905\text{ cal}},$$
$$\underline{\Delta G_{298\,(1|5\,Atm)}} = -6455 + 1905 = \underline{-\,4550\text{ cal.}}$$

Zu e) Den Normalwert der Freien Reaktionsenthalpie bei der erhöhten Temperatur von $T = 600°$ K errechnen wir aus der Reaktionsenthalpie und Reaktionsentropie bei dieser Temperatur. Diese ermitteln wir mit Hilfe der Gleichungen für die Temperaturabhängigkeit der Molwärmen der Tab. 16, die für unsere Rechenzwecke Gültigkeit haben sollen:

$$C_{p,\,NH_3} = 8{,}04 + 0{,}0007\,T + 0{,}0000051\,T^2$$
$$C_{p,\,N_2} = 6{,}5 + 0{,}0010\,T,$$
$$C_{p,\,H_2} = 6{,}5 + 0{,}0009\,T.$$

$$\Delta H_{600} = \Delta H_{298} + \int_{298}^{600} \Delta C_p\,dT = -22000 + \int_{298}^{600} (-9{,}92 - 0{,}0020\,T + 0{,}0000051\,T^2)\,dT,$$

$$= -22000 - 9{,}92\,(600 - 298) - \frac{0{,}0020}{2}\,(600^2 - 298^2) + \frac{0{,}0000051}{3}\,(600^3 - 298^3)$$

$$= -22000 - 3000 - 271 + 323 = \underline{-\,24948\text{ cal}}$$

$$\Delta^N S_{600} = \Delta^N S_{298} + \int_{298}^{600} \frac{\Delta C_p}{T}\,dT = -47{,}69 + \int_{298}^{600} \left(\frac{9{,}92}{T} - 0{,}002 + 0{,}0000051\,T\right) dT$$

$$= -47{,}69 - 2{,}3 \cdot 9{,}92\lg\frac{298}{600} - 0{,}002 \cdot 302 + 0{,}0000025_5\,(600^2 - 298^2)$$

$$= \underline{-\,54{,}54_4\text{ cal.grad}^{-1}}.$$

$$\underline{\Delta^N G_{600} = \Delta H_{600} - \Delta^N S_{600}} = -24948 \underbrace{-\,600 \cdot (-\,54{,}54_4)}_{+\,32726} = \underline{+\,7778\text{ cal.}}$$

Zu f) Die Gleichgewichtskonstante errechnet sich aus

$$\ln K_p = -\frac{\Delta^N G}{\mathrm{R} \cdot T};\quad \lg K_{p,\,298} = +\frac{7788}{2{,}3 \cdot 1{,}987 \cdot 298} = 5{,}718$$

$$\underline{K_{p298} = 5{,}23 \cdot 10^5}$$

$$\lg K_{p,\,600} = -\frac{7778}{2{,}3 \cdot 1{,}987 \cdot 600} = -2{,}83 = 0{,}17 - 3$$

$$\underline{K_{p,600}} = 14{,}8 \cdot 10^{-4}.$$

In Tab. 24 der Gleichgewichtskonstanten ist K_p für die halbierte Reaktionsgleichung angegeben. Zum Vergleich haben wir die Wurzel aus unserem K_p-Wert zu ziehen, und $\sqrt{K_{p,600}} = 3{,}84 \cdot 10^{-2}$ stimmt sogar vollkommen mit dem dort tabellierten Wert überein; der $K_{p,298}$-Wert weicht im Zahlenwert von dem dortigen ab.

Rechnungen um die Generatorgas-Reaktion $C + CO_2 = 2CO$, bzw. das Generatorgas- oder Boudouardsche Gleichgewicht. (Beispiele 47 bis 54.)

Beispiel 47. Für die Reaktion mit graphitischem Kohlenstoff $C_{Graph} + CO_2 = 2CO$ sind Enthalpie, Entropie und Freie Enthalpie aus den Daten der Tab. 21 bzw. der Reaktion mit Diamant-Kohlenstoff des Beispiels 40 herzuleiten.

Ausführung: Die Reaktionsenthalpie ist in gleicher Weise wie in Beispiel 40 zu ermitteln, nur muß hier noch die Bildungsenthalpie des Graphits aus Diamant — also die Umwandlungsenthalpie — berücksichtigt werden, demnach:

$$C_{Diam} + CO_2 = 2CO \quad ; \quad \Delta H_{298} = +40{,}77 \text{ kcal}$$
$$C_{Diam} = C_{Graph} \quad ; \quad \Delta H_{298} = -0{,}22 \quad ,,$$
$$\underline{\overline{C_{Graph} + CO_2 = 2CO \quad ; \quad \Delta H_{298} = +40{,}99 \quad ,,}} \quad ,$$

durch Subtraktion der zweiten Gleichung von der ersten.

$$\underline{\Delta S_{298}} = 94{,}64 - 51{,}08 - 1{,}36 = \underline{+42{,}20 \text{ Cl}}$$

$$\underline{\Delta G_{298}} = +40770 - 298 \cdot 42{,}2 = +28195 \text{ cal} = \underline{+28{,}20 \text{ kcal.}}$$

Beispiel 48. Wie groß ist der Temperaturkoeffizient der Reaktionsenthalpie bei 298° K (300° K)?

Ergebnis: Der Temperaturkoeffizient $\frac{\partial \Delta H}{\partial T} = \Delta C_p$ (Kirchhoff). Die Daten der spezifischen Wärmen, d. h. die Atom- und Molwärmen, sind der Tab. 20 zu zu entnehmen, wir erhalten:

$$\Delta C_{p,300} = 2 \cdot 6.96 - 2{,}09 - 8{,}91 = \underline{+2{,}92 \text{ cal/grad.}}$$

Beispiel 49. Die Werte für ΔH, $\Delta^N S$ und $\Delta^N G$ bei den Temperaturen 600° und 1000° K sind zu ermitteln (Temperaturabhängigkeit der energetischen Größen). Zum Zwecke der rechnerischen Integrierbarkeit der ΔC_p-Temperaturfunktion sind die Näherungsgleichungen für CO und CO_2 der Tab. 16 zu verwenden, für den graphitischen Kohlenstoff ist eine solche für den Geltungsbereich zwischen 300 und 1000° K aus den Werten bei 300° ($C_p = 2{,}09$), 600° (3,91) und 1000° (5,14) aufzustellen.

Ausrechnung: Für die Molwärmen der beteiligten Gase verwenden wir:

$$CO \; ; \; C_p = 6{,}5 + 0{,}0010\, T$$
$$CO_2 ; \; C_p = 7{,}0 + 0{,}0071\, T + 0{,}000001\,86\, T^2.$$

Für C_p des Graphits soll der theoretisch mögliche aber umständliche und nur bei Kenntnis der entsprechenden Daten für die Umrechnung gangbare Weg über die C_v-Werte nach der Debye-Funktion unerörtert bleiben, da wir hier eine empirische Näherungsformel — entsprechend den der gasförmigen Reaktionsteilnehmer — benützen wollen, damit sich eine einfache Berechnungsmöglichkeit des Integrals über ΔC_p ergibt.

Aus den drei Wertepaaren von C_p und T errechnen sich die Koeffizienten

a, b und c der allgemeinen Formulierung

$$C_p = a + b \cdot T + c \cdot T^2 \text{ zu: } \begin{aligned} c &= -4{,}274 \cdot 10^{-6} \\ b &= +0{,}009913 \\ a &= -0{,}499 \end{aligned}$$

(Ausrechnung — drei Gleichungen mit drei Unbekannten — wie in Beispiel 24.)

Wir verwenden abgerundete Werte der Koeffizienten und zwar folgende Gleichung für

C_{Graph} (zwischen 300 und 1000° K);

$$\underline{C_p = -0{,}5 + 0{,}01\, T - 4{,}4 \cdot 10^{-6}\, T^2}$$

Für $\varDelta C_p$ folgt nun im Sinne der üblichen $\varDelta$-Bildung:

$$\underline{\varDelta C_p = 6{,}5 - 0{,}0151\, T + 0{,}00000254\, T^2}$$

$$\varDelta H_{600} = \varDelta H_{300} + \int_{300}^{600} \varDelta C_p\, d\,T = 40770 + \int_{300}^{600} (6{,}5 - 0{,}0151\, T + + 2{,}54 \cdot 10^{-6}\, T^2)\, d\,T$$

$$= 40770 + 6{,}5\,(600 - 300) - \frac{0{,}0151}{2}(600^2 - 300^2) + + \frac{2{,}54 \cdot 10^{-6}}{3}(600^3 - 300^3) =$$

$$= 40770 + 1950 - 2038 + 160 = 40842 \text{ cal}$$

$$= \underline{40{,}84_2 \text{ kcal.}}$$

In analoger Weise errechnet sich

$$\underline{\varDelta H_{1000}} = 40770 + 2600 - 4840 + 665 = 39195 \text{ cal}$$

$$= \underline{39{,}20 \text{kcal}}$$

$$\varDelta S_{600} = \varDelta S_{300} + \int_{300}^{600} \frac{\varDelta C_p}{T} \cdot d\,T = 42{,}20 + 6{,}5\,(\ln 600 - \ln 300)$$

$$- 0{,}0151 \cdot 300 + 1{,}27 \cdot 10^{-6}\,(600^2 - 300^2)$$

$$= 42{,}20 + \underbrace{2{,}3 \cdot 6{,}5 \cdot \lg 2}_{4{,}50} - 4{,}53 + 0{,}34_3 = \underline{42{,}51 \text{ Cl}}$$

entsprechend für

$$\underline{\varDelta S_{1000}} = 42{,}20 + 7{,}82 - 10{,}57 + 1{,}03 = \underline{40{,}48 \text{ Cl}}$$

$$\underline{\varDelta G_{600}} = \varDelta H_{600} - T\varDelta S_{600} = 40{,}84 - 600 \cdot 0{,}04251 = \underline{+15{,}33_6 \text{ kcal}}$$

$$\underline{\varDelta G_{1000}} = 39{,}20 - 40{,}48 = \underline{-1{,}28 \text{ kcal.}}$$

Beispiel 50. Die Gleichgewichtskonstante K_p der heterogenen Generatorgasreaktion ist aus den Reaktionswerten der Freien Enthalpie für die drei Temperaturen zu ermitteln.

Ausrechnung: $\lg K_p = -\frac{\Delta^N G}{2{,}3\,RT}$.

$\lg K_{p,1000} = \frac{1280}{4{,}57 \cdot 1000} = 0{,}28$; $\underline{K_{p,1000} = 1{,}9}$.

$\lg K_{p,600} = -\frac{15\,336}{4{,}57 \cdot 600} = -5{,}59$; $\underline{K_{p,600} = 2{,}57 \cdot 10^{-6}}$

$\lg K_{p,300} = -20{,}5$; $\underline{K_{p,300} = 3{,}16 \cdot 10^{-21}}$.

Beispiel 51. Der Bildungsgrad β von CO (gleich dessen Molenbruch) ist aus den Gleichgewichtskonstanten für Gesamtdrucke von 1 und 100 Atm zu berechnen.

Ausrechnung: Allgemein ist $K_x = K_p \cdot p^{-\Delta\nu}$;

hier ist $\Delta\nu = 1$, somit: $K_x = \frac{K_p}{p} = \frac{x^2_{CO}}{x_{CO_2}} = \frac{\beta^2}{1-\beta}$,

daraus: $\beta^2 + \beta \cdot K_x - K_x = 0$.

$$\beta_{1,2} = -\frac{K_x}{2} \mathop{+}_{(-)} \sqrt{\frac{K_x^2 + 4\,K_x}{4}}.$$

Ergebnis:

T	β bei 1 Atm	β 100 Atm
300	$5{,}6 \cdot 10^{-11}$	$5{,}6_3 \cdot 10^{-12}$
600	0,002	$1{,}6 \cdot 10^{-4}$
1000	0,725	$0{,}128_5$

Für kleine K-Werte (geringe CO-Bildung) kann man $1-\beta$ praktisch gleich 1 setzen, woraus folgt:

$$\beta \cong \sqrt{K_x}.$$

Für $p = 1$ Atm; $K_x = K_p$

„ $p = 100$ Atm; $K_x = K_p/100$.

Beispiel 52. Die Gleichgewichtszusammensetzung (Vol.% CO) in ihrer Temperaturabhängigkeit (Isobare bei Gesamtdruck von 1 und 100 Atm) soll gra-

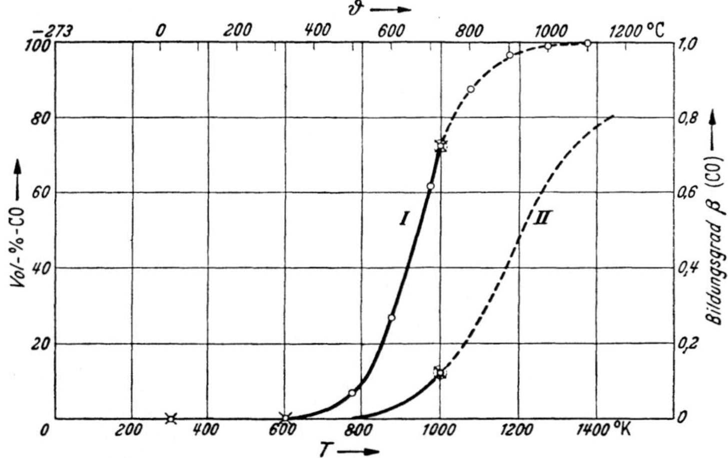

Abb. 40. Bildungsgrad des CO (β), bzw. Gleichgewichtszusammensetzung (Vol.-% CO) im Gleichgewicht $C + CO_2 = 2CO$, Isobare bei 1 Atm (*I*) und 100 Atm (*II*).

phisch aufgetragen und mit den Daten der Tab. 27 verglichen, bzw. durch sie ergänzt werden. Ergebnis: Abb. 40.

Im Bereich idealen Gasverhaltens sind die Vol.% gleich dem 100fachen Molenbruch.

Beispiel 53. Aus den Daten der Gleichgewichtszusammensetzung der Tab. 24 soll die Reaktionsenthalpie bei 600° C (= 873° K) ermittelt werden. Es soll ferner die Reaktionsentropie für diese Temperatur berechnet werden.

Ausrechnung: Aus den Zusammensetzungswerten des betreffenden Temperaturbereichs berechnen wir die Gleichgewichtskonstanten und tragen deren Logarithmus gegen die Reziprokwerte der absoluten Temperatur auf. Die Steigung der Kurve bei dem gefragten Punkt ($1/T = 0{,}00114_5$ ist bereits das Maß für ΔH_{873}. Nach der Beziehung

$$\frac{\partial \lg K_p}{\partial\left(\frac{1}{T}\right)} = -\frac{\Delta H}{2{,}3\,R}$$

haben wir nur den Steigungswert, den partiellen Differentialquotienten mit $2{,}3 \cdot R$, d. i. 4,57 zu multiplizieren, um die Reaktionsenthalpie zu erhalten.

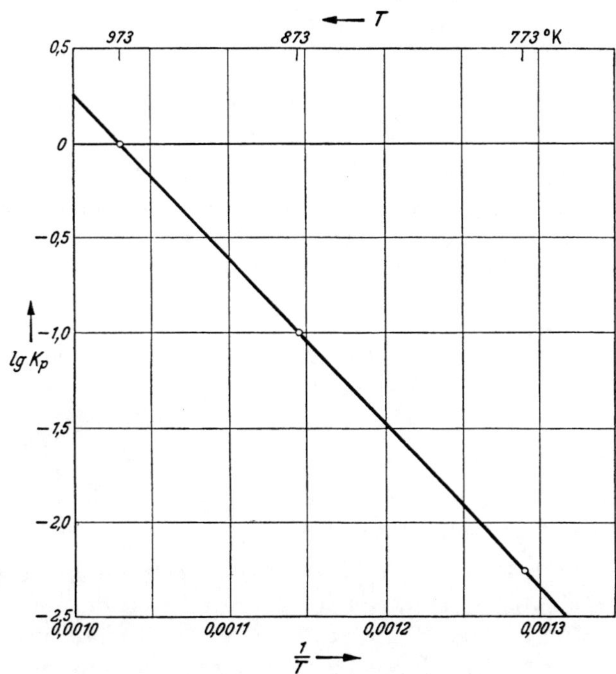

Abb. 41. Die Gleichgewichtskonstante $Kp = p^2_{CO}/p_{CO_2}$ in ihrer Temperaturabhängigkeit nach den Zusammensetzungsdaten der Tabelle 24.

Wir beschränken uns auf die drei ersten Werte der Tabelle und ermitteln daraus die folgenden $\lg K_p$-Werte:

ϑ (° C)	T (° K)	$\frac{1}{T}$	x_{CO}	x_{CO_2}	K_p	$\lg K_p$
500	773	0,00129	0,072	0,928	0,00559	−2,2529
600	873	$0{,}00114_5$	0,271	0,729	0,101	−0,9967
700	973	0,00103	0,618	0,382	1,0	0,0

Da die Auftragung von $\lg K_p$ gegen $1/T$ (Abb. 41) in diesem Temperaturintervall praktisch eine Gerade ergibt, ist in diesem Bereich die Reaktionsenthalpie als konstant zu betrachten, wir können somit gleich ΔH aus dem Differenzenquotienten berechnen und zwar

$$\frac{\lg K_{p,\,973} - \lg K_{p,\,773}}{\frac{1}{973} - \frac{1}{773}} = -\frac{\Delta H_{873}}{4{,}57},$$

$$\underline{\Delta H_{873}} = -4{,}57 \cdot \frac{0{,}0 + 2{,}2529}{0{,}00\,103 - 0{,}00\,129} = \underline{+\ 39\,600 \text{ cal.}}$$

Die Reaktionsentropie läßt sich ermitteln, wenn man aus dem $K_{p,873}$-Wert den entsprechenden Wert der Freien Reaktionsenthalpie $\Delta^N G_{873}$, und ΔS_{873} aus der Beziehung $\frac{\Delta H - \Delta G}{T}$ berechnet.

$$\underline{\Delta^N G_{873}} = -4{,}57 \cdot 873 \cdot (-0{,}9967) = \underline{+\,3980 \text{ cal}},$$

$$\Delta S_{873} = \frac{39\,600 - 3980}{873} = \underline{40{,}8 \text{ Cl}}.$$

Die so aus den Analysendaten (Gleichgewichtszusammensetzung bei einigen Temperaturen) erhaltenen Werte der Reaktionsenthalpie und Reaktionsentropie fallen gut in die Reihe der mit Hilfe der Molwärmen und den Zimmertemperaturdaten (Bildungsenthalpien und Entropiewerten) erhaltenen.

Beispiel 54. a) Berechne die Gleichgewichtszusammensetzung für theoretisch zusammengesetztes Generatorgas bei Atmosphärendruck und $T = 1000°$ K, wenn die Gleichgewichtskonstante

$$K_{p,1000} = \frac{p^2_{CO}}{p_{CO_2}} = 1{,}9$$

ist. (Die primäre Kohlenverbrennungsreaktion erfolgt mit Luft, deren Zusammensetzung mit rund 20 Vol.% O_2 genommen wird.)

b) Berechne ferner die Gleichgewichtszusammensetzung bei einem Gesamtdruck von $^1/_5$ Atm, wobei die Primärreaktion, die Kohlenstoffverbrennung, mit reinem Sauerstoff erfolgt, der Ausgangspartialdruck des CO_2 also der gleiche ist (in einem Falle durch Verdünnung mit N_2 und im anderen Falle durch Gesamtdruckverminderung erreicht).

Berechnung: $K_x = K_p \cdot p^{-\Delta \nu}$, hier wieder $K_x = \frac{K_p}{p} = \frac{x^2_{CO}}{x_{CO_2}}$;

Zu a) Beziehen wir wieder auf den Molenbruch des CO, als den Bildungsgrad β, dann ergibt sich der Molenbruch des CO_2 aus dem stöchiometrischen Verhältnis der Gleichgewichtskomponenten (CO, CO_2) zu N_2 nach

$$C + O_2 \;\; (+\,4N_2) = CO_2 \;(+\,4N_2)$$

$$C + CO_2\,(+\,4N_2) = 2\,CO\,(+\,4N_2)$$

zu $x_{CO_2} = \frac{1-3\beta}{5}$, denn der Betrag von 3β entspricht dem Molenbruch der Stoffe der rechten Seite (dem CO und der doppelten Menge Stickstoff), somit $1-3\beta$ der Molenbruchsumme der Stoffe der linken Seite der Reaktionsgleichung, wovon der fünfte Teil auf den Molenbruch von CO_2 entfällt.

$$K_x = K_p = \frac{\beta^2}{\frac{1-3\beta}{5}};$$

$$\beta^2 + \frac{3K_x}{5} \cdot \beta - \frac{K_x}{5} = 0\;;$$

$\beta_{1,2} = -\frac{3K_x}{10} \pm \frac{1}{10}\sqrt{9K_x^2 + 20K_x}$; für $T = 1000°\,K$, $p = 1$ Atm, $K_x = K_p = 1{,}9$,

$$\underline{\beta_{1000}} = -\frac{5,7}{10} + \frac{1}{10}\sqrt{32,5 + 38} = -0,57 + 0,84 = \underline{0,27 = x_{CO}}$$

$$\underline{x_{CO_2}} = \frac{1 - 3 \cdot 0,27}{5} = \underline{0,038}$$

$$\underline{x_{N_2}} = 2 \cdot 0,27 + 4 \cdot 0,038 = \underline{0,692.}$$

Der prozentische Anteil des CO-Molenbruchs an der Molenbruchsumme der Reaktionsteilnehmer ist somit

$$\frac{100 \cdot 0,27}{0,27 + 0,038} = \underline{87,7\%}.$$

b) Liegt das Boudouardsche Gleichgewicht (ohne N_2-Verdünnung) unter einem Gesamtdruck von $^1/_5$ Atm vor, dann errechnet sich der CO-Bildungsgrad β wie in Beispiel 51 unter Einsetzen dieses p-Werts, also $K_x = 5\,K_p$; $K_{x.1000} = 9,5$;

$$\beta_{1000} = -4,75 + \tfrac{1}{2}\sqrt{90,2 + 38} = -4,75 + 5,66_5 = \underline{0,91_5 = x_{CO}}$$

$$\underline{x_{CO_2} = 0,08_5}$$

Die Molenbruchausbeute an CO ist also im ersteren Falle etwas kleiner, da die Reaktion (bei konstantem Gesamtdruck) unter relativ geringerer Volumvermehrung verläuft ($^1/_5 \rightarrow {}^2/_6 = 0,333$ gegen $^1/_5 \rightarrow {}^2/_5 = 0,4$).

Beispiel 55. Die Ableitung für die Ausdrücke der Dissoziationsgradabhängigkeit bei homogenen Zerfallsreaktionen von der Gleichgewichtskonstanten K_p bzw. K_x soll für die nachstehenden Gasreaktionen nochmals vergleichend vorgenommen und diskutiert werden. Die Zusammenfassung der Endergebnisse ist in der Tabelle S. 93 vorweggenommen. (Einzelne Ableitungen sind bereits in den vorangehenden Beispielen enthalten.)

a) $Cl_2 = 2\,Cl$

b) $C_2H_6 = C_2H_4 + H_2$

c) $HCl = {}^1/_2\,H_2 + {}^1/_2\,Cl_2$

d) $2\,H_2O = 2\,H_2 + O_2$

e) $2\,NH_3 = N_2 + 3\,H_2$ (ist in Tab. S. 93 nur für den Bildungsgrad enthalten).

Wie rechnen sich die beiden letzten Reaktionen mit den halben Molzahlen, also

d′) $H_2O = H_2 + {}^1/_2 O_2$

e′) $NH_3 = {}^1/_2\,N_2 + {}^3/_2\,H_2$.

Ausführung: siehe Tabelle auf S. 190 oben.

Beispiel 56. Für eine Reaktion $A_2 = 2\,A$ ist die Abhängigkeit des Dissoziationsgrades α von K_p (bzw. lg K_p) graphisch aufzutragen. Die Kurve ist mit der Näherungsabhängigkeit für kleine α (wenn $1 - \alpha$ gleich 1 zu setzen ist) zu vergleichen. Die prozentuelle Abweichung der K_p-Werte der Näherungsabhängigkeit bei $\alpha = 0,01$ und $\alpha = 0,1$ ist anzugeben.

	Gesamtmenge der im Gleichgewicht vorhandenen Mole	Die Molenbrüche der Gleichgewichtskomponenten in dem Ausdruck für K_x $(= K_p \cdot p^{-\Delta\nu})$ durch α ausgedrückt
a)	$(1-\alpha)+2\alpha = 1+\alpha$	$\frac{K_p}{p} = \frac{\left(\frac{1-\alpha}{2\alpha}\right)^2}{\frac{1-\alpha}{1+\alpha}} = \frac{4\alpha^2}{(1+\alpha)(1-\alpha)} = \underline{\frac{4\alpha^2}{1-\alpha^2}}$
b)	$(1-\alpha)+2\alpha = 1+\alpha$	$\frac{K_p}{p} = \frac{\frac{\alpha}{1+\alpha}\,\frac{\alpha}{1+\alpha}}{\frac{1-\alpha}{1+\alpha}} = \frac{\alpha^2}{(1+\alpha)(1-\alpha)} = \underline{\frac{\alpha^2}{1-\alpha^2}}$
c)	$(1-\alpha)+\alpha = 1$	$K_p = \frac{\left(\frac{\alpha}{2}\right)^{1/2}\cdot\left(\frac{\alpha}{2}\right)^{1/2}}{1-\alpha} = \underline{\frac{\alpha}{2(1-\alpha)}}$
d)	$(1-\alpha)+\alpha+\frac{\alpha}{2} = \frac{2+\alpha}{2}$	$\frac{K_p}{p} = \frac{\left(\frac{2\alpha}{2+\alpha}\right)^2\cdot\frac{\alpha}{2+\alpha}}{\left(\frac{2(1-\alpha)}{2+\alpha}\right)^2} = \underline{\frac{\alpha^3}{(2+\alpha)(1-\alpha)^2}}$
e)	$(1-\alpha)+\frac{\alpha}{2}+\frac{3\alpha}{2} = 1+\alpha$	$\frac{K_p}{p^2} = \frac{\frac{\alpha}{2(1+\alpha)}\cdot\left(\frac{3}{2(1+\alpha)}\right)^3}{\left(\frac{1-\alpha}{1+\alpha}\right)^2} = \frac{3^3\cdot\alpha^4}{2^4\cdot(1+\alpha)^2\cdot(1-\alpha)^2} = \underline{\frac{27\,\alpha^4}{16\,(1-\alpha^2)^2}}$
d′)	gleich d)	Bei Halbierung der Reaktionsgleichung erhält man jeweils die Quadratwurzel der obigen Ausdrücke für K_x.
e′)	gleich e)	

Durchführung: In der folgenden Tabelle sind die für steigende α-Werte berechneten K_x-Daten und deren Logarithmus verzeichnet.

α	$K_x = \frac{K_p}{p} = \frac{4\alpha^2}{1-\alpha^2}$	lg K_x	nach der Grenzbeziehung für kleine α: $K_x \simeq 4\alpha^2$	lg K_x
0	0	$-\infty$	0	$-\infty$
0,01	0,0004004	$-3{,}398$	0,0004	$-3{,}398$
0,1	0,0404	$-1{,}394$	0,04	$-1{,}398$
0,2	0,1667	$-0{,}778$	0,16	$-0{,}796$
0,3	0,395	$-0{,}403$	0,36	$-0{,}444$
0,4	0,762	$-0{,}118$	0,64	$-0{,}194$
0,5	1,332	$+0{,}125$	1,0	0
0,6	2,25	$+0{,}352$	1,44	$+0{,}158$
0,7	3,84	$+0{,}585$	1,96	$+0{,}292$
0,8	7,11	$+0{,}852$	2,56	$+0{,}408$
0,9	36	$+0{,}81$	3,24	$+0{,}512$
1,0	∞	$+\infty$	4	$+0{,}602$

Die graphische Darstellung nebenst. Zahlenwerte ergibt die Kurven der Abb. 42. Bei einem Dissoziationsgrad 0,1 differiert der nach der Grenzbeziehung (Kurve II) berechnete K_x-Wert (für 1 Atm gleichzeitig der K_p-Wert) um 1%, bei $\alpha = 0{,}01$ ist die Abweichung nur mehr 0,1% und bei noch geringerer Dissoziation erkennt man die praktisch vollkommene Übereinstimmung der nach beiden Gleichungen erhaltenen Resultate. Insbesondere bei den Reaktionstypen wo α aus Gleichungen höheren Grades nicht mehr ohne weiteres rechnerisch ermittelbar ist, bedienen wir uns, wo angängig, mit Vorteil dieser Grenzbeziehung und bei größeren K_x-Werten (α-Werten) der graphischen Ermittlungsmethode.

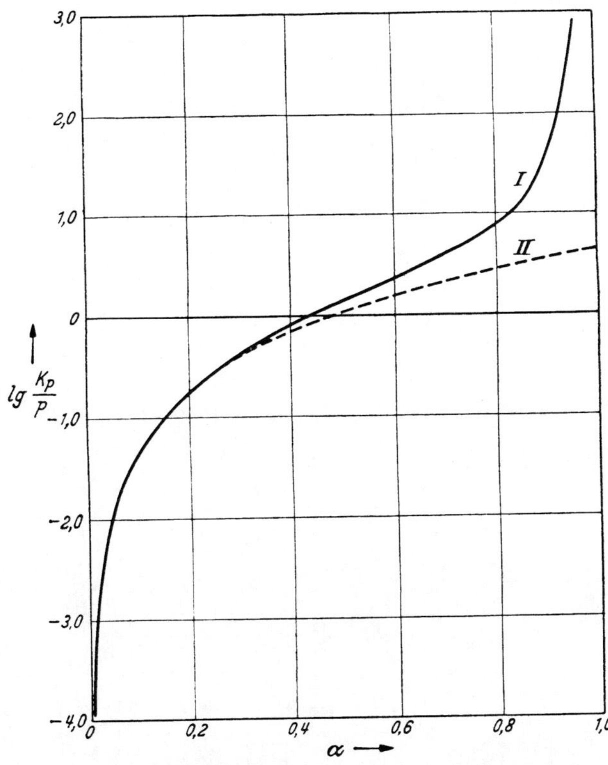

Abb. 42. Die Abhängigkeit der Gleichgewichtskonstante $K_x = K_p/p$ vom Dissoziationsgrad α bei Reaktionen vom Typ $A_2 = 2A$; Kurve I: $\frac{K_p}{p} = \frac{4\alpha^2}{1-\alpha}$, Kurve II: $\frac{K_p}{p} \sim 4\alpha^2$ (für kleine α).

Beispiel 57. Der Dissoziationsgrad des Wasserstoffs bei 298 und 2000° K und 1 bzw. 100 Atm Druck soll ermittelt werden, wenn aus den Tabellen zu entnehmen sind:

die Reaktionsenthalpie der Dissoziationsreaktion

$H_2 = 2\,H$;

$\Delta H_{298} = 103{,}8$ kcal,

die Normal-Entropie

($T = 298°$ K, p = 1 Atm)

für H_2; $S_{298} = 31{,}23$ Cl,

für H; $S_{298} = 27{,}4$ Cl,

und die angenäherten Molwärmefunktionen (Tab. 16)

für H_2; $C_p = 6{,}5 + 0{,}0009\,T$

für H; $C_p = 5{,}0$.

Ausführung: Wir errechnen die Gleichgewichtskonstante aus dem Normalwert der Freien Enthalpie der Reaktion

$$\Delta^N G = -RT \cdot \ln K_p \quad \text{und das} \quad \Delta^N G \text{ aus}$$
$$\Delta G = \Delta H - T\Delta S \quad \text{(für die Normalreaktion).}$$

Den Dissoziationsgrad α errechnen wir aus K_p wie folgt:

$$K_x = K_p \cdot p^{-\Delta \nu_i} = \frac{\left(\frac{p_H}{p}\right)^2}{\left(\frac{p_{H_2}}{p}\right)} = \frac{\left(\frac{2\alpha}{1+\alpha}\right)^2}{\left(\frac{1-\alpha}{1+\alpha}\right)} = \frac{4\alpha^2}{1-\alpha^2}.$$

Im Falle von $p = 1$ Atm wird $K_x = K_p$.

Für sehr kleine Dissoziationsgrade ist der Nenner $1 - \alpha^2$ zu vernachlässigen und wir erhalten

für $\alpha \ll 1$:

$$\frac{K_p}{4_p} \approx \alpha^2; \qquad \underline{\alpha \approx \frac{1}{2}\sqrt{\frac{K_p}{p}}}.$$

$$\Delta S_{298} = 2 \cdot S_{(\mathrm{H})} - S_{(\mathrm{H}_2)} = 54{,}8 - 31{,}23 = \underline{23{,}57\ \mathrm{Cl}}$$

$$\Delta G_{298} = 103800 - 298 \cdot 23{,}57 = \underline{96776\ \mathrm{cal}}$$

$$\lg K_p = -\frac{96\,776}{2{,}3 \cdot 1{,}987 \cdot 298} = -70{,}98\ (= 0{,}02 - 71)$$

$$\underline{K_p = 1{,}05 \cdot 10^{-71}}$$

$$\alpha_{298} = \frac{1}{2}\sqrt{1{,}05 \cdot 10^{-71}} = \mathbf{1{,}62 \cdot 10^{-36}}$$

(Beim Quadratwurzelziehen mit dem Rechenschieber ist auf die Teilbarkeit der Zehnerpotenzen zu achten, also $10{,}5 \cdot 10^{-72}$)

bei $T = 2000$:

$$\Delta H_{2000} - \Delta H_{298} = \int_{298}^{2000} \Delta C_p dT = \int_{298}^{2000} (3{,}5 - 0{,}0009\,T)\,dT$$

$$= 3{,}5\,(2000 - 298) - 0{,}00045\,\underbrace{(2000^2 - 298^2)}_{1702 \cdot 2298}$$

$$= 5960 - 1760 = \underline{4200\ \mathrm{cal}}$$

$$\Delta H_{2000} = 103800 + 4200 = \underline{108000\ \mathrm{cal}}$$

$$\Delta S_{2000} - \Delta S_{298} = \int_{298}^{2000} \frac{\Delta C_p}{T}\,dT = \int_{298}^{2000} \frac{3{,}5 - 0{,}000\,9\,T}{T}\,dT$$

$$= 3{,}5 \cdot 2{,}3\,(\lg 2000 - \lg 298) - 0{,}0009\,(2000 - 298)$$

$$= 8{,}49 - 1{,}53 = \underline{6{,}96\ \mathrm{Cl}}$$

$$\Delta S_{2000} = 23{,}57 + 6{,}96 = \underline{30{,}53\ \mathrm{Cl}}$$

$$\Delta G_{2000} = 108000 - 2000 \cdot 30{,}53 = \underline{46940\ \mathrm{cal}}$$

$$\lg K_{p,\,2000} = -\frac{46\,940}{4{,}575 \cdot 2000} = -5{,}135$$

$$\underline{K_{p,\,2000} = 7{,}33 \cdot 10^{-6}}$$

bei $p = 1$ Atm: $\alpha_{2000} = \frac{1}{2}\sqrt{7{,}33 \cdot 10^{-6}} = \mathbf{1{,}35 \cdot 10^{-3}}$

bei $p = 100$ Atm: $\alpha_{2000} = \frac{1}{2}\sqrt{\frac{7{,}33 \cdot 10^{-6}}{100}} = \mathbf{1{,}35 \cdot 10^{-4}}$.

Analogieaufgaben: Berechne das Dissoziationsgleichgewicht von O_2, H_2, Cl_2, Br_2, J_2 für 298, 1000, 2000° K, wenn die Bildungsenthalpie der atomaren Gase (Tab. 21) und die Molwärmenabhängigkeit nach Tab. 16 bzw. 15 gegeben sind.

Beispiel 58. Ermittle den Dissoziationsgrad des Wasserdampfes nach $H_2O = H_2 + {}^1/_2\,O_2$ bei 1000, 2000, 3000, 3333, 3500 und 5000° K auf Grund der in Tab. 24 verzeichneten K_p-Daten.

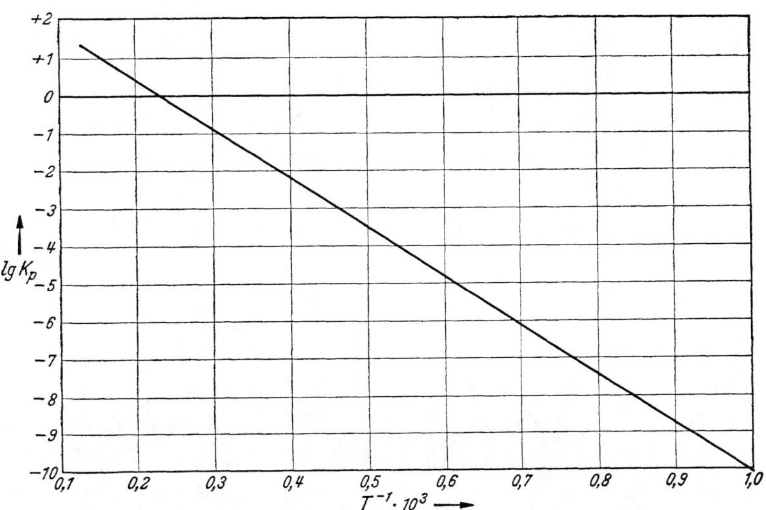

Abb. 43. Die Temperaturabhängigkeit der Gleichgewichtskonstante der Wasserdampfdissoziation ($H_2O = H_2 + 1/2\,O_2$).

Ausführung: Die in der Tabelle nicht mehr verzeichneten K_p-Werte über 3000° K werden auf graphischem Wege extrapoliert. Die Auftragung von $1/T$ gegen $\lg K_p$ ergibt die Kurve der Abb. 43.

Daten zur Abb. 43.

T	$\frac{1}{T} \cdot 10^3$	$\lg K_p$
1000	1,0	−10,059
1400	0,715	− 6,34
2000	0,5	− 3,529
3000	0,333	− 1,325
Gesuchte K_p-Werte		
3333	0,3	− 0,9
3500	0,286	− 0,7
5000	0,2	+ 0,4

Die Formel zur Dissoziationsgradermittlung ergibt sich für diese Reaktion zu:

$$K_x = K_p \cdot p^{-\Delta\nu} = \frac{\dfrac{\alpha}{1+\dfrac{\alpha}{2}}\left(\dfrac{\alpha/2}{1+\dfrac{\alpha}{2}}\right)^{1/2}}{\dfrac{1-\alpha}{1+\dfrac{\alpha}{2}}}$$

$$= \sqrt{\frac{\alpha^3}{(2+\alpha)(1-\alpha)^2}}\,.$$

Daten zu Abb. 44.

α	$\lg K_p$	α	$\lg K_p$
0	$-\infty$	—	—
0,1	−1,615	0,6	−0,142
0,2	−1,123	0,7	+0,075
0,3	−0,81	0,8	0,33
0,4	−0,565	0,9	0,701
0,5	−0,35	1,0	∞

Nachdem sich α aus dieser Gleichung nicht ohne weiteres errechnen läßt, ermitteln wir den Kurvenverlauf von $\lg K_p$ mit α und suchen zu den betreffenden K_p-Werten das gewünschte α auf.

T	α
5000	0,82
3500	0,34
3333	0,265
3000	0,15

Aus der Abb. 44, der graphischen Darstellung der vorstehenden Daten, erhält man die nebenstehend verzeichneten α-Werte.

Für sehr kleine K_p-Werte, wenn $\alpha \ll 1$, hier schon bei 1000 (und 2000° K), können wir sehr einfach α berechnen, da dann in der obigen Formel die α-Beträge im Nenner vernachlässigbar sind, so daß verbleibt

$$\frac{K_p}{p} = \sqrt{\frac{\alpha^3}{2}} \quad \text{und für } \alpha \text{ (bei } p = 1 \text{ Atm)}; \quad \alpha \approx \sqrt[3]{(2\,K_p)^2}.$$

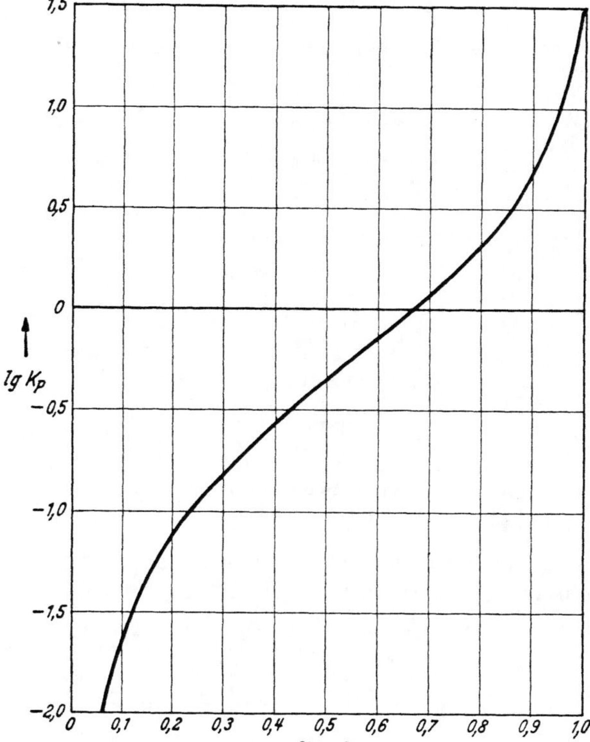

Abb. 44. Dissoziationsgradkurve für die Reaktion $H_2O = H_2 + 1/2\,O_2$.

Daraus erhalten wir für

T	α
2000	$(7{,}05 \cdot 10^{-3})$
1000	$3{,}12 \cdot 10^{-7}$

Während also bei 5000° K bereits 82 (Mol-)% des H_2O zerfallen ist, sind es bei 1000° K $3 \cdot 10^{-5}$ %.

Beispiel 59. Aus den K_p-Werten der H_2O-Dissoziation, $H_2O = H_2 + 1/2\,O_2$, soll der Mittelwert der Reaktionsenthalpie zwischen 1000 und 3000° K bestimmt werden (K_p-Daten s. Tab. 24 bzw. vorhergehendes Beispiel).

Ausrechnung: Nach der Beziehung

$$\frac{\partial \lg K_p}{\partial \frac{1}{T}} = \frac{\Delta H}{2{,}3\,R}$$

setzen wir an Stelle des Differentialquotienten den Differenzenquotienten, zwischen 1000 und 3000° K somit:

$$\frac{-10{,}059 + 1{,}325}{0{,}001 - 0{,}00033} = \frac{\Delta H}{4{,}57},$$

$\overline{\Delta H} = 59700$ cal.

Beispiel 60. Ermittle für 600° K (327° C) und 1, 10 und 100 Atm, einerseits den Bildungsgrad β von NH_3 (nach $^1/_2\,N_2 + {^3/_2}\,H_2 = NH_3$), andererseits den Dissoziationsgrad α von NH_3. (Die Druckabhängigkeit der Gleichgewichtskonstante, die im Gebiet realen Gasverhaltens — bei hohen Drucken — merklich ist, soll unberücksichtigt bleiben.) Der Wert der Gleichgewichtskonstante ist der Tabelle 24 oder dem Beispiel 46 zu entnehmen.

Ausrechnung: Der Tabelle 24 entnehmen wir den Wert der Gleichgewichtskonstante $K_{p600} = 3{,}84 \cdot 10^{-2}$. Dies im Sinne der NH_3-Bildung, $^1/_2\,N_2 + {^3/_2}\,H_2 = NH_3$.

Der Bildungsgrad β (d. i. der NH_3-Molenbruch im Gleichgewicht) ergibt sich für diese Reaktion aus der Beziehung

$$K_x = K_p \cdot p = \frac{4^2 \beta}{3^{3/2}(1-\beta)^2}.$$

Dieser Ausdruck stellt die Quadratwurzel des S. 93 angeführten dar, da dort derselbe für die verdoppelte Reaktionsgleichung gilt. Wir befinden uns bei der betrachteten Temperatur — der gegebenen Gleichgewichtskonstante — nicht mehr im Grenzgebiet so kleiner Bildungsgrade, daß die Verwendung der Näherungsgleichung angängig wäre und so ermitteln wir β aus der bei der Auflösung des obigen Ausdrucks sich ergebenden quadratischen Gleichung.

$$\underbrace{\frac{3^{3/2}}{4^2} K_x}_{z} \cdot (1 - 2\beta + \beta^2) = \beta.$$

Die β-Glieder zusammengefaßt und die ganze Gleichung durch z dividiert

$$\beta^2 - \beta \underbrace{\frac{2z+1}{z}}_{y} + 1 = 0; \quad \beta_{1,2} = \frac{y}{2} \pm \sqrt{\frac{y^2}{4} - 1}.$$

Für $p = 100$ Atm: $K_x = 3{,}84$; $y = 2{,}8$, $\underline{\beta = 0{,}42}$ (42% NH_3)

„ $p = 10$ „ $K_x = 0{,}384$; $y = 10$, $\underline{\beta = 0{,}11}$ (11% „)

„ $p = 1$ „ $K_x = 0{,}0384$; $y = 82$, $\underline{\beta = 0{,}01}$ (1% „)

(Für β sind lt. Definition nur die Werte zwischen 0 und 1 sinnvoll.)

Die Dissoziationsgradbeziehung haben wir in Beispiel 55e′ abgeleitet. Da wir im Sinne der Dissoziation die gegenläufige Reaktionsgleichung betrachten, so bezeichnen wir die Gleichgewichtskonstante, die dann den Reziprokwert jener der Bildungsreaktion ausmacht mit

$$K'_x = \frac{1}{K_x}. \quad \text{Für } K'_x = \frac{K'_p}{p} = \frac{\sqrt{27}\,\alpha^2}{4 \cdot (1-\alpha^2)}$$

$$\underbrace{\frac{K'_x}{1{,}3}}_{b} = \frac{\alpha^2}{1-\alpha^2}; \quad b - \alpha^2 b = \alpha^2; \quad \underline{\alpha = \sqrt{\frac{b}{1+b}}}.$$

Für $p = 100$ Atm: $b = \frac{1}{1{,}3 \cdot 3{,}84} = 0{,}2$, $\underline{\alpha = 0{,}408}$ (40,8% NH_3 dissoziiert, 59,2% „ undissoziiert),

„ $p = 10$ „ $b = 2$, $\underline{\alpha = 0{,}815}$ (81,5% „ dissoziiert, 18,5% „ undissoziiert)

„ $p = 1$ „ $b = 20$, $\underline{\alpha = 0{,}975}$ (97,5% „ dissoziiert, 2,5% „ undissoziiert).

Beispiel 61. a) Die Gleichgewichtskonstante für den Deacon-Chlor-Prozeß $2HCl + \frac{1}{2}O_2 = H_2O + Cl_2$ ist aus den K_p-Werten der Teilreaktionen, aus welchen sich dieses zusammengesetzte Gleichgewicht aufbaut, für die Temperaturen 1000, 1400 und 2000° K zu berechnen (K_p-Werte siehe Tab. 24).

b) Der K_p-Wert dieser Reaktion für Zimmertemperatur, d.h. für 298° K, ist aus den Bildungsenthalpie- und Entropiewerten der Tab. 21 zu berechnen.

c) Die Richtung der günstigsten Bedingungen zur Chlorgewinnung aus HCl und umgekehrt der HCl-Gewinnung aus Chlor ist anzugeben.

d) Durch graphische Interpolation ist jene Temperatur zu ermitteln, bei der $K_p = 1$;

e) die Gleichgewichtszusammensetzung ist für diesen Fall zu ermitteln.

Ausrechnung: Zu a) Die Reaktion läßt sich auf folgende Bildungs- bzw. Dissoziationsreaktionen zurückführen:

$$\begin{array}{l} 2\,HCl + \tfrac{1}{2}\,O_2 = H_2O + Cl_2 \\ \hline 2\,HCl = H_2 + Cl_2 \\ H_2 + \tfrac{1}{2}\,O_2 = H_2O \\ \hline \end{array}$$

In diesem Sinne geschrieben ergeben die Gleichungen addiert die gesuchte Reaktion, die Gleichgewichtskonstanten der so geschriebenen Teilreaktionen sind dann zu multiplizieren. In Tab. 24 sind die K_p-Werte für beide Teilreaktionen im Sinne der Dissoziation angegeben (für HCl und H_2O), mithin erhält man das gesuchte

$$K_{p,\,\text{Deacon}} = \frac{p_{H_2O} \cdot p_{Cl_2}}{p^2_{HCl} \cdot p^{1/2}_{O_2}} = \frac{(K_{p,HCl})^2}{K_{pH_2O}} .$$

Für die betreffenden Temperaturen folgt daraus:

$$\boldsymbol{K_{p1000} = 0{,}35\,; \quad K_{p1400} = 4{,}38 \cdot 10^{-2}\,; \quad K_{p2000} - 9{,}32 \cdot 10^{-3}\,.}$$

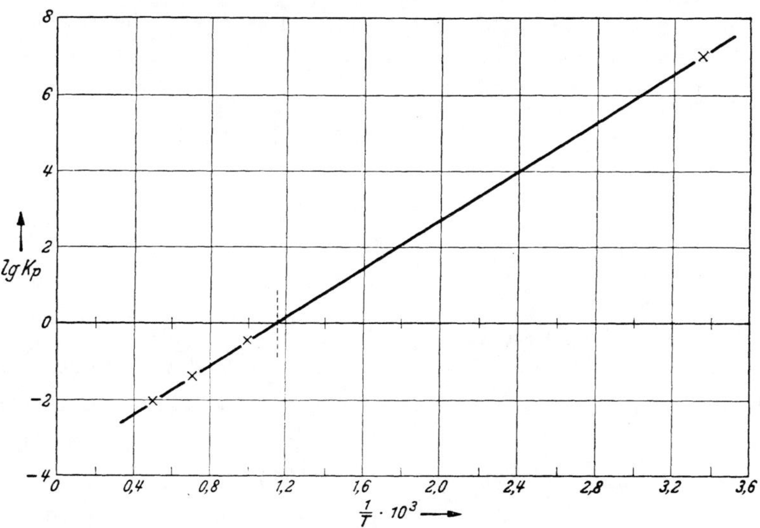

Abb. 45. Die Temperaturabhängigkeit der Gleichgewichtskonstante K_p für die Reaktion $2\,HCl + 1/2\,O_2 = H_2O + Cl_2$.

Zu b) Aus den Bildungsenthalpien folgt:

$$\Delta H_{298} = -57{,}84 + 43{,}78 = -14{,}06 \text{ kcal} = \underline{-14060 \text{ cal}}$$

$$\Delta S_{298} = 45{,}13 + 53{,}32 - 89{,}32 - 24{,}51 = \underline{-15{,}38 \text{ Cl}}$$

$$\Delta G_{298} = -14060 + 298 \cdot 15{,}38 = \underline{-9480 \text{ cal}}$$

$$\lg K_{p,298} = \frac{9480}{4{,}57 \cdot 298} = \underline{6{,}96}; \quad K_{p,298} = \mathbf{9{,}12 \cdot 10^6}.$$

Zu c) Im Sinne der Reaktionsgleichung, also der Cl_2-Bildung, wird Wärme abgegeben (exotherme Reaktion), daher wird tiefe Temperatur den Prozeß in dieser Richtung begünstigen. Die Reaktion verläuft ferner unter (geringer) Volumzunahme, so daß eine Druckverminderung die Cl_2-Ausbeute vergrößern würde. Für die Reaktion im umgekehrten Sinne, also der HCl-Bildung, werden somit hohe Temperatur und erhöhter Druck (dieser wieder nur in geringem Maße) günstig sein.

Zu d) Aus den K_p-Werten, die unter a) und b) ermittelt sind, läßt sich die Temperatur für $K_p = 1$ aus dem Kurvenschnittpunkt bei Auftragung von $\lg K_p$ gegen $1/T$ mit der 0-Geraden bestimmen (Abb. 45). Die entsprechenden zur Abb. 45 führenden Daten sind:

T	$\frac{1}{T}$	$\lg K_p$
298	0,00336	6,96
1000	0,00100	—0,456
1400	0,00071$_5$	—1,358
2000	0,00050	—2,03

Die Punkte liegen praktisch auf einer Geraden, die die $\lg K_p = 0$-Linie bei $1/T = 0{,}00115$ schneidet, entsprechend einer Temperatur von **870° K** (597° C) für $K_p = 1$.

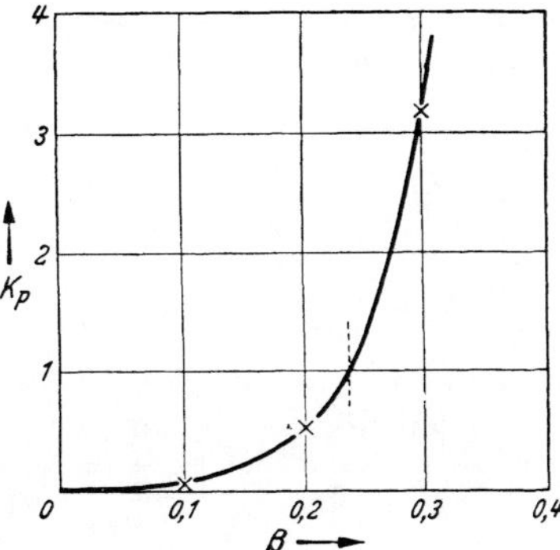

Abb. 46. Der Bildungsgrad β des Chlors für die Reaktion $2HCl + \frac{1}{2}O_2 = H_2O + Cl_2$ bei stöchiometrischem Ausgangsgemisch.

Zu e) $K_x = K_p \cdot p^{-\Delta\nu}$

für $p = 1$ Atm; $\quad K_x = K_p = \dfrac{x_{H_2O} \cdot x_{Cl_2}}{x_{HCl}^2 \cdot x_{O_2}^{1/2}}$

bei stöchiometrischem Ausgangsgemisch und $x_{Cl_2} = \beta$;

$$K_p = \frac{\beta^2}{\left[\frac{2}{2{,}5}(1-2\beta)\right]^2 \left[\frac{0{,}5}{2{,}5}(1-2\beta)\right]^{1/2}} = \underline{\frac{3{,}5\,\beta^2}{(1-2\beta)^2\sqrt{1-2\beta}}}$$

Die Auswertung erfolgt graphisch. Hierzu werden für einige Bildungsgrade zwischen 0 und 0,5 die dazugehörigen K_p-Werte berechnet. (Der Bildungsgrad β hat in diesem Falle die obere Grenze 0,5, da bei stöchiometrischem Umsatz gleichviel Mole H_2O entstehen.)

β	K_p
0,1	0,0612
0,2	0,502
0,3	3,12
0,4	31,3

Der gesuchte β-Wert liegt somit zwischen 0,2 und 0,3 und wird durch graphische Interpolation aus Abb. 46 zu <u>0,238</u> gefunden. Die Gleichgewichtszusammensetzung bei $T = 870°$ K und K_p gleich 1 ergibt sich somit zu:

23,8	Mol-%	Cl_2
23,8	,,	H_2O
41,9	,,	HCl
10,5	,,	O_2

Analogieaufgaben: Mit welcher theoretischen Chlorausbeute ließe sich der Deacon-Prozeß bei 2000° K zur HCl-Gewinnung heranziehen?

Welche Gleichgewichtsdaten ergeben sich in Analogie zu Beispiel 61 bei einem Brom-Deacon-Prozeß?

Beispiel 62. Berechne die Gleichgewichtskonstanten $K_{p,1000}$ für die Reaktionen

$$\text{a)}\ 3\,H_2 + SO_2 = 2\,H_2O + H_2S$$

$$\text{b)}\ {}^1/_2\,SO_2 + CO = CO_2 + {}^1/_4\,S_2$$

$$\text{c)}\ CO_2 + H_2 = CO + H_2O \quad \text{(Wassergasreaktion)}$$

aus den Gleichgewichtskonstanten der Teilreaktionen, die in Tab. 24 verzeichnet sind.

Ausführung: Zu a) Das Gleichgewicht dieser Reaktion ist auf die Gleichgewichte der folgenden Bildungsreaktionen zurückzuführen:

$$2\,H_2 + O_2 = 2\,H_2O$$

$$H_2 + {}^1/_2\,S_{2(g)} = H_2S$$

$$SO_2 = {}^1/_2\,S_{2(g)} + O_2$$

Durch Addition der Teilreaktionen erhält man die Bruttoreaktion und deren Gleichgewichtskonstante durch Multiplikation der im Sinne der obigen Reaktionsrichtung gegebenen Teil-Gleichgewichtskonstanten, also

$$K_p = \frac{p^2_{H_2O}}{p^2_{H_2} \cdot p_{O_2}} \cdot \frac{p_{H_2S}}{p_{H_2} \cdot p^{1/2}_{S_2}} \cdot \frac{p^{1/2}_{S_2} \cdot p_{O_2}}{p_{SO_2}}\,.$$

Für die Teil-Gleichgewichtskonstanten im Sinne der Dissoziation des als Index geschriebenen Stoffes folgt daraus

$$K_p = \frac{K_{p,\,SO_2}}{K^2_{p,\,H_2O} \cdot K_{p,\,H_2S}}\,.$$

Soweit nun die Gleichgewichtskonstanten der Teilreaktionen im Sinne der Bildungsreaktionen tabelliert sind, sind sie mit dem Reziprokwert in diese Gleichung einzusetzen. In unserem Falle

$$K_{p,1000} = \frac{\overset{(H_2S-\text{Bild})}{1{,}37 \cdot 10^2}}{(8{,}73 \cdot 10^{-11})^2 \cdot \underset{(SO_2\text{-Bild})}{1{,}26 \cdot 10^{15}}} = \mathbf{1{,}42 \cdot 10^7},$$

Zu b) Die Teilreaktionen sind hier:

$${}^1/_2\,SO_2 = {}^1/_2\,O_2 + {}^1/_4\,S_2$$

$${}^1/_2\,O_2 + CO = CO_2$$

$$K_p = \frac{\sqrt{K_{p,\,SO_2}}}{K_{p,\,CO_2}}$$

(die Teil-Gleichgewichtskonstanten wieder im Sinne der Dissoziationsreaktion verstanden).

$$K_{p,1000} = \frac{1}{\sqrt{1{,}26 \cdot 10^{15}} \cdot 6{,}33 \cdot 10^{-11}} = \mathbf{4{,}45 \cdot 10^2}.$$

Zu c) Die Wassergasreaktion beruht auf den Teilreaktionen

$$CO_2 = CO + {}^1/_2\, O_2$$

$${}^1/_2\, O_2 + H_2 = H_2O \qquad K_p = \frac{K_{CO_2}}{K_{H_2O}}$$

$$K_{p,1000} = \frac{6{,}33 \cdot 10^{-11}}{8{,}73 \cdot 10^{-11}} = \mathbf{0{,}725}.$$

Analogieaufgaben: Für die Reaktionen des vorstehenden Beispiels sind die $K_{p,298}$-Werte aus den Bildungsenthalpie- und Entropiewerten zu ermitteln. Unter Heranziehung der $K_{p,1000}$-Werte sind auf graphischem Wege weitere K_p-Werte, etwa für $T = 600$ und $1400°$ K, zu ermitteln und mit den Tabellenwerten zu vergleichen. Gegebenenfalls die K_p-Werte auch über die C_p-Abhängigkeit ermitteln.

Beispiel 63. Aus den Dampfdruckdaten der Tabelle 25 ist die Verdampfungsenthalpie (Verdampfungswärme) des Wassers bei 1, 25 und 100° C zu errechnen.

Ausrechnung:

$$\frac{d \ln p^*}{d\left(\frac{1}{T}\right)} = -\frac{\Delta H}{R} \text{ für } 100° \text{ C}, \; T = 373° \; K:$$

$$\Delta H_{373} = -4{,}575 \, \frac{\lg 787{,}6 - \lg 733{,}24}{\frac{1}{374} - \frac{1}{372}} =$$

$$= 4{,}575 \cdot \frac{374 \cdot 372 \cdot \lg \frac{787{,}6}{733{,}24}}{372 - 374} = \underline{9888 \text{ cal}}$$

In gleicher Weise erhält man $\Delta H_{298} = \underline{10510 \text{ cal}}$, und

$$\Delta H_{274} = \underline{10900 \text{ cal.}}$$

Beispiel 64. Wie groß ist die Verdampfungsentropie beim Siedepunkt und bei 25° C bei gegebenen Dampfdruckdaten?

Ausrechnung: Die Verdampfungsentropie bei der Siedetemperatur ist gleich $\Delta S_s = \frac{\Delta H_s}{T_s}$. Die Verdampfungsenthalpie aus den Dampfdrucken ist im vorigen Beispiel gerechnet, somit ergibt sich $S_s = 9888/373 = \underline{26{,}5 \text{ Cl.}}$

(Auf Grund der Troutonschen Regel ist die Verdampfungsentropie bei Siedetemperatur ~ 21 Cl; der Wert für Wasser fällt aus der Reihe heraus. Dieses Abweichen von der Regel wird auch bei einigen weiteren „assoziierten" Flüssigkeiten festgestellt.) Der Normalwert der Verdampfungsentropie bei $T = 298°$ K (und 1 Atm Druck) läßt sich aus dem Dampfdruck — daraus der Normalwert der Freien Enthalpie der Verdampfung — und der Verdampfungsenthalpie errechnen nach:

$$\Delta H = \Delta G + T \Delta S; \; \Delta^N G = -RT \cdot \ln p^*.$$

$$\Delta^N G_{298} = -2{,}3 \cdot 1{,}987 \cdot 298 \cdot \lg 23{,}756/760$$

der Dampfdruck wird in Atmosphären gerechnet.)

$$= -4{,}575 \cdot 298 \cdot (-1{,}505) = \underline{2050 \text{ cal}}$$

$$\Delta^N S_{298} = \frac{10510 - 2050}{298} = \underline{28{,}4 \text{ Cl}}$$

(bei einem Wert der Normalentropie des Wassers von 16,9 Cl — Tabellenwert — folgt eine Normalentropie des Wasserdampfes von 45,3 Cl).

(Dem Wert 10510/298 = 35,3 würde die Verdampfungsentropie bei dem Gleichgewichtsdruck, also bei $p = 0{,}03127$ Atm, entsprechen.)

Beispiel 65. Berechne den Normalwert der Verdampfungsentropie bei 25° C (Entropie des Gases unter einem Druck von 1 Atm) $\Delta^N S_{298}$ aus den Verdampfungsdaten (Tabellenwerte: Siedetemperatur $T_s = 373°$ K und Verdampfungsenthalpie $\Delta H_s = 9732$ cal — oben berechnet 9888 cal —) und den mittleren Molwärmen in dem durchschrittenen Temperaturbereich für das flüssige Wasser $\overline{C}_p = 18{,}0$ und den Wasserdampf $\overline{C}_p = 8{,}1$.

Rechnung: Die Verdampfungsentropie beim Siedepunkt ist oben mit 26,5 Cl berechnet (mit dem Tabellenwert erhält man 9732/373 = 26,1 Cl). Die Differenz der Verdampfungsentropien bei $T = 373$ und $T = 298°$ K errechnet sich

$$\Delta S_{373} - \Delta S_{298} = \int_{298}^{373} \frac{\Delta C_p}{T}\, dT = 2{,}3 \cdot (-9{,}9) \cdot \underbrace{(\lg 373 - \lg 298)}_{0{,}098} = -2{,}24 \text{ Cl}$$

$$\Delta S_{298} = 26{,}5 + 2{,}24 = \mathbf{28{,}7} \text{ Cl (bzw. } 26{,}1 + 2{,}24 = 28{,}3 \text{ Cl).}$$

Beispiel 66. a) Der Verlauf der Dampfdruckkurve des Quecksilbers nach den Tabellenwerten (Tab. 26) ist auf etwa herausfallende Daten durch graphische Auftragung von $\lg p^*$ gegen $1/T$ zu prüfen.

Aus dem Verlauf (Geradlinigkeit) soll überblickt werden, innerhalb welcher Temperaturbereiche die Verdampfungsenthalpie als konstant angesehen und aus Wertepaaren des Dampfdrucks zu errechnen ist (die Steigung der Kurve ergibt die Verdampfungsenthalpie).

b) Aus den Dampfdruckwerten des Hg im Schmelzpunktsbereich soll die Verdampfungsenthalpie — Verdampfung des flüssigen Quecksilbers — berechnet werden. Für die Rechnungen wollen wir den Schmelzpunkt mit rund — 38° C nehmen.

c) Wie groß ergibt sich die Verdampfungsenthalpie (Sublimationsenthalpie) bei Verdampfen des festen Hg bei der Schmelztemperatur? Welcher Wert ist hierfür noch nötig? (Schmelzenthalpie laut Tabelle 23 $\Delta H_e = 560$ cal).

d) Stelle die vollständige Dampfdruckgleichung mit den Daten des Quecksilbers auf.

Ermittle die hierfür nötigen Werte für

die Nullpunkts-Verdampfungsenthalpie,
das Atomwärmen-Doppelintegral und
die Dampfdruckkonstante = Chemische Konstante

aus den Dampfdruckwerten im Schmelztemperaturbereich, der Schmelzenthalpie und dem Gang der Atomwärmen des festen und gasförmigen Hg zwischen 0° K und der Schmelztemperatur.

Für den einatomigen Hg-Dampf gelte $C_p = \frac{5}{2} R$, für das feste Hg sind die aus der Debye-Funktion abgeleiteten Werte der Tabelle 19 zu verwenden.

Ermittle die Entropiekonstante des Hg-Dampfes

1) aus der Chemischen Konstanten des Hg,

2) aus den Dampfdruckdaten des Hg im Schmelztemperaturbereich und den Atomwärmedaten des festen und gasförmigen Hg.

Ausführung: Zu a) Als Beispiel die graphische Auftragung der Werte zwischen —40 und —10° C (s. nebenstehende Tabelle).

ϑ	T	$1/T$	p^* (Torr)
—40	233	$429{,}2 \cdot 10^{-5}$	$1{,}793 \cdot 10^{-6}$
—38	235	$425{,}5 \cdot 10^{-5}$	$2{,}354 \cdot 10^{-6}$
—36	237	$421{,}9 \cdot 10^{-5}$	$3{,}066 \cdot 10^{-6}$
—30	243	$411{,}5 \cdot 10^{-5}$	$6{,}696 \cdot 10^{-6}$
—20	253	$395{,}3 \cdot 10^{-5}$	$22{,}0 \cdot 10^{-6}$
—10	263	$380{,}2 \cdot 10^{-5}$	$67{,}34 \cdot 10^{-6}$

Die Einheiten, in denen der Dampfdruck eingesetzt wird, sind ohne Belang, da es sich nur um Dampfdruckverhältnisse handelt. Das Aufsuchen von $\lg p^*$ kann man sich ersparen, wenn man ein geeignetes einseitig logarithmisch geteiltes Papier besitzt. Als geeignet ist hier zu verstehen, daß der Logarithmenbereich (Anzahl der Zehnerpotenzen) den zu verfolgenden Dampfdruckbereich umfaßt, andererseits aber im Interesse der Genauigkeit nicht einen zu großen Bereich umspannt. Legt man durch die 3 letzten Punkte (—40 bis —36° C) eine Gerade, so zeigt sich, daß deren Verlängerung bei —20 und —10° C schon merklich von den Meßpunkten abweicht. Vom Kurvenzug herausfallende Punkte bzw. stärkere Streuung einzelner Meßpunkte sind nicht feststellbar. Aus der Krümmung der Dampfdruckkurve bei logarithmischer Auftragung folgt, daß im Interesse der Genauigkeit der gesuchten Verdampfungsenthalpie nicht beliebig weit abliegende Wertepaare zur rechnerischen Bestimmung gewählt werden können.

Zu b) Wir wählen zur Bestimmung der Verdampfungsenthalpie bei —38° C die Dampfdruckwerte bei —36 und —40° C.

$$\Delta H_{s,235} = -4{,}575 \frac{233 \cdot 237}{4} \underbrace{(\lg 3{,}066 - \lg 1{,}793)}_{0{,}233} = \mathbf{14710\ cal.}$$

Zu c) Die Verdampfungsenthalpie des festen Hg (Sublimationsenthalpie) ergibt sich als die Summe von Schmelz- und Verdampfungsenthalpie, also

$$\Delta H_{subl,235} = 14710 + 560 = \mathbf{15270\ cal.}$$

Zu d) Die vollständige Dampfdruckgleichung lautet

$$\lg p^* = -\frac{\Delta H_0}{2{,}3\,RT} + \frac{C_{p_0}}{R} \lg T + \frac{1}{2{,}3\,R}\int_0^T \frac{dT}{T^2}\int_0^T \Delta(C_p - C_{p_0})\,dT + J_p$$

(p^* ist in Atm einzusetzen, da Verhältniszahl zum Druck 1 Atm, alle energetischen Größen in cal).

1) ΔH_0 errechnet sich aus

$$\Delta H_{235} - \Delta H_0 = \int_0^{235} \Delta C_p\, dT = \int_0^{235} C_{p(g)}\, dT - \int_0^{235} C_{p(f)}\, dT$$

$$15270 - \Delta H_0 = \underbrace{4{,}96 \cdot 235}_{1165} - 1256 = -91\ \text{cal}$$

$$\underline{\Delta H_0 = 15361\ \text{cal.}}$$

(Der Wert 1256 cal für das Atomwärmeintegral des festen Hg in dem Temperaturintervall ist in Beispiel 26 auf graphischem Wege ermittelt, bzw. der Tab. 19 entnommen.)

2) Der Wert für $\Delta(C_p - C_{p_0})$, den temperaturabhängigen Anteil der Atomwärmen im Doppelintegralausdruck, ist gleich C_p des Festkörpers, da die Atomwärme des gasförmigen Hg temperaturunabhängig angenommen ist, also keinen Anteil $C_p - C_{p_0}$ besitzt und für das feste Hg (wie für alle kondensierten Stoffe) $C_{p_0} = 0$. Diesen Doppelintegralwert für das feste Hg entnehmen wir der Tab. 19, er ist der Ausdruck

$$\frac{G - G_0}{T}, \text{ also } \frac{1955}{235} = \underline{8{,}34.}$$

(Auch dieser Wert ließe sich gegebenenfalls graphisch ermitteln aus dem Integral über die $(H - H_0)/T^2$-Werte.)

3) Die Berechnung der Dampfdruckkonstante (Chemischen Konstante) kann nun aus dem Dampfdruckwert und den beiden unter 1) und 2) ermittelten Größen für $T = 235$ erfolgen.

$$J_p = \lg \frac{2{,}354 \cdot 10^{-6}}{760} + \frac{15361}{4{,}575 \cdot 235} - 2{,}5 \lg 235 + \frac{8{,}34}{4{,}575},$$

$$= -8{,}509 + 14{,}29 - 5{,}928 + 1{,}82 = \mathbf{1{,}673.}$$

Zu e) 1)

$$J_k = J_p = \frac{{}^N S_0 - C_{p_0}}{2{,}3\ R} = 1{,}67_3, \text{ somit}$$

$${}^N S_0 = 4{,}575 \cdot 1{,}673 + 4{,}96 = \mathbf{12{,}61.}$$

2) Die Verdampfungsentropie im Schmelzpunkt erhält man aus

$$\Delta S = \frac{\Delta H - \Delta G}{T}.$$

Das $\Delta H_{235,Subl}$ haben wir bereits aus dem Dampfdruckverlauf und der Schmelzenthalpie bestimmt, das ΔG_{235} (d. i. das $\Delta^N G_{235}$) errechnen wir aus dem Dampfdruckwert p^*_{235} nach

$$\Delta^N G = -2{,}3\ RT \cdot \lg p^*, \quad (p^* \text{ in Atm})$$

$$\Delta^N G_{235} = -4{,}575 \cdot 235 \cdot \underbrace{\lg 3{,}1 \cdot 10^{-9}}_{-8{,}509} = \underline{9148 \text{ cal}}$$

$$\Delta S_{235} = \frac{15\,270 - 9148}{235} = \underline{26{,}05 \text{ Cl.}}$$

Aus diesem Wert der Reaktionsentropie (Verdampfungsentropie) errechnet sich die Entropie des gasförmigen Hg, $S_{235(g)}$, bei bekanntem Entropiewert des festen Hg (aus den Enthalpie- und Freie Enthalpie-Wert des festen Hg der Tabelle 19) nach

$$\Delta S_{235} = S_{235(g)} - S_{235(f)}$$

$$S_{235(f)} = \frac{(H_{235} - H_0) - (G_{235} - G_0)}{235}$$

$$= \frac{1256 - 1955}{235} = \underline{13{,}66 \text{ Cl,}}$$

$$S_{235(g)} = 26{,}05 + 13{,}66 = \underline{39{,}71 \text{ Cl.}}$$

Den Wert der Entropiekonstante erhält man aus

$$S_{235(g)} - S_0 = \int_0^{235} \frac{C_p}{T}\, dT = 4{,}96 \cdot 2{,}3 \lg 235 = \underline{27{,}07 \text{ Cl.}}$$

$$^{N}S_0 = 39{,}71 - 27{,}07 = \underline{12{,}64 \text{ Cl}}.$$

(Daraus folgt wieder die Dampfdruckkonstante J_p zu $\frac{12{,}64 - 4{,}96}{4{,}575} = 1{,}679$.)

In diesem Beispiel der Verdampfung des festen Quecksilbers sind praktisch sämtliche thermodynamischen Zusammenhänge, wie sie in Schema 4 bzw. 5 zusammengefaßt sind, herangezogen.

F. Tabellenanhang.

Tabelle 1. Formelzeichen (Symbole) zur Energetik (Thermodynamik).

a, a_i ...... Aktivität, Aktivität einer Komponente i einer Mischphase.
a Koeffizient in der van der Waalsschen Gleichung.
a Arbeit.
A Arbeit, auf ein Mol bezogen.
A Atomgewicht.
b .... Koeffizient in der van der Waalsschen Gleichung.
c, c_i .... Konzentration (Volumkonzentration), — einer Komponente i in einer Mischphase.
c_g Gewichtskonzentration.
c_v, c_p ...... Wärmekapazität bzw. spezifische Wärmen bei konstantem Volumen und konstantem Druck.
C_v, C_p Molwärmen (Atomwärmen) bei konstantem Volumen und konstantem Druck.
ΔC_v, ΔC_p Molwärmendifferenz bei Reaktionen gemäß Formelumsatz.
$^{*}C_p$ partielle Molwärme bei konstantem Druck.
(d, e, f, F als mathematische Zeichen s. mathematischen Formelanhang.)
E_e Gefrierpunktserniedrigung, molare.
E_s Siedepunktserhöhung, molare.
f_a, $f_{a,i}$ .... Aktivitätskoeffizient, — einer Komponente i einer Mischphase.
f Freie Energie.
F Freie Energie pro Mol.
ΔF Freie Reaktionsenergie = Änderung der (molaren) freien Energie gemäß Formelumsatz.
(F......... s. Konstanten: 1 Faraday).
g .... Freie Enthalpie (= thermodynamisches Potential).
G Freie Enthalpie pro Mol.
ΔG Freie Reaktions-Enthalpie = Änderung der freien Enthalpie gemäß Formelumsatz.
$\Delta^{N} G$ Normalwert der freien Reaktions-Enthalpie.
$^{*}G$, $^{*}G_i$ Partielle molare freie Enthalpie, — der Komponente i.
(h .... Siehe Konstanten: Plancksches Wirkungsquantum).
h Enthalpie.
H Enthalpie pro Mol.
ΔH Reaktionsenthalpie = Enthalpieänderung gemäß Formelumsatz. Zur speziellen Kennzeichnung gelegentlich gebrauchte Reaktionsenthalpiezeichen: ΔH_B = Bildungsenthalpie, ΔH_e = Schmelz- oder Erstarrungsenthalpie, ΔH_s = Verdampfungsenthalpie.
$^{*}H$, $^{*}H_i$ Partielle molare Enthalpie, — der Komponente i.
(k .... s. Konstanten: Boltzmannsche Konstante.)

K_a	Gleichgewichtskonstante bezogen auf Aktivitäten (Aktivitätskonstante).
K_c, K_p, K_x	,, ,, ,, Konzentration, Partialdruck, Molen- [bruch
m	Masse.
M	Molekulargewicht.
n	Molzahl.
(N_L	s. Konstanten: Loschmidtsche Zahl.)
p	Druck, Gesamtdruck.
p_i	Partialdruck der Komponente i im Gasgemisch.
Σp_i	Gesamtdruck eines Gasgemisches $= p$.
$^N p$	Normaldruck.
p_{kr}	Kritischer Druck.
p^*	Dampfdruck.
Δp^*	Dampfdruckerniedrigung.
$\mathfrak{p}$	Reduzierter Druck $\left(\frac{p}{p_{kr}}\right)$.
	Osmotischer Druck s. π.
q	Wärme, Wärmemenge.
Q	,, pro Mol.
Q_{rev}, q_{rev}	,, reversibel zugeführte.
ΔQ_{rev}	Reversible Wärme bei Formelumsatz.
(R	Siehe Konstanten: Gaskonstante.)
s	Entropie.
$S (= S_p)$	,, pro Mol (auf den Druck bezogen).
S_v	,, pro Mol (auf das Volumen bezogen).
$^N S$	Normalentropie (Entropie beim Normaldruck).
$^N S_0$, $^N S_{0v}$	Entropiekonstanten.
$\Delta S (= \Delta S_p)$	Reaktionstropie bei konstantem Druck, gemäß Formelumsatz.
ΔS_v	Reaktionstropie bei konstantem Volumen, gemäß Formelumsatz.
$^*S$, $^*S_i$	Partielle polare Entropie, — der Komponente i.
T	Temperatur, absolute.
	Temperatur s. ferner ϑ und Θ.
T_{kr}	Kritische Temperatur.
T_e	Erstarrungspunkt (Gefrierpunkt), Schmelzpunkt.
ΔT_e	Gefrierpunktserniedrigung.
T_s	Siedepunkt.
ΔT_s	Siedepunktserhöhung.
$\mathfrak{T}$	Reduzierte Temperatur $\left(\frac{T}{T_{kr}}\right)$.
u	Energie, innere Energie eines Stoffes = Energieinhalt.
U	Energie pro Mol.
ΔU	Reaktionsenergie = Änderung der inneren Energie gemäß Formelumsatz.
v	Volumen.
V	Volumen, molares = Molvolumen.
ΔV	Volumänderung, molare bei Formelumsatz.
$^*V$, $^*V_i$	Partielles Molvolumen, — der Komponente i.
$^N V$	Normalvolumen, molares.
V_{kr}	Kritisches Volumen.
$\mathfrak{V}$	Reduziertes Volumen $\left(\frac{V}{V_{kr}}\right)$.
x, x_i	Molenbruch, — der Komponente i einer Mischphase.
z	Ladungszahl, Wertigkeit von Ionen. ....
α	Ausdehnungskoeffizient, kubischer
α	Dissoziationsgrad.
β	Spannungskoeffizient.
β	Bildungsgrad.

γ .... Quotient der Molwärmen $\frac{C_p}{C_v}$ (bei adiabatischen Zustandsänderungen von Gasen).
γ .... Ausdehnungskoeffizient, linearer.
(δ, Δ ...... Siehe mathematische Zeichen.)
Δ Zeichen für Reaktionsgrößen (im Zusammenhang mit dem Symbol der betreffenden energetischen Größe).
(ε .... Elektrochemisches Potential.)
η .... Verdünnung (Molverhältnis).
ϑ .... Temperatur, Celsius —.
Θ Charakteristische Temperatur.
ν .... Molzahl (in Reaktionsgleichungen) = stöchiometrische Umsatzzahl.
ν_i Molzahl der Komponente i in Reaktionsgleichung.
ν, ν_g Schwingungszahl, Grenzfrequenz (in Formel der spezifischen Wärme der Festkörper).
π .... Osmotischer Druck.
(π Siehe mathematische Zeichen.)
ϱ .... Dichte.
χ .... Kompressibilitätskoeffizient, kubischer.
(φ, Φ, ψ Siehe mathematischer Anhangteil.)
[] .... Konzentration, wenn chemische Symbole eingeklammert.
[] .... Dimension, wenn Maßeinheiten oder physikalische Größen eingeklammert.

Bemerkungen zur Tabelle 1.
[1] Die volumbezogenen partiellen molaren Größen von U, F, S_v, C_v, sind nicht gebraucht und daher nicht angeführt.
[2] Überstrichene Symbole sind Zeichen für Mittelwertsgrößen.
[3] Mathematische Zeichen siehe mathematischer Anhangteil.
[4] Chemische Symbole siehe Atomgewichtstabelle Tab. 7.
[5] Zeichen für Maßeinheiten s. Tab. 3.

Tabelle 3. Zeichen für Maßeinheiten.

Zeichen	Bedeutung	Zeichen	Bedeutung
A	Ampere	°K	Grad Kelvin (abs. Temp.-skala)
Å	Ångström	kcal (= $kcal_{15}$)	Kilokalorie
at	Techn. Atmosphäre	$kcal_{IT}$	Kalorie d. Internat. Dampftafel
Atm	Physikal. Atmosphäre	kg	Kilogramm
Bar	Bar (Druck)	kW (= kVA)	Kilowatt
C (Cb)	Coulomb	kWh	Kilowattstunde
°C	Grad Celsius	l	Liter
cal (= cal_{15})	Kalorie	m	Meter
cal_{IT}	Kalorie der Internat. Dampftafel	(m), min	Minute
ccm (= cm^3)	Kubikzentimeter	MeV	10^6 Elektronenvolt
$(cgs)_{em}$	absolute elektromagnet. Einheit	mol	Mol
$(cgs)_{st}$	absolute elektrostat. Einheit	μ (= 10^{-6} m)	Mikron
Cl	Clausius (Entropieeinheit)	(n	Normalität)
cm	Zentimeter	Ω	Ohm
dyn	Dyn	qcm (= cm^2)	Quadratzentimeter
erg	Erg	s	Sekunde (Zeit)
eV	Elektronenvolt	Torr	Torr (Druck)
F	Faraday (Ladungsäquivalent)	V	Volt
g	Gramm (Masse)	val	Grammäquivalentgewicht
$g_{(gew)}$	Gramm (Gewicht)	W	Watt
grad	Temperaturgrad (s. auch °)	ZT	Zimmertemperatur
γ (= 10^{-6} g)	Gamma	°	Grad (Temperatur und Winkel.)
h	Stunde		
J (= Ws)	Joule		

Tabelle 2. Vergleich der von verschiedenen Autoren benutzten Formelzeichen für energetische Größen.

	Energetische Größen, molare (Vorzeichen für vom System aufgenommene Beträge)						Reaktionsgrößen, für molaren Formelumsatz Änderungen bei konstantem Vol.			Reaktionsgrößen, für molaren Formelumsatz Änderungen bei konstantem Druck		
	Molwärme	Energie, innere	Enthalpie	Entropie	Freie Energie	Freie Enthalpie	Innere Energie	Entropie	Freie Energie	Enthalpie	Entropie	Freie Enthalpie
L. HOLLECK, dieses Buch	C_v, C_p	U	H	S	F	G	ΔU	ΔS_v	ΔF	ΔH	ΔS	ΔG
A. EUCKEN, Grundriß, und J. EGGERT Lehrbuch	C_v, C_p	U	I	S	—	—	$-W_v$	—	—	$-W_p$	—	—
J. LANGE, Einführung	C_v, C_p	U	H	S	—	G	W_v	—	—	W_p	ΔS	—
H. ULICH[1], Lehrbuch	c_v, c_p	u	h	s	f [2]	g [2]	$\mathfrak{U}$	$\mathfrak{S}_v$	—	$\mathfrak{H}$	$\mathfrak{S}_p$	$\mathfrak{A}$
G. N. LEWIS u. M. RANDALL[3], Thermodynamik	c_v, c_p	E	H	S	A	F	ΔE	Δs_v	ΔA	ΔH	ΔS	ΔF

[1] ULICH schreibt die Größen in ihrer allgemeinen Bedeutung groß, die molaren klein.
[2] Wird nur in der allgemeinen Bedeutung bei ULICH gebraucht und dort groß geschrieben.
[3] LEWIS und RANDALL schreiben die Größen in ihrer allgemeinen Bedeutung groß, die molaren mit Großbuchstaben in kleinerem Druck, die Reaktionsgrößen in Verbindung mit dem Δ-Zeichen in normalen Großbuchstaben.

Tabelle 4. Verschiedene Maße und Einheiten (Dimension und Größe).

a) Zeichen für Maßzahlen von Einheiten
M (Mega) $= 10^6$
k (Kilo) $= 10^3$
m (Milli) $= 10^{-3}$
μ (Mikro) $= 10^{-6}$

b) Längeneinheiten [l]
1 m $= 10^2$ cm
1 cm
1 mm $= 10^{-1}$,,
1 μ $= 10^{-4}$,, $= 10^{-6}$ m
1 mμ $= 10^{-7}$,, $= 10^{-9}$,,
1 Å $= 10^{-8}$,,
1 XE $= 10^{-11}$,,

c) Masseeinheiten [m]
1 kg $= 10^3$ g
1 g
1 mg $= 10^{-3}$ g
1 γ $= 10^{-6}$ g

d) Zeiteinheiten [t]
1 h (Stunde) = 3600 s
1 m (min) = 60 s
1 s

e) Temperatureinheiten [grad]
°K
°C = °K — 273,16

f) Flächeneinheiten [l^2]
1 m^2 $= 10^4$ cm^2
1 cm^2
1 mm^2 $= 10^{-2}$,,

g) Raumeinheiten [l^3]
1 m^3 $= 10^6$ cm^3
1 l $= 10^3$,,
1 cm^3
1 mm^3 $= 10^{-3}$,,

h) Druckeinheiten [$l^{-1} m\, t^{-2}$]

Einheiten und Umrechnung s. Tabelle 9

Energie, Einheit und Umrechnung s. Tabelle 6

Zusammensetzungsmaße s. Tabelle 10.

Tabelle 5. Einheiten und deren Dimensionen in verschiedenen Maßsystemen.

Maßsysten:	absolutes mechanische	absolutes elmagnetische	absolutes elstatische	praktisches elmag.[1]	praktisches mechanische		kalorisches
Grundeinheiten:	cm, g, s			V, A, s, (cm)	*l*, Atm.	kg-(gew)m	cal/grad
Länge	cm	—	—	—	—	—	—
Masse	g	—	—	—	—	—	—
Zeit	s	—	—	—	—	—	—
Geschwindigkeit .	cm s^{-1}	—	—	—	—	—	—
Beschleunigung .	cm s^{-2}	—	—	—	—	—	—
Kraft	cm g s^{-2} = dyn	—	—	—	—	kg	—
Druck	cm^{-1}g s^{-2}	—	—	—	Atm	—	—
Volumen	cm^3	—	—	—	l	m^3	—
Energie (Arbeit, Wärme)	cm^2 g s^{-2} = erg	—	—	V A s	l · Atm	kg m	cal
Wirkung	cm^2 g s^{-1} = erg · s	—	—	V A s^2	—	—	—
Leistung	cm^2 g s^{-3} = erg · s^{-1}	—	—	V A	—	—	—
El. Ladung (Elektr.-menge)	—	$cm^{1/2} g^{1/2}$	$cm^{3/2} g^{1/2} s^{-1}$	A s	—	—	—
Stromstärke . . .	—	$cm^{1/2} g^{1/2} s^{-1}$	$cm^{3/2} g^{1/2} s^{-2}$	A	—	—	—
Spannung	—	$cm^{3/2} g^{1/2} s^{-2}$	$cm^{1/2} g^{1/2} s^{-1}$	V	—	—	—
Widerstand . . .	—	cm s^{-1}	cm^{-1} s	V A^{-1}	—	—	—
Kapazität	—	cm^{-1} s^2	cm	V^{-1}A s	—	—	
Schwingungszahl .	s^{-1}	—	—	—	—	—	—
Dichte	cm^{-3} g	—	—	—	—	—	—
Wärmekapazität .	—	—	—	—	—	—	cal $grad^{-1}$
Entropie	—	—	—	—	—	—	cal $grad^{-1}$

[1] Beim praktischen elm. Maßsystem werden die sogenannten „absoluten" und die international festgelegten Einheiten (V, A und die davon abgeleiteten Einheiten) unterschieden.

Tabelle 7. Chemische Symbole und Atomgewichte nach der internationalen Tabelle 1948. Die Atomgewichte sind auf den natürlich vorkommenden Sauerstoff (99,76% $^{16}O + 0{,}04\%\ ^{17}O + 0{,}2\%\ ^{18}O$) bezogen, dessen Atomgewicht = 16 gesetzt wird.

Element	Symbol	O. Z.	Atomgew.	Element	Symbol	O. Z.	Atomgew.
Aluminium . .	Al	13	26,97	Neon	Ne	10	20,183
Antimon . . .	Sb	51	121,76	Nickel	Ni	28	58,69
Argon	A	18	39,944	Niob	Nb	41	92,91
Arsen.	As	33	74,91	Osmium . . .	Os	76	190,2
Barium . . .	Ba	56	137,36	Palladium . .	Pd	46	106,7
Beryllium . .	Be	4	9,02	Phosphor . . .	P	15	30,98
Blei	Pb	82	207,21	Platin	Pt	78	195,23
Bor	B	5	10,82	Praseodym . .	Pr	59	140,92
Brom	Br	35	79,916	Protactinium .	Pa	91	231
Cadmium . . .	Cd	48	112,41	Quecksilber . .	Hg	80	200,61
Caesium . . .	Cs	55	132,91	Radium. . . .	Ra	88	226,05
Calcium. . . .	Ca	20	40,08	Radon	Rn	86	222
Cassiopeium . .	Cp	71	174,99	Rhenium . . .	Re	75	186,31
Cer	Ce	58	140,13	Rhodium . . .	Rh	45	102,91
Chlor	Cl	17	35,457	Rubidium . .	Rb	37	85,48
Chrom	Cr	24	52,01	Ruthenium . .	Ru	44	101,7
Dysprosium . .	Dy	66	162,46	Samarium . .	Sm	62	150,43
Eisen	Fe	26	55,85	Sauerstoff . .	O	8	16,0000
Erbium . . .	Er	68	167,2	Scandium . .	Sc	21	45,10
Europium . .	Eu	63	152,0	Schwefel . . .	S	16	32,066
Fluor	F	9	19,00	Selen	Se	34	78,96
Gadolinium . .	Gd	64	156,9	Silber	Ag	47	107,880
Gallium. . . .	Ga	31	69,72	Silicium . . .	Si	14	28,06
Germanium . .	Ge	32	72,60	Stickstoff. . .	N	7	14,008
Gold	Au	79	197,2	Strontium . .	Sr	38	87,63
Hafnium . . .	Hf	72	178,6	Tantal	Ta	73	180,88
Helium	He	2	4,003	Tellur	Te	52	127,61
Holmium . . .	Ho	67	164,94	Terbium . . .	Tb	65	159,2
Indium	In	49	114,76	Thallium . . .	Tl	81	204,39
Iridium . . .	Ir	77	193,1	Thorium . . .	Th	90	232,12
Jod	J	53	126,92	Thulium . . .	Tm	69	169,4
Kalium . . .	K	19	39,096	Titan	Ti	22	47,90
Kobalt	Co	27	58,94	Uran	U	92	238,07
Kohlenstoff . .	C	6	12,010	Vanadin . . .	V	23	50,95
Krypton . . .	Kr	36	83,7	Wasserstoff . .	H	1	1,0080
Kupfer . . .	Cu	29	63,54	Wismut . . .	Bi	83	209,00
Lanthan . . .	La	57	138,92	Wolfram . . .	W	74	183,92
Lithium . . .	Li	3	6,940	Xenon	X	54	131,3
Magnesium . .	Mg	12	24,32	Ytterbium . .	Yb	70	173,04
Mangan . . .	Mn	25	54,93	Yttrium . . .	Y	39	88,92
Molybdän . .	Mo	42	95,95	Zink	Zn	30	65,38
Natrium . . .	Na	11	22,997	Zinn	Sn	50	118,70
Neodym . . .	Nd	60	144,27	Zirkonium . .	Zr	40	91,22

Tabelle 6. Umrechnung der Energieeinheiten.

Maßsystem:	Kalorisches	Absolutes	Praktisch mechan.		Prakt. elmagn.
Einheiten:	cal_{15}	erg	1. Atm	mkg	J_{int}
1 cal_{15} . . .[1]	1	$4{,}1853 \cdot 10^{7}$	$4{,}1306 \cdot 10^{-2}$	$4{,}2678 \cdot 10^{-1}$	4,1840
1 erg . . .	$2{,}3893 \cdot 10^{-8}$	1	$9{,}8692 \cdot 10^{-10}$	$1{,}0197 \cdot 10^{-8}$	$0{,}9997 \cdot 10^{-7}$
1 l · Atm . .[2]	24,2097	$1{,}0133 \cdot 10^{9}$	1	10,3323	$1{,}013 \cdot 10^{2}$
1 mkg . . .[3]	2,3431	$9{,}8066 \cdot 10^{7}$	$9{,}6784 \cdot 10^{-2}$	1	9,8037
1 J_{int} . . .[4]	0,23900	$1{,}0003 \cdot 10^{7}$	$9{,}8722 \cdot 10^{-3}$	0,10200	1
1 eV. . . .[5]	$3{,}828 \cdot 10^{-20}$	$1{,}602 \cdot 10^{-12}$	$1{,}581 \cdot 10^{-21}$	$1{,}634 \cdot 10^{-20}$	$1{,}602 \cdot 10^{-19}$
R · grad . .[6]	1,9867	$8{,}3149 \cdot 10^{7}$	$8{,}2062 \cdot 10^{-2}$	0,8479	8,3124

[1] 1 cal_{IT} = 1,00048 cal_{15}.

[2] 1 Liter · phys. Atm. = 1000 cm^3 Atm. (1 Atm = 760 Torr.); 1 lat = Liter · techn. Atm = 0,96787 l Atm 1 at = 1 kg_{gew}/cm^2).

[3] kg(Gewicht) · Meter.

[4] 1 $J_{„abs"}$ = 0,9997 J_{int} = 10^7 erg.

[5] MeV = 10^6 eV; 1 Mol. eV = N_L · eV = $6{,}023 \cdot 10^{23}$ eV = $9{,}65 \cdot 10^{11}$ erg = $2{,}305 \cdot 10^4$ cal_{15}.

[6] Dimension der Gaskonstante R = [Energie · $grad^{-1}$ · mol^{-1}].

Tabelle 8. Konstanten.

c	Lichtgeschwindigkeit im leeren Raum	$= 2{,}99774 \cdot 10^{10}$ cm s^{-1}
h	Plancksches Wirkungsquantum	$= 6{,}626 \cdot 10^{-27}$ erg. · s
k	Boltzmannsche Konstante	$= 1{,}3807 \cdot 10^{-16}$ erg · $grad^{-1}$
m_e	Ruhmasse des Elektrons	$= 9{,}108 \cdot 10^{-28}$ g
m_p	Ruhmasse des Protons	$= 1{,}6727 \cdot 10^{-24}$ g
e	Ladung des Elektrons (elektrisches Elementarquantum)	$= 4{,}803 \cdot 10^{-10}$ $(cgs)_{st}$
		$= 1{,}602 \cdot 10^{-19}$ C_{int}
γ	Gravitationskonstante	$= 6{,}664 \cdot 10^{-8}$ cm^3 g^{-1} s^{-2}
N_L	Loschmidtsche Zahl (Zahl der Molekeln im Mol)	$= 6{,}023 \cdot 10^{23}$ mol^{-1}
R	Gaskonstante $= k \cdot N_L$	$= 8{,}3149 \cdot 10^{7}$ erg. $grad^{-1}$ mol^{-1}
F	Faraday-Ladung $= e \cdot N_L$	$= 96490$ C_{int} val^{-1}
		$= 2{,}8926 \cdot 10^{14}$ (cgs_{st}) · val^{-1}
	Molvolumen idealer Gase bei 0° C und 1 Atm .	$= 22{,}415 \cdot 10^{3}$ cm^3 mol^{-1}
	Mechanisches Wärmeäquivalent.	$= 426{,}78$ mkg · $kcal^{-1}$
		$= 4{,}1853 \cdot 10^{7}$ erg. cal^{-1}
	Energie-Masseäquivalent	$= 8{,}987 \cdot 10^{20}$ erg. g^{-1}
		$= 5{,}61 \cdot 10^{26}$ MeV · g^{-1}
	Absolute Temperatur des Eispunkts	= 273,16° K (= 0° C)
	Fallbeschleunigung, normale bei 45° Breite und Meeresspiegelhöhe	= 980,616 cm · s^{-2} [1]
	(für Druckmessungen gilt als Normalwert . . .	= 980,665 cm · s^{-2}) [1]
e/m_e	Spezifische Ladung des ruhenden Elektrons . .	$= 5{,}273 \cdot 10^{17}$ $(cgs)_{st}$ · g^{-1}

[1] Ortstabelle für Fallbeschleunigung s. Tb. Chem. Phys. S. 1279.

Tabelle 9. Umrechnung von Druckeinheiten.

	dyn. cm^{-2} (Mikrobar = 10^{-6} Bar)	Torr (mm Hg/cm^2)	Atm (physikal = 76 cm Hg/cm^2)	at (techn = $kg_{(Gew)}/cm^2$
1 dyn. cm^{-2} = (1 Mikrobar)	1	$7{,}5006 \cdot 10^{-3}$	$0{,}96785 \cdot 10^{-6}$	$1{,}01972 \cdot 10^{-6}$
1 Torr =	$1{,}3332 \cdot 10^{3}$	1	$1{,}315 \cdot 10^{-3}$	$1{,}35951 \cdot 10^{-3}$
1 Atm =	$1{,}01325 \cdot 10^{6}$	760	1	1,03323
1 at =	$0{,}98066 \cdot 10^{6}$	735,56	0,99037	1
Anmerkung:	1 Millibar = 10^3 dyn · cm^{-2}	1 mm Hg ($\varrho_{Hg} = 13{,}5951$, und normale Fallbeschleunigung 980,665 cm · s^{-2})	76 cm Hg	1 $kg_{(Gew)}$ (auch 1 kp bei normaler Fallbeschleunigung

Tabelle 10. Umrechnung von Zusammensetzungsmaßen (Konzentrationsmaßen).

(Index 2 für gelösten Stoff, Index 1 für Lösungsmittel; m .. Masse in Gramm, v ... Volumen in cm³, ϱ ... Dichte in g/cm³, n ... Zahl der Mole, M ... Molekulargewicht.)

	Molenbruch	Molverhältnis, Verdünnung	Gew.-(Masse-)%	100 · Gewichts-(Massen-)verhältnis	Gew. Konz.	(Vol.-)Konz.
	$x_2 = \frac{n^2}{n_1 + n_2}$	$\eta = \frac{n_1}{n_2}$	$y = \frac{100\, m_2}{m_1 + m_2}$	$z = \frac{100\, m_2}{m_1}$	$c_g = \frac{1000\, n_2}{m_1}$	$c = \frac{1000\, n_2}{v}$
$x_2 =$	x_2 $(= 1 - x_1)$	$\frac{1}{\eta + 1}$	$\frac{y \cdot M_1}{100\, M_2 - y\,(M_2 - M_1)}$	$\frac{M_1 \cdot z}{100\, M_2 + z \cdot M_1}$	$\frac{c_g \cdot M_1}{1000 + c_g M_1}$	$\frac{c \cdot M_1}{1000\,\varrho - c\,(M_2 - M_1)}$
$\eta =$	$\frac{1 - x_2}{x_2} = \left(\frac{x_1}{1 - x_1}\right)$	η	$\frac{(100 - y)\, M_2}{y \cdot M_1}$	$\frac{100\, M_2}{z \cdot M_1}$	$\frac{1000}{c_g \cdot M_1}$	$\frac{1000\,\varrho - c M_2}{c \cdot M_1}$
$y =$	$\frac{100\, M_2\, x_2}{M_1 + x_2\,(M_2 - M_1)}$	$\frac{100\, M_2}{(\eta + 1)\, M_1 + (M_2 - M_1)}$	y	$\frac{100\, z}{100 + z}$	$\frac{100\, c_g \cdot M_2}{1000 + c_g \cdot M_2}$	$\frac{100\, c \cdot M_2}{1000\,\varrho}$
$z =$	$\frac{100 \cdot M_2 \cdot x_2}{M_1\,(1 - x_2)}$	$\frac{100\, M_2}{M_1 \cdot \eta}$	$\frac{100\, y}{100 - y}$	z	$\frac{M_2 \cdot c_g}{10}$	$\frac{100\, M_2 \cdot c}{1000\,\varrho - M_2\, c}$
$c_g =$	$\frac{1000\, x_2}{M_1\,(1 - x_2)}$	$\frac{1000}{M_1 \cdot \eta}$	$\frac{1000\, y}{M_2\,(100 - y)}$	$\frac{10\, z}{M_2}$	c_g	$\frac{1000\, c}{1000\,\varrho - c \cdot M_2}$
$c =$	$\frac{1000\,\varrho \cdot x_2}{M_1\,(1 - x_2) + x_2 M_2}$	$\frac{1000\,\varrho}{M_1 \eta + M_2}$	$\frac{10 \cdot y \cdot \varrho}{M_2}$	$\frac{1000\,\varrho \cdot z}{M_2\,(100 + z)}$	$\frac{1000\,\varrho \cdot c_g}{1000 + c_g\, M_2}$	c
Anmerkung:	$100\, x =$ Mol.% (bei idealen Gasen mit Vol.% identisch)			(wird für Löslichkeitsangaben meist gebraucht)		Die Vol.-Konzentration ist druck- und Temperaturabhängig (durch ϱ)

Tabelle 11. Zusammensetzung der trockenen atmosphärischen Luft (Tb. Chem. Phys. 822).

	Gew.%	Vol.%
N_2	75,47	78,03
O_2	23,20	20,99
A	1,28	0,933
CO_2	0,046	0,030
H_2	0,001	0,01
Ne	0,0012	0,0018
He	0,00007	0,0005
Kr	0,0003	0,0001
X	0,00004	0,00001

Tabelle 12. Koeffizienten der van der Waalsschen Gleichung für einige Gase für das Volumen von 1/22416 Mol (in cm^3) und den Druck in Atm. (Bei Rechnung mit 1 Mol — 22416 cm^3 bei Normalbedingungen — ist a mit $5{,}03 \cdot 10^8$ und b mit $2{,}24 \cdot 10^4$ zu multiplizieren. Daten aus Tb. Chem. Phys. S. 836.)

Stoff	a	b	Stoff	a	b
He	0,000068	0,001058	CS_2	0,02316	0,003431
H_2	0,000386	0,000977	Aceton	0,02774	0,004437
Cl_2	0,01294	0,002510	Acetylen	0,00875	0,002293
O_2	0,00271	0,001421	Äthan	0,01074	0,002848
N_2	0,00268	0,001719	Äthylen	0,00891	0,002551
Hg	0,01613	0,000757	Benzol	0,03588	0,005150
H_2O	0,01089	0,001362	Cyclohexan	0,04347	0,006359
SO_2	0,01338	0,002516	n-Hexan	0,04928	0,007850
NH_3	0,00831	0,00166	Octan	0,07440	0,010570
CO_2	0,00716	0,001905	CCl_4	0,03892	0,005661

Tabelle 13. Dichte ϱ, kubischer Ausdehnungskoeffizient α und Kompressibilitätskoeffizient χ einiger Flüssigkeiten bei 18° C. (Daten aus Tb. Chem. Phys., S. 767.)

Stoff	ϱ ($g \cdot cm^{-3}$)	$\alpha \cdot 10^5$ ($grad^{-1}$)	$\chi \cdot 10^6$ (Atm^{-1})
Brom	3,120	113	64
Quecksilber	13,5457	18,1	3,91
Schwefelkohlenstoff . .	1,263	118	92,7
Wasser	0,9982	18	45,9
Aceton.	0,791	143	125,6
Äthylalkohol	0,7892	110	114
Benzol.	0,8786	106	95,4
Cyclohexan	0,7791	120	118
Methylalkohol	0,7923	119	120
Tetrachlorkohlenstoff .	1,5985	122	110,5
Toluol	0,866	110,9	87

Tabelle 14. Molwärmen idealer Gase nach dem Gleichverteilungssatz (ohne innere Schwingungen).

ideale Gase	c_v	c_p
einatomige	$\frac{3}{2}$ R	$\frac{5}{2}$ R
zweiatomige und dreiatomige bei gestreckter Anordnung . .	$\frac{5}{2}$ R	$\frac{7}{2}$ R
dreiatomige bei gewinkelter Anordnung und mehratomige	$\frac{6}{2}$ R	$\frac{8}{2}$ R

Tabelle 15. Spezifische Wärme von Gasen und Dämpfen (aus Tb. Chem. Phys. S. 1054, nach E. JUSTI).

ϑ (° C)	H_2 M = 2,016	O_2 32,0000	N_2 28,016	H_2O 18,016	H_2S 34,068	SO_2 64,06	NH_3 17,031	
	c_p (cal · grad⁻¹ · g⁻¹)							
—100	3,13	0,218	$0{,}248_3$	—	—	—	—	—
0	3,40	0,219	$0{,}248_4$	(0,443)	0,238	0,145	0,491	—
100	3,45	0,223	0,249	$0{,}449_5$	0,247	0,159	0,527	—
200	3,47	0,230	$0{,}251_6$	0,462	0,258	0,171	$0{,}570_5$	—
500	$3{,}50_5$	0,251	0,267	0,506	0,294	0,193	$0{,}700_5$	—
1000	3,71	$0{,}268_5$	$0{,}290_5$	0,587	0,342	0,207	0,873	—
2000	4,16	0,287	$0{,}310_5$	0,691	$0{,}381_6$	0,213	1,04	—
3000	4,43	0,301	0,318	0,734	—	—	—	—

ϑ (° C)	NO 30,008	N_2O 44,008	CO 28,00	CO_2 44,00	CH_4 16,03	C_2H_6 30,07	C_2H_4 28,02	C_2H_2 26,02
	c_p (cal · grad⁻¹ · g⁻¹)							
—100	—	—	$0{,}248_3$	—	—	—	—	—
0	$0{,}238_6$	0,203	$0{,}248_5$	0,196	0,519	0,393	0,352	0,389
100	$0{,}238_3$	0,238	0,250	0,220	0,584	$0{,}490_5$	0,439	0,452
200	0,242	0,245	0,253	0,238	0,670	0,590	0,523	0,494
500	0,260	0,281	0,270	0,278	0,919	$0{,}833_5$	0,709	0,576
1000	0,280	0,310	$0{,}294_5$	0,309	1,205	—	0,903	0,663
2000	0,295	0,328	$0{,}312_6$	0,328	1,445	—	—	0,742
3000	—	—	0,319	—	—	—	—	—

Tabelle 16. Für Näherungsrechnungen: Näherungsformeln für die Temperaturabhängigkeit der Molwärmen von Gasen, anzuwenden zwischen Zimmertemperatur und etwa 2000° C nach LEWIS u. RANDALL, Lb. S. 68).

Gase:	c_p
einatomige	= 5,0
H_2	= 6,5 + 0,0009 T
O_2, N_2, NO, CO, HCl, HBr, HJ	= 6,5 + 0,0010 T
Cl_2, Br_2, J_2	= 7,4 + 0,001 T
H_2O, H_2S,	= 8,81 — 0,0019 T + 0,000 002 22 T^2
CO_2, SO_2	= 7,0 + 0,0071 T + 0,000 005 86 T^2
NH_3	= 8,04 + 0,0007 T + 0,000 005 1 T^2

Tabelle 17. Charakteristische Temperaturen Θ der Debyeschen Funktionen. (LANDOLT-BÖRNSTEIN, Erg.-Bd. I, S. 707 (1927) u. Erg.-Bd. II, S. 1232 (1931); aus Messungen der spezifischen Wärmen abgeleitet.)

Element	Θ	Element	Θ	Element	Θ	Element	Θ
Ar	85	Au	190	Si	(790)	Fe	420
Ne	63	Be	1000	Sn_{grau}	(260)	Co	385
Li	(510)	Mg	290	Pb	88	Ni	370
Na	(202)	Ca	230	Ta	245	Ir	285
K	(126)	Al	390	Cr	485	Pt	225
Cu	315	C_{Diam}	(2340)	Mo	379		
Ag	215			W	310		

Bei den Elementen mit den eingeklammerten Θ-Werten lassen sich aus diesen allein nicht die C_v-Werte bestimmen, da hier die Atome zweier Zustände verschiedener Energie fähig sind, wodurch Anomalien auftreten.

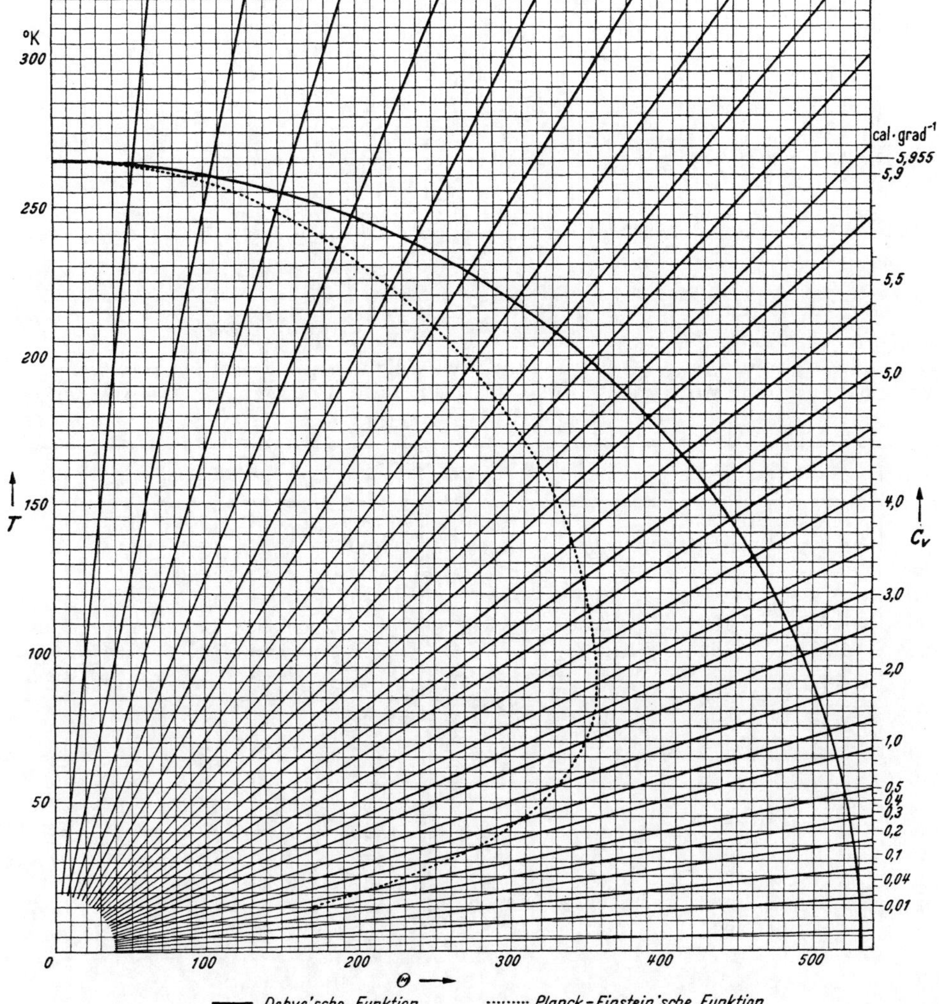

Abb. 47. Nomogramm zur Ermittlung von C_v nach DEBYE und PLANCK-EINSTEIN aus T und Θ. (Aus A. EUCKEN: Energie- und Wärmeeinhalt, in Handbuch der Experimentalphysik, VIII/1.)
Um bei gegebenen Θ für eine bestimmte Temperatur T die C_v-Werte zu ermitteln, sucht man den Schnittpunkt von Θ und T auf und projiziert diesen vom Koordinatenanfangspunkt auf eine der beiden Kurven. Die Ordinate des Schnittpunkts liefert unmittelbar C_v (rechte Skala).

Tabelle 18. Energetische Daten von Festkörpern nach DEBYE und PLANCK-EINSTEIN, für einige Θ/T-Werte zwischen 0 und 15 (30). Auszug aus Tabellen in LANDOLT-BÖRNSTEIN Erg.-Bd. I, S. 702ff. (1927).

$\frac{\Theta}{T}$	nach DEBYE:				nach PLANCK-EINSTEIN:			
	C_v	$\frac{U-U_0}{T}$	$-\frac{F-F_0}{T}$	S_v	C_v	$\frac{U-U_0}{T}$	$-\frac{F-F_0}{T}$	S_v
0	5,957	—	—	∞	5,957	—	—	∞
0,1	5,954	5,735	15,925	21,650	5,949	5,665	14,02	19,68
0,2	5,945	5,522	12,014	17,536	5,937	5,382	10,17	15,56
0,5	5,883	4,914	7,195	12,109	5,835	4,592	5,56	10,15
0,8	5,770	4,359	5,008	9,368	5,650	3,889	3,55	7,44
1,0	5,669	4,018	4,079	8,097	5,485	3,467	2,732	6,199
2,0	4,918	2,628	1,7422	4,3702	4,314	1,865	0,864	2,729
5	2,197	0,7007	0,2739	0,9746	1,017	0,202	0,038	0,240
8	0,8233	0,2179	0,07464	0,2925	0,128	0,0160	—	—
10	0,4518	0,1149	0,03859	0,1535	0,0266	0,0027	—	—
(14,9[1]	0,1401	0,0350	0,0117	0,0467)	—	—	—	—
15	0,1375	0,0343	—	—	—	—	—	—
30	0,0172	—	—	—	—	—	—	—

[1] Die Werte für $-\frac{F-F_0}{T}$ und S_v sind nur bis $\frac{\Theta}{T} = 14{,}9$ in den obengenannten Tabellen verzeichnet.

Tabelle 19. Atomwärme, Enthalpie und Freie Enthalpie des festen (flüssigen) Quecksilbers. Nach MIETHING: Tabellen S. 23, Werte von POLLITZER: Z. Elektrochem. 17, 5 (1911). Hg (200,6 g).

T	C_p	$H-H_0$	$-\frac{G-G_0}{T}$	$-(G-G_0)$	T	C_p	$H-H_0$	$-\frac{G-G_0}{T}$	$-(G-G_0)$
10	(0,52)	(1,36)	(0,047)	(0,467)	180	6,35	901	6,97	1254
20	(2,50)	(15,5)	(0,309)	(6,19)	190	6,42	965	7,24	1376
30	(3,80)	(46,7)	(0,771)	(23,1)	200	6,49	1030	7,50	1481
40	4,52	89,0	1,32	52,8	210	6,55	1095	7,76	1629
50	5,00	137	1,87	93,5	220	6,60	1161	8,00	1760
60	5,30	188	2,41	144	230	6,68	1227	8,24	1895
70	5,50	242	2,91	204	234,4	6,75	1256	8,34	1955
80	5,66	298	3,39	272					
90	5,75	355	3,85	346	flüssig				
100	5,83	413	4,27	427	234,4	7,00	1811	—	—
110	5,90	472	4,68	514	240	6,95	1845	8,53	2045
120	5,97	531	5,06	607	250	6,90	1915	8,83	2210
130	6,04	591	5,41	704	260	6,85	1982	9,11	2374
140	6,10	652	5,75	806	270	6,76	2049	9,42	2543
150	6,17	714	6,08	897	280	6,70	2116	9,68	2714
160	6,24	776	6,39	1022	290	6,65	2183	9,95	2887
170	6,30	838	6,69	1136	300	6,65	2249	10,21	3063

Tabelle 20. Molwärmen (Atomwärmen) C_p bei Zimmertemperatur und höheren Temperaturen. (Die Werte entstammen zum großen Teil dem Ulichschen Lehrbuch, ferner dem Tb. Chem. Phys. (T); sie stellen zum Teil abgerundete Werte dar.)

Stoff	Zust.	C_p							Werte aus:
		bei 300 (298)	600	900	1200	1500	1800	2000 °K	
H_2	g	6,90	7,01	7,14	7,41	7,72	8,01	8,18	
D_2	g	6,978	—	—	—	—	—	—	T
O_2	g	7,02	7,68	8,22	8,53	8,74	8,92	9,03	
O_3	g	9,13	—	—	—	—	—	—	T
OH	g	7,14	7,05	7,24	7,56	7,88	8,15	8,31	
H_2O	fl	18,01	—	—	—	—	—	—	
H_2O	g	8,00	8,64	9,50	10,38	11,15	11,76	12,09	
D_2O	fl	18,18	—	—	—	—	—	—	T
F_2	g	6,9	—	—	—	—	—	—	T
HF	g	6,7	—	—	—	—	—	—	T
Cl_2	g	8,07	8,66	8,81	8,87	8,91	8,92	8,92	
HCl	g	6,95	7,07	7,41	7,78	8,06	8,28	8,38	
Br_2	fl	17,12	—	—	—	—	—	—	
Br_2	g	8,62	8,91	9,00	9,06	9,11	—	—	
HBr	g	6,95 ?	7,13	7,58	7,94	8,20	8,40	8,48	
J_2	f	13,07	—	—	—	—	—	—	T
HJ	g	6,95	7,26	7,72	8,10	8,36	8,53	8,59	
S	f_{rh}	5,41	—	—	—	—	—	—	T
	$f_{mon.}$	5,63	—	—	—	—	—	—	T
H_2S	g	8,13	9,23	10,49	11,46	12,13	12,58	—	
SO_2	g	9,53	11,67	12,70	13,17	13,42	13,56	—	
SO_3	—	—	—	—	—	—	—	—	
H_2SO_4	fl	31,27	—	—	—	—	—	—	T
N_2	g	6,96	7,20	7,68	8,07	8,33	8,52	8,60	
NH_3	g	8,6	10,5	12,7	14,5	15,8	16,7	17,2	T
N_2O	g	9,24	11,5	12,8	13,5	13,9	14,2	14,3	T
NO	g	7,14	7,48	8,00	8,34	8,56	8,71	8,77	
NO_2	g	9	—	—	—	—	—	—	T
N_2O_4	g	11,4	—	—	—	—	—	—	T
N_2O_5	g	~26	—	—	—	—	—	—	T
HNO_3	g	~26	—	—	—	—	—	—	T
C	$f_{Diam.}$	1,52	3,92	4,92	5,52	—	—	—	
C	$f_{Graph.}$	2,09	4,05	4,89	5,34	5,68	5,9	6,0	
CO	g	6,96	7,28	7,79	8,17	8,42	8,59	8,67	
CO_2	g	8,91	11,32	12,68	13,50	14,00	14,3	14,5	
CCl_4	g	~22	—	—	—	—	—	—	T
CS_2	fl	~18	—	—	—	—	—	—	T
HCN	g	16,9	—	—	—	—	—	—	
CH_4	g	8,54	12,50	15,91	18,7	20,7	22	22,5	(U, T)
CH_3OH	fl	18,5	—	—	—	—	—	—	T
CH_2O	g	~ 8,5	—	—	—	—	—	—	T
C_2H_2	g	10,61	13,90	15,59	17,00	18,0	18,6	18,9	(U, T)
C_2H_4	g	10,68	17,21	21,49	24,39	—	—	—	
C_2H_6	g	12,5	21,2	—	—	—	—	—	T
C_2H_5OH	fl	25,7	—	—	—	—	—	—	T
CH_3COOH	fl	29	—	—	—	—	—	—	T

Stoff	Zust.	Cp bei 300	600	900	1200	1500	1800	2000 °K	Werte aus:
C_6H_6	fl	32	—	—	—	—	—	—	T
Si	f	5,6	5,95	6,3	6,6	6,9	6,5 (fl)	—	
SiH_4	g	∼ 9,8	—	—	—	—	—	—	T
SiO_2	f_{Quarz}	10,8 (α)	15,4	15,9 (β)	17,6	19,2	20,8	—	
SiO_2	$f_{Crist.}$	10,85 (α)	14,9 (β)	16,4	17,0	17,4	17,6		
SiO_2	Glas	10,2	14,6	16,4	18,0	19,4	20,8	—	
SiC	f	6,6	9,8	11,2	12,2	13,1	—	—	
Li	f	5,65	—	—	—	—	—	—	T
LiH	f	8,28	—	—	—	—	—	—	T
LiCl	f	12	—	—	—	—	—	—	T
Na	f	6,79	—	—	—	—	—	—	T
NaCl	f	12,05	13,3	14,6	15,9 (fl)	—	—	—	
Na_2SO_4	f	30,45	—	—	—	—	—	—	T
$NaNO_3$	f	22,24	—	—	—	—	—	—	T
Na_2CO_3	f	26,5	—	—	—	—	—	—	T
$NaHCO_3$	f	20,9	—	—	—	—	—	—	T
K	f	6,97	—	—	—	—	—	—	T
KCl	f	12,06	13,2	14,3	—	—	—	—	
K_2SO_4	f	31,2	—	—	—	—	—	—	T
NH_4Cl	f	20,7	—	—	—	—	—	—	T
Mg	f	5,93	6,70	7,47	—	—	—	—	
MgO	f	8,90	10,93	11,82	12,30	12,60	12,78	—	
$MgCO_3$	f	18,5	—	—	—	—	—	—	T
$MgSiO_3$	$f_{Amphibol}$	19,4	24,4	28,7	30,3	—	—	—	
CaO	f	10,25	12,6	14,2	14,7	—	—	—	
$CaSO_4$	f	21,7	30,8	37,9	44.6	—	—	—	
$CaCO_3$	f_{Ar}, f_{Cal}	19,8	26,0	30,0	—	—	—	—	
$CaSiO_3$	$f_{Woll.}$	20,3	27,1	28,9	29,9	30,7	—	—	
$BaSO_4$	f	25,6	29,8	34,0	42,5	—	—	—	
$BaCO_3$	f	21,2	25,1	29,0	30,0	—	—	—	
Al	f	5,75	6,7	7,5	7,0 (fl)	7,6 (fl)	—	—	
Al_2O_3	f	19,0	26,0	29,5	32,5	35,3	38,1	—	
Al_2SiO_5	f_{Sillim}	31,2	40,9	43,8	45,8	47,5	—	—	
Al_2SiO_5	$f_{Disthen}$	29,9	41,6	45,1	47,3	49,2	—	—	
Cr	f	5,7	6,6	7,5	8,4	9,3	10,1	—	
Mo	f	5,89	6,26	6,64	7,04	7,46	7,90	—	
W	f	5,91	6,17	6,44	6,69	6,95	7,2	—	
Mn	f	6,0	8,5	10,9	10,9	—	—	—	U.,
Fe	f	6,0	8,0	10,0	9,4	9,4	—	—	aus-
FeO	f	11,7	12,8	13,8	14,6	—	—	—	ge-
Fe_3O_4	f	35,9	50,5	57,4	58	—	—	—	glichen
Fe_2O_3	f	23,0	33,7	37,9	38	—	—	—	
FeS	f	13,7 (α)	13,7 (β)	14,5	15,3	—	—	—	
FeS_2	f	14,9	—	—	—	—	—	—	T
Fe_3C	f	25,2	28,2	28,2	—	—	—	—	
$FeCO_3$	f	19,7	—	—	—	—	—	—	T
Cu	f	5,88	6,32	6,72	7,1	7,5 (fl)	—	—	
Cu_2O	f	14,7	-	—	—	—	—	—	T
CuO	f	10,1	—	—	—	—	—	—	T
Cu_2S	f	18,74 (α)	20,9 (β)	20,9	—	—	—	—	
CuS	f	11,5	—	—	—	—	—	—	T
Ag	f	6,02	6,47	6,88	7,4	8,2 (fl)	—	—	

Stoff	Zust.	C_p							Werte aus:
		bei 300	600	900	1200	1500	1800	2000 °K	
AgCl	f	12,14	—	—	—	—	—	—	T
AgBr	f	12,52	—	—	—	—	—	—	T
AgJ	f	13,01	—	—	—	—	—	—	
Zn	f	6,07	6,88	7,24(fl)	—	—	—	—	
ZnO	f	9,8	11,8	12,5	13,0	13,5	—	—	
ZnS	f	10,9	12,8	13,5	13,8	—	—	—	
Hg	fl	6,65	—	—	—	—	—	—	T
HgO	f_{rot}	10,93	—	—	—	—	—	—	T
Pb	f	6,4	7,0	6,8(fl)	6,8(fl)	—	—	—	
PbO	f	11,60	—	—	—	—	—	—	T
PbS	f	11,83	—	—	—	—	—	—	T

Tabelle 21: Bildungsenthalpien und Normalentropien einiger Stoffe (aus Tb. Chem. Phys. 1. A. S. 310, 710).

Stoff	Zust.	ΔH_{291} (ΔH_{298}) * (kcal/mol)	$\Delta^N S_{298}$ Cl/mol.	Stoff	Zust.	ΔH_{291} (ΔH_{298}) * kcal/mol.	$\Delta^N S_{298}$ Cl/mol.
H_2	g	0,0	31,23	J_2	g	14,91	62,3
H	g	+ 51,9	27,4	J	g	25,59	43,2
D_2	g	0,0	34 62	HJ	g	5,9	49,40
D	g	—	29,47	S	f_{rhomb}	0,0	7,64
O_2	g	0,0	49,03		f_{monok}	— 0,075	7,74
O	g	+ 59,1	38,48	S	g	66,3	40,1
O_3	g	+ 34,5	57,1	S_2	g	29,2	54,4
OH	g	+ 9,5	43,90	H_2S	g	— 5,3	49,2
H_2O	fl	— 68,35	16,9	SO_2	g	— 70,9	59,4
H_2O	g	— 57,84	45,13	SO_3	f_1	—106	63
D_2O	fl	— 70,4	18,08		g	—	—
Cl_2	g	0,0	53,32	H_2SO_4	fl	—193,75	47,9
Cl	g	+ 28,9	39,5	N_2	g	0,0	45,8
HCl	g	— 21,89	44,66	N	g	85,1	36,62
Br_2	fl	0,0	36,8	NH_3	g	— 11,00	45,9
	g	7,65	58,63	N_2O	g	19,65	52,58
Br	g	26,88	41,81	NO	g	21,6	50,34
HBr	g	— 8,3	47,48	NO_2	g	8,03	57,47
J_2	f	0,0	27,9	N_2O_4	g	3,06	72,7

* Die Bildungsenthalpien beziehen sich fast durchwegs auf 18° C, also 291° K, da für diese Temperatur bisher die meisten Daten in der Literatur vorliegen. Für den Großteil der Rechnungen werden diese Bildungsenthalpiewerte ohne weiteres auch als 298°-Wert Verwendung finden können, für welche Temperatur die Entropiedaten vorliegen. Exakt stimmen die Bildungsenthalpiewerte für die beiden Temperaturen nur überein, wenn die Molwärmendifferenz bei der Bildungsreaktion und damit der Temperaturkoeffizient der Bildungsenthalpie gleich Null ist. Wo es auf Unterscheidung der beiden Werte ankommt, ist ΔH_{298} — sofern die Molwärmen der an der Bildungsreaktion beteiligten Stoffe genügend bekannt sind — zu berechnen nach $\Delta H_{298} - \Delta H_{291} = \int_{291}^{298} \Delta C_p \, dT$, was wegen des relativ geringen Temperaturunterschieds nahe gleich $7 \cdot \Delta Cp$ ist. Da die hier tabellierten Werte auch eine, wenn auch kritische Auswahl darstellen, so ist man bei Präzisionsrechnungen sowieso auf das Zurückgreifen auf die ausführlichen Tabellenwerke (LANDOLT-BÖRNSTEIN, Critical Tables) angewiesen.

Stoff	Zust.	ΔH_{291} (ΔH_{298}) *) kcal/mol.	$\Delta^N S_{298}$ Cl/mol.	Stoff	Zust.	ΔH_{291} (ΔH_{298}) *) kcal/mol.	$\Delta^N S_{298}$ Cl/mol.
N_2O_5	g	0,6	81,8	Na_2SO_4	f	—330,48	35,7
HNO_3	g	— 34,4	—	$NaNO_3$	f	—111,72	28,8
** C	f_{Diam}	0,0	0,6	Na_2CO_3	f	—269,89	32,5
—	f_{Graph}	— 0,22	1,36	$NaHCO_3$	f	—226,4	24,4
—	g	170,0	37,77	Na_2SiO_3	f	—371,2	27,2
C_2	g	177,3	47,9	K	f	0,0	15,2
CO	g	—26,84	47,32		g	19,8	38,3
CO_2	g	— 94,45	51,08	K_2	g	27,0	59,7
CCl_4	g	—25,9	74	KCl	f	—104,36	19,8
CS_2	fl	15,5	35,9	KBr	f	— 94,07	22,6
HCN	g	30,7	48,2	KJ	f	— 78,87	24,1
CH_4	g	— 18,36	44,46	K_2SO_4	f	—342,66	44,8
CH_3OH	fl	— 57,5	30,3	KNO_3	f	—118,09	31,8
	g	(— 48,31)	(56,9)	NH_4Cl	f	—74,95	31,8
CH_2O	g	— 28,7	52	Mg	f	0,0	7,8
** C_2H_2	g	55,15	48,03		g	36,3	35,5
C_2H_4	g	11,65	52,47	MgO	f	—146,1	6,4
C_2H_6	g	— 21,14	54,6	$Mg(OH)_2$	f	—218,7	15,1
C_2H_5OH	fl	— 67,47	38	$MgCl_2$	f	—153,3	27,9
CH^3COOH	fl	—117,0	38	$MgCO_3$	f	—268	15,7
C_6H_6	fl	10,45	41,5	$MgSiO_3$	$f_{Amphibol}$	—347,5	15,4
Si	f	0,0	4,5	Ca	f	0,0	9,95
	g	85	40,1		g	47,8	37,00
SiH_4	g	— 8,7	49.0	CaO	f	—151,7	9,5
SiO_2	$f_{\beta\ Quarz}$	—203,3	10,1	$Ca(OH)_2$	f	—236,0	18,2
SiO_2	Tridym.	—	10,5	CaS	f	—113,4	13,5
SiO_2	Cristob.	—202,6	10,35	$CaSO_4$	f	—340,7	25,6
SiC	f	— 28,0	3,9	$CaSO_4 . 2H_2O$	f	—482,46	46,4
$SiCl_4$	g	—142,5	79	$CaCO_3$	f, Calc	—289,5	22,2
Li	f	0,0	6,70		f, Arag	—289,54	21,2
LiH	f	—21,59	5,9	$CaSiO_3$	f	—376,6	20,9
LiOH	f	—116,55	12,8	Sr	f	0,0	13,3
LiCl	f	— 97,65	12		g	47	39,3
Li_2SO_4	f	—342,35	35,3	SrO	f	—140,8	13,0
Li_2CO_3	f	—290,1	21,6	$SrCO_3$	f	—290.4	23,2
Na	f	0,0	12,2	Ba	f	0,0	15,1
	g	25,9	36,7		g	49	40,7
Na_2	g	33,4	55,0	BaO	f	—133	16,8
NaOH	f	—101,96	13,8	BaS	f	—111,2	
NaCl	f	— 98,33	17,3	$BaSO_4$	f	—349,4	31,6
NaBr	f	— 86,73	20	$Ba(NO_3)_2$	f	—236,9	51,1
NaJ	f	—69,28	22	$BaCO_3$	f	—240,9	26,8

** Bei den Kohlenstoff-Verbindungen wird die Bildungsenthalpie im Tb. f. Chem. u. Phys. ausnahmsweise nicht auf die stabile Graphit-Modifikation sondern auf die Diamant-Modifikation bezogen. Dies, offenbar, weil der Diamant als in einem eindeutig definierten Zustand vorliegend, genauere und reproduzierbare Reaktionswärmen (Verbrennungswärmen) liefert.

*** Die Bildungsenthalpiewerte der hier verzeichneten organischen Verbindungen — diese sind hier ebenfalls auf den Diamantkohlenstoff bezogen — sind aus den Verbrennungsenthalpiewerten der Tabelle 22 und den obigen Bildungsenthalpien für CO_2 und H_2O hergeleitet. (Da in der Tabelle des Chem. Tb. S. 709 die Bildungsenthalpien der organischen Stoffe auf graphitischen Kohlenstoff bezogen sind im Gegensatz zu den Bildungsenthalpien von Kohlenstoffverbindungen in der Tabelle anorganischer Stoffe, ferner etwas unterschiedliche Werte für die Bildungsenthalpien von CO_2 und H_2O gebraucht werden, so ergeben sich Abweichungen zu den im Chem. Tb. S. 709 verzeichneten Bildungsenthalpiewerten.)

Stoff	Zust.	ΔH_{291} (ΔH_{298}) kcal/mol	$\Delta^N S_{298}$ Cl/mol.	Stoff	Zust.	ΔH_{291} (ΔH_{298}) kcal/mol.	$\Delta^N S_{298}$ Cl/mol.
Al	f	0,0	6,75	$AgNO_3$	f	— 29,4	33,7
Al_2O_3	f	—380,0	12,5	Zn	f	0,0	9,95
Al_2SiO_5	$f_{Disthen}$	—617,4	20,7		g	27,4	38,5
	f_{Sillim}	—623,7	25	ZnO	f	— 83,5	10,4
Cr	f	0,0	5,7	$ZnCl_2$	f	— 99,55	25,5
Mo	f	0,0	6,8	ZnS	f	— 44	13,8
W	f	0,0	8,0	$ZnSO_4$	f	—233,4	30,6
Fe	f	0,0	6,5	$ZnCO_3$	f	—193,3	19,7
	g	94	43,12	Cd	f	0,0	12,3
FeO	f	— 64,3	14,2		g	— 26,8	40,1
Fe_3O_4	f	—266,9	35,0	CdO	f	— 65,2	13,1
Fe_2O_3	f	—198,5	21,5	CdS	f	— 34,6	14
FeS	f	— 23,1	16,1	Hg	fl	0,0	18,5
FeS_2	f	— 35,5	12,7	Hg	g	14,6	41,8
Fe_3C	f	5,2	24,7	HgO	f_{rot}	— 21,6	16,6
$FeCO_3$	f	—172,8	22,2	HgCl	f	— 31,6	23,5
Cu	f	0,0	7,97	$HgCl_2$	f	— 53,4	30
	g	81,2	39,8	HgS	f	— 11,0	(19,8)
Cu_2O	f	— 42,5	24,1	Sn	$f_{weiß}$	0,0	12,3
CuO	f	— 38,5	10,4	SnO	f	— 67,7	13,5
Cu_2S	f	—18,97	28,9	SnO_2	f	—138,1	12,5
CuS	f	— 11,6	15,9	$SnCl_4$	fl	—127,4	62,1
$CuSO_4$	f	—184,7	25,3	Pb	f	0,0	15,5
Ag	f	0,0	10,2		g	47,5	41,9
	g	68,0	41,3	PbO	f_{gelb}	— 52,06	16,9
Ag_2O	f	— 6,95	29,7	Pb_3O_4	f	—172,4	50,5
AgCl	f	— 30,15	22,5	PbO_2	f	— 65,0	18,3
AgBr	f	— 23,70	25,6	$PbCl_2$	f	— 85,71	32,6
AgJ	f	— 14,94	27,6	PbS	f	— 22,3	21,8
Ag_2S	f	— 5,5	25,0	$PbSO_4$	f	—218,5	35,2
Ag_2SO_4	f	—170,1	47,9	$PbCO_3$	f	—168,0	31,3

Tabelle 22. Verbrennungsenthalpie einiger organischer Stoffe. (Werte aus Tb. Chem. Phys. 709[1]).

Stoff		ΔH_{verbr} (kcal.mol^{-1})	Stoff		ΔH_{verbr} (kcal.mol^{-1})
Methan	CH_4	— 212,79	Cyclohexan	C_6H_{12}	— 936,4
Methylalkohol	CH_3OH	— 173,65	Toluol	$C_6H_5CH_3$	— 935,2
Formaldehyd	CH_2O	— 134,1	Diäthyläther	$C_2H_5OC_2H_5$	— 652,3
Acetylen	C_2H_2	— 312,4	Nitrobenzol	$C_6H_5NO_2$	— 739,3
Äthylen	C_2H_4	— 337,25	Naphtalin	$C_{10}H_8$	—1231,9
Äthan	C_2H_6	— 372,81	Rohrzucker	$C_{12}H_{22}O_{11}$	—1349,0
Äthylalkohol	C_2H_5OH	— 326,48	Salicylsäure	$C_7H_6O_3$	— 723,4
Essigsäure	CH_3COOH	— 208,6	Benzoesäure	$C_7H_6O_2$	— 772,2
Benzol	C_6H_6	— 782,2			

[1] Die Verbrennung erfolgt zu CO_2 (g) und H_2O(fl), bei stickstoffhaltigen Stoffen noch zu N_2(g), bei schwefelhaltigen zu SO_2 (g). Bei halogenhaltigen und metallorganischen Verbindungen sind die Verbrennungsprodukte nicht ganz eindeutig festliegend; sie hängen z. T. von den Verbrennungsbedingungen ab.

Tabelle 24. Gleichgewichtskonstanten einiger homogener Gasreaktionen. (Werte aus Tb. Chem. Phys.[1])

Reaktion	K_p	bei T (° K)					
		298, (300)	600	1000	1400	2000	3000
$H_2 = 2\,H$	$\frac{p_H^2}{p_{H_2}}$	$1{,}6 \cdot 10^{-71}$	$3{,}6 \cdot 10^{-33}$	$7{,}0 \cdot 10^{-18}$	$2{,}96 \cdot 10^{-11}$	$3{,}10 \cdot 10^{-6}$	$2{,}78 \cdot 10^{-2}$
$D_2 = 2\,D$	$\frac{p_D^2}{p_{D_2}}$	—	—	$3{,}7 \cdot 10^{-18}$	—	$2{,}49 \cdot 10^{-6}$	—
$HD = H + D$	$\frac{p_H \cdot p_D}{p_{HD}}$	—	—	$2{,}47 \cdot 10^{-18}$	—	$1{,}36 \cdot 10^{-6}$	—
$H_2 + D_2 = 2\,HD$	$\frac{p_{HD}^2}{p_{H_2} \cdot p_{D_2}}$	3,27	—	—	—	—	—
$O_2 = 2\,O$	$\frac{p_O^2}{p_{O_2}}$	$1{,}7 \cdot 10^{-81}$	$1{,}2 \cdot 10^{-37}$	$3{,}3 \cdot 10^{-20}$	$1{,}1 \cdot 10^{-12}$	$5{,}2 \cdot 10^{-7}$	$1{,}4 \cdot 10^{-2}$
$H_2O = H_2 + {}^1/_2\,O_2$	$\frac{p_{H_2} \cdot p_{O_2}^{1/2}}{p_{H_2O}}$	—	—	$8{,}73 \cdot 10^{-11}$	$4{,}58 \cdot 10^{-7}$	$2{,}96 \cdot 10^{-4}$	$4{,}73 \cdot 10^{-2}$
$H_2O + D_2O = 2\,HDO$	$\frac{p_{HDO}^2}{p_{H_2O} \cdot p_{D_2O}}$	3,23	3,68	3,88	—	—	—
$H_2O + HD = HDO + H_2$	$\frac{p_{HDO} \cdot p_{H_2}}{p_{H_2O} \cdot p_{HD}}$	2,61	1,38	1,07	—	—	—
$Cl_2 = 2\,Cl$	$\frac{p_{Cl}^2}{p_{Cl_2}}$	$2{,}1 \cdot 10^{-37}$	$4{,}8 \cdot 10^{-16}$	$2{,}45 \cdot 10^{-7}$	$8{,}80 \cdot 10^{-4}$	0,570	92,5
$Br_2 = 2\,Br$	$\frac{p_{Bi}^2}{p_{Br_2}}$	$6{,}46 \cdot 10^{-29}$	$6{,}18 \cdot 10^{-12}$	$3{,}58 \cdot 10^{-5}$	$3{,}03 \cdot 10^{-2}$	—	—
$J_2 = 2\,J$	$\frac{p_J^2}{p_{J_2}}$	$7{,}95 \cdot 10^{-22}$	$1{,}63 \cdot 10^{-8}$	$3{,}32 \cdot 10^{-3}$	0,654	36,60	—
$HCl = {}^1/_2\,H_2 + {}^1/_2\,Cl_2$	$\frac{p_{H_2}^{1/2} \cdot p_{Cl_2}^{1/2}}{p_{HCl}}$	$2{,}08 \cdot 10^{-17}$	$3{,}00 \cdot 10^{-9}$	$5{,}53 \cdot 10^{-6}$	$1{,}42 \cdot 10^{-4}$	$1{,}66 \cdot 10^{-3}$	$1{,}15 \cdot 10^{-2}$
$HBr = {}^1/_2\,H_2 + {}^1/_2\,Br_2$	$\frac{p_{H_2}^{1/2} \cdot p_{Br_2}^{1/2}}{p_{HBr}}$	$3{,}75 \cdot 10^{-10}$	$1{,}18 \cdot 10^{-4}$	$7{,}80 \cdot 10^{-4}$	$4{,}81 \cdot 10^{-3}$	—	—
$HJ = {}^1/_2\,H_2 + {}^1/_2\,J_2$	$\frac{p_{H_2}^{1/2} \cdot p_{J_2}^{1/2}}{p_{HJ}}$	$4{,}2 \cdot 10^{-2}$	$1{,}20 \cdot 10^{-1}$	$1{,}94 \cdot 10^{-1}$	$2{,}44 \cdot 10^{-1}$	$2{,}90 \cdot 10^{-1}$	—

$2\,HCl + {}^1/_2 O_2 = H_2O + Cl_2$ . .	$\frac{p_{H_2O} \cdot p_{Cl_2}}{p^2_{HCl} \cdot p^{1/2}_{O_2}}$	K_p-Werte dieses zusammengesetzten Gleichgewichts s. Beispiel 61					
$S_2 = 2\,S$	$\frac{p^2_S}{p_{S_2}}$	$2{,}29 \cdot 10^{-51}$	$6{,}21 \cdot 10^{-23}$	$1{,}37 \cdot 10^{-11}$	—	$5{,}49 \cdot 10^{-3}$	4,45
$SO_3 = SO_2 + {}^1/_2 O_2$	$\frac{p_{SO_2} \cdot p^{1/2}_{O_2}}{p_{SO_3}}$	—	—	—	—	—	—
$H_2 + {}^1/_2 S_2 = H_2S$	$\frac{p_{S_2H}}{p_{H_2} \cdot p^{1/2}_{S_2}}$	$4{,}79 \cdot 10^{12}$	$1{,}55 \cdot 10^{5}$	$1{,}37 \cdot 10^{2}$	6,38	0,63	—
${}^1/_2 S_2 + O_2 = SO_2$	$\frac{p_{SO_2}}{p^{1/2}_{S_2} \cdot p_{O_2}}$	$4{,}37 \cdot 10^{59}$	$5{,}25 \cdot 10^{27}$	$1{,}26 \cdot 10^{15}$	$5{,}02 \cdot 10^{9}$	$4{,}47 \cdot 10^{5}$	$3{,}16 \cdot 10^{2}$
$3\,H_2 + SO_2 = 2\,H_2O + H_2S$ . .	. . . .	K_p-Werte dieses zusammengesetzten Gleichgewichts s. Beispiel 62					
${}^1/_2 SO_2 + CO = CO_2 + {}^1/_4 S_2$ . .	. . . .	K_p-Werte „		„	„	„ 62	
$N_2 = 2\,N$	$\frac{p^2_N}{p_{N_2}}$	$1{,}4 \cdot 10^{-119}$	$1{,}3 \cdot 10^{-56}$	$1{,}3 \cdot 10^{-31}$	$7{,}5 \cdot 10^{-21}$	$9{,}8 \cdot 10^{-13}$	$2{,}18 \cdot 10^{-6}$
${}^1/_2 N_2 + {}^3/_2 H_2 = NH_3$	$\frac{p_{NH_3}}{p^{3/2}_{H_2} \cdot p^{1/2}_{N_2}}$	$5{,}5 \cdot 10^{2}$	$3{,}84 \cdot 10^{-2}$	$5{,}85 \cdot 10^{-4}$	—	—	—
${}^1/_2 N_2 + {}^1/_2 O_2 = NO$	$\frac{p_{NO}}{p^{1/2}_{N_2} \cdot p^{1/2}_{O_2}}$	$2{,}08 \cdot 10^{-16}$	$3{,}44 \cdot 10^{-8}$	$6{,}11 \cdot 10^{-5}$	$1{,}51 \cdot 10^{-3}$	$1{,}68 \cdot 10^{-2}$	0,110
$CO_2 = CO + {}^1/_2 O_2$	$\frac{p_{CO} \cdot p^{1/2}_{O_2}}{p_{CO_2}}$	$1{,}83 \cdot 10^{-45}$	$8{,}60 \cdot 10^{-21}$	$6{,}33 \cdot 10^{-11}$	$1{,}01 \cdot 10^{-6}$	$1{,}37 \cdot 10^{-3}$	0,335
$CO_2 + H_2 = CO + H_2O$	$\frac{p_{CO} \cdot p_{H_2O}}{p_{CO_2} \cdot p_{H_2}}$	$1{,}15 \cdot 10^{-5}$	$3{,}72 \cdot 10^{-2}$	$7{,}19 \cdot 10^{-1}$	2,21	4,59	7,08
$C_2H_6 = C_2H_4 + H_2$	$\frac{p_{C_2H_4} \cdot p_{H_2}}{p_{C_2H_6}}$	$3{,}55 \cdot 10^{-18}$	$4{,}90 \cdot 10^{-6}$	$3{,}89 \cdot 10^{-1}$	—	—	—
${}^1/_2 CO_2 + {}^1/_2 C = CO$	$\frac{p_{CO}}{p^{1/2}_{CO_2} \cdot p^{1/2}_{C}}$	$4{,}0 \cdot 10^{-11}$	$1{,}4 \cdot 10^{-3}$	1,4	$2{,}5 \cdot 10$	$2{,}0 \cdot 10^{2}$	$9{,}4 \cdot 10^{2}$

[1] In einigen Fällen sind im Tb. Chem. Phys. die K_p-Werte im gegenläufigen Sinne zu den dort verzeichneten Reaktionsgleichungen gebracht. Bei Benutzung des Taschenbuchs ist darauf zu achten.

Tabelle 23. Schmelz- und Verdampfungsdaten einiger Stoffe.
(Werte aus Tb. Chem. Phys. S. 310, 709.)

Stoff	Schmelz- Temp. ϑ_e (°C)	Schmelz- Enthalpie ΔH_e (kcal.mol^{-1})	Verdampfungs- Temp. ϑ_s (°C)	Verdampfungs- Enthalpie ΔH_s (kcal.mol^{-1})
H_2	—262	0,028	—252,78	0,225
D_2	—254,6	0,026	—253,5	0,302
O_2	—218,7	0,106	182,97	1,630
H_2O	0	1,437	100	9,732
Cl_2	—101	1,53	— 34,1	4,878
Br_2	— 7,3	2,58	58	7,42
SO_2	— 75,5	1,76	— 10,02	5,96
N_2	— 210	0,17	—195,8	1,32
NH_3	— 77,8	1,351	— 33,5	5,58
CO_2	—57,6 (5 Atm)	1,900	— 78,5	3,88
Cyclohexan C_6H_{12}	6,4	0,62	80,8	7,34
Benzol C_6H_6	5,49	2,35	80,12	7,364
Toluol C_7H_8	— 95	1,584	110,8	7,64
Naphthalin $C_{10}H_8$	80,4	4,49	217,9	9,57
Chloroform $CHCl_3$	— 63,5	2,28	61,21	7,02
Tetrachlorkohlenstoff CCl_4	— 22,9	0,577	76,6	7,04
Äthylalkohol C_2H_6O	— 114,15	1,105	78,3	9,3
Diäthyläther $C_4H_{10}O$	— 116,3	1,80	34,6	6,38
Nitrobenzol $C_6H_5O_2N$	5,7	2,895	210,9	11,67
Na	97,7	0,63	883	23,4
NaCl	800	7,41	1465	40,81
Mg	657	1,75	1102	32,52
MgO	2642	18,5	2800	—
Al	658	2,49	2500	69,62
Al_2O_3	2046	26	2700	116
La	885	—	1800	—
Th	1827	—	3530	—
ThO_2	3050	—	—	—
W	3380	~8,4	6000	176
Fe	1535	3,7	2730	84,0
Pt	1773,5	4,7	4400	112
Cu	1084	3,1	2595	72,81
Ag	960,5	2,72	2170	60,0
AgCl	455	3,16	1554	42,52
Zn	419,4	1,80	906	27,43
Hg	—38,83	0,56	357	14,2
Pb	327,4	1,31	1750	42,06

Tabelle 25. Dampfdrucke des Wassers zwischen 0 und 100° C (Tb. Chem. Phys., S. 867).

ϑ (° C)	p^* (Torr)	° C	p^* (Torr)	° C	p^* (Torr)	° C	p^* (Torr)
0	4,579	10	9,209	20	17,535	30	31,824
1	4,926	11	9,844	21	18,650	40	55,324
2	5,294	12	10,518	22	19,827	50	92,51
3	5,685	13	11,231	23	21,068	60	149,38
4	6,101	14	11,987	24	22,377	70	233,7
5	6,543	15	12,788	25	23,756	80	355,1
6	7,013	16	13,634	26	25,209	90	525,76
7	7,513	17	14,530	27	26,739	98	707,27
8	8,045	18	15,477	28	28,349	99	733,24
9	8,609	19	16,477	29	30,043	100	760,00
						101	787,6

Tabelle 26. Dampfdrucke des Quecksilbers zwischen —40 und +358° C (Tb. Chem. Phys., S. 865).

ϑ (° C)	p^* (Torr)	ϑ (° C)	p^* (Torr)
—40	$1{,}793 \cdot 10^{-6}$	100	0,2713
—38	$2{,}354 \cdot 10^{-6}$	150	2,768
—36	$3{,}066 \cdot 10^{-6}$	200	17,12
—30	$6{,}696 \cdot 10^{-6}$	250	74,12
—20	$22{,}0 \cdot 10^{-6}$	300	246,55
—10	$67{,}34 \cdot 10^{-6}$	350	672,3
0	$189{,}8 \cdot 10^{-6}$	354	723,1
10	$497{,}1 \cdot 10^{-6}$	356	749,7
20	$1{,}220 \cdot 10^{-3}$	358	777,0

Tabelle 27. Gleichgewichtszusammensetzung (Isobare) der Reaktion $C + CO_2 = 2\,CO$ bei 1 und 100 Atm. (Boudouard- bzw. Generatorgasgleichgewicht.) (Aus Chem. Kal. 58. Aufl. III/264.)

ϑ (° C)	Vol.% CO (bei 1 Atm)	Vol.% CO (bei 100 Atm)
500	7,2	0
600	27,1	3,1
700	61,8	9,8
800	87,7	22,1
900	96,8	41,1
1000	99,3	64,1
1100	99,9	75,9

Mathematischer Formelanhang.

1. *Zeichen.*

a, b, c . . . . . . in der Regel Zeichen für konstante Größen
x, y . . . . „ „ „ „ „ variable „
z, u, v . . . . . . „ „ „ „ „ „ „ (auch Zwischenvariable)
e . . . . Basis des natürlichen Logarithmus (s. auch Reihen)
i . . . . imaginäre Einheit $= \sqrt{-1}$)
lg, (log). . . . . . Logarithmus, dekadischer oder Briggscher m. Basis 10
ln . . . . „ natürlicher mit Basis e
lim . . . . limes, Grenzwert
Δ . . . . Differenzzeichen
d . . . . Differentialzeichen
∂ . . . . partielles Differentialzeichen
$f, F, \varphi, \Phi, \psi,$ ( ) . vor Klammerausdruck: Funktionszeichen, Funktion der eingeklammerten Größen
Σ . . . . Summenzeichen
$\int$ . . . . Integralzeichen
! . . . . nach Zahlen: Fakultätzeichen

$a = b$ lies: a gleich b
$a \equiv b$ — a identisch gleich b (bei Definitionsgleichungen gebraucht)
$a \neq b$ — a ungleich b
$a > b$ — a größer als b
$a < b$ — a kleiner als b
$a \gg b$ — a groß gegen b
$a \ll b$ — a klein gegen b
$a \approx b$ — a annähernd gleich b
$a \sim b$ — a ungefähr gleich, asymptotisch gleich b
$|a|$ — absol. Betrag von a

2. *Zahlenwerte.*

Werte	Reziprokwerte
$e = 2{,}7182818$	$\frac{1}{e} = 0{,}367879\ldots$
$\lg e = \text{mod.} = 0{,}434294\ldots$	$\frac{1}{\lg e} = \text{mod.}^{-1} = 2{,}302585\ldots$
$\pi = 3{,}141593\ldots$	$\frac{1}{\pi} = 0{,}318310\ldots$

3. *Potenzen.*

$a^m = \overbrace{a \cdot a \cdot a \cdot \ldots a}^{m \text{ mal}}$	$a^m \cdot a^n = a^{m+n}$
$a^{-m} = \frac{1}{a^m}$	$\frac{a^m}{a^n} = a^{m-n}$
$a^{\frac{1}{m}} = \sqrt[m]{a}$	$(a^m)^n = a^{mn}$
$a^{-\frac{1}{m}} = \frac{1}{\sqrt[m]{a}}$	$a^m \cdot b^m = (a\,b)^m$
$a^{-\frac{n}{m}} = \frac{1}{\sqrt[m]{a^n}}$	$a^0 = 1$
	$\left.\begin{array}{l} a^{-\infty} = 0 \\ a^{+\infty} = +\infty \end{array}\right\} a > 1$

4. *Logarithmen.*

Jede positive Zahl x ist als Potenz einer anderen positiven Zahl a ausdrückbar.

$x = a^n$, $n = \log_a x$; n ist der Logarithmus der Zahl x in bezug auf die Basis a

$x = 10^\alpha$, $\alpha = \lg x$; α „ „ „ „ „ x „ „ „ „ „ 10 (dekad. Log.)

$x = e^\beta$, $\beta = \ln x$; β „ „ „ „ „ x „ „ „ „ Basis e (natürl. Log.)

Umrechnung von natürlichen Logarithmen in dekadische und umgekehrt:

$\lg x = 0{,}4343 \ln x = \lg e \cdot \ln x$	Die Umrechnung ergibt sich aus:
$\ln x = \frac{1}{0{,}4343} \cdot \lg x = 2{,}3026 \lg x$	$x = 10 = e^\beta$
	$\alpha \cdot \lg 10 = \beta \cdot \lg e$
	$\lg x \cdot 1 = \ln x \cdot 0{,}4343$

Zahlenwerte einiger Logarithmen:

$\lg 1000 = 3$	$\lg 0{,}1 = -1$	$\ln 10 = 2{,}3026$
$\lg 10 = 1$	$\lg 0{,}001 = -3$	$\ln e = 1$
$\lg e = 0{,}43429$	$\lg 0 = -\infty$	$\ln 1 = 0$
$\lg 1 = 0$		$\ln 0{,}1 = -2{,}3026$

Logarithmentafel, vierstellige, Seite 226/227.

5. *Reihen, Gleichungen höheren Grades.*

$$(a+b)^n = a^n + \frac{n}{1} \cdot a^{n-1} b + \frac{n(n-1)}{1 \cdot 2} \cdot a^{n-2} b^2 + \cdots \frac{n}{1} \cdot a \cdot b^{n-1} + b^n, \text{ oder}$$

$$a^n + \binom{n}{1} a^{n-1} b + \binom{n}{2} \cdot a^{n-2} b^2 + \cdots \binom{n}{n-1} a b^{n-1} + b^n$$

$\left(n = \text{positiv, ganz. Es ist: } \binom{n}{m} = \binom{n}{n-m}, \text{ insbesondere } \binom{n}{0} = \binom{n}{n} = 1\right).$

$$(a+b)^2 = a^2 + 2\,ab + b^2$$
$$(a-b)^2 = a^2 - 2\,ab + b^2$$
$$(a+b) \cdot (a-b) = a^2 - b^2$$
$$(a+b)^3 = a^3 + 3\,a^2 b + 3\,ab^2 + b^3$$
$$(a-b)^3 = a^3 - 3\,a^2 b + 3\,ab^2 - b^3.$$

Vierstellige

Mantissen. Proportionalteile.

N	0	1	2	3	4	5	6	7	8	9	1	2	3	4	5	6	7	8	9
10	0000	0043	0086	0128	0170	0212	0253	0294	0334	0374	4	8	12	17	21	25	29	33	37
11	0414	0453	0492	0531	0569	0607	0645	0682	0719	0755	4	8	11	15	19	23	26	30	34
12	0792	0828	0864	0899	0934	0969	1004	1038	1072	1106	3	7	10	14	17	21	24	28	31
13	1139	1173	1206	1239	1271	1303	1335	1367	1399	1430	3	6	10	13	16	19	23	26	29
14	1461	1492	1523	1553	1584	1614	1644	1673	1703	1732	3	6	9	12	15	18	21	24	27
15	1761	1790	1818	1847	1875	1903	1931	1959	1987	2014	3	6	8	11	14	17	20	22	25
16	2041	2068	2095	2122	2148	2175	2201	2227	2253	2279	3	5	8	11	13	16	18	21	24
17	2304	2330	2355	2380	2405	2430	2455	2480	2504	2529	2	5	7	10	12	15	17	20	22
18	2553	2577	2601	2625	2648	2672	2695	2718	2742	2765	2	5	7	9	12	14	16	19	21
19	2788	2810	2833	2856	2878	2900	2923	2945	2967	2989	2	4	7	9	11	13	16	18	20
20	3010	3032	3054	3075	3096	3118	3139	3160	3181	3201	2	4	6	8	11	13	15	17	19
21	3222	3243	3263	3284	3304	3324	3345	3365	3385	3404	2	4	6	8	10	12	14	16	18
22	3424	3444	3464	3483	3502	3522	3541	3560	3579	3598	2	4	6	8	10	12	14	15	17
23	3617	3636	3655	3674	3692	3711	3729	3747	3766	3784	2	4	6	7	9	11	13	15	17
24	3802	3820	3838	3856	3874	3892	3909	3927	3945	3962	2	4	5	7	9	11	12	14	16
25	3979	3997	4014	4031	4048	4065	4082	4099	4116	4133	2	3	5	7	9	10	12	14	15
26	4150	4166	4183	4200	4216	4232	4249	4265	4281	4298	2	3	5	7	8	10	11	13	15
27	4314	4330	4346	4362	4378	4393	4409	4425	4440	4456	2	3	5	6	8	9	11	13	14
28	4472	4487	4502	4518	4533	4548	4564	4579	4594	4609	2	3	5	6	8	9	11	12	14
29	4624	4639	4654	4669	4683	4698	4713	4728	4742	4757	1	3	4	6	7	9	10	12	13
30	4771	4786	4800	4814	4829	4843	4857	4871	4886	4900	1	3	4	6	7	9	10	11	13
31	4914	4928	4942	4955	4969	4983	4997	5011	5024	5038	1	3	4	6	7	8	10	11	12
32	5051	5065	5079	5092	5105	5119	5132	5145	5159	5172	1	3	4	5	7	8	9	11	12
33	5185	5198	5211	5224	5237	5250	5263	5276	5289	5302	1	3	4	5	6	8	9	10	12
34	5315	5328	5340	5353	5366	5378	5391	5403	5416	5428	1	3	4	5	6	8	9	10	11
35	5441	5453	5465	5478	5490	5502	5514	5527	5539	5551	1	2	4	5	6	7	9	10	11
36	5563	5575	5587	5599	5611	5623	5635	5647	5658	5670	1	2	4	5	6	7	8	10	11
37	5682	5694	5705	5717	5729	5740	5752	5763	5775	5786	1	2	3	5	6	7	8	9	10
38	5798	5809	5821	5832	5843	5855	5866	5877	5888	5899	1	2	3	5	6	7	8	9	10
39	5911	5922	5933	5944	5955	5966	5977	5988	5999	6010	1	2	3	4	5	7	8	9	10
40	6021	6031	6042	6053	6064	6075	6085	6096	6107	6117	1	2	3	4	5	6	8	9	10
41	6128	6138	6149	6160	6170	6180	6191	6201	6212	6222	1	2	3	4	5	6	7	8	9
42	6232	6243	6253	6263	6274	6284	6294	6304	6314	6325	1	2	3	4	5	6	7	8	9
43	6335	6345	6355	6365	6375	6385	6395	6405	6415	6425	1	2	3	4	5	6	7	8	9
44	6435	6444	6454	6464	6474	6484	6493	6503	6513	6522	1	2	3	4	5	6	7	8	9
45	6532	6542	6551	6561	6571	6580	6590	6599	6609	6618	1	2	3	4	5	6	7	8	9
46	6628	6637	6646	6656	6665	6675	6684	6693	6702	6712	1	2	3	4	5	6	7	7	8
47	6721	6730	6739	6749	6758	6767	6776	6785	6794	6803	1	2	3	4	5	5	6	7	8
48	6812	6821	6830	6839	6848	6857	6866	6875	6884	6893	1	2	3	4	4	5	6	7	8
49	6902	6911	6920	6928	6937	6946	6955	6964	6972	6981	1	2	3	4	4	5	6	7	8
50	6990	6998	7007	7016	7024	7033	7042	7050	7059	7067	1	2	3	3	4	5	6	7	8
51	7076	7084	7093	7101	7110	7118	7126	7135	7143	7152	1	2	3	3	4	5	6	7	8
52	7160	7168	7177	7185	7193	7202	7210	7218	7226	7235	1	2	2	3	4	5	6	7	7
53	7243	7251	7259	7267	7275	7284	7292	7300	7308	7316	1	2	2	3	4	5	6	6	7
54	7324	7332	7340	7348	7356	7364	7372	7380	7388	7396	1	2	2	3	4	5	6	6	7
	0	1	2	3	4	5	6	7	8	9	1	2	3	4	5	6	7	8	9

Logarithmen.

Mantissen. Proportionalteile.

N	0	1	2	3	4	5	6	7	8	9	1	2	3	4	5	6	7	8	9
55	7404	7412	7419	7427	7435	7443	7451	7459	7466	7474	1	2	2	3	4	5	5	6	7
56	7482	7490	7497	7505	7513	7520	7528	7536	7543	7551	1	2	2	3	4	5	5	6	7
57	7559	7566	7574	7582	7589	7597	7604	7612	7619	7627	1	2	2	3	4	5	5	6	7
58	7634	7642	7649	7657	7664	7672	7679	7686	7694	7701	1	1	2	3	4	4	5	6	7
59	7709	7716	7723	7731	7738	7745	7752	7760	7767	7774	1	1	2	3	4	4	5	6	7
60	7782	7789	7796	7803	7810	7818	7825	7832	7839	7846	1	1	2	3	4	4	5	6	6
61	7853	7860	7868	7875	7882	7889	7896	7903	7910	7917	1	1	2	3	4	4	5	6	6
62	7924	7931	7938	7945	7952	7959	7966	7973	7980	7987	1	1	2	3	3	4	5	6	6
63	7993	8000	8007	8014	8021	8028	8035	8041	8048	8055	1	1	2	3	3	4	5	5	6
64	8062	8069	8075	8082	8089	8096	8102	8109	8116	8122	1	1	2	3	3	4	5	5	6
65	8129	8136	8142	8149	8156	8162	8169	8176	8182	8189	1	1	2	3	3	4	5	5	6
66	8195	8202	8209	8215	8222	8228	8235	8241	8248	8254	1	1	2	3	3	4	5	5	6
67	8261	8267	8274	8280	8287	8293	8299	8306	8312	8319	1	1	2	3	3	4	5	5	6
68	8325	8331	8338	8344	8351	8357	8363	8370	8376	8382	1	1	2	3	3	4	4	5	6
69	8388	8395	8401	8407	8414	8420	8426	8432	8439	8445	1	1	2	2	3	4	4	5	6
70	8451	8457	8463	8470	8476	8482	8488	8494	8500	8506	1	1	2	2	3	4	4	5	6
71	8513	8519	8525	8531	8537	8543	8549	8555	8561	8567	1	1	2	2	3	4	4	5	5
72	8573	8579	8585	8591	8597	8603	8609	8615	8621	8627	1	1	2	2	3	4	4	5	5
73	8633	8639	8645	8651	8657	8663	8669	8675	8681	8686	1	1	2	2	3	4	4	5	5
74	8692	8698	8704	8710	8716	8722	8727	8733	8739	8745	1	1	2	2	3	4	4	5	5
75	8751	8756	8762	8768	8774	8779	8785	8791	8797	8802	1	1	2	2	3	3	4	5	5
76	8808	8814	8820	8825	8831	8837	8842	8848	8854	8859	1	1	2	2	3	3	4	5	5
77	8865	8871	8876	8882	8887	8893	8899	8904	8910	8915	1	1	2	2	3	3	4	4	5
78	8921	8927	8932	8938	8943	8949	8954	8960	8965	8971	1	1	2	2	3	3	4	4	5
79	8976	8982	8987	8993	8998	9004	9009	9015	9020	9025	1	1	2	2	3	3	4	4	5
80	9031	9036	9042	9047	9053	9058	9063	9069	9074	9079	1	1	2	2	3	3	4	4	5
81	9085	9090	9096	9101	9106	9112	9117	9122	9128	9133	1	1	2	2	3	3	4	4	5
82	9138	9143	9149	9154	9159	9165	9170	9175	9180	9186	1	1	2	2	3	3	4	4	5
83	9191	9196	9201	9206	9212	9217	9222	9227	9232	9238	1	1	2	2	3	3	4	4	5
84	9243	9248	9253	9258	9263	9269	9274	9279	9284	9289	1	1	2	2	3	3	4	4	5
85	9294	9299	9304	9309	9315	9320	9325	9330	9335	9340	1	1	2	2	3	3	4	4	5
86	9345	9350	9355	9360	9365	9370	9375	9380	9385	9390	1	1	2	2	3	3	4	4	5
87	9395	9400	9405	9410	9415	9420	9425	9430	9435	9440	0	1	1	2	2	3	3	4	4
88	9445	9450	9455	9460	9465	9469	9474	9479	9484	9489	0	1	1	2	2	3	3	4	4
89	9494	9499	9504	9509	9513	9518	9523	9528	9533	9538	0	1	1	2	2	3	3	4	4
90	9542	9547	9552	9557	9562	9566	9571	9576	9581	9586	0	1	1	2	2	3	3	4	4
91	9590	9595	9600	9605	9609	9614	9619	9624	9628	9633	0	1	1	2	2	3	3	4	4
92	9638	9643	9647	9652	9657	9661	9666	9671	9675	9680	0	1	1	2	2	3	3	4	4
93	9685	9689	9694	9699	9703	9708	9713	9717	9722	9727	0	1	1	2	2	3	3	4	4
94	9731	9736	9741	9745	9750	9754	9759	9763	9768	9773	0	1	1	2	2	3	3	4	4
95	9777	9782	9786	9791	9795	9800	9805	9809	9814	9818	0	1	1	2	2	3	3	4	4
96	9823	9827	9832	9836	9841	9845	9850	9854	9859	9863	0	1	1	2	2	3	3	4	4
97	9868	9872	9877	9881	9886	9890	9894	9899	9903	9908	0	1	1	2	2	3	3	4	4
98	9912	9917	9921	9926	9930	9934	9939	9943	9948	9952	0	1	1	2	2	3	3	4	4
99	9956	9961	9965	9969	9974	9978	9983	9987	9991	9996	0	1	1	2	2	3	3	3	4
	0	1	2	3	4	5	6	7	8	9	1	2	3	4	5	6	7	8	9

$$\left.\begin{aligned}(1+x)^n &= 1+\frac{n}{1}x+\frac{n(n-1)}{1\cdot 2}x^2+\frac{n(n-1)(n-2)}{1\cdot 2\cdot 3}x^3+\cdots\\ &= 1+\binom{n}{1}x+\binom{n}{2}x^2+\binom{n}{3}x^3+\cdots\\ (1-x)^n &= 1-\binom{x}{1}x+\binom{n}{2}x^2-\binom{n}{3}x^3+\cdots\end{aligned}\right\}\ \text{für alle reellen } n \text{ und alle } x \text{ zwischen } -1 \text{ und } +1.$$

Grenzwerte und unendliche Reihen:

$$e=\lim_{n\to\infty}\left(1+\frac{1}{n}\right)^n=1+\frac{1}{1!}+\frac{1}{2!}+\frac{1}{3!}+\frac{1}{4!}+\cdots=1+1+0{,}5+0{,}166+\cdots=2{,}718$$

$$\left.\begin{aligned}e^x &= \lim_{n\to\infty}\left(1+\frac{x}{n}\right)^n=\left[\lim\left(1+\frac{x}{nx}\right)^{nx}=\lim\left(1+\frac{1}{n}\right)^{nx}\right]\\ &= 1+\frac{x}{1!}+\frac{x^2}{2!}+\frac{x^3}{3!}+\frac{x^4}{4!}+\cdots\\ e^{-x} &= \lim_{n\to\infty}\left(1-\frac{x}{n}\right)^x=1-\frac{x}{1!}+\frac{x^2}{2!}-\frac{x^3}{3!}+\frac{x^4}{4!}-\cdots\end{aligned}\right\}\ \text{für alle } x$$

$n!$ s. unter Punkt 7.

$$\ln(1+x)=x-\frac{x^2}{2}+\frac{x^3}{3}-\frac{x^4}{4}+\cdots \quad \text{für alle } x \text{ mit } |x|<1.$$

6. *Näherungsformeln bei Rechnen mit sehr kleinen Größen.* $|x|\ll 1$.

$$(1+x)^n\approx 1+nx \quad \text{und} \quad (1-x)^n\approx 1-nx,$$

gültig für alle reellen Exponenten n.

Dies ergibt sich aus der Reihenentwicklung (s. Binomischer Lehrsatz), wo die höheren Glieder von x vernachlässigt werden können. Insbesondere gilt für positive, negative und gebrochene Potenzexponenten n:

$$\frac{1}{(1+x)^n}=(1+x)^{-n}\approx 1-nx$$

$$\left\{\begin{aligned}&\text{speziell für } n=1:\\ &\frac{1}{1+x}=(1+x)^{-1}\approx 1-x\end{aligned}\right.$$

$$\sqrt[n]{1+x}=(1+x)^{\frac{1}{n}}\approx 1+\frac{x}{n}$$

$$\frac{1}{\sqrt[n]{1+x}}=(1+x)^{-\frac{1}{n}}\approx 1-\frac{x}{n}$$

$$\frac{1}{(1-x)^n}=(1-x)^{-1}\approx 1+nx$$

$$\left.\frac{1}{1-x}=(1-x)^{-1}\approx 1+x\right\}$$

$$\sqrt[n]{1-x}=(1-x)^{\frac{1}{n}}\approx 1-\frac{x}{n}$$

$$\frac{1}{\sqrt[n]{1-x}}=(1-x)^{-\frac{1}{n}}\approx 1+\frac{x}{n}$$

Ähnlich ist für $|x|\ll 1$, $|y|\ll 1$

$$(1+x)(1+y)\approx 1+x+y \quad \text{und} \quad (1+x)(1-y)\approx 1+x-y$$

(wird durch Ausmultiplizieren erhalten).

7. *Verschiedenes.*

$n! = 1 \cdot 2 \cdot 3 \cdots n$ (n, eine ganze, positive Zahl)

$0! = 1! = 1$

für große n:

$n! \approx n^n \cdot e^{-n} \cdot \sqrt{2\pi n}$ Stirlingsche Näherungsformel.

Auflösung quadratischer Gleichungen:

$$x^2 + a \cdot x + b = 0; \quad x_{1,2} = -\frac{a}{2} \pm \sqrt{\frac{a^2}{4} - b}\,.$$

Werte für einige Ausdrücke	unbestimmte Formen:
$\frac{a}{0} = \infty$ (für $a \neq 0$)	$\frac{0}{0}$, $\frac{\infty}{\infty}$, $0 \cdot \infty$
$\frac{0}{a} = 0$	$\infty - \infty$, 0^0, ∞^0, 1^∞.
$\frac{\infty}{a} = \infty$	
$\frac{a}{\infty} = 0$	

8. *Differentiationsregeln.*

Funktion	Ableitung der Funktion, Differentialquotient	Anmerkungen
$y = \varphi(x$ $y = x^n$	$\frac{dy}{dx} = y' = \frac{d\varphi(x)}{dx}$ $\frac{dy}{dx} = \frac{dx^n}{dx} = \underline{n x^{n-1}}$	Verschiedene Schreibweise. φ, Φ, Ψ, ζ, f, F Funktionszeichen (mit Index versehen als Zeichen für spezielle Funktionen)
$y = a x^n$ $y = \varphi_1(x) + \varphi_2(x) + \ldots$	$\frac{dy}{dx} = \frac{d a x^n}{dx} = a \frac{dx^n}{dx} = \underline{a n x^{n-1}}$ $\frac{dy}{dx} = \frac{d\varphi_1(x)}{dx} + \frac{d\varphi_2(x)}{dx} + \ldots$	Konstante Faktoren (a) bleiben bei der Differentiation unverändert. Bei einer Summe wird jedes Glied gesondert differenziert. Glieder, die nur aus Konstanten bestehen, geben bei der Differentiation null.
$y = e^x$ $x = a^x$ $y = \ln x$	$\frac{dy}{dx} = \frac{de^x}{dx} = \underline{e^x}$ $\frac{dy}{dx} = \frac{da^x}{dx} = \underline{a^x \ln a}$ $\frac{dy}{dx} = \frac{d\ln x}{dx} = \frac{1}{x}$	Ergibt sich z. B. aus der Reihendarstellung der Funktion e^x und Differentiation der Einzelglieder (siehe Reihen).
$y = \psi(z)$; $z = \varphi(x)$ $(y = F(x))$	$\frac{dy}{dx} = \frac{dy}{dz} \cdot \frac{dz}{dx} = \frac{d\psi(z)}{dz} \cdot \frac{d\varphi(x)}{dx}$	Kettenregel (man kann ebenso nach beliebig vielen Zwischenvariablen differenzieren).

$y = \underbrace{\varphi_1(x)}_{=u} \cdot \underbrace{\varphi_2(x)}_{=v}$	$\frac{dy}{dx} = u'v + v'u$	Produktregel; wenn y als Produkt zweier Funktionen von x gegeben ist.
$y = \frac{\varphi_1(x)}{\varphi_2(x)} = \frac{u}{v}$	$\frac{dy}{dx} = \frac{u'v - v'u}{v^2}$	Quotientenregel; wenn y als Quotient zweier Funktionen von x gegeben ist.

Partielle Differentiation:

∂, $\frac{\partial f(x, y)}{\partial x}$, Zeichen für partielles Differential bzw. partiellen Differentialquotienten.

$y = \varphi(u, v)$ $u = \varphi_1(x)$ $v = \varphi_2(x)$	$\frac{dy}{dx} = \frac{d\varphi(u,v)}{dx} = \frac{\partial y}{\partial u} \cdot \frac{du}{dx} + \frac{\partial y}{\partial v} \cdot \frac{dv}{dx} = \frac{\partial \varphi(u, v)}{\partial u} \cdot \frac{du}{dx} + \frac{\partial \varphi(u, v)}{dv} \cdot \frac{dv}{dx}$	Der totale Differentialquotient (s. oben) läßt sich allgemein nach der Regel der partiellen Differentiation ermitteln (insbesondere bei zusammengesetzten Funktionen anzuwenden). Beim partiellen Differenzieren werden oft die übrigen konstant gehaltenen Variablen als Indizes beigefügt z. B. $\left(\frac{\partial \varphi(u, v)}{\partial u}\right)_v$ für $\frac{dy}{du}$.
$\varphi(x, y) = 0$	$\frac{\partial \varphi(x, y)}{\partial x} + \frac{\partial \varphi(x, y)}{\partial y} \frac{dy}{dx} = 0$ $\frac{dy}{dx} = -\frac{\frac{\partial \varphi}{\partial x}}{\frac{\partial \varphi}{\partial y}}$	Implizite Funktionen lassen sich als Spezialfall der vorstehenden Differentionsregel behandeln.
$z = \varphi(x, y)$ $\Phi(x, y, z) = 0$	$dz = \frac{\partial \varphi}{\partial x} dx + \frac{\partial \varphi}{dy} \partial y$	Von Funktionen mit mehreren unabhängigen Variablen ermittelt man das totale Differential über die partielle Differentiation.

Differentialquotienten höherer Ordnung:

$y = \varphi(x)$	$\frac{d}{dx}\left(\frac{dy}{dx}\right) = \frac{d^2y}{dx^2} = \frac{d\left(\frac{dy}{dx}\right)}{dx}$	
$z = \varphi(x, y)$	$\frac{\partial^2 \varphi(x, y)}{\partial x^2} = \left(\frac{\partial^2 z}{\partial x^2}\right)_y = \left(\frac{\partial \left(\frac{\partial z}{\partial x}\right)_y}{\partial x}\right)_y$	
$z = \varphi(x, y)$	gemischte Ableitungen: $\underbrace{\frac{\partial}{\partial x}\left(\frac{\partial \varphi(x, y)}{\partial y}\right)} = \underbrace{\frac{\partial}{\partial y}\left(\frac{\partial \varphi(x, y)}{\partial x}\right)}$	Satz von der Vertauschbarkeit der partiellen Ableitungen. Die Reihenfolge der Differentiation ist beliebig (wenn diese „gemischte Ableitung" stetig ist).

$\frac{\partial^2 z}{\partial x\,\partial y} = \frac{\partial^2 z}{\partial y\,\partial x}$ $= \left(\frac{\partial\left(\frac{\partial z}{\partial y}\right)_x}{\partial x}\right)_y = \left(\frac{\partial\left(\frac{\partial z}{\partial x}\right)_y}{\partial y}\right)_x$	Andere Schreibweise unter Hervorheben der konstant zu haltenden Größen.

9. *Integrationsregeln.*

a) Unbestimmte Integrale	Integration ohne bestimmte Grenze
Aus $\frac{dy}{dx} = y' = \varphi'(x) = f(x)$ folgt $dy = \varphi'(x)\,dx$, $y = \int dy = \int \varphi'(x)\,dx = \varphi(x) + C$ $y = \int dx = x + C$ $y = \int x^n\,dx = \frac{x^{n+1}}{n+1} + C$, wenn $n \neq -1$ $y = \int a\,x^n\,dx = a\int x^n\,dx = \frac{a\,x^{n+1}}{n+1} + C$, wenn $n \neq -1$ $y = \int \frac{dx}{x} = \ln x + C$ für $x > 0$ $y = \int e^x = e^x + C$ $y = \int a^x\,dx = \frac{a^x}{\ln a} + C$	Die Integration stellt die Umkehrung der Differentiation dar; daraus ergeben sich auch die Integrationsregeln. Da beim Differenzieren additive Konstanten wegfallen, so ist beim unbestimmten Integrieren stets dem Integral eine vorerst unbestimmte Integrationskonstante anzufügen. Der Wert derselben ist im speziellen Falle aus entsprechenden, bestimmenden Daten (Anfangsbedingungen) zu ermitteln. Konstante Faktoren können vor das Integralzeichen geschrieben werden, sie bleiben unverändert erhalten.
$\int (u + v)\,dx = \int u\,dx + \int v\,dx$	Summenglieder sind einzeln zu integrieren.
$\int f(x)\,dx = \int f[\Phi(z)] \cdot \Phi'(z) \cdot dz$ (wenn $x = \Phi(z)$) z. B. $\int \frac{dx}{a-x} = \int \frac{1}{z}(-1)\,dz = -\int \frac{dz}{z} = -\ln z + C$ $= \underline{-\ln(a-x) + C}$ (nachdem $(a - x) = z$, $x = a - z = \Phi(z)$, $\frac{dx}{dz} = -1 = \Phi'(z)$)	*Integration durch Substitution* (folgt aus der Kettenregel). Wenn kein vollständiges Differential vorliegt, durch Wahl einer Zwischenfunktion $\Phi(z)$ aber eine Form erreicht werden kann, die einen nach der Zwischenvariablen z einfach zu integrierenden Ausdruck ergibt.
$\int u \cdot v'\,dx = u \cdot v - \int v \cdot u'\,dx$ oder $\int u \cdot dv = u \cdot v - \int v \cdot du$ $u = \varphi_1(x)$; $u' = \frac{d\varphi_1(x)}{dx}$ oder $du = d\varphi_1(x)$ $v = \varphi_2(x)$; $v' = \frac{d\varphi_2(x)}{dx}$ oder $dv = d\varphi_2(x)$	*Integration nach Teilen* (folgt aus der Produktregel). (Ergibt sich auch aus der geometrischen Anschauung, den Flächen, die bei bestimmter Integration durch die einzelnen Ausdrücke dargestellt werden.)

	Integration einer rationalen Funktion nach Partialbruchzerlegung. Wird angewendet, wenn sich eine rationale Funktion (Bruch mit zusammengesetztem Nenner) in eine Summe einzeln einfach integrierbarer Partialbrüche zerlegen läßt. (Beispiel in Reaktionskinetik, Geschwindigkeitsgleichung der bimolekularen Reaktion.)
b) bestimmte Integrale	Integrale mit bestimmten Grenzen
Aus $\int f(x)\,dx = F(x) + \text{const}$ folgt $\int_a^b f(x)\,dx = F(b) - F(a)$	Ein bestimmtes Integral ist der Wert des unbestimmten Integrals für die obere Grenze der Variablen minus dem für die untere Grenze. Die Integrationskonstante der unbestimmten Integrale fällt infolge der Differenzbildung fort. Im übrigen gelten die unter 1. angeführten Integrationsregeln.
Ist $x = \Phi(z)$, also umgekehrt $z = \psi(x)$, so gilt $\int_{x_0}^{x_1} f(x)dx = \int_{\psi(x_0)}^{\psi(x_1)} f[\Phi(z)] \cdot \Phi'(z)\,dz$	Bestimmte Integration durch Einführung einer neuen Veränderlichen.
$\int_a^b u \cdot v'dx = \Big[u \cdot v\Big]_{x=a}^{x=b} - \int_a^b v \cdot u'dx$ $= [u(b) \cdot v(b) - u(a) \cdot v(a)] - \int_a^b v \cdot u'dx$	Bestimmte Integration nach Teilen (Anwendung s. Umformung der Gleichung für die Temperaturabhängigkeit der Freien Enthalpie Beispiel 37).

Literaturverzeichnis.

Die folgenden Literaturhinweise sind auf den Stand bei Erscheinen des Buches ergänzt.

Lehrbücher der Physikalischen Chemie:

EGGERT, J.: Lehrbuch der Physikalischen Chemie, 7. Aufl. Leipzig: S. Hirzel 1948.

EUCKEN, A.: Grundriß der Physikalischen Chemie, 6. Aufl. Leipzig: Akad. Verl.-Ges. 1948.

— Lehrbuch der Chemischen Physik, 3 Bände (I, II_1, II_2). Leipzig: Akad. Verl.-Ges. 2. Aufl. 1938—1944, 3. Aufl. 1948.

JELLINEK, K.: Lehrbuch der physikalischen Chemie, 2. Aufl. Stuttgart: F. Enke. 5 Bände 1928 bis 1937.

KUHN, W.: Physikalische Chemie, 4. Aufl. Heidelberg: Quelle & Meyer 1948.

LANGE, J.: Einführung in die physikalische Chemie. Wien: Springer 1942.

ULICH, H.: Kurzes Lehrbuch der physikalischen Chemie, 4. Aufl. Dresden: Th. Steinkopff 1944.

Spezielle Literatur zur Thermodynamik:

JUSTI, E.: Spezifische Wärme, Enthalpie, Entropie und Dissoziation technischer Gase. Berlin: Springer 1938.

KORTÜM, G.: Einführung in die Chemische Thermodynamik. Göttingen: Vandenhoeck & Ruprecht 1949.

LANGE, E.: Chemische Thermodynamik. Stuttgart: S. Hirzel 1949.

LEWIS, G. N. u. M. RANDALL: Thermodynamik und die freie Energie chemischer Substanzen (deutsch von O. REDLICH). Wien: Springer 1927.

NERNST, W.: Die theoretischen und experimentellen Grundlagen des neuen Wärmesatzes, 2. Aufl. Halle/S.: W. Knapp 1924.

PLANCK, M.: Vorlesungen über Thermodynamik, 9. Aufl. Berlin u. Leipzig: W. de Gruyter 1930.

SCHOTTKY, W., H. ULICH u. C. WAGNER: Thermodynamik. Berlin: Springer 1929.

ULICH, H.: Chemische Thermodynamik. Dresden: Th. Steinkopff 1930.

ZEISE, H.: Thermodynamik auf den Grundlagen der Quantentheorie, Quantenstatistik und Spektroskopie, 1. Bd. Leipzig: S. Hirzel 1944.

Handbücher (Beiträge über Thermodynamik, Wärmelehre):

Handbuch der Experimentalphysik (Hrsg. v. W. WIEN und F. HARMS). Leipzig: Akad. Verl.-Ges. Bd. VIII/1, A. EUCKEN: Energie und Wärmeinhalt.

Handbuch der Physik (Hrsg. v, H. GEIGER und K. SCHEEL). Berlin: Springer. Bd. IX, Theorie der Wärme (1926). Bd. X, Thermische Eigenschaften der Stoffe (1926). Bd. XI, Anwendungen der Thermodynamik (1926).

Tabellenwerke:

LANDOLT-BÖRNSTEIN: Physikalisch-chemische Tabellen. 5. Aufl. Hrsg. v. W. A. ROTH und K. SCHEEL 2 Bde 1923. I. Erg. Bd. (1927). II. Erg. Bd. 1. u. 2. Teil (1931). III. Erg. Bd. 1. u. 2. Teil (1935) 3. Teil (1936). Berlin: Springer. (Neuauflage im Erscheinen).

Critical Tables. New York (London): Mc Graw-Hill. Bände ab 1926.

D'ANS, J. u. E. LAX: Taschenbuch für Chemiker und Physiker, 2. Aufl. Berlin: Springer 1949 (im Text abgekürzt Tb. Chem. Phys.).

STAUDE, H.: Physikalisch-chemisches Taschenbuch, 2 Bde. Leipzig: Akad. Verl.-Ges. I. 1945, II. 1949.

MIETING, H.: Tabellen zur Berechnung des gesamten und freien Wärmeinhalts fester Körper. Halle/S.: W. Knapp 1920.

Mathematische Hilfsbücher:

ASMUS, E.: Einführung in die höhere Mathematik und ihre Anwendung. Berlin: W. de Gruyter 1947.

BAULE, B.: Die Mathematik des Naturforschers und Ingenieurs. Leipzig: S. Hirzel 1942.

DÖLP, H. u. E. NETTO: Grundzüge und Aufgaben der Differential- und Integralrechnung. 19. Aufl. Berlin: A. Töpelmann 1940.

JOOS, G. u. TH. KALUZA: Höhere Mathematik für den Praktiker, 3. Aufl. Leipzig: J. A. Barth 1942.

KÜSTER, F. W. u. A. THIEL: Logarithmische Rechentafeln, 56. Aufl. Berlin: W. de Gruyter 1947.

NERNST, W. u. H. SCHÖNFLIES: Einführung in die mathematische Behandlung der Naturwissenschaften, 11. Aufl. München u. Berlin: R. Oldenbourg 1931.

SIRK, H.: Mathematik für Naturwissenschaftler und Chemiker, 5. Aufl. Dresden: Th. Steinkopff 1947.

Im übrigen die Lehrbücher der Mathematik.

Sachverzeichnis

Im Sachverzeichnis sind die Seitenhinweise auf die Stellen des theoretischen Teils gegeben. Kursiv gedruckte Zahlen beziehen sich auf die Behandlung in den Modellbeispielen. Hinweise auf die Übungsbeispiele erfolgen nicht.

Zeitfracht Medien GmbH
Ferdinand-Jühlke-Straße 7
99095 Erfurt, Deutschland
produktsicherheit@kolibri360.de